细粒岩储层沉积环境与沉积相

——以四川盆地东南部龙马溪组为例

郭岭　封从军　郭峰　编著

中国石化出版社

图书在版编目(CIP)数据

细粒岩储层沉积环境与沉积相:以四川盆地东南部龙马溪组为例/郭岭,封从军,郭峰编著.—北京:中国石化出版社,2016.12
ISBN 978-7-5114-4337-3

Ⅰ.①细… Ⅱ.①郭… ②封… ③郭… Ⅲ.①四川盆地—细粒岩储集层—沉积环境—研究②四川盆地—细粒岩储集层—沉积相—研究
Ⅳ.①TE618.130.1

中国版本图书馆 CIP 数据核字(2016)第 283330 号

中国石化出版社出版发行
地址:北京市朝阳区吉市口路 9 号
邮编:100020 电话:(010)59964500
发行部电话:(010)59964526
http://www.sinopec-press.com
E-mail:press@sinopec.com
北京科信印刷有限公司印刷
全国各地新华书店经销
*
787×1092 毫米 16 开本 13.75 印张 320 千字
2017 年 1 月第 1 版 2017 年 1 月第 1 次印刷
定价:56.00 元

前　言

细粒沉积岩研究，特别是其中的页岩研究，是近些年来沉积学和非常规油气地质学界十分活跃和广受关注的研究领域。近年来，北美页岩气勘探开发的巨大成功与页岩气在我国获得的商业性突破，促进了细粒岩沉积学与非常规油气地质学的发展。国内外学者在细粒岩的岩石学、沉积学、矿物学、油气地质学和地球化学等领域开展了大量卓有成效的研究工作，取得了丰硕的研究成果，并已在非常规油气资源评价与勘探中发挥了重要作用。

本书共8章，包括细粒岩研究的最新动态、基本特征、岩石相划分、沉积环境与沉积模式、岩石矿物学、地球化学与古环境以及油气地质学等内容。其中第一章由郭岭、郭峰编写，第二章由封从军编写，第三章由郭岭、封从军编写，第四章、第五章由郭岭编写，第六章由封从军、郭岭编写，第七章由郭岭编写，第八章由郭岭、封从军编写，第九章由郭岭编写。研究生贾超超、张娜娜参与了第五章的编写工作，同时负责了部分图件的绘制工作。全书由郭岭统稿。

在本书编写过程中，自始至终得到了中国地质大学(北京)姜在兴教授的大力支持。在此，谨向姜老师致以衷心的感谢。另外中国石油大学(华东)梁超博士，西安石油大学杨懿博士对本书的编写给予了大力帮助，在此一并致谢。特别感谢西北大学地质学系在本书出版过程中给予的大力支持和帮助。

本书研究工作是在国家自然科学基金“海洋古沉积环境特征序列演化的黑色页岩记录——以渝东南地区志留系龙马溪组为例”(批准号41302076)，陕西省自然科学基金“川东南龙马溪组黑色页岩形成时的古海水性质及其意义”(批准号2014JQ5191)，高等学校博士学科点专项科研基金“黑色页岩有机质富集与古生产力的响应关系研究——以渝东南地区志留系为例”(批准号20136101120003)和国土资源部全国页岩气资源战略调查项目“渝东南地区页岩气资源战略调查与选区”(2009GYXQ15－04)联合资助下完成的。通过对四川盆地东南部细粒岩岩相及沉积环境的研究，反映了我们所取得的一点成果和认识，以期为广大同行在相关领域的研究提供一些参考和借鉴。由于作者学术水平有限，书中不正之处在所难免，敬请各位专家和广大读者给予批评指正。

前言

目 录

第一章　概　述

1.1　细粒岩定义

细粒沉积岩(简称细粒岩，下同)指由粒度小于62μm的细粒碎屑物质组成的，其含量占50%以上的沉积岩。这些细粒碎屑物质包括：陆源泥质碎屑、碳酸盐泥、粉砂、深海软泥和腐泥(Stow and Piper，1984b)。按照Nichols(2009)和姜在兴(2010)对碎屑颗粒粒度的分级(表1-1)，细粒岩的颗粒组成主要包括两类，即黏土级颗粒(粒度<4μm)和粉砂级颗粒(粒度4~62μm)。泥岩是一种细粒的碎屑沉积岩，主要由泥质物质组成(包括黏土矿物、石英和方解石等矿物的细小碎屑)。而页岩同泥岩组成相似，只是它具有沿平行层面方向易裂的特性(Nichols，2009)。很多情况下页岩与泥岩两者可以互用，只是页岩与泥岩相比具有易裂的特性(Nichols，2009)。有些地质学者认为有页理的黏土岩称为页岩，无页理的黏土岩称为泥岩(冯增昭，1993)。Blatt(1970)提出泥质物质主要由黏土(<4μm)和粉砂(4~62μm)组成，泥岩是由岩化的泥质物质组成的沉积岩，而页岩是具有易裂性特征的泥岩(Blatt，1970)。需要指出的是Blatt的泥岩和页岩定义实际上也包括了传统意义的粉砂岩，与Stow和Piper(1984)所定义的细粒岩意义相同。本书研究实例为川东南地区下志留统龙马溪组细粒岩，由于该套层系为页岩气勘探的主要目的层，传统上很多学者把这套细粒岩称为“龙马溪组页岩”(Guo et al.，2016；陈尚斌等，2011；刘树根等，2011b；武景淑等，2013；张春明等，2013)。本书在无特别说明的情况下页岩与泥岩代表的意义相同，因此按照上述分析，细粒岩包括页岩类和粉砂岩类，如页岩、粉砂质页岩、砂质页岩、钙质页岩、炭质页岩、泥质粉砂岩和粉砂岩等。

细粒岩是自然界中最丰富的沉积物，全球70%~75%的沉积岩(物)是由细粒物质组成的(Potter et al.，1980；Stow et al.，2001)。近年来细粒岩越来越引起人们的重视，究其原因主要有以下几个方面：首先，细粒岩记录了沉积物在深水环境中的搬运路径，据此可以追溯古海洋/湖泊深水区水体的流动路径(Eittreim，1984)；其次，海洋中地球化学和生物循环过程与细粒沉积物中的元素迁移具有密切的关系(Eittreim，1984)；第三，细粒岩多沉积在海洋/湖泊的深水区，几乎记录了连续的沉积历史，对地质历史的记录具有重大意义(Potter et al.，2005；姜在兴，2010；朱筱敏，2008)；第四，细粒岩中富有机质的暗色泥岩类是石油和天然气的主要源岩(姜在兴等，2013；柳广第，2009)，也可以作为非常规油气(如页岩油、页岩气)的储集层(Loucks and Ruppel，2007)，同时也是V、Ni、Mo等金属元素的富集载体，具有重要的经济价值(施春华等，2011；杨恩林等，2013)。

表 1-1　常用的碎屑颗粒粒度分级表(Nichols，2009；姜在兴，2010)

十进制		2 的几何级数和 Φ 值制			
颗粒直径/mm	砾级划分			颗粒直径/mm	颗粒直径/Φ
> 1000	巨砾	砾	块砾	>4096	< -12
100 ~ 1000	粗砾		巨砾	4096 ~ 256	-12 ~ -8
10 ~ 100	中砾		中砾	256 ~ 16	-8 ~ -4
2 ~ 10	细砾		卵石	16 ~ 4	-4 ~ -2
			细砾	4 ~ 2	-2 ~ -1
1 ~ 2	巨砂	砂	极粗砂	2 ~ 1	-1 ~ 0
0.5 ~ 1	粗砂		粗砂	1 ~ 0.5	0 ~ 1
0.25 ~ 0.5	中砂		中砂	0.5 ~ 0.25	1 ~ 2
0.1 ~ 0.25	细砂		细砂	0.25 ~ 0.125	2 ~ 3
			极细砂	0.125 ~ 0.063	3 ~ 4
0.05 ~ 0.1	粗粉砂	粉砂	粗粉砂	0.0625 ~ 0.031	4 ~ 5
0.01 ~ 0.05	细粉砂		中粉砂	0.031 ~ 0.0156	5 ~ 6
			细粉砂	0.0156 ~ 0.0078	6 ~ 7
			极细粉砂	0.0078 ~ 0.0039	7 ~ 8
<0.01	黏土(泥)	黏土(泥)	黏土	<0.0039	>8

细粒岩是沉积盆地和近地表环境中流体运动的主要控制岩石(Aplin et al.，1999)。作为世界上最常见的沉积岩类型，它们是沉积盆地中的弱透水性岩体，限制了水体的运动，并影响了地层超压的形成。在石油系统中它们几乎是所有石油和大部分天然气的源岩，决定了油气在源岩和圈闭中的运移方向，并且是非常重要的盖层岩石。在中国各大油田中泥页岩类都是油气生成的主力烃源岩(陈建平等，2016；董军等，2015；冯子辉等，2015；付锁堂等，2013；李松峰等，2013；林俊峰等，2015；杨华等，2013)。在地表环境下，它们不仅可以控制自然流体的运动路径，而且还用来限制废弃物泄漏，特别是在废弃物处理方面，如垃圾填埋场的掩盖(Potter et al.，2005)。

泥岩是细粒岩中非常重要的一类沉积岩。沉积盆地中形成的泥岩可以用来恢复海平面变化，作为地层对比的标志层(如层序地层中的凝缩段)，恢复古沉积盆地的古环境等(Alqudah et al.，2014；Fu et al.，2015；Wang et al.，2016；Wang et al.，2015；冯乔等，2004；王欣欣等，2014；谢小敏等，2010)。虽然黏土、泥均广泛使用，但在使用过程中常出现混淆，并没有达到完全的一致。这是因为泥既代表了一种粒度的概念，也有时代表黏土矿物的概念(Potter et al.，2005)，为了更方便的了解和使用泥岩的相关概念，本书采用了 Stow 等(1984)对泥岩和粉砂岩的一些术语(表 1-2)。泥和泥岩的研究具有多方面的价值(表 1-3)，它们在能源矿产业和工业界均有着非常重要的作用(Potter et al.，2005)。

表 1-2 泥岩与粉砂岩的相关术语(Stow and Piper, 1984a)

名称(未成岩)	成岩(不易裂)	成岩(易裂/成层的)	比例和粒度
粉砂	粉砂岩	页状粉砂岩	>50% 粉砂级颗粒(4~62μm)
泥	泥岩	页岩	>50% 泥质颗粒(<4μm)
结构描述			
粉砂质	10% 粉砂		
泥质	10% 泥质颗粒(适用于非泥岩情况下)		
成分描述			
灰质	>10% $CaCO_3$(有孔虫、钙质微化石等)		
硅质	>10% SiO_2(硅藻、放射虫等)		
炭质	>1% 有机碳		

表 1-3 泥岩的研究价值(Potter et al., 2005)

沉积地质	最常见的沉积岩，对氧化还原条件的指示，古生态学、古生物学和地质历史研究具有重要意义
能源/金属矿产	富成熟有机质的泥岩可生成油气，泥岩与煤层有密切关系，孔隙压力的预测，油气垂向运移，层状金属矿的载体
废弃物封闭	垃圾、有害物和核废料等的掩埋
工程	滑坡的预测及控制等
工业用途(超过 200 项)	黏土工业(砖、陶瓷)、填充剂、漂白剂、颜料、密封剂、悬浮剂和吸附剂等

1.2 细粒岩的研究现状

细粒岩作为沉积学研究相对薄弱的领域，近些年来逐渐成为研究的热点与重点之一。细粒沉积的概念最早由 Krumbein(1933)在岩石粒度分析中提出，目前已被普遍接受和广泛应用。国外细粒沉积研究首先从泥岩开始。1853 年，Sorby 首次利用薄片研究泥岩的微观特征(Schieber and Zimmerle, 1998)，20 世纪 20 年代以来，随着 X 衍射、扫描电子显微镜等技术的引入，在细粒岩中黏土矿物类型与颗粒形态的识别方面已经取得很多成果(Wright, 1957)。

北美地区页岩油、页岩气和致密油气等资源的勘探与开发起步较早，对这些细粒岩岩相、沉积、层序和储集特征等都有了新的认识，其成果极大地促进了相关基础地质和致密油气勘探理论的发展(Abouelresh and Slatt, 2012; Loucks and Ruppel, 2007)。在充分吸收并借鉴国外细粒岩研究经验的基础上，近年来我国学者针对我国海相与陆相细粒岩发育区进行了详细的调研，并与北美各盆地含油气细粒岩的分布、生油条件及储集条件等进行了类比，在细粒岩的矿物学特征(Guo et al., 2015; 陈尚斌等, 2015b; 李钜源, 2013)，岩性-岩相(付金华等, 2013; 梁超等, 2012b; 王玉满等, 2016; 王志峰等, 2014; 张顺等, 2015)，储层特征(陈尚斌等, 2015a; 耳闯等, 2013; 聂海宽等, 2014; 杨峰等,

2013；于炳松，2013）及沉积特征（Guo et al.，2011；Jiang et al.，2013；李娟等，2013；梁超等，2012a；张海全等，2013；张鑫刚等，2013）等方面均取得了一系列认识。

20世纪80年代以来，晚第四纪或现代细粒沉积研究进一步加深，并在生物化学和沉积机理等方面取得了重要的进展。Dean等对深海细粒沉积进行了三端元分类（钙质生物颗粒、硅质生物颗粒和非生物颗粒）（Dean et al.，1985）。Dimberline认为半远洋沉积是以粉砂级颗粒为主的层状细粒沉积，可以夹砂级或泥级的浊流沉积，也可形成独立沉积相，并提出半远洋细粒层是浮游生物繁盛与粉砂充注交替进行的结果，这种交替作用通常是季节性或年度性的（Dimberline et al.，1990）。袁选俊等（2015）对鄂尔多斯盆地延长组长7油层组开展了细粒沉积体系、泥岩与页岩组构特征、古环境恢复等研究，建立了以湖侵-水体分层为主的湖相富有机质页岩的沉积模式，提出"沉积相带、水体深度、缺氧环境、湖流"是鄂尔多斯盆地富有机质页岩分布的主控因素（袁选俊等，2015）。

在海洋环境中，细粒沉积物的分布受海洋环流的控制，而沉积则受到浮游生物的过滤、富集和再改造作用的影响。细粒沉积物的早期成岩作用主要受细菌作用过程的控制。大部分细粒沉积物最初沉积在大陆边缘，然后通过物质坡移和高密度流等再次转移到深海平原地区。细粒沉积物在平缓陆架斜坡上的稳定性主要取决于其中含水量的多少，沉积物块体的运动可以是缓慢的蠕动，也可以是大规模突发的灾难性运动。其中沉积物形态的差异可以导致块体各种形式的运动。区域性沉积环境模式的重建则需要多种类型的资料，如地球物理数据，古生物数据，沉积岩基本性质数据和地球化学数据等，过去的重大洋流模式和高生物生产力地区沉积模式可能需要更新（Gorsline，1984）。

细粒岩大多数沉积在较深水地区，盆地内的细粒陆源物质以风成粉尘或低密度的悬浮沉积物的形式被搬运而来。在湖泊沉积环境中，细粒岩多数发育在深湖、半深湖以及湖湾环境中；而在海洋环境当中，深海-半深海沉积，浑浊的羽状流体，低密度的重力流，低层流和风暴流等都可以形成细粒岩，其中主要为黑色页岩（O′brien，1989）。对于黑色页岩的沉积作用，Stow等（1998）做了较为详细的描述，他们认为黑色页岩的沉积作用主要包括远洋沉积、半远洋沉积、半浊积作用、平流沉积作用、超重流、浊流和碎屑流等。其中远洋沉积过程中，在表层水中存在很多生物成因物质、细粒陆源或其他碎屑物质，它们在缓慢的沉积过程中形成远洋沉积体。在碎屑等颗粒沉积过程中，垂直沉降是主要的沉积过程，重力作用是其主要的沉积动力，其中絮凝作用和有机物质的团粒可以提高沉降和沉积物堆积速率，尤其是在生产力较高的地区。半远洋沉积除了垂直沉降过程外，还包括沉积物在水柱中缓慢横向平流的复杂过程（Stow and Tabrez，1998），这种横向平流的驱动力包括浊流层羽状物和河流羽状物的惯性，冰川融水扩散，波浪，内潮以及其他缓慢移动的水体中层的水流，如形成的内波和内潮汐沉积（何幼斌等，2004）。半远洋沉积随着生物生产力、陆源物质输入量和碎屑物质的颗粒大小等性质变化，其沉积速率是可变的。Stow和Wetzel（1990）认为半浊积作用是指沉积最后阶段由稀释浊流和与海底障碍物作用产生的负浮力和向上弥散作用形成的沉积过程。在这一沉积过程中，浊流产生的细粒物质，与远洋或半远洋物质混合后，在重力作用下慢慢地垂直沉降下来。超重流是在洪水期河口和高纬冰期时期，河口和冰川等供给体系产生的悬浮状羽状物在近底层水的排泄作用下形成的。超重流通常可以向前长距离搬运，通过前三角洲斜坡到达深水区，而底流是由高密度沉积物引起的，通常它能被冲散，并且沉积在离河口不远的地方(Stow and Wetzel，1990)。黑色页岩也可由平流沉积作用形成，Hollister 和 Heezen(1972)认为这种作用是在可变强度的底层流影响下产生的沉积作用，温度和盐度差异是这些底层流循环流动的驱动力，此外还包括风成深海流的影响(Hollister and Heezen，1972)。弱的底层流对远洋和半远洋沉积影响很小，中等海流有能力长距离搬运细粒碎屑物质，形成规模较大的平流沉积物，而强海流则可以簸选砂、砾，甚至产生深海范围较大的间断和侵蚀面。由高浓度的沉积碎屑物质和水的混合物形成的碎屑流，具有很强的搬运能力，这种黏性介质可以携带大量碎屑(如岩石漂砾、页岩碎屑和软沉积物碎屑)，这种碎屑流的沉积物厚度有的可达 50m。另外一种沉积作用是浊流，它是细粒(包括一些中粒至粗粒)物质从浅水进入深水的一种最重要的搬运途径，此外浊流也有可能形成携带砾级物质以及泥质的高浓度流体，这些物质的携带驱动力通常是重力滑坡作用。

海相细粒岩中黑色页岩的形成主要受物源和水动力条件控制，滞流海盆、陆棚区局限盆地、边缘海斜坡等低能环境是其主要发育环境。海相富有机质的黑色页岩形成必须具备两个重要条件：表层水中浮游生物生产力高；沉积条件必须有利于有机质保存、聚积与转化(Stow et al.，2001)。“海洋雪”作用和藻类爆发是海相富有机质细粒沉积物的主要形成原因(Macquaker and Keller，2005)。

细粒沉积通常包括异地细粒沉积和原地细粒沉积两种类型。海洋深水区经横向运移而形成的沉积即为深水异地细粒沉积；而原地细粒沉积主要由垂直降落沉积作用形成。通常前者形成的沉积物比后者的粒度粗，深水异地沉积主要包括重力流沉积和深水牵引流沉积，近年来在这些沉积中发现了深部热液沉积和凝灰岩等沉积体(庞军刚等，2014)。

通过多年的努力，细粒沉积物的研究已经取得了长足的进步，然而由于粒度小，观察难度大，以及受超微观实验条件的限制，细粒物质的沉积、成岩作用是沉积学界乃至于地质学界研究的薄弱领域(姜在兴等，2013)。细粒物质沉积成岩研究不仅具有重要的科学意义，同时对能源矿产和金属矿产的勘探开发也具有重要的意义。姜在兴(2013)等认为细粒岩沉积学研究目前存在以下几个问题：①细粒岩相关概念模糊，术语使用不准确，如部分学者将细粒物质狭隘地理解为黏土矿物，另外页岩一词在使用上概念模糊或笼统地将所有细粒岩称为页岩，这些均不具科学性；②细粒岩的岩石类型复杂，缺乏系统科学的分类，细粒物质沉积动力学过程复杂，目前还没有较为合理的沉积模式；③深水细粒岩对海/湖平面响应识别难度大；④目前尚未形成层序地层划分方法，细粒沉积物在埋藏成岩中物质转化的条件、过程及有机无机相互作用机制尚不明确。贾承造等(2014)从非常规油气(如页岩油、页岩气)勘探的角度指出，细粒沉积的研究应关注几个主要的结合点：①建立细粒沉积体系的分类方案，从沉积结构、构造、沉积环境、矿物组分和化学成分等方面开展致密沉积相带研究；②从非常规油气有利储集条件角度研究细粒沉积体系的源-储配置关系，分析单独聚油气模式和混合聚油气模式，通过加强细粒沉积相带研究，识别具有非常规油气资源潜力的细粒岩系；③研究细粒沉积体系与非常规油气储集体系的组合关系，对非常规油气和常规油气是否进行整体研究和联合勘探开发做出准确判断(贾承造等，2014)。

由于细粒岩岩石类型复杂，不同地区细粒岩的矿物成分复杂多变，因此造成细粒岩的命名出现困难。传统的细粒岩类型主要依据粒级和沉积构造特征进行划分，由于受超微观实验条件的限制，人们对细粒岩的矿物成分认识不够，地质工作者运用 X 射线衍射分析与扫描电镜分析等技术对我国海相与陆相各盆地细粒岩的研究表明，细粒岩多由石英、长石、黏土矿物与碳酸盐矿物等混合组成，此外还含有黄铁矿、石膏与方沸石等自生矿物。随着非常规油气勘探与开发的兴起，从研究的重要性来看，细粒岩可以与研究较多的碎屑岩、火山碎屑岩及碳酸盐岩等并列，它在矿物组成、形成环境、水动力条件、气候与物源等方面均有其独特性(周立宏等，2016)。研究区岩石与岩相类型分类方案将在第四章中详细讨论。

1.3 细粒碎屑物质的形成与来源

陆源颗粒直径小于 4μm 的黏土级物质主要来自地球表面岩石的化学风化作用，此外还包括一些火山灰和冰川作用产生的岩石粉屑(Potter et al.，2005)。粉砂级(4～62μm)细粒物质的来源和黏土级的细粒物质有很大不同，粉砂级的细粒物质主要是由物理作用过程产生的，如岩屑在搬运过程中的破碎、切削、冰冻及融化、热扩张、表面脱落和围岩压力的释放等。动植物等生物作用可以使较大的颗粒物质破碎，形成粉砂级物质。泥岩特别是中生代以来的泥岩中还包含黏土和粉砂级的生物成因碳酸盐和硅酸盐物质。图 1-1 说明了黏土和粉砂级物质的来源。

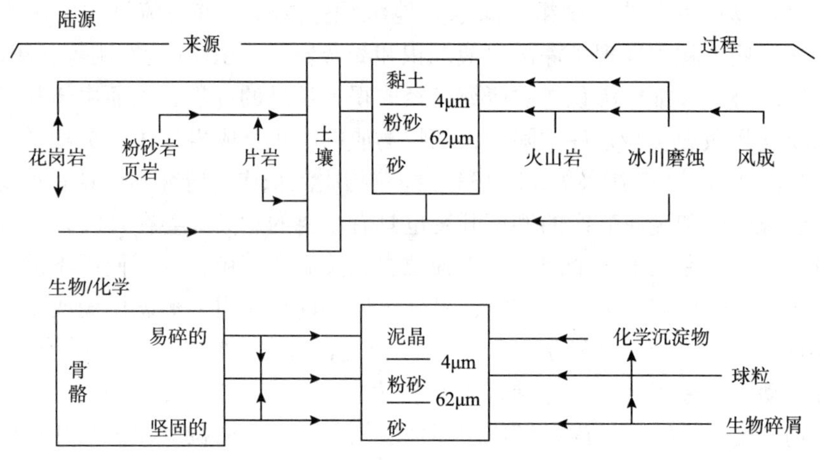

图 1-1 陆源、生物、化学作用来源的细粒物质的产生过程(Potter et al.，2005)

陆源的泥和粉砂级物质包括：土壤，河间地带未固结的粉砂和黏土级物质，水沟和溪流沿岸的崩塌，火山灰，干旱－半干旱地区风吹蚀作用产生的粉砂和泥土，以及冰川作用所形成的细粒冰水沉积物等。此外，水下风化作用(如富铁和镁的皂石、绿鳞石)和海底所形成的海绿石也可以提供一些细粒物质。其中，来自于土壤、火山喷发的细粒物质和冰川磨蚀作用产生的黏土－粉砂级物质是细粒物质最为重要的来源。

从根本上讲，黏土和粉砂级物质主要源自两种基本的火山岩，即花岗岩和玄武岩(Potter et al.，2005)。这两类火山岩中的长石、角闪石、辉石和火山玻璃质是黏土矿物最主要的贡献者，而粉砂质碎屑主要来自石英和长石，两者皆主要来自于花岗岩和片麻岩。粉砂级的物质主要来自于长英质的岩石，而黏土级物质可以来自长英质岩石，也可以来自铁镁质的岩石。Potter 等(2005)对岩石在自然界中的循环做了解释(图 1-2)，细粒物质搬运到湖盆或海盆中后，经由压实和成岩作用形成泥岩，深埋后通过高级变质作用可以形成片麻岩或花岗岩。后期的构造抬升和风化作用使这些结晶岩进一步产生泥、粉砂、砂和砾等物质，进而开始了一个新的循环。

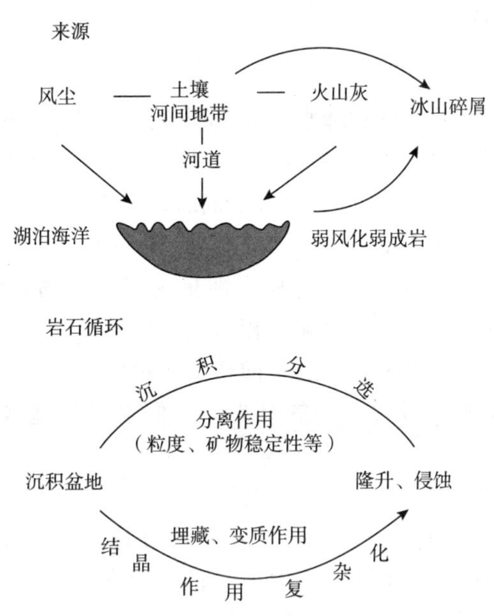

图 1-2 陆源细粒物质来源及岩石循环略图(Potter et al. , 2005)

1.3.1 沉积分选作用

地球表面沉积分选作用使地表的花岗岩、片麻岩、玄武岩和长石砂岩等转化为泥、粉砂、砂和砾质物质(Potter et al. , 2005)。沉积分选作用是指风化和搬运过程中沉积物的粒度和矿物组成等发生变化的作用。沉积分选作用开始于潮湿气候(指年降水量在 500mm 以上)条件下的风化剖面上，其过程是，母岩和雨水中的阳离子产生次生的黏土矿物、石英以及 Fe 和 Mn 的氧化物，随着沉积分选作用的进行产生更多的阳离子并且有硅质溶出(Chamley，2013)。沉积分选作用使高温高压条件下形成的矿物，在低温低压条件下转化为细粒的较为稳定的黏土矿物，结果造成石英、高岭石以及铝和铁的氧化物在地球表面富集。这种沉积分选作用过程中的矿物转化过程主要发生在土壤或地表的冲积层。原生矿物在风化带中停留的时间越长，矿物在山区和遥远的海盆之间的转化可能就越彻底。

在半干旱气候条件下(年降水量在 100 ~ 500mm)，Na^+ 和 K^+ 基本全部溶解，但是 Ca^{2+} 和 Mg^{2+} 和 H_4SiO_4 则是部分溶解，结果是矿物的转化不够彻底。在干旱气候条件下(年降水量 <100mm)，一些土壤层(或表层黄土、沙漠等)由于强蒸发作用，钙质以及蒸发矿物沉淀下来，进一步形成钙质结砾岩和石膏质壳(常华进等，2012；彭勇民等，2012；漆滨汶等，2006；许志强，1990；薛平，1986)。蒙脱石和混层的黏土矿物也可以形成，

这个过程使阳离子和硅质在低洼排水差的地区进一步富集，并造成阳离子重新进入到黏土矿物晶格中。

黏土矿物是风化作用最主要的终极产物，同时也是泥岩中代表性的矿物成分(Ngombi - Pemba et al.，2014；Potter et al.，2005；常华进等，2012；王茂桢等，2015)。黏土矿物的黏结性和塑性使其在工业中具有广泛的用途。黏土的概念还可以用来指示粒度小于4μm的颗粒，这些颗粒本质上大多数是黏土矿物，但也可以是石英、长石、铁的氧化物和碳酸盐颗粒(Potter et al.，2005)。

1.3.1.1 沉积分选作用的影响因素

沉积物的滞留时间、地形高低和降水量对沉积分选作用具有很大的影响。沉积物在不同的条件下可以产生不同的物质，在潮湿的高原地带可以形成大量的粉砂和泥质物质，而在干旱的高原地带则仅有少量到中等数量的泥和粉砂物质产生；在潮湿的低洼地区可形成少量的含三水铝矿的泥质和高岭土，而在干旱的低洼地区除了风所携带的泥和粉砂外，几乎不产生细粒沉积颗粒。风化地区的构造稳定性是决定碎屑物质停留时间的决定性因素。被动大陆边缘和稳定的克拉通地带地形起伏相对较小，而汇聚大陆边缘地形起伏大，而且常有陡峭且不稳定的斜坡，陆块和陆块的碰撞产生大量的泥质碎屑。如地势较高的亚洲地区，该地区是印度板块和亚洲板块碰撞的结果，它们是亚洲地区细粒碎屑物质的主要来源区。

汇聚型板块边缘主要包括3种类型，大洋 - 大洋板块边缘、大洋 - 大陆板块边缘和大陆 - 大陆板块边缘。三种类型的板块边缘抬升速度都较快，通常伴生有断裂作用，因此在潮湿气候条件下，这类板块边缘侵蚀速度很快，并伴生有大量的碎屑物质产生。在这种条件下，基岩物质在风化区停留时间短，使得碎屑物质通常由不成熟的矿物组成。世界上约70%的侵蚀碎屑输出来自亚洲东南部(Milliman and Meade，1983)，原因是该地区地势高、斜坡陡并且季节性降水多。该地区的恒河、雅鲁藏布江、湄公河和伊洛瓦底江等携带大量的泥砂碎屑入海。另外，火山喷发不仅能够产生大量的火山灰，而且底部的热液活动使山脉边缘的火山岩变的不稳定，进而为后期剥蚀搬运等提供了良好的条件。

稳定克拉通和被动大陆边缘地区，地表的抬升主要是因为造陆运动或者海平面的变化引起的(李忠权等，2014)。除大陆边缘或克拉通内部局部断裂活动带之外，其他地区剥蚀速度均很慢，地表岩石存留时间长，土壤层较为发育。这两种构造区沉积物输出量少，在赤道附近的热带地区这些岩石会形成石英、高岭石、三水铝矿、铁和锰的氧化物等，这些物质是风化过程中最稳定的产物(Edmond et al.，1996)。

土壤、风化产物和碎屑物的产生量在降水量稀少的沙漠地带或低纬度地区会发生很多变化(图1-3)。地形起伏大的地区具有较高的潜在剥蚀能力，但稀少的降水导致化学风化作用微弱，土壤层发育和侵蚀作用较差，进而造成邻区的盆地充填速度缓慢。由于沉积物的输入量少，在干旱区的碳酸盐甚至化学沉淀物质会在盆地边缘逐步得到聚集。

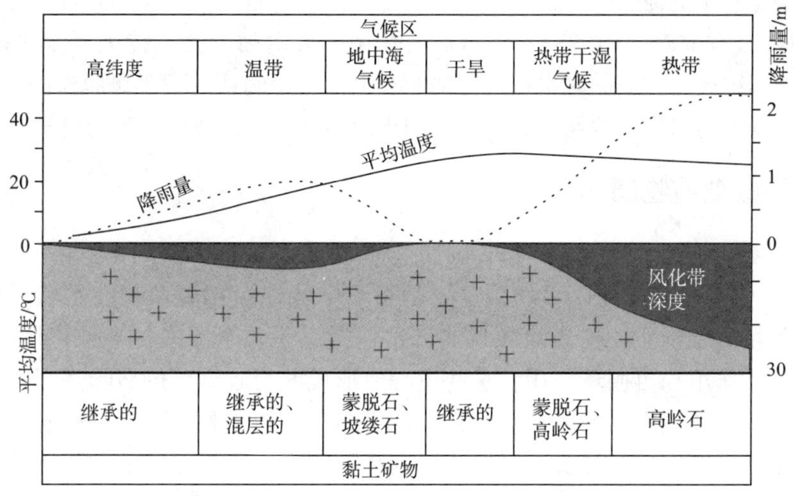

图 1-3 地球南北地区风化带深度和主要的黏土矿物(Thiry, 2000)

1.3.1.2 源岩的控制作用

源岩对黏土矿物的组成具有非常重要的控制作用，母岩的组成控制了其产生碎屑物质的成分特征(顾雪祥等，2003；邵磊等，2013；王世虎等，2007)。在南大西洋南部地区，来自南极洲的伊利石和来自南美地区的绿泥石占主导地位，但在南大西洋的北部地区高岭石是典型的黏土矿物，因为他们是赤道附近巴西和非洲地区风化作用的最终产物(非母岩控制)。与热带地区风化作用相反的是冰川作用，冰川磨蚀所形成的粉末细粒物质与风化作用无关，这些地区的黏土和粉砂级的碎屑主要由长石、角闪石和石英组成。据测算目前约有20%注入海洋的碎屑物质来自冰川作用(Potter et al.，2005)。

火山作用在活动大陆边缘对泥岩的形成起到重要作用，包括风所携带的火山灰、火山碎屑流、火山灰流、火山岩浆流等，其中直接的贡献是风所携带的大量火山灰，这些火山灰主要是由于富硅质的酸性岩浆喷发产生的。火山喷发所形成的火山灰在顺风的方向能够搬运10～100km。这些火山灰形成的薄层的大面积的毯状沉积层是非常好的地层标志层，如鄂尔多斯盆地区延长组的凝灰岩层(陈永峤等，2011；庞军刚等，2010；邱欣卫等，2009)。火山灰如果能够在富植物的沼泽地带沉积下来，将会在后来的煤层中形成富高岭石的薄层(刘长龄，1993；赵蕾等，2016)；如果它们沉积在海底，将会形成富蒙脱石的沉积层即斑脱岩层(胡艳华等，2009；苏文博等，2002；王振涛等，2015)。

火山岩浆流、火山碎屑流和火山灰形成的凝灰岩是泥质物质的次要来源，因为它们是由高温物质迅速冷凝所形成的块状岩石。它们对泥岩形成的作用主要体现在后期岩石土壤化上。水流对未固结的火山灰和火山喷发形成的火山泥流的侵蚀产物可能是泥岩中火山物质的重要来源。火山泥流和凝灰质碎屑沿着峡谷能够延伸10～100km，这些物质循环往复的改造将使火山碎屑物质大规模散播，因此，具有火山特性的海相泥岩在活动大陆边缘非常常见。在海洋中，多孔性低密度的浮石在沉积到泥质海底之前能够漂浮数百千米，进而在海底形成反粒序层理。

古生代甚至更早的泥岩中火山物质所占的比例尚不清楚，但是中生代泥岩中含有的火山物质是很可观的(Zimmerle，1998)。埋藏成岩作用使火山黏土物质转化为伊利石和绿泥石，因此古老的泥岩中火山物质的含量很难评估。古生代已经确认的很多斑脱岩的出现和一些泥岩中火山碎屑物质的出现，说明泥岩中含有的火山喷发成分比我们想象的要多得多。

1.3.2 粉砂级细粒物质

粉砂级颗粒是指直径在 4 ~ 62μm 的物质，陆源和生物作用是它们的主要来源(表1-4)。非火山成因的粉砂级物质主要是石英，此外粗粒的长石在水和风的作用下也可以形成一些粉砂级物质。粉砂级颗粒的产生包括以下几个因素：磨蚀作用、风化作用、生物作用、变质作用和再循环作用。这些过程所形成的粉砂颗粒的数量还不清楚，比如河流中的磨蚀作用和沙漠中风的磨蚀作用，它们之间产生粉砂颗粒的效率仍存有争论。沙漠地区的磨蚀速度可能比河流源头地区慢。粉砂颗粒的产生量与侵蚀速率、面积和停留时间成正相关关系。但其他因素对粉砂级颗粒的产生可能也有重要的作用。

表1-4　粉砂级颗粒的来源

磨蚀作用	水流	多晶石英颗粒碎屑和变质岩碎屑；单个石英颗粒的碎裂，长石解理的破裂
	风	跟水流作用相似，但是范围更广并且在磨蚀环境中的时间更长
风化作用	古老泥岩的风化作用	古老细粒岩石中粉砂物质的再循环，这可能是粉砂的最大的来源
	酸性火山岩的风化作用	玻璃质及细粒的基质释放出粉砂级的石英
	片岩的风化作用	100~300℃时的自生和变质作用下粉砂级的石英颗粒的生长，表层云母和长石风化作用产生的细粒物质
	冰冻破碎作用	石英和长石的热胀冷缩破碎作用形成细粒物质
生物作用	土壤层中	生物成因的蛋白石在地表很容易侵蚀，并搬运至湖泊和海洋中，埋藏后转化为石英
	水环境下	硅藻、放射虫、海绵等分泌出无定型的硅质颗粒，在浅埋藏环境下重结晶形成石英颗粒

生物作用形成的大量的硅质是细粒石英碎屑的重要来源，这些物质可能是湖泊或海洋中硅藻的直接沉积，也可能是由表层土壤侵蚀作用形成。多数泥土中含有生物来源的硅质，在某些情况下其体积含量可能大于5%(Clarke，2003)。生物蛋白石在风和水的侵蚀、再沉积作用下经由成岩作用转变为微晶石英。这类生物碎屑多数出现在陆源粉砂和泥质含量少的地带，如低悬浮负载河流注入的干旱区盆地的边缘，处于洪泛期的盆地边缘和陆架边缘等地区。

近年来一些学者利用背散射技术、阴极发光和氧同位素证实了在古老岩石中确实含有生物来源的石英颗粒，他们发现泥盆系黑色页岩中多达100%的细粉砂来自放射虫和硅藻，这些结果说明利用各种技术和设备研究细粒岩的组成具有很强的实用性，关键问题是如何确定这些生物硅质在其他泥岩，特别是在那些有机质含量少的泥岩中的转移过程(Schieber et al.，2000)。

对黏土矿物来讲，石英长石质粉砂主要来自降雨量多的温暖地区，以及热带具有高地形起伏的地区。活动大陆边缘安山质火山喷发是粉砂级物质的另一个重要来源。这些主要由玻璃质、角闪石和斜长石组成的粉砂级物质量很大，其中小于10μm的火山灰在高空可以搬运至很远的地方。

细粒粉砂级物质黄土的形成主要是由风携带的20～50μm的粉砂级颗粒沉积而成的。冰川消融物在风蚀作用下聚集，也可在大陆沙漠中聚集沉积，如中亚、中国北部、北非等地区。无论是在沙漠还是冰川环境，粉砂的形成都是风的分选作用的结果。在高的丘陵地带，黄土不易被侵蚀掉，而在斜坡地带很容易被侵蚀，并被河流携带至海洋方向沉积。中国北部黄土覆盖区森林的砍伐导致大量沙尘的产生。撒哈拉沙漠产生的沙尘每年大约有(200～700)×10^6t，这些沙尘被搬运至大西洋。巴哈马群岛的红土壤层即证实这些物质来自撒哈拉沙漠。

沙漠背风方向黄土的延伸范围和数量比冰川边缘要大的多。在中亚和中国100m到大于200m厚的黄土区面积很大，这里既有峡谷内充填的黄土层，也有来自沙漠和半干旱草原地区的黄土形成的高原。在这些厚层沉积物中有来自不同物源的颜色各异的泥土，有的还含有碳酸盐的小球体或团块。古土壤层对恢复古气候具有很重要的价值(Bronger et al. 1998；安芷生，1980)。长时间的干旱气候条件可能是古土壤层形成的重要条件。

很多泥岩中含有由生物作用产生的钙质，这些粉砂级的碳酸盐颗粒可以由小的生物体组成，也可以由介形虫碎片、鱼类骨骼等形成。这些颗粒也可以通过海藻的黏结作用，泥晶灰岩和生物排泄物混合等形成。新生代以来的泥岩中细粒的碳酸盐很普遍，因为白垩纪以后浮游壳类生物体大量出现并繁殖。

地形的起伏和构造特征对砂泥的产生及在地表的停留时间具有重要的控制作用，此外地表植被覆盖的时间、生物演化和大气中氧的作用对粉砂和泥的产生也具有重要的控制作用。从现今热带非洲地区可以了解到森林的荒漠化造成侵蚀速度的加快，侵蚀速度的加快可能跟地震和地表坡度有关(刘松波等，2009；张国平等，2001)。从地质角度来讲，这种侵蚀速度的增加在达到平衡之前可能是一个很短暂的过程，也有可能是一个长期的过程，但地球表面由风化作用而形成的斜坡比当今要多。在干旱或者极度寒冷的气候条件下，侵蚀搬运风化产物的速度大于风化作用剥蚀碎屑的速度。因此风化作用控制的地形坡度会减小，这种斜坡称为风化作用主导的斜坡。在植被覆盖多的温暖潮湿气候区，厚层的风化残留物慢慢聚集，这种斜坡称为搬运作用主导的斜坡。在泥盆世之前，植物没有大规模发育，此时的地表斜坡应该是风化作用主导的斜坡。

在地表条件变化过程中，粉砂的产生量比黏土产生量可能会少一些，更多的泥质和粉砂质矿物颗粒可能是基岩的继承而不是地表土壤层的改造。古老海相或湖相泥岩中风所携带的细粒物质比泥盆世以后的泥岩可能会多。上泥盆统大量黑色页岩的形成可能跟大量植物根的渗滤作用有关，这使地表具有更深的风化作用，进而使更多的营养物质进入到海洋中(Algeo and Scheckler，1998)。

1.4 细粒沉积物的搬运与沉积

河流携带的碎屑物质是细粒沉积物的主要来源，其次为火山灰、风力搬运的碎屑物、生物碎屑物质以及少量的化学沉淀物和宇宙物质(Gorsline，1984)。细粒碎屑物质由陆地向深水区的搬运过程多种多样，包括低密度的羽状流(<10μg/L)、河口附近的高密度流(>10mg/L)、风暴流引起的底部沉积物再悬浮、浊流和多种类型的块体运动(Kane and Pontén，2012；Li et al.，2012；Lowe，1982；Stow et al.，2001)。

泥岩主要是由悬浮搬运的黏土和推移质以及部分悬浮质的粉砂级颗粒组成。搬运动力来自于河水的流动、波浪、潮汐流、重力流、洋流和深海－半深海中的等深流等(图1-4)。虽然在地质历史时期冰川作用对细粒沉积物的搬运与沉积具有重要的作用，但大多数细粒物质是通过河流和三角洲搬运至湖泊和海洋中的。滑动和滑塌是重力流的主要来源，这一过程把大量的泥质和粉砂质搬运至深水中。此外，细粒物质由风也可以搬运至深水中，进而像在陆地上的黄土层一样在深水中形成大面积的细粒沉积层。这些过程与层序及沉积构造具有很大的关联性(表1-5)，层序和沉积构造是恢复盆地充填过程和恢复古水流体系的重要参考。沉积构造可以用来预测垂向和横向上沉积相的变化，更重要的是能够认识表面上看起来呈块状的泥岩的旋回和层序。

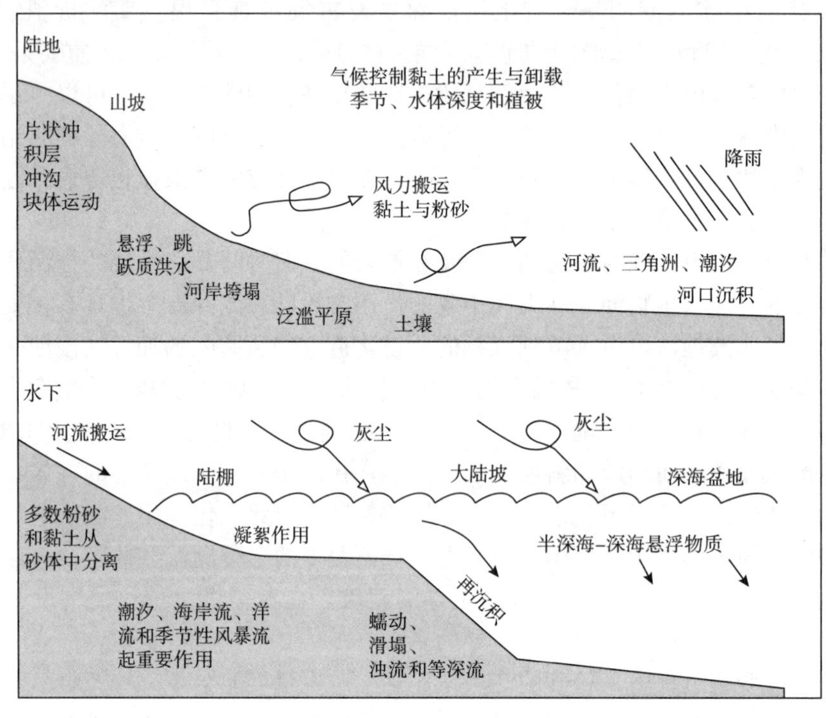

图1-4　细粒物质搬运能量及过程简图(Potter et al.，2005)

表1-5　泥、粉砂和砂水动力条件对比(Potter et al.，2005)

	搬运过程的区别
泥质	弱的水流条件下片状或颗粒状长距离搬运。在有机物质和化学物质的作用下，泥和粉砂等聚合在一起形成较大的颗粒，进而较快的沉淀下来，大多数泥质是通过聚合体而不是单个片状或板状沉积下来的。聚合作用某种意义上来讲取决于水的化学性质，如淡水、盐水和生物球粒的多少等。水底的扰动控制泥质的沉积，而不是水体的深度控制泥质沉积。一旦沉积下来，泥质纹层或厚层黏合力很大，需要较强的水动力才能侵蚀，这个水动力条件比侵蚀粗粉砂和细砂还要大。风成的泥质沉积识别难度大，目前尚未完全识别

续表

搬运过程的区别	
粉砂	粉砂可以通过滑动、滚动、跳跃和悬浮方式搬运。平行层理和斜层理是很典型的构造，并且有多种形式。粉砂主要是通过风和水来搬运的
砂	多数是通过河流的牵引和滚动，洪水中悬浮和跳跃，重力流，碎浪带和沙漠中的风力搬运
相似点	
颗粒大小及地层厚度	颗粒大小和沉积层的厚度有很大的关系，细粒的形成薄层，相对较粗的常形成厚层
筛选作用	在碎浪带细粒物质从分选较差的碎屑物中分选出来，这一过程中风可以携带走泥和粉砂，水流携带走细粒物质，最后留下来砂、砾和生物壳体
幕式搬运与沉积	除深海外，在其他很多环境中，幕式的洪水、风暴和海啸等形成事件性的泥质沉积；火山喷发和斜坡的滑塌在大多数环境中都可以形成事件性的沉积层

1.4.1 块体运动

滑塌、液化和蠕动是块体运动的主要过程。滑塌是指岩石或沉积物块体分离或破裂成两块及更多块的过程；液化是指没有固结的沉积物转化为流动态的过程；蠕动是指物质缓慢随机的顺坡运动过程。以上三个过程在陆地和水下均可以发生，它们对细粒沉积物的搬运起着很重要的作用。蠕动及滑塌作用使坡积物沿着山坡运动到河流的源头地区，进而通过水流进一步搬运。蠕动也可以发生在平坦的倾斜地带、柔软的海岸带、低洼的泥质热带草原地带和水下斜坡带。滑塌和液化在三角洲前缘、海底峡谷的边缘和离大陆坡折带较远的大陆架上很常见，滑塌和液化作用是水下重力流最重要的来源，这种重力流可搬运泥质和粉砂物质到较远距离的深水平坦地区。

滑移方程对理解块体运动具有重要的帮助，岩石或沉积物（如坡积物）剪切应力可以用 σ_s 来表示（Potter et al.，2005），即

$$\sigma_s = C + (N - P)\tan\varphi$$

式中，C 为黏合系数；N 为对基底的垂直压力；P 为孔隙内部流体压力；φ 为材料的吸附角。有效压力 $N - P$ 随着 P 的变化而变化，因此，当雨水量大的时候 $N - P$ 变小，这导致沉积物更容易滑塌。换言之，随着孔隙流体压力 P 的增大，碎屑物质主要由孔隙内的水来支撑，当 P 和 N 相等时，岩石或未固结的沉积物就可以液化了。在山坡地带有效压力跟降雨量有关，但在沉积盆地中其大小跟水平面高低有关。其他因素如黏合力、黏土矿物中孔隙水的盐度都可以增大黏合系数。

斜坡地带物质的滑塌、液化和蠕动受以下因素影响：有效压力的减小，即 $N - P$ 减小；斜坡角度的增大；斜坡向地形低洼地区的倾斜；地震及波浪幕式的震荡；蒙脱石膨胀或含铁质淡水注入引起的黏合系数的变化。就液化而言，无论是部分液化还是全部液化，对解释未固结的泥质和粉砂质沉积物的特征都有重要意义。

泥质和粉砂质沉积物的液化可以产生小规模的流动构造和大规模的滑塌现象。在水中，则首先形成泥石流然后变为重力流。碎屑沉积物液化的重要条件是孔隙中流体饱和且被封闭，这种状态可以在表层沉积物中形成也可以在埋藏较浅的沉积物中形成。液化现象

在粉砂质沉积物中比在细砂和泥质沉积物中更容易出现，因为粉砂质沉积物渗透率比细砂岩低，因此其内的流体不易排出，同时粉砂也不像黏土那样具有较大的黏合力(Potter et al.，2005)。

当有效压力减小到零，沉积物主要由孔隙流体支撑而不是颗粒支撑时，就可以发生液化，这个状态也被称为流态条件。这个条件可以认为是泥、粉砂和砂质沉积物层间流体与湖水或海水中流体压力达到平衡，当水平面突然降低时，渗透性的砂岩上覆水的静压力突然减小(孔隙流体排出顺畅)，而在渗透性较差的粉砂和泥中，上覆压力减小，而孔隙流体压力没有减小。伴随着上覆有效压力的减小，蠕动现象出现，当有效压力减小为零时，液化就出现了。如果处于超压状态的液化流体平衡态失去，就可以形成泥流或是粉砂流。此时如果在地表斜坡上，滑动就开始了，由此在沉积层面上就可以形成大量的构造。如果这个过程发生在水下，将形成浊流沉积体。

地震或波浪震荡作用也可以引起沉积物的液化。当一系列波浪通过的时候，水底压力由于波峰和波谷的交替变换而出现震荡性变化，这种脉冲式的震荡使海底松散沉积物得到压实，孔隙水流出，由于沉积物体积的减小，在海底形成一些泥和粉砂质沉积物的喷发式扩散。这种幕式的波浪脉冲作用形成的另一个结果是水下沟谷中有效压力高频的变化，并使松散沉积物液化。这些孔隙水中如果含有生物有机作用形成的甲烷，亦或是气体的析出也可以减小有效压力，进而减小剪切应力。这种额外应力的减小增加了斜坡物质的蠕动性和滑塌的可能性。在渗透性的沉积体中，孔隙流体排出，而在非渗透的沉积物中，孔隙流体不能排出，进而可能产生液化作用，并形成由地震或波浪改造的粉砂岩或细砂岩层。

在黏土矿物黏合系数发生变化的情况下也可以产生液化作用。在海岸带，海洋冰川泥质碎屑物质中孔隙流体盐度较高，伴随着淡水的渗入，海洋黏土中凝絮结构因铁质的溶解遭到破坏，造成黏土颗粒之间的吸附力大大减小，进而使黏土发生液化。

块体沿斜坡无规则的塑性流动称之为蠕动，它是由物体本身的重力作用产生的。在地表环境下，蠕动也可以引起物体的倒塌和破坏。当孔隙流体压力很大的时候蠕动的速度更快。蠕动在水下斜坡或陆上沼泽地区的塑性、饱和泥质沉积物中也很常见，而且蠕动常是滑塌发生的第一步。

滑动和碎屑流是滑塌作用的直接结果。滑动是保持完整的物体旋转或转移位置的运动。旋转型的滑动多形成于中厚层未固结的土壤或冲积层，常见于三角洲前缘和斜坡扇体中，它们把近岸的泥质物质携带至深水中再沉积。转移性的滑动主要发生在较陡的山坡地带，这些地区具有平坦的滑动底面，滑动层的厚度相对较小。这种滑动是侵蚀作用的重要形式，它可以携带岩块或席状冲积物沿斜坡滑动到河流中。

水下斜坡的稳定性对沉积物的搬运也具有重要的影响。水下斜坡岩石孔隙中水的含量，斜坡角度和高膨胀性黏土物质的含量对斜坡的稳定性有较大影响。此外，影响因素还包括碳酸盐含量、有机质的多少和生物扰动的强弱等。从矿物学角度来讲，泥岩中膨胀性黏土含量越多，斜坡越不稳定，但当碳酸盐矿物含量较多时，斜坡的稳定性会好一些。泥岩中碳酸盐矿物多，增加了岩石内部的剪切强度，因此可以增加斜坡处于稳定状态的倾斜角度。早期的黏合作用主要跟这些碳酸盐矿物有关。因此，灰岩、泥灰岩或灰质粉砂岩斜坡角度通常大于砂质、粉砂质和泥质斜坡的角度。此外，水下含砂粉砂岩斜坡比粉砂质泥岩斜坡角度要大一些。藻类来源的有机质也可以使泥岩更易于滑动，减小其剪切强度。泥岩中的生物扰动作用减弱了黏土矿物的成层性排列，并可能混入砂质和粉砂级物质，进而增大泥岩的剪切强度。

由于新沉积的泥质沉积物很容易被波浪、潮汐和地震等活动改造，它的稳定性对近海的油气平台很重要。水下泥质斜坡的滑塌可以产生很多后果，如斜坡上形成新的峡谷，碎屑流产生的片状沉积体以及再沉积的粉砂和泥质沉积物。虽然水中滑塌作用可以发生在平缓的斜坡上，但毫无疑问斜坡角度越大，沉积物中孔隙流体越多，滑塌作用越容易发生。

1.4.2 沉降、悬浮、挟带作用

重力沉降、凝絮作用和球粒化作用是控制片状黏土矿物搬运和沉积的重要因素。互层状的粉砂和细砂中沉积构造的形成主要由沉积过程控制，其中，沉积物－水界面处水流剪切应力起主导作用。由于小于15μm的粉砂和泥质颗粒与较粗的砂岩具有相似的底床形态，故以它们为例展开分析。

首先以单个颗粒的悬浮为例，颗粒能保持悬浮状态的条件是水体的上流速度大于或等于颗粒下降的速度 w，即：

$$w = \frac{1d^2g}{18u}\Delta\rho = \frac{2r^2g}{9u}\Delta\rho$$

式中，d 和 r 分别为颗粒的直径和半径；g 为重力加速度；u 为动态黏度；$\Delta\rho$ 为颗粒和流体的密度差，该公式即为斯托克斯定律。该定律适用于直径小于180μm颗粒在等温安静水体中的沉降。表1－6是根据斯托克斯定律计算出的不同颗粒大小的物体沉降1m所需要的时间。

表1－6 根据斯托克斯定律计算的颗粒沉降速度（Potter et al.，2005）

颗粒直径/μm	沉降1m所需的时间			沉降速度/(cm/s)
	时间/d	时间/h	时间/min	
60	0	0	5	0.223
30	0	0	30	0.0558
16	0	2	0	0.0139
8	0	7	48	0.00349
4	1	6	0	0.00087
2	5	6	0	0.000217
1	21	10	0	0.000054
0.5	89	0	0	0.000013

斯托克斯定律能够很好的解释泥岩为什么具有很大的侧向连续性。假设有两个颗粒，一个是细砂岩颗粒，一个是片状的黏土，它们均在流速为 v，深度为 D 的水中沉降。砂的沉降速率为 w_s，而黏土的沉降速率为 w_c，由表1－6可以看出 w_s 比 w_c 大很多，可达1000倍。颗粒沉降至 D 水深所需的时间分别为 t_s 和 t_c，则：

$$t_s = D/w_s$$

$$t_c = D/w_c$$

因此给定一个任意的水流速度 v，两种颗粒在深度为 D 的水中搬运的距离可以用 v_{ts} 和 v_{tc} 表示。由于黏土的沉降速度仅为砂质颗粒沉降速度的1/1000，它在水中悬浮的时间比砂质颗粒长1000倍，因此其在水中的侧向搬运距离比砂质颗粒要远1000倍，甚至更多。

总之，在沉积盆地中，不论其大小，假设盆地中没有环流，由于悬浮沉积物的沉降速度小，因此具有更远的侧向搬运距离。

利用斯托克斯定律也可以推测不规则颗粒的沉降速度，直径为100μm的细砂沉降速度比直径为30μm的粉砂的沉降速度大9倍，比直径为9μm的粉砂颗粒沉降速度大约140倍，比直径为1μm的泥质颗粒的沉降速度大近6600倍。即使是很小的上升环流，其速度也是大于黏土颗粒的沉降速度的，但与粉砂或砂质颗粒相比，上升环流对沉降速度的影响很小。换言之，对处于弱水动力条件下的黏土颗粒来讲，上浮力和下降力几乎相等，而对砂质颗粒而言，下降力则大于上浮力。砂主要在河流的底部、浅水风暴流和深水浊流中搬运，而泥和细粉砂则可以在流速慢的水体中搬运很远的距离，并且以悬浮状态存在于沉积盆地的大面积区域。在盐化的沼泽地带，芦苇等作为障碍物，减缓了水流速度，进而使沉积物沉积下来。

除颗粒大小外，黏土在水中的凝聚程度和水的盐度对沉降速度也有很大的影响。当凝聚超过20g/L时，沉降受到阻碍，形成稀释的半流态泥流，这种现象在泥质供应充足的河口和海岸地带非常普遍。海岸带这种泥流的出现抑制了海岸的波浪，减小了波浪的侵蚀作用，使高能海岸变为低能海岸，进而使泥质富集。当盐度增大时，流体密度加大，沉降作用得到抑制。

自然界中黏土颗粒并非都是以单个颗粒的形式沉积下来，越来越多的研究表明，现代泥质沉积物都是以凝絮体和球粒的形式沉积下来的(图1-5、图1-6)。凝絮是物理和生物作用的结果，物理过程主要是通过分子间的范德华力使颗粒凝絮在一起。过量的负电荷集中在黏土颗粒表面，使黏土颗粒远离凝絮体，但如果海水中铁离子较多的时候，凝絮体则容易形成。这些铁离子所带的电子中和了黏土颗粒表面的负电子，使黏土矿物颗粒凝絮在一起。这就是河水中的黏土颗粒是分离的，而到了海水中就大量凝絮在一起的原因。自来水或污水净化正是依靠硫酸铝使黏土级颗粒凝絮在一起进而起到净化作用(汪晓军等，1998；王士才和李宝霞，1997)。沉积物富集和湍流增大了颗粒的碰撞机会，因而也会增加颗粒的凝聚机会。

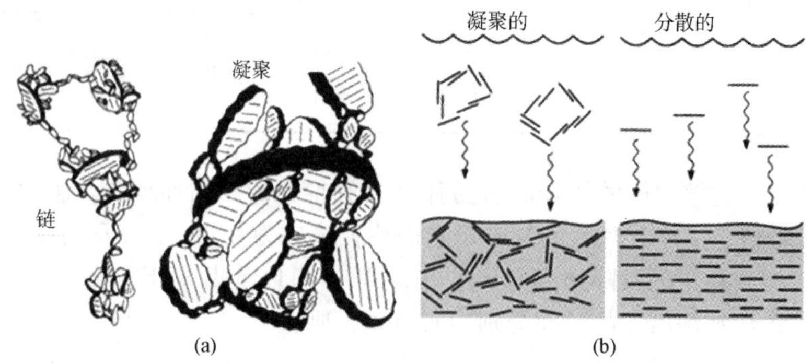

图1-5　凝絮体示意图

(a)—疏松的不规则黏土矿物、粉砂级的石英、长石、粪球粒和生物碎屑链状物(Pusch，1970)；
(b)—凝絮体与单个黏土颗粒沉积过程对比(O'Brien and Slatt，1990)

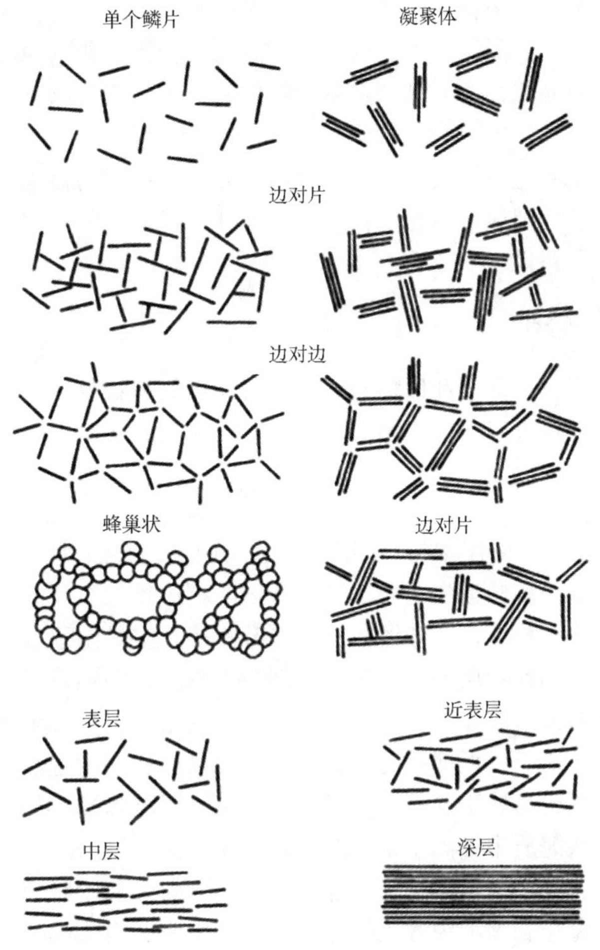

图1-6 开启组构的凝絮体的形式及深埋后内部组构示意图(Allen，2012)

生物作用引起的颗粒物聚集也是一种重要的过程。海藻、细菌等所分泌的黏液能够使小的颗粒物黏结在一起，形成比自身大很多的凝絮体。在沉积物-水界面处细菌分泌的黏液对颗粒的黏结也起到重要的作用(Noffke et al.，2001)。由于细菌、有机质以及人类活动的作用，河流、港湾、河口和海洋中均可以发生凝絮作用。与生物凝絮作用不同的是黏土级的粉砂、细砂级凝絮体是在有膨胀性黏土的情况下形成的。

水体中黏土级颗粒如果凝絮在一起，沉积物内部的空间是开启的，其中可以充满水，造成其稳定性变弱。如果没有凝絮在一起，沉积物内部具有近似平行的结构，其中含水少，因此造成其具有较大的密度和剪切强度，沉积体较为稳定。

黏土级颗粒的沉积在底部水动力较弱的地带，浅至泄湖区，深至数千米的远海盆地。在有机物质出现的地方，它们与泥质颗粒凝聚在一起，较低的密度造成沉降速率很慢。因此有机质含量与沉积物颗粒大小呈反比关系，即粉砂和细砂的含量越大，有机质含量通常就越小。这也就是各种环境中的低洼水流不畅的地带暗色富有机质泥页岩富集的原因。

泥质基底中水的含量，生物作用，碳酸盐含量，生物去黏液作用和黏土的矿物学性质等都会影响泥质基底携带沉积物的速度。黏结物多的水体中凝絮物快速以凝絮体的形式沉积下来；当水中黏结物少，凝絮作用弱的时候，泥质沉积物沉积的速度变慢。弱的水动力能够搅动和侵蚀泥质的凝絮物，而黏结在一起的伊利石等黏土矿物则需要较强的水动力才能够搅动。

生物扰动作用如果使泥质的密度降低，则同时使泥质更容易侵蚀；相反如果生物作用分泌出大量的黏液的话，则使泥质黏结在一起。此外，球粒状的泥质颗粒密度较低，因此在低流速水流下更容易搬运。

1.4.3 细粒物质的分布

河流、波浪、浊流、等深流和风均是黏土和粉砂级的细粒物质分布的载体。其中河流中细粒物质的悬浮搬运符合以下方程：

$$-Q\frac{\mathrm{d}c}{\mathrm{d}y} = cw$$

式中，Q 为扩散系数；c 为水中固体的浓度；$\mathrm{d}c/\mathrm{d}y$ 为垂向变化；Q 为与上升流相关的一个参数，该值越大其以悬浮态搬运的物质越多，搬运的颗粒越大。河流中动荡水流的产生是由其粗糙的河岸引起的；相反，在滞留水体中上升流的产生是由于波浪或不同水体的混合产生的。在河流中，除细粒物质外，离河床底部距离越大，则颗粒聚集越弱。

波浪及沿岸流也能够形成使颗粒物处于悬浮状态的紊流，这种情况下潮汐流、海岸流等可以横向搬运细粒物质。根据斯托克斯定律，颗粒尺寸和密度越小，其沉降到水底的速度越慢，换言之，其越容易处于悬浮搬运状态。正是由于沉降速度的不同，砾石和砂首先沉积下来，然后粉砂从泥质中分离出来，进而形成粒度递变层序。

波浪的振幅越大，其搅动水体的深度越大，向海方向影响的距离越长。幕式的风暴事件，如陆地洪水，是海洋和湖泊中浅水搬运和沉积的主要营力。相似的幕式风暴可以使斜坡上部的沉积物移动或再悬浮，进而形成搬运沉积物至盆地内部的浊流等。在一个向海倾斜的斜坡上，波浪影响的深度在海岸带最大，向海方向逐渐减小。近岸的砂岩和泥岩侵入到远岸海相泥岩中的现象在古代岩石中很普遍，如上扬子地区志留系龙马溪组早期沉积体（苏文博等，2007）。

风暴浪可以引起沉积物的再搬运，形成向斜坡底部运动的密度流，并形成各样的沉积构造，如丘状交错层理或丘状层。丘状构造的出现是静水中风暴事件沉积的主要物理证据。丘状层的厚度越大，说明波浪在水底影响越强烈（Potter et al.，2005），这在风暴事件沉积中属于正常沉积事件。如果水底有氧存在，则形成一些生物扰动构造。在陆架斜坡的向海方向，则风暴影响越来越少，生物扰动沉积体代替了事件性沉积体。

重力流是指密度较大的流体侵入到静水体中形成的流体。若流体的密度差是由于悬浮物质如泥、粉砂、砂等引起的，则这种流体可以称为浊流。重力流和浊流对理解海洋和湖泊中的泥岩沉积具有重要作用。重力流形成时侵入的流体可能比水的密度大，两种流体如果汇聚在中等深度的水体中时，它们可能分离出来形成间流层；当遇到密度更大的水体时，它们会在上层流动。这一现象通常在淡水泥流进入到盐水中，或者温度较高的水体注入到冷水湖中时可出现。

浊流的形成多数开始于灾难性的事件，如富含碎屑物质的洪水进入湖泊或海洋中，水下斜坡的崩塌，风暴搅动泥质陆架使其遭受剥蚀、滑塌等。一旦沉积物被搅动起来呈悬浮状态，这些密度较大的流体在重力作用下沿斜坡向下运动。这种高密度流体具有头部、主体和尾部3个部分，它们的滑移可以持续数小时、数天甚至更长时间。与河流相似，它们流淌于水下较为低洼的地带。在密度流发生的早期，流体会侵蚀基底并携带更多的碎屑物质，但随着斜坡坡度的减小和扰动作用的减弱，较粗的颗粒逐渐沉积，随后粉砂和泥质相继沉积。当这种流体流速快，搅动强度大的时候，厚层的底部含粗砂的沉积层即可形成。当密度流流速慢，搅动较弱时，仅小的颗粒才能以悬浮状态搬运，进而形成薄层的细粒沉积层。即使在倾角很小的斜坡上(0.02°～0.05°)，这些沉积层也可以延伸数十到数百千米。在浊流沉积区，沿浊流运动方向沉积物粒度逐渐减小。这些沉积体的延伸长度取决于流体的能量、斜坡特征、流体中颗粒大小以及流体在底部运动过程中的稀释速度。在一个小的周缘很陡的盆地中，浊流有足够的能量从一侧搬运至另一侧。

下面的公式可以清楚的显示浊流的内部沉积动力学过程(Potter et al.，2005)：

$$\tau_0 + \tau_i = \Delta\rho g t \alpha$$

式中，τ_0 为水和沉积物界面处剪切应力；τ_i 为重力流流体上表面的剪切应力；$\Delta\rho$ 为浊流流体与上覆水体的密度差；g 为重力加速度；t 为浊流的厚度；α 为斜坡的倾角。等式左边代表了浊流运移的阻力，右侧代表驱动力。$\Delta\rho$ 和 α 越大，浊流流速越快。浊流的流动速度和流动距离可以估算，但浊流的厚度、斜坡角度、密度差和摩擦系数需要估计。

沉积构造研究是认识浊流沉积的重要工作，对于泥质和粉砂质沉积来讲，首先要识别出毫米或分米级的粒度变化层，并将其从大的沉积背景中分辨出来。通常来讲在比较高的地形的下端可能有浊流沉积，但对于小规模薄层的浊流沉积，它们也可形成在浅水斜坡地带。如果这类浊流沉积是由于风暴引起的，那么它也可以称为风暴岩。

在大陆坡下方有一种平行于斜坡流动的流体，即等深流，等深流沉积在鄂尔多斯盆地奥陶系和扬子地区古生代地层中均有发现(高振中和张吉森，1995；何幼斌和高振中，1998；姜在兴等，1989；刘宝珺等，1990；屈红军等，2010)。它们包括主要来自陆地的泥质、粉砂质泥、粉砂和细砂，此外可能还有生物成因的颗粒。这些沉积体多呈层状，发育微交错层理、冲刷构造和生物扰动构造。现代等深流多呈薄层状，常形成一些孤立的丘状体(Zhao et al.，2015)。

风是细粒物质搬运的重要载体，但在古代泥岩中还没有明确发现的风成沉积体。远洋沉积的泥岩层中含有的单个粉砂层，可能是风搬运来的沉积物。一些特殊的含颜色的沉积层也可能是风成的。在地球表面，每年有来自沙漠和火山喷发物质的成千上万吨的泥土和粉砂进入到空气中，这些物质是碳酸盐台地上泥土层形成的重要来源，由此也可以推测它们在缓慢沉积的泥质沉积物中也可能会大量存在。

1.4.4 细粒岩的沉积构造

当泥岩与粉砂和砂质物质混合或互层沉积时，沉积构造发育良好(图1-7)。泥岩粒度细的特点导致其肉眼可观察到的宏观构造发育较差，但当岩石切成薄片后，在X射线摄影下就可以看到很多构造现象。如果细粒岩中的沉积构造被块体运动和生物扰动破坏，则可形成多种多样的沉积构造(表1-7)。

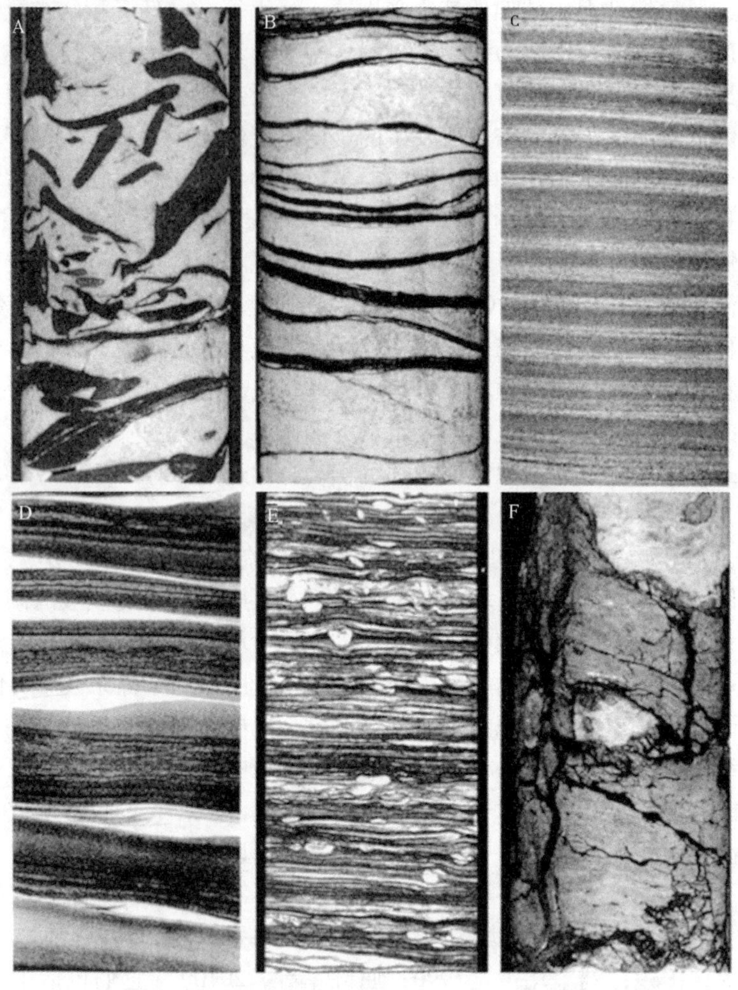

图1-7　西印第安纳伊利诺斯盆地宾夕法尼亚系泥岩中的沉积构造

A—砂质碎屑流中发生变形且有一定定向的泥岩碎块；B—薄层倾向不定的泥岩薄层(潮汐?)；C—平坦的韵律性泥岩和粉砂岩(潮汐)；D—泥岩中孤立的波状层(海湾沉积中的远端扇体)；E—层状含粉砂薄层的泥岩，生物扰动构造发育(三角洲前缘?)；F—灰色块状粉砂，其中含白色钙质的藻类球体(Barnhill et al.，1996)

表1-7　泥岩中常见的沉积构造及其意义

过程	结果
远源浊流	交错层或交错层理，弱的侵蚀(冲刷)构造，水动力弯曲层，底痕，粒序层
风暴	丘状层和侵蚀(冲刷)构造
等深流	交错层理或交错层，少量侵蚀(冲刷)构造
弱的潮汐流	纹层和小的侵蚀(冲刷)构造
悬浮沉降	水平的薄粒序层或非粒序层
微生物藻席	波状、褶皱的纹理
块体运动	滑动、滑塌、泥浆和微断层(塑性沉积物变形)
底栖生物	生物扰动和生物爬痕(生物扰动的强弱和类型取决于水深和水底的氧含量)

泥岩和多数粉砂岩沉积层中小于10mm的层状结构广泛发育。水平层理、交错层理和粒序层理是泥岩中发育最广泛的沉积构造。泥和粉砂级的颗粒可以形成水平层理和粒序层理，但交错层理通常只发生在粉砂和细砂岩中。泥质沉积物主要以悬浮沉降的方式沉积，因此纹层在泥岩中发育广泛。大多数泥岩中纹层的厚度小于10mm。

纹层广泛发育并富含黏土矿物是泥岩沉积的重要特征（刘传联等，2001；王冠民，2012）。纹层发育有多种形式，如黏土矿物呈层分布，黏土纹层与粉砂纹层互层，粉砂、泥和生物化学沉积层共生形成的纹层等。纹层的形成需要陆源碎屑、化学或生物沉积的交替出现。通常情况下，单个纹层之间通常有一个突变的界面，这个突变界面可以由粒度变化、云母、重矿物或有机质引起。

在快速沉积和贫氧条件下，生物扰动现象稀少。单个纹层可以呈波状、倾斜状，甚至只有少量粉砂颗粒组成。纹层的厚度薄，它们可能是由远洋悬浮或风成沉积形成的。细粒的黏土和片状粉砂如果一起沉积则可形成不连续的纹层，进而形成一些压扁层理，这是泥岩中较为常见的一种现象。粉砂和泥的交互沉积在横向上通常是连续的，这代表弱水动力条件下的远洋浊流沉积。在纯泥岩中也有由颗粒的微小变化形成的纹层，它们代表了远洋幕式悬浮沉降过程，这些碎屑物质可能来自陆地，也可能是生物来源的。由陆源物质形成的纯泥岩中，纹层可能由浊流携带的粉砂形成，也可以由三角洲地区洪水携带的泥流形成。生物和化学作用所形成的纹层通常是季节性的丰富的有机质含量和温度适宜的海水是生物生产力增强的重要原因。泥岩中常见平坦的毫米级的颜色纹层，这些颜色纹层的形成可能有三种类型：①纹层由被有机质侵染的细粒物质所形成；②风所携带的沙漠灰尘所形成；③周期性的水体底部富氧造成的沉积物被氧化，形成氧化色的纹层，如红色、黄色纹层等。呈层不明显的泥岩可能是生物扰动结果，或高密度泥流所形成的沉积体（Shanmugam，1997）。

包卷构造、火焰状构造和重荷模是未固结细粒岩中由于物理作用形成的一些构造，它们均属于变形构造的范畴（李勇等，2012；朱如凯等，1994）。包卷构造（包卷层理）是在一个层内的层理揉皱现象，表现为由连续的开阔“向斜”和紧密“背斜”所组成（钟建华和侯启军，1999），一般由细层向岩层的底部逐渐变正常。包卷层理向顶部扭曲，细层被上覆层截切，表明层内扭曲发生在上覆层沉积之前。包卷构造和火焰状构造可能是沉积物-水界面处流体拖动泥质沉积物形成，也可能是未固结泥质沉积物沿下倾方向的滑动或已固结沉积体的滑动形成（李华启等，2003；杨华等，2010）。重荷模是一种负荷构造，它是指覆盖在泥质岩之上的砂岩底面上的不规则瘤状突起。当泥质沉积物尚未固结，处于可塑状态时，由于不均匀的负荷作用，上覆的砂质陷入到泥质沉积物中，结果在上覆岩层底面上产生突起的重荷模，突起部常由砂或细砾组成。负荷构造常呈圆丘状或不规则瘤状突起，排列杂乱，大小不一，直径可从几毫米到几十厘米不等，突起高度从几毫米到十几厘米不等，但在同一层面上的形状和大小比较接近。重荷模可以指示沉积先后顺序，即突起部指向底层，凹陷部指向顶层。重荷模构造在我国许多盆地中都有发育，并且作为一种典型的沉积构造，可用于识别沉积相类型（李文厚等，2001；邵龙义和张鹏飞，1999；袁静，2006；张小莉等，2006；赵澄林和刘孟慧，1988）。泥火山构造及与之相关的一些管状构造是泥质沉积物液化的结果。泥质沉积物经液化后可沿泄水沟流动，向上注入到上覆沉积层并穿过层理溢出层面，最终在出口处形成呈火山锥状的泥质小锥体，即形成泥火山构造。滑动褶皱是块体滑塌的结果，上部超压物体或陡峭层的滑塌、变形并沿斜坡向下移动形成滑动褶皱。由于流体是沿广阔的斜坡向下运动的，因此滑塌褶皱是泥质盆地中指示斜坡方向的一个可靠标志。

泥质沉积物表层的底栖生物是纹层和一些水动力构造破坏的主要原因。底栖生物在泥质沉积物表面挖掘或深或浅的洞穴，它们通过吸取泥质或搅动泥质来完成洞穴的建造。觅食是这一过程的主要目的，此外也可以是躲避捕食者。通常这些生物体未被保存而仅仅是这些生物的遗迹被保存下来，因此它们又称为遗迹化石。

遗迹学是研究生物活动留下的遗迹的科学，包括足迹、钻孔、爬行迹、粪便和遗物等(Frey and Pemberton，1985；Gingras et al.，1999；龚一鸣，1994；张建平和李明路，2000；周志澄，1995)。生物对层理的破坏作用称为生物扰动作用，生物扰动作用类型多样(图 1-8)，底层水体氧含量是控制生物扰动的决定性因素。通过对生物扰动遗迹的类型、规模、颜色与地层的关系等可以半定量的恢复古代泥质盆地的氧含量水平。此外，遗迹化石还可以提供动物如何利用空间的信息，底层固结程度的信息，沉积层沉积速度的信息。此外，利用化石在平面和垂向上的组合也可以推断古水体深度。

地层生物扰动的比例，遗迹化石的形状、尺寸和生物构造的类型反映了不同的沉积条件。随着氧含量的降低，遗迹化石的尺寸、深度以及丰度均减小，因此，缺氧环境下沉积的黑色泥岩中仅有小且浅的遗迹化石，甚至没有遗迹化石，这种泥岩中层理保存完好。相反，在氧含量充足，沉积速率缓慢至中等情况下形成的泥岩中有大量的生物扰动现象，地层的纹层会遭受破坏。沉积速率在其中扮演重要的作用，快速沉积的厚层泥质或粉砂质沉积物中，除个别生物逃逸痕迹外，生物扰动稀少；相反，在局部快速沉积的间歇期，如果供氧充足，底部松散的沉积物会被生物强烈改造。

生物扰动作用可以影响泥质中水的含量，进而影响侵蚀作用。生物进食、排泄以及次生的细菌活动会影响沉积物中孔隙水的化学性质，进而影响成岩过程，特别是黄铁矿的形成。例如，有机质含量高的洞穴中可能形成细粒的黄铁矿，相反，有机质含量低且被氧化的洞穴中很少有黄铁矿的形成。

泥岩和粉砂岩所组成的薄层韵律层，在岩心中比较常见，其中，泥岩的成分很重要，因为它们决定了纹层的特征。通过测量这些韵律层的厚度、成分特征可以对其作出较为合理的解释。理想的时间单元是年纹层，即一年中沉积的纹层对。这种年纹层在瑞典冰川湖泊中最先被识别出来，这些纹层首先沉积细砂和粉砂层(夏季冰川消融和快速沉积)，此后沉积薄层泥岩(冻结湖泊结冰造成的缓慢沉积)(Potter et al.，2005)。

在深水海相盆地、非冰川性盆地中年纹层也较为发育，这些纹层主要是由于生产力的变化形成的。夏季温暖水体中浮游生物发育，冬季冷的水体中生物生产力低，这时细粒物质沉积占主导(刘强等，2004；王冠民和钟建华，2004；游海涛等，2007)。在这些年纹层中生物藻席和浮游生物残体组是主要的生物组分。次生黄铁矿或锰也可能在泥质纹层中形成，这是细粒的泥岩早期成岩作用的一个重要特征。

泥岩中也发育反映其他频率级的旋回层。潮汐旋回在粉砂泥岩互层沉积中已被识别出来，每天甚至每月的变化均会对这些纹层的形成起到控制作用(范代读等，2002；梅冥相

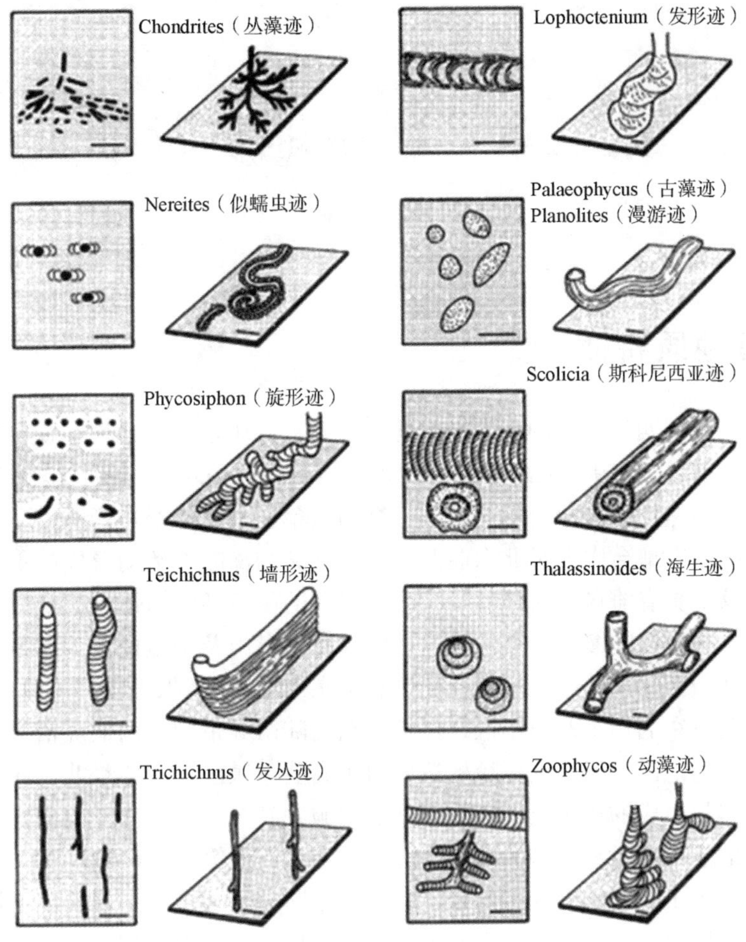

图 1-8 泥岩中常见的遗迹化石类型(Wetzel and Uchman，1998)

等，2000)。碎屑较多的潮汐纹层通常由波状的粉砂、砂质纹层和泥质纹层交互沉积而成。对于潮汐纹层，其厚度由高潮期和低潮期控制。潮汐纹层的这种特征与年纹层有很大不同。在这些波状或层状沉积中，砂岩代表了潮退或洪水事件，泥质代表了高潮期。对这种潮汐纹层的研究能够定性-半定量恢复它们的形成过程。

在氧较为充足，沉积速率缓慢的地区，生物扰动可能破坏原生沉积构造，因此进行泥质沉积环境解释时，需要对主要的沉积构造、遗迹化石、岩石颜色和有机质含量等要素作出综合考虑。对于多数细粒物质的搬运和沉积来讲，幕式的洪水，陆架边缘的风暴，斜坡滑塌形成的浊流等都是重要的过程。相反，等深流在陆架深水地区对细粒物质的搬运和沉积具有重要的作用(高振中等，1995；何幼斌和高振中，1998；王玉柱等，2010)。

第二章　区域地质背景

2.1　区域地质特征

川东南地区位于四川盆地的东南缘，处于上扬子板块东南缘，具有较典型的被动大陆边缘特征(苏文博等，1999；王鸿桢等，1986；周名魁，1993b)。四川盆地处于扬子准地台上偏西北一侧，是扬子准地台的一个次一级构造单元。北邻秦岭褶皱带，西邻松潘甘孜褶皱带，是上扬子准地台内通过北东向及北西向交叉的深断裂活动形成的菱形构造一沉积盆地。印支期盆地具有雏形，后经喜马拉雅期强烈的压扭性断褶活动，形成现代盆地的构造面貌。四川盆地属内陆多旋回盆地，盆地内部以龙泉山及华莹山深大断裂为界，划分为三个构造区，即川西北坳陷区、川中隆起区和川东南坳褶区(朱志军，2010)。川东南坳褶区指华莹山断裂以东的川东及川南区，包括川东高陡褶皱带和川南低陡褶皱带，是四川盆地内褶皱最强烈的地区。研究区区域构造属川东高陡褶皱区，主要是北东向和北北东向高陡背斜带和断裂带组成的成排成带平行排列的褶皱，其中背斜紧凑，向斜宽缓。川东南地区地处四川盆地东南部大娄山和武陵山两大山系交汇的盆缘山地(吴礼明等，2011)，带内发育数公里至数十千米的走向或斜向张性、压扭性断裂。区内地层属华南地层大区扬子地层区中上扬子地层分区，主要出露新元古界、古生界、中生界海相沉积盖层以及新生界陆相地层。地理上主要包括重庆市的东南部，贵州东北部，湖北西南部和湖南省西北部的部分地区(图 2-1)。

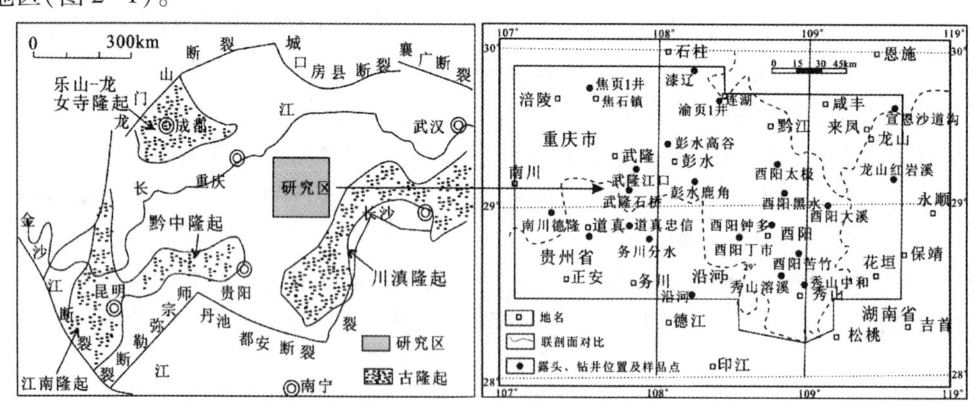

(a)早志留世中上扬子区构造和盆地格局(周恳恳，2015)　　(b)研究区地理位置与样品分布位置图

图 2-1　研究区构造和地理位置

根据四川盆地不同阶段的发展特点，四川盆地的构造演化特征可分为六个主要的构造变革期(朱志军，2010)。

(1)扬子旋回，包括晋宁运动和澄江运动，以晋宁运动为主。晋宁运动是发生在震旦纪以前的一次强烈构造运动，它使前震旦纪地槽褶皱回返，会理群、峨边群、火地垭群、板溪群等发生变质，并伴有岩浆侵入，扬子准地台普遍固结成为统一基底。晋宁运动还形成了安宁河、龙门山、城口等深断裂，这些深断裂控制了扬子准地台的西部和北部边界，成为后期发展过程中地台与地槽的分界线。澄江运动发生在早震旦世中晚期，代表性界面在大凉山一带为列古六组与开建桥组间的平行不整合。早震旦世的火山活动和岩浆侵入已延至盆地的西部和川中腹地，从而使“前震旦系”基底复杂化。就组成盆地的基底而言，在某些地区，如盆地的西南一侧，其地质时代可能要上延到早震旦世，因此，上震旦统才是盆地之上接受的第一沉积盖层。

(2)加里东旋回，加里东旋回在四川盆地主要运动有三期：第一期在震旦纪末(桐湾运动)，表现为大规模抬升，灯影组上部广遭剥蚀，与寒武系间为假整合接触；第二期在中晚奥陶世之间(早加里东运动)，但在四川盆地表现不明显；第三期在志留纪末(晚加里东运动)，是一次涉及范围广而且影响深远的地壳运动。这次运动使江南古陆东南部的华南地槽区全面回返，下古生界褶皱变形。在扬子准地台内部虽然没有见到明显的褶皱运动，但是大型的隆起和拗陷以及断块的升降活动还是比较突出的，如贵州黔中隆起、四川乐山－龙女寺隆起和江南－雪峰山隆起。

(3)海西旋回，该旋回是古生代第二个构造旋回，该时期影响到四川盆地范围的运动主要有泥盆纪末的柳江运动、石炭纪末的云南运动和中、晚二叠世之间的东吴运动。其性质皆属于升降运动，造成地层缺失和上下地层间呈假整合接触。

(4)印支旋回，印支运动指三叠纪以来到侏罗纪以前的构造运动。该时期地壳从张裂活动转变为压扭活动，结束了海相的地台沉积，变成菱形断陷的陆相沉积盆地，盆地开始收缩。印支旋回最早的构造运动对四川盆地的影响可能早在中三叠世初期就已开始，反映在进入中三叠世以后海盆的沉积方向与早三叠世相比发生了很大变化。但表现特别明显的主要有两期，一期是发生在中三叠世末(早印支运动)，另一期是发生在晚三叠世末(晚印支运动)。

(5)燕山旋回，该运动指侏罗纪以来至白垩纪末的构造运动。在四川盆地侏罗纪末的中燕山运动表现最为明显，这是上扬子地区陆相沉积盆地发育的主要阶段。当时盆地范围可能遍及整个上扬子区，且有多个沉积中心，如四川、西昌、楚雄等。四川盆地受燕山旋回各构造幕运动影响，在侏罗、白垩纪发展阶段总的趋势是盆地周边地区开始褶皱回返，古陆隆起，沉积盆地范围逐步向内缩小。其间各古陆前缘的沉降中心时有迁移，但受川中稳定基底制约，围绕威远－龙女寺一带的中间隆起呈环状分布。由于区域性抬升，造成侏罗系上部大幅度地被剥蚀。

(6)喜山旋回，指晚白垩世晚期以来主要发生在古近纪和新近纪的构造运动。四川盆地喜山旋回最明显的一次运动是在古近纪名山群和芦山组沉积以后，以与上覆大邑砾岩的不整合接触为这次运动的代表。在四川喜山旋回至少有两次重要的构造运动。一次发生在新近纪以前(早喜山运动)，这是一次影响极其深远的构造运动，是四川构造盆地和局部构造形成的主要时期。它使震旦纪至古近纪以来的沉积盖层全面褶皱，并把不同时期不同地域的褶皱和断裂连成一体，从此，盆地的构造格局基本定型。另一次运动发生在新近纪以后，第四纪以前(晚喜山运动)。经过这次运动，早喜山期形成的构造进一步得到加强和改造，最终定型成现今四川盆地的构造面貌。第四纪以来，新构造运动仍在发展，除龙门山前以沉降为主外，其余为间歇性上升运动，接受新的剥蚀夷平。喜山期来自太平洋板块向西北俯冲的强大挤压力，通过川东的弱磁性基底和沉积盖层传递到长期隆起的川中刚性基底，受该基底的抵挡而派生出大小相等方向相反的构造作用力。致使川东地区在褶皱变形过程中长期持续对峙挤压，形成以北东-南西轴向为主的一系列近于平行的线型梳状褶曲，即形成了川东高陡褶皱带。

川东南地区位于上扬子台坳内，在地质历史上跨越了多个大地构造分区和岩相古地理区，但总体来讲，该地区地质演化基本与扬子地台东南缘相同。扬子地台东南缘经历了活动期、次稳定期、稳定期和地台复活期4个阶段。扬子地台东南缘在前震旦纪处于大陆边缘冒地槽发展阶段，形成了一套以复理石和火山碎屑为主的沉积建造，在晋宁运动的作用下，华夏板块和扬子板块拼接形成南方统一的大陆，强烈的褶皱变形作用下形成了一系列北东向的紧闭褶皱，并使板溪群成为川东南地区的褶皱基底。此后地壳进入了次稳定的发展阶段，早震旦世时期，扬子板块和华夏板块拉张裂陷作用增强，发育了多个北东向的地堑盆地。该地区被动大陆边缘的构造格架在晚震旦世至早寒武世初期形成，震旦纪时期，扬子地台东南部地区处在冰期阶段，形成了一套冰期碎屑岩沉积和间冰期的碳酸盐沉积体，并且以角度不整合上覆于基底板溪群之上。同晚震旦时期的沉积格局相比，早寒武世的沉积格局发生了巨大的变化，此时晚震旦世时期的台盆格局基本消失，在扬子地台东南缘大部分地区沉积了大范围的黑色页岩和硅质岩。被动大陆边缘在早寒武世晚期至早奥陶世得到进一步的发展，扬子陆块东南缘活动逐渐减弱，处于长期稳定下沉的状态，进而形成统一台地和推进台地。早寒武世晚期，相对海平面的上升速度减慢，海水环境逐渐适于碳酸盐岩沉积。中奥陶世以后，扬子陆块东南缘的构造格局和构造性质发生了巨大的变化，随着扬子板块和华夏板块的碰撞挤压，物源方向发生了改变，陆源碎屑物质主要来自于东南方向，并源源不断地注入到处于欠补偿状态的扬子东南边缘盆地，扬子东南缘进入了前陆盆地演化阶段(刘少峰等，2010；万方和许效松，2003；汪新伟等，2010；许效松和梁宝华，2001；尹福光和许效松，2001)。随着逆冲带的推进，前陆受负荷挠曲下沉后退，到晚奥陶世-早志留世，扬子东南碳酸盐缓坡逐渐被淹没，前陆盆地充填，普遍隆起造山。此时，伴随来自于南东方向挤压作用的增强，除钦防地区以外的华南地区大多上升为陆，在贵州三都下燕高地区表现为中奥陶统与上覆中志留统呈平行不整合接触，而川东南、黔北、湘西等地区则大多表现为上奥陶统与上覆下志留统龙马溪组呈平行不整合接触(胡书毅等，2001)。

华南地区在古生代是一个独立的板块，奥陶纪时期华南地区的一个重要特征是板块上发育被扬子海覆盖的扬子地台区，扬子海具有向内陆延伸的特点(Wang et al.，1997)。志留纪时期川东南地区也是被扬子海覆盖，本书中的龙马溪组细粒岩即为扬子海中的沉积记录。

1924年Lee在峡东创建了“龙马页岩”这一名词(Lee，1924)，1943年尹赞勋创立了

“龙马溪页岩”(尹赞勋，1943)，这也成为了后来“龙马溪组”这一名词的来源。目前所讨论的龙马溪组通常是由下部黑色笔石相页岩和上部的灰绿色－黄绿色混合相泥质粉砂岩组成，包含 N. persculptus、Akidograptus ascensus、Parakidograptus acuminatus、Cystograptus vesiculosus、Coronograptus cyphus(下部)及 Demirastrites triangularis – Monograptus sed gwickii (上部)等8个化石带(苏文博等，2007)。

本书中的细粒岩主要为川东南地区龙马溪组的细粒岩，包括页岩类和粉砂岩类，部分剖面包括奥陶系五峰组黑色页岩。研究区这两套黑色页岩在野外宏观剖面上不宜区分，截至目前，学者们在讨论华南地区奥陶－志留系优质烃源岩时，普遍存在这样的倾向，即习惯于忽略奥陶－志留纪之交的海平面升降以及曾经发生的构造隆升等造成的地层缺失，通常把五峰组和龙马溪组视为同一套黑色－暗色页岩体系，进而比较笼统地将其成因全部归结于志留纪初期全球海平面迅速上升导致的缺氧事件。事实上，龙马溪期和五峰期的海平面上升并非在同一个旋回中(苏文博等，2007)。早期关于五峰组黑色页岩和龙马溪组黑色页岩的划分中，五峰页岩实际就是龙马溪页岩的下部，在空间分布上，五峰组黑色页岩与龙马溪组黑色页岩在包括川东南地区在内的扬子大部分地区都同时存在，且出露面积较大；此外从沉积学角度考虑，扬子大部分地区的五峰组和龙马溪组是连续沉积、彼此整合的，但是在扬子地块内部部分地区和扬子地块的边缘地区五峰组和龙马溪组之间都存在着区域性的不整合和较严重的地层缺失现象(苏文博等，2007)，这也是在本书研究工作中着重考虑的一点。即研究区龙马溪组黑色页岩与五峰组黑色页岩之间存在一个层序界面，这个界面虽然时间上是连续的，但是更大范围的横向对比，该界面则是与不整合面对应的一个整合面，符合经典层序地层学关于层序界面的定义。因此在层序划分过程中把该界面作为一个层序界面，同时从岩石学和元素地球化学分析结果来看，这两段黑色页岩也存在较大的区别。苏文博等(2007)也把这个面定为了三级层序界面，有所不同的是他们把该界面作为陆架边缘体系域的底界面。

龙马溪时期扬子区为浅海盆地型笔石页岩沉积，其沉积范围与五峰期相比有所减小，从五峰期和龙马溪期中国南方海陆分布情况也可以显示这一特点(李志明和陈建强，1997)。从岩石的岩性上来看，主要是一套黑色含碳粉砂岩和泥页岩，基本上不含硅质，这与川东南地区五峰组的黑色页岩有所不同，五峰组的页岩硅质含量通常较高(雷卞军等，2002；梁超等，2012b；刘峰等，2011；刘伟等，2010；肖传桃等，1996)；扬子区龙马溪期的沉积厚度和岩相横向变化具有较为明显的规律，在上扬子海盆内，黑色笔石页岩自黔中古陆向西北逐渐变厚，厚度由30多米增加到700多米。靠近黔中古陆的地区，在龙马溪中期和后期，沉积环境以浅海为主，所沉积的岩石中发育大量水平层理，反映了较弱的水动力条件，在川南的綦江观音桥等地区，发育有少量前进波痕，所含的生物也是以笔石动物为主，此外岩石中保存有一些遗迹化石。在龙马溪组沉积的区域内，黑色页岩的顶界面是一个不等时界面，在上扬子海盆的边缘所形成的沉积岩内含大量的海百合、腕足动物、三叶虫、珊瑚等动物化石。龙马溪组之上含多门类化石的泥岩和泥灰岩，其中有大量的复体珊瑚和层孔虫；其下是观音桥组。以上的事实说明龙马溪期上扬子区属于陆棚浅海环境(郭英海等，2004；李志明和全秋琦，1992a)。但在钻井和野外露头中发现了典型的浊积岩沉积体，说明虽然主体上川东南地区为陆棚沉积环境，但存在部分的深水斜坡区，因为只有这个深度和坡度才可以发育和保存足够大规模的浊积岩沉积体。

在野外工作中对川东南地区龙马溪组露头剖面和钻井资料进行了详细的分析，包括研究区北部的渝页1井(全井取心)，东部的湖南龙山红岩溪剖面，西部的彭水县鹿角剖面，武隆江口剖面和南部酉阳丁市剖面等。总体来看，南部黑色页岩的厚度相对较薄，且粉砂质页岩占主导地位，通过剖面的对比发现该时期物源主要来自研究区的南部。很多学者对包括研究区在内的扬子地区的古海洋与古陆地分布进行过分析，李志明等(1997)对中国南方五峰期和龙马溪期的古海洋和古陆地分布进行过研究，他们认为龙马溪时期上扬子大部分地区都接受沉积，只有黔北地区为古陆即黔中隆起，从湖南长沙到贵州贵阳一带以南地区以五峰期沉积为主，龙马溪期沉积较少(图2-2)。这也给川东南地区的研究提供了有益的帮助，即该区龙马溪期的沉积物源可能主要来自南部的黔中古隆起。关于黔中隆起，尹赞勋(1949)最先提出，他认为在奥陶纪至志留纪时期，位于贵州遵义一带沿东西方向存在一个隆起，称为黔中隆起，它的西端可与滇东古陆相连(尹赞勋，1949)，基于此有一些学者又把黔中隆起称为滇黔古陆。从贯穿湘东南-湘中-湘北-鄂南-渝东-黔北-黔中-川北和陕东南的岩石地层剖面也可以看出(图2-3)，在川东南地区的南部，即从黔北到黔中地区龙马溪组黑色页岩逐渐消失，以至于缺失龙马溪组地层，这也从一个侧面说明了黔中隆起的存在以及龙马溪时期古海水的深度从黔中到川东南地区是逐渐加深的。戎嘉余等(2011)对贵州北部、滇东北、川南、川东南奥陶系-志留系界线的岩石地层进行了更为精细的对比，如图2-4所示，可以看出川东南秀山地区和黔东北松桃地区没有缺失 Akidograptus ascensus 笔石带地层，而向南部到贵州石阡地区则缺失了该笔石带的地层，再向

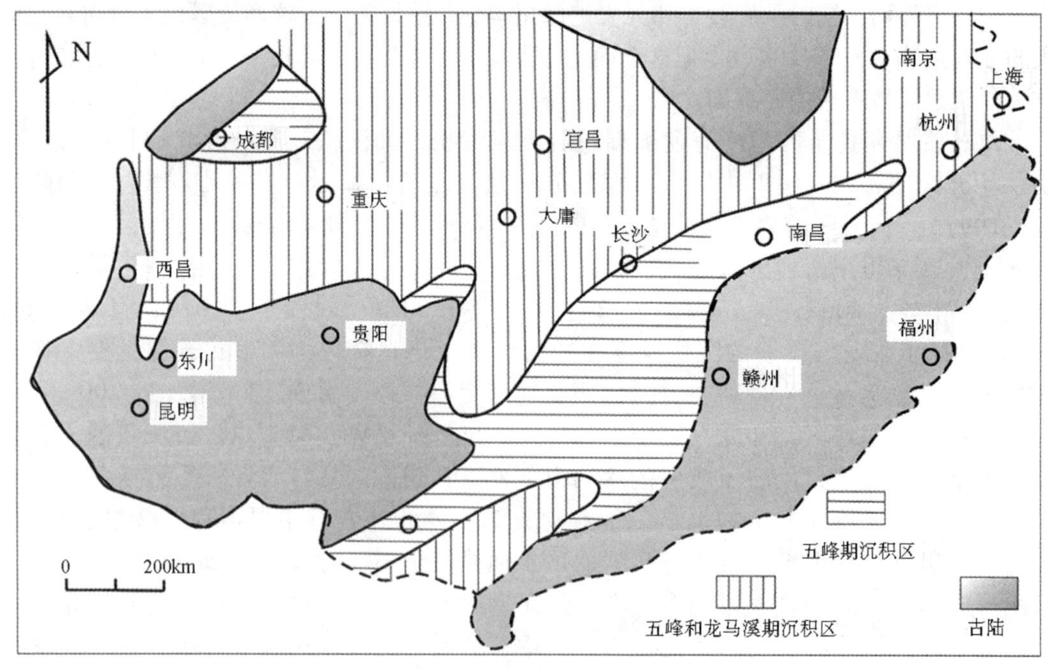

图2-2 中国南方五峰期和龙马溪期海陆分布示意图(李志明和陈建强，1997)

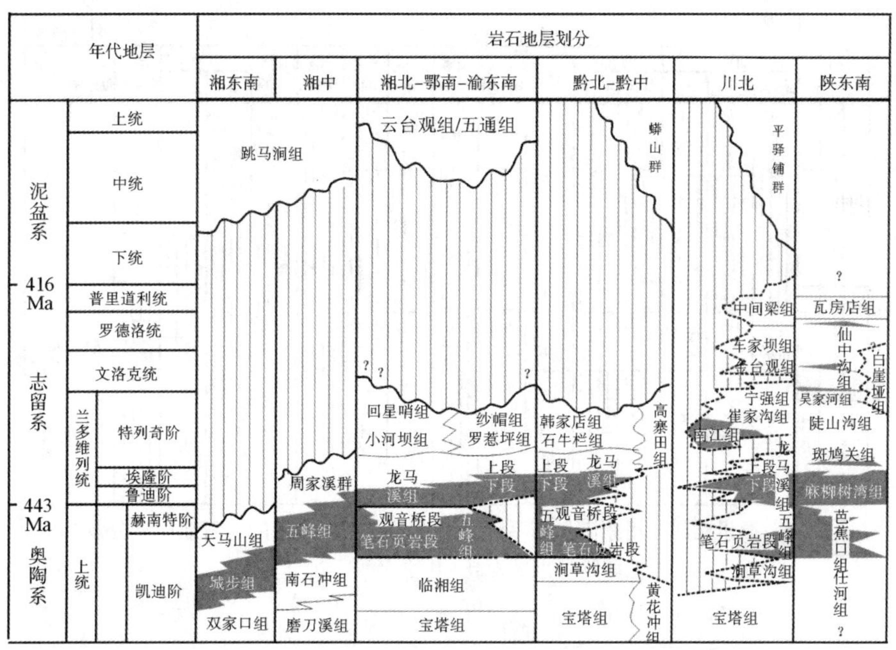

图2-3 华南地区五峰组-龙马溪组及其相关地层序列对比(苏文博等，2007)
(深灰色条带代表黑色-灰黑色碳硅质笔石页岩层位)

南到贵州沿河、印江、思南、凤岗等地区逐渐缺失 Parakidogt acuminatus，Cystogr. vesiculosus 和 Coronogt. cyphus 笔石带地层。可以反映出从川东南向黔东北和黔中地区水体逐渐变浅，造成不同深度带的笔石组合沉积类型(戎嘉余等，2011)。穆恩之等(1981)曾提出，在奥陶纪末期及五峰期时期，在湖北西南部和湖南西北部地区存在一个“湘鄂西隆起”，并分析了奥陶纪末期(五峰期)和志留纪早期(龙马溪期)该隆起对邻区沉积体系的影响(穆恩之等，1981)。穆恩之(1954)曾经讨论过扬子区五峰页岩的分布规律，他也认为奥陶系与志留系之间存在一个沉积间断，且主要发生在湖北长阳和湖南临湘一带，认为宜昌上升主要影响了湖北宜昌、湖北恩施和湖南张家界一带，往西可以达到重庆的黔江地区和渝东南的秀山一带(穆恩之，1954)。Chen(2004)等进一步指出，由于宜昌上升的影响，在交界地区有一湘鄂水下高地(Hunan - Hubei Submarine High)，并且认为，在湖北、湖南、重庆这三省(市)交界地区内，至少缺失了鲁丹早期两个笔石带的地层。关于这一点樊隽轩等人也通过最新的研究资料进行了证实，并进一步确认了这一事实。至于鲁丹早期(龙马溪组底部地层)湖北、湖南、重庆这三省(市)交界地区沉积缺失现象究竟是未接受沉积，还是沉积后又被剥蚀，目前尚未找到充分的证据进行最终确定(Chen，Xu et al.，2004；樊隽轩等，2012)。近期樊隽轩等(2012)考虑了湘鄂水下高地的存在，对华南志留系兰多维列世鲁丹早期龙马溪组黑色笔石页岩的分布进行了预测(图2-5)，可以看出川东南地区在鲁丹早期龙马溪组均沉积了一定厚度的黑色笔石页岩，不过对于黑色页岩的厚度分布以及它的沉积环境没有开展进一步的研究。本书重点也就是厘清这套以黑色页岩为主的细粒岩在川东南地区的平面分布特征以及该时期的沉积环境演化特征。

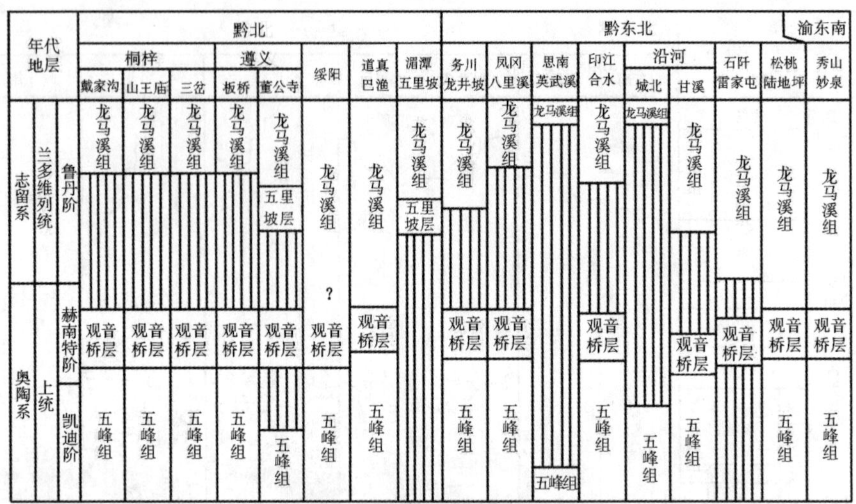

图 2-4　贵州北部、川东南奥陶系 - 志留系界线地层剖面的岩石地层划分及其与国际标准的对比(戎嘉余等，2011)

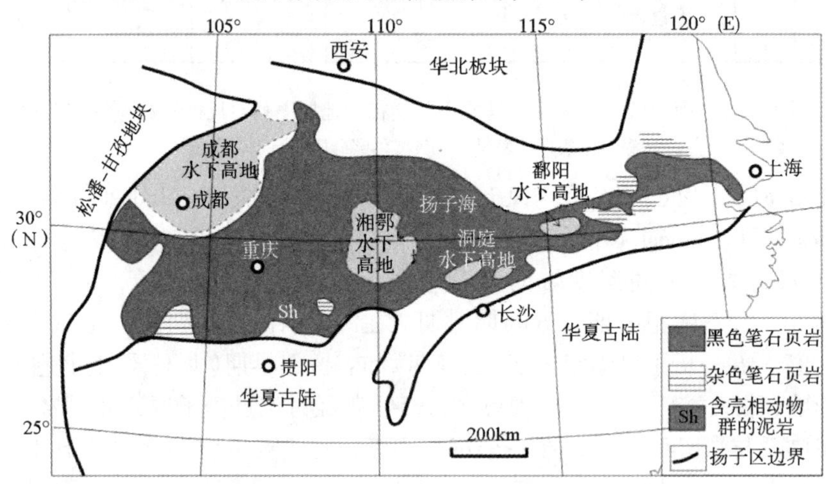

图 2-5　华南志留纪鲁丹早期龙马溪组黑色笔石页岩的分布(樊隽轩等，2012)

中上扬子地区自中 - 晚奥陶世开始，扬子陆块与华夏地块间的汇聚挤压成为华南地区盆地转型演化的最重要因素(Lin et al.)。加里东晚期(志留纪)，除南部的钦防海槽保留外，扬子与华夏形成了统一的华南陆块，并导致早古生代晚期华夏加里东褶皱带的形成，并在其前缘形成了滇黔桂湘志留纪前陆盆地，江南 - 雪峰 - 黔中隆起成为前陆隆起，而扬子陆块成为大面积的隆后盆地(图 2-6)。

中上扬子部分地区构造抬升造成的地壳挠曲导致碳酸盐岩台地自晚奥陶世开始被淹没，并随之消亡(周名魁，1993a)，隆起区(物源)如川中隆起，黔中 - 雪峰隆起对川东南地区志留系沉积具有重要的控制作用(Lin 等；朱志军)。在此背景下，古老基底构造和前期盆地古地理演化控制着包括川东南地区在内的中上扬子区志留纪沉积相的分布特征(周恳恳等，2014)。图 2-6 显示了早志留世中上扬子区构造和盆地格局。其中川中古隆起为一继承性的隆起，以乐山 - 龙女寺古隆起为中心，向西与龙门山古隆起相连，向北与川北

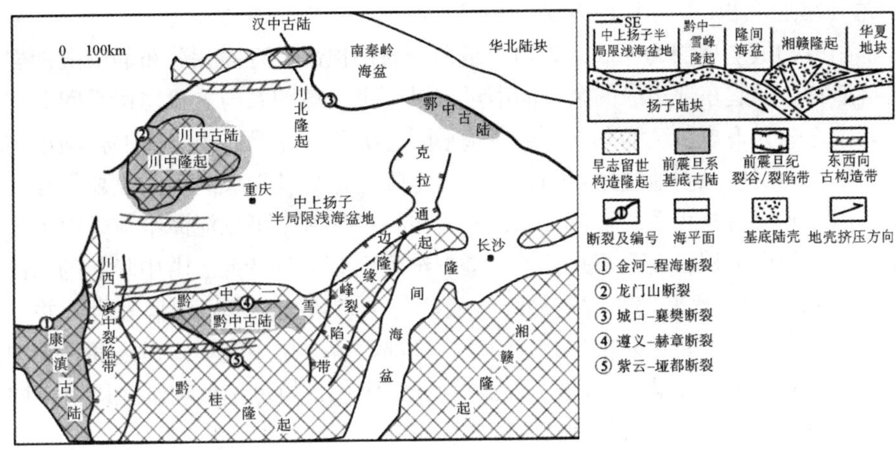

图 2-6 早志留世中上扬子地区构造－盆地格局与前震旦纪古构造单元分布(周恳恳等，2014)

隆起之间为苍溪－旺苍坳陷。隆起的走向具有北东向与东西向的叠合效应，总体为北东东向。古隆起形成的时期为中晚寒武世至志留纪，由西向东扩展，沉积体向东进积。古隆起的结构与古地貌形态极不规则，西部受北东向的龙门山断裂控制，向东以雅安－乐山－龙女寺北东东向隆起为约束。西部最老剥蚀至灯影组，灯影组之上为二叠系或泥盆系；向东依次剥蚀到寒武系、奥陶系各组段；中部高点为威远构造，深部钻井及地震剖面揭示其下志留统由东向西超覆在奥陶系上。东部为龙女寺构造，二叠系超覆在下奥陶统的南津关组之上，这一带已无志留纪的沉积物。

川北古隆起位于上扬子地块的西北缘，由四川的广元向北东至汉中和川北的米仓山一带，隆升过程受汉南古陆、米苍山基底古陆和龙门山一带的川西－滇中后造山裂谷的制约。汉南古陆以汉南杂岩为基底，出露面积约 2100km^2；南为米苍山中元古代变质基底；西部为龙门山断裂与映秀断裂间的后裂谷造山带。这三个构造带控制川北古隆起的形成，特别是汉南杂岩和龙门山断裂的康定杂岩基底以及摩天岭古陆，在早古生代就为长期的裸露区和剥蚀区。

“黔中隆起”由尹赞勋先生 1949 年首先提出，指贵州遵义一带在奥陶纪－志留纪时的一个东西向隆起。由于其紧邻研究区南部地区，对研究区志留系龙马溪组沉积具有重要的控制作用，因此本书将对黔中隆起进行简要的介绍。

多数研究者认为黔中隆起的形成共经历了水下隆起和陆上隆起两个阶段，这两个阶段的转变是都匀运动的结果(陈旭等，2001；刘伟等，2011；梅冥相，1994；牛新生等，2007；戎嘉余等，2012；沈志达等，1990；周明辉，2005)。黔中隆起是上扬子板块的一个东西向早古生代隆起带，展布于贵州中西部赫章、大方、织金、修文和开阳一带，面积 2.49×10^4km^2，南北为黔南坳陷和滇黔北部坳陷所夹，西南与滇东隆起之间被垭都－紫云断裂错断，东北部为武陵坳陷(图 2-7)(邓新等，2010)。黔中隆起在中奥陶世十字铺期开始出现缓慢隆升，在宝塔期隆起有所扩大。在晚奥陶世涧草沟时期，都匀运动造成的地壳上升加快，在滇东、桂西、黔中和黔南等广大地区形成一片大范围的古陆，即滇黔桂古陆。晚奥陶世五峰期至早志留世龙马溪期，都匀活动最为强烈，滇黔桂古陆继续向北扩大，滇黔桂古陆北界达毕节－松林－湄潭－江口一线，该线以南缺失了晚奥陶世五峰期至早志留世龙马溪期沉积(万方和许效松，2003)。

隆起上出露的最老地层为寒武系娄山关组白云岩，顶部发育面状分布的碳酸盐岩风化壳和古岩溶喀斯特。隆起东部边缘的余庆向南至黄平一带，奥陶系与上覆志留系间存在多个沉积间断，其中之一为下志留统的龙马溪组在黄平附近尖灭，龙马溪组之上的瓮项组与下伏不同时代的奥陶纪地层接触。地层序列的缺失是确定隆起边界及形成时限的重要依据。黔中地区为石炭系铝土矿层与寒武系假整合接触，向西在赫章县城东可见泥潭组与娄山关组假整合接触，缺失早奥陶世沉积，表明寒武纪末与奥陶纪间已有隆升特征。黔中隆起的南部，在贵阳市东北约10km，为晚奥陶世的黄花冲组碳酸盐与下志留统高寨田组假整合，并发育岩溶喀斯特带，由黔中向东，表现为隆起的时间比中部滞后，介于中晚奥陶世之间。黔中隆起的北侧，由遵义以北至川南，早古生代地层总体为连续沉积，但可见奥陶纪地层由南向北的退覆，在遵义板桥可见边缘相，为灰色钙质砂岩和粉砂质页岩(周恳恳，2015)。

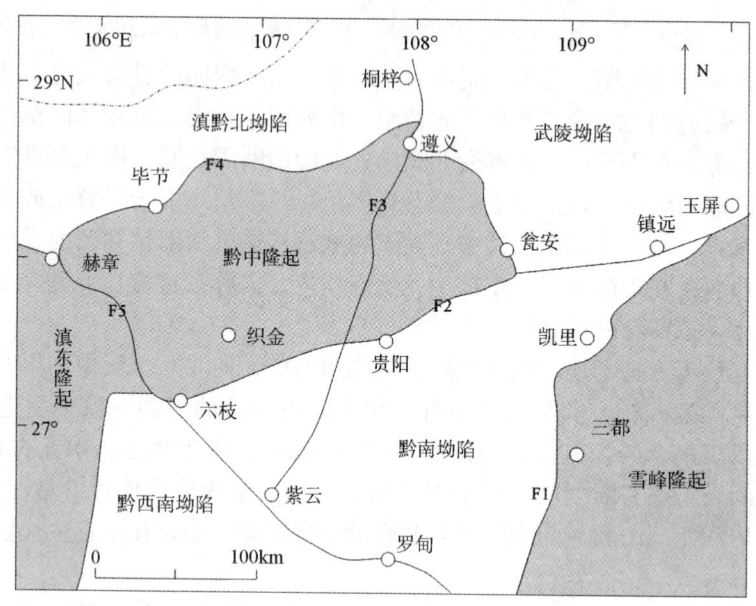

图2-7　黔中隆起及周缘构造单元图(邓新等，2010)

F1—三都断裂；F2—镇远－贵阳断裂；F3—遵义断裂；F4—赫章－遵义断裂；F5—垭都－紫云断裂

2.2　扬子板块古生代构造位置

应用古地磁学研究方法可以较准确地测出地块的古磁偏角(D)和古纬度(P)(程鑫等，2012)。从理论上来讲，古磁偏角和古纬度的测试精度可以达1°，实际上由于取样、制样、测量与计算中误差的积累，通常可能产生几度(相当于几百千米)的误差，这已经相当准确(万天丰，2004；万天丰和朱鸿，2007)。万天丰等总结了中朝板块、扬子板块、华夏板块古生代和三叠纪的古地磁数据(表2-1)，据此可以看出扬子板块在志留纪时期古纬度介于－6.5°～2.8°之间(6.5°S～2.8°N)，处于赤道附近的热带区域(热带纬度范围：23°26′S～23°26′N)。

表 2-1 扬子板块古生代和三叠纪的古地磁数据(万天丰，朱鸿，2007)

板块	地层年代	年龄/Ma	N	φ_P/(°)	λ_P/(°)	α_{95}	D/(°)	P/(°)	资料来源(详见万天丰，2004)
扬子板块(YZ)(中心参考点：J 以前为 105°E，30° N；K_1 以后为 106.5°E，29.5°N)	T_3	227 ~206	23	190.2	55.8	6.5	39	27	梁其中，1990；朱志文等，1988；程国良等，1996；周姚秀等，1988
	T_2	241 ~228	4	228.6	69.8	16.8	17.6	17.7	朱志文等，1988；Opdyke et al.，1986；Chan et al.，1984
	T_1	250 ~242	9	218.3	52	5.6	35.1	10.6	Enkin et al.，1992；朱志文等，1988；Opdyke et al.，1986
	P_2	257 ~251	13	243.6	55.3	5.2	22.1	2.4	刘椿，1987；Zhao et al.，1996；吴汉宁等，1999；黄开年，1986；马醒华等，1989
	P_1	295 ~258	1	228.8	48.7	12.3	33.3	3.3	吴汉宁等，1999；刘宝珺等，1993
	C_{2-3}	320 ~296	1	229.9	53.5	24	29.4	6.2	张世红等，2001
	C_1	354 ~321	1	229.1	47.5	9.6	34	2.3	张世红等，2001
	D_3	372 ~355	1	234.1	45.4	6.6	33	-1.6	张世红等，2001
	D_{1-2}	410 ~373	1	231.4	36.1	12.1	40.9	-6.9	张世红等，2001
	S_{2-3}	420 ~411	1	195.7	6.8	5.3	83.8	2.8	Opdyke et al.，1987
	S_{1-2}	438 ~420	1	157	-55.7	7.9	153.5	-6.5	吴汉宁等，1999
	O_{1-2}	490 ~460	1	154.9	-38.4	13.7	144.6	-8.8	吴汉宁等，1999
	$Є_2$	513 ~500	1	185.1	-39.5	7.8	129.1	-11.7	白立新等，1998

注：地层代号按国内通用的代号；N 为参加平均的古地磁极数；φ_P 与 λ_P 为古地磁极的经度与纬度；α_{95} 为 95% 水平的置信圆锥半顶角；D 为古磁偏角；P 为古纬度。本表中的 D 与 P 的数据，均为在原始数据的基础上用所列的中心参考点重新计算所得。

2.3 地层发育特征

中国志留系地层的研究已有一个多世纪的历史。上世纪八十年代以来，国际地层委员会志留系分会、志留 - 泥盆系界线工作组和奥陶 - 志留系界线工作组成立并开展研究工作以来，已经有了很大的进展和变化。1984 年国际地层委员会正式批准志留系 4 统 7 阶和顶底线的划分标准(表 2 -2)。长期以来，中国志留系习惯采用三分方案，下志留统即国际标准的兰多维列统，中志留统即文洛克统，上志留统即罗德洛统和普里多利统(戎嘉余和陈旭，2000)。

川东南地区属于上扬子地层分区，位于上扬子东南部，扬子区志留系分布广泛、生物群丰富，顶底界线清楚，可作为中国志留系标准分层的地区。区内志留系以正常海陆过渡 - 浅海 - 滨海相碎屑岩和灰岩沉积为主，未见变质作用，生物群丰富，一般为扬子区特有的动物群。研究区缺失上志留统、泥盆系部分地层，石炭系地层几乎全部缺失(仅局部地区有很薄的上石炭统，地层柱状图中未标示)，部分地区缺失中上三叠统，多数地区缺失侏罗系、白垩系、古近系和新近系。除此之外，新元古代及以后的地层几乎都有出露。研究区地层从老到新及岩性如下(汪星，2015)：

表 2-2　国际志留纪地层划分方案

系	亚系	统	阶	笔石带
志留系	上志留统亚系	普里多利统(Pridoli)	未建阶	bouceki - transgrediens
				branikensis - lochkovensis
				parultimus - ultimus
		罗德洛统(Ludlow)	卢德福德阶(Ludfordian)	formosus
				bohemicus tenuis - kozlowskii
				leintwardensis
			戈斯特阶(Gostdian)	scanicus
				nilssoni
	下志留统亚系	文洛克统(Wenlock)	侯默阶(Homerian)	ludensis
				praedeubei - deubeli
				parvus - nassa
				lundgreni
			申伍德阶(Sheinwoodian)	rigidus - pemeri
				riccartonensis - beiophorus
				centrifugue - murchisoni
		兰多维列统(Liandovery)	特列奇阶(Telychian)	lapworthi - insectus
				spiralis
				crenulate
				griestoniensis
				crispus
				turriculatus
				guerichi
			埃隆阶(Aeronian)	sedgwickii
				convolutus
				argenteus
				triangulatus
			鲁丹阶(Rhuddanian)	cyphus
				vesiculosus
				acuminatus

1）南华系

上南华统千门子组（Nh_2q）：为灰、绿灰色冰碛砾岩，砾石直径0.1～10cm，棱角状－半浑圆状，表面多具细条痕及磨面、压坑，杂乱排列，胶结物为泥砂质。本组厚度4～10m。

上南华统大塘坡组（Nh_2d）：以浅灰、灰绿、黑色粉砂质页岩为主，夹白云岩透镜体及菱锰矿透镜体，与下伏千门子组为整合关系，厚度为27～170m。

上南华统南沱组（Nh_2n）：下部灰绿色含砾石英砂岩，冰碛砾石大小不等，排列无序；上部为灰绿色含砾粉砂岩及石英砂岩，含冰碛砾岩。与下伏大塘坡组为整合接触关系，层厚为88～120m。

2）震旦系

下震旦统陡山沱组（Z_1ds）：以黑色页岩、泥岩、泥灰岩、砂质页岩等为主。个别地区顶部含磷块岩，部分地区底部以碳酸盐为主，如黔、湘、鄂西一带，为浅肉红色白云岩。本组厚度200～250m，最厚处可达400m。

上震旦统灯影组（Z_2d）：岩性三分性明显，下部灰白色内碎屑白云岩；中部为黑色薄层含沥青质灰岩，含隧石条带及结核；上部灰白色中－厚层状白云岩，含隧石层及隧石团块、核形石、大型藻类、海鳃及小壳化石。在孟溪梁桥一带为灰色厚层硅质白云岩，产铅锌矿，溶溪一带为灰色薄层灰岩、页岩及少量厚层白云岩。上与牛蹄塘组平行不整合接触，下与陡山沱组为整合接触关系。本组厚度约为14～470m。

3）寒武系

下寒武统牛蹄塘组（$\in_1n$）：主要为灰绿色页岩或黑色炭质页岩，可划分为两段：底部为硅质岩夹少量炭质页岩，含磷矿，产软舌螺类；下部以黑色炭质页岩为主；上部为深灰绿色页岩夹粉砂岩条带，产三叶虫、古介类、古海绵骨针、软舌螺类。厚度约为15～200m，东部厚度较小，西部厚度较大。

下寒武统金顶山组－明心寺组（$\in_1j-\in_1m$）：在研究区秀山－酉阳地区对应为石牌组和天河板组，石牌组岩性为青灰色粉砂质页岩夹薄层至页状粉砂岩；天河板组下部为灰至青灰色中厚层状钙质粉砂岩夹砂质灰岩，中上部为青灰色、灰至深灰色、薄至中层状粉砂岩夹粉砂质页岩及假鲕状灰岩透镜体。明心寺组厚度约为148～213m，金顶山组约为111～283m。

下寒武统清虚洞组（$\in_1q$）：在酉阳地区对应为石龙洞组，下部为灰白至深灰色、厚至巨厚状灰岩，常具条带状及豹皮状构造，其底为厚约数米的假鲕状灰岩，中上部为灰至深灰色、中－厚层状灰岩及灰质白云岩、白云岩及泥质白云岩，偶含硅质团块，顶部为薄层泥质白云岩。本组地层厚度约为150～293m。

中寒武统高台组（$\in_2g$）：岩性由灰色砂质白云岩、云母石英砂岩及钙质页岩组成；底部常为灰色中厚层鲕豆状白云岩或含泥质白云岩。产三叶虫、腕足类。厚度约为54～70m。

中寒武统平井组（$\in_2p$）：第二段上部为深灰色厚层状、条带状灰岩、白云质灰岩及白云岩，产三叶虫；第一段为灰色薄层至中厚层白云岩互层，底部在沿河－思南沉积分区北部为厚0.5～9m的浅灰色薄层石英砂岩、白云质石英砂岩及砂质白云岩。高台组整体厚度为330～490m。

上寒武统耿家店组($\in_3g$)：灰白－深灰色、中－巨厚层状结晶白云岩，常具砂状断口，偶见角砾状构造。底部数十米为浅灰色灰质白云岩与灰－深灰色白云质泥岩互层。厚299～375m。

上寒武统毛田组($\in_3m$)：灰－深灰色、中－厚层状灰岩，灰质白云岩及白云岩。常具条带及涡卷状构造。顶部含硅质团块，夹竹叶状灰岩。厚度为85～197m。

4)奥陶系

下奥陶统桐梓组(O_1t)：上段和下段岩石主要为灰绿色页岩和粉砂质页岩，夹薄层灰岩及生物碎屑灰岩；中段岩石主要为浅灰色至灰黑色中厚层白云岩和生物碎屑石灰岩，夹页岩，偶夹砾屑或鲕、豆粒白云岩，常含燧石团块。与下伏娄山关群呈平行不整合接触。生物化石有三叶虫、牙形石、腕足类、腹足类、笔石及双壳类等。厚度约为168～220m。

下奥陶统红花园组(O_1h)：岩石主要为灰色至灰黑色中厚层至块状生物碎屑灰岩，常含燧石结核和透镜体，偶夹页岩。化石丰富，已建立牙形石延限带、头足类延限带、几丁虫延限带。本组厚度约为60～74m。

下奥陶统大湾组(O_1d)：按岩性可分为三段，下段岩石为灰绿色瘤状石灰岩夹页岩，中段岩石为紫红色夹绿色瘤状灰岩，上段岩石为灰绿色页岩夹薄层灰岩或瘤状灰岩。化石丰富，产有笔石和牙形石。本组厚度约为97～197m。

下奥陶统枯牛潭组(O_1g)：岩石主要为一套浅紫、黄绿或灰色薄层至中厚层泥晶灰岩，瘤状构造常见。产有头足类和牙形石。

中奥陶统十字铺组(O_2s)：岩石主要为灰色至灰绿色粉砂质泥岩及泥质灰岩。产笔石、腕足类、三叶虫、苔鲜虫及牙形石等化石。厚约为7～42m。

中奥陶统宝塔组(O_2b)：岩石主要为浅紫色中厚层泥晶龟裂纹灰岩，间夹极薄的黄绿色页岩。含头足类、三叶虫和牙形石。本组厚度约为13.4～60m。

上奥陶统临湘组(O_3l)：岩性表现为灰色至灰黄、灰绿色瘤状灰岩、泥质石灰岩，顶部泥质增加成为泥岩，产三叶虫、牙形石。厚度约为1.8～13.7m。

上奥陶统五峰组(O_3w)：岩石主要为黄绿色、浅紫色或棕色、薄层、含有机质、砂质水云母页岩，夹黑灰色薄层硅质岩。本组厚度约为2～12m。

5)志留系

下志留统龙马溪组(S_1l)：上部黄绿、灰绿色页岩夹粉砂质页岩或粉砂岩；下部为一套黑色、深灰色钙质灰岩、灰质粉砂质页岩；底部黑色粉砂质碳质页岩。本组厚度约为20～60m。

下志留统罗惹坪组/小河坝组(S_1lr/S_1xh)：以灰、黄色细砂岩、粉砂岩为主，夹黄灰、黄绿色页岩，含腕足类、笔石等化石，与下伏龙马溪组及上覆韩家店组均整合接触。本组厚度约为344～603m。

中志留统韩家店组(S_2h)：顶部为紫红色泥岩夹黄绿色砂岩及页岩；上部杂色页岩夹泥岩及扁豆状灰岩，产扬子角石、笔石；中部紫红色页岩、泥岩夹薄层含磷细砂岩及黄绿色页岩；下部黄绿、灰绿色页岩、泥岩夹粉砂岩，含铜。本组厚度约为280～773m。

中志留统回星哨组(S_2hx)：以紫红色泥页岩为主，夹黄绿等色粉砂岩、页岩。含少量双壳类，腹足类化石。整合覆于韩家店组之上，平行不整合于小溪峪组之下。本组厚度约为75~191m。

6)泥盆系

中泥盆统小溪峪组(D_2x):以灰绿、黄绿色管状砂岩、细砂岩、石英砂岩为主，夹粉砂岩、泥质粉砂岩和粉砂质泥岩，产鱼类等化石。不整合覆于回星哨组之上、整合伏于水车坪组之下。厚度约为107~307m。

上泥盆统水车坪组(D_3s):上部为灰色含泥质灰岩，中部为灰黄、紫红色页岩、钙质页岩及泥质胶结的粉砂岩；下部为灰白色石英砂岩，质纯。向北增厚，渐夹页岩，其顶部局部赋存菱铁矿。产腕足类化石。厚度约为5~210m。

7)二叠系

下二叠统梁山组(P_1l):黏土岩，偶夹泥质胶结的石英砂岩、粉砂岩及铝土矿透镜体；黔江北部地区其下部砂岩较多，南部顶部为黑色页岩夹煤线及黄铁矿。厚度约为3~21m。

中二叠统栖霞组(P_2q):深灰、灰及灰黑色中厚层至厚层含沥青质及隧石结核的灰岩。产栖霞希瓦格蜓、雅致早板珊瑚等。底部为黏土岩、炭质页岩、石英砂岩及隧石层，含少量煤、黄铁矿及褐铁矿。厚度约为93~117m。

中二叠统茅口组(P_2m):浅灰、灰黑色厚层至块状灰岩，含隧石结核灰岩及含沥青质、白云质灰岩，产新希瓦格蜓、费伯克蜓、朱森蜓等。厚度约为80~250m。

上二叠统吴家坪组(P_3w):灰、深灰黑色厚薄交互的隧石灰岩，间夹黑色硅质岩及页岩。底部黏土岩中含煤、多水高岭土、黄铁矿及褐铁矿等。产喇叭蜓、巨大鱼鳞贝，与下伏茅口组为假整合接触。厚度约为48~125m。

上二叠统长兴组(P_3c):浅灰、灰黑色中厚至厚层隧石灰岩、生物碎屑灰岩及沥青质灰岩。产古纺锤蜓、鳞板欧姆贝、贵州莱克贝等。厚度约为63~170m。

8)三叠系

下三叠统大冶组(T_1d):下部为黄、灰黄、黄绿色页岩及钙质页岩夹薄层泥灰岩；中部为浅灰、青灰色薄层灰岩夹页岩；上部为青灰、灰白色厚层灰岩，间夹砾状白云质灰岩。本组与下伏二叠系呈假整合接触或不连续沉积接触。富含菊石及瓣鳃类，如蛇菊石、米克菊石、克氏蛤等。厚度约为380~480m。

下三叠统嘉陵江组(T_1j):灰色中-厚层状白云岩、白云质灰岩为主，夹微晶灰岩、“盐溶角砾岩”(井下见岩盐及石膏夹层)。含双壳类、有孔虫、头足类等，与下伏大冶组为整合接触。厚度约为300~800m。

中三叠统巴东组(T_2b):自下而上可划分为四段，岩性下段及上段均为紫红色粉砂岩、泥岩夹灰绿色页岩，偶含孔雀石薄膜；中段为灰岩、泥灰岩。含有丰富的菊石、双壳类、牙形石、有孔虫、叶肢介、轮藻、孢粉、疑源类等多门类化石。底部与下伏嘉陵江组为过渡关系。厚度约为350~1145m。

上三叠统须家河组(T_3xj):下部以泥岩及含菱铁矿结核的粉砂岩为主，夹砂泥质灰岩，含煤线；上部中粗粒长石石英砂岩、含砾长石砂岩、粉砂岩、泥岩夹多层薄煤层及煤线、含菱铁矿等。与上覆第四系为不整合接触，平行不整合于巴东组之上。厚度约为0~163m。

9)侏罗系

中下统綦江组($J_{1-2}q$):顶为青灰色泥质胶结的石英砂岩；中部为深灰、灰绿色页岩夹泥质胶结的粉砂岩；底部为浅灰色泥质胶结的岩屑砂岩夹含铁岩屑石英砂岩透镜体。厚度约为0～5m。

中下统珍珠冲组($J_{1-2}Z$)：黄绿、紫红色泥钙质胶结的岩屑石英砂岩、粉砂岩夹黄绿、暗紫红色泥岩，偶见紫色砂质灰岩、细砾岩透镜体，产瓣鳃类。厚度约为40～100m。

中下统东岳庙组($J_{1-2}d$)：灰黑色页岩，夹少量深灰色薄至中厚层状介壳灰岩及泥钙质胶结的粉砂岩，产瓣鳃类。厚度约为36～44m。

中下统马鞍山组($J_{1-2}m$)：紫红、黄绿色含粉砂质泥岩偶夹浅灰色泥钙质胶结的粉砂岩及泥质灰岩，产瓣鳃类。厚度约为74～113m。

中下统大安寨组($J_{1-2}dn$)：浅灰－灰白色灰岩夹紫红、黄绿色泥岩。厚度约为17～21m。

中下统凉高山组($J_{1-2}l$)：灰绿、浅灰色泥、钙质胶结的长石岩屑石英砂岩、粉砂岩及灰至深灰色页岩，偶夹紫红色粉砂质泥岩及介壳灰岩透镜体，下部以页岩为主，产瓣鳃类。厚度约为208～211m。

中统沙溪庙组(J_2s)：紫红色含粉砂质泥岩及泥质胶结的粉砂岩与浅灰绿色泥质石膏胶结长石岩屑石英砂岩互层，顶为数米灰绿色页岩，产瓣鳃类。厚度约为324～814m。

中统遂宁组(J_2sn)：棕红色钙泥质胶结及灰绿色钙质胶结的粉砂岩，时含灰绿色钙质胶结的粉砂岩条带，底部夹棕红色泥岩。斜层理发育，偶见蠕虫钻孔。厚度约为213～318m。

第三章 层序识别与划分

3.1 层序划分的方法

层序的发育主要受构造沉降、海湖平面升降、沉积物供给及气候4个参数的影响，不同的层序格架内具有不同的响应特征（陈洪德等，2001；冯有良等，2000；解习农和李思田，1993；李思田和林畅松，1995；刘宝珺等，1995）。对于正常的砂泥岩地层可通过岩、电、震等方面的变化来探究，而对于细粒沉积物，由于其自然属性及“看似均质”的特征，使对其海湖平面的响应研究及层序划分成为了一个难题（姜在兴，2012）。海相细粒沉积中，TOC（总有机碳含量）往往与饥饿沉积有关，此时海平面通常处于最高处即最大海泛面处（Creaney and Passey，1993）。油页岩层或生物富集层底界面、TOC、生烃潜量等多种指标突变处通常为准层序界面（刘招君等，2011）。深水沉积体如页岩对海平面的响应研究及层序划分历来是高难度的课题（吴因业等，2011），深水沉积层序的划分需要综合多种手段和方法，通常来讲，其三至四级层序的划分方法主要包括：矿物成分、岩相及其组合、地球化学方法、测井曲线法和古生物方法等。

3.1.1 矿物成分、岩相及其组合

矿物成分及岩相等受层序地层变化的影响，它可以作为识别体系域界面的工具（Angulo and Buatois，2012；Smith and Bustin，2000；纪友亮等，2004）。不同的岩相具有不同的矿物和元素组成，也具有不同的物理属性，在层序中通常处在特定的位置。岩相叠置特征突变时，沉积动力条件通常发生变化，比如从炭质页岩或硅质页岩转变为磷质页岩或黏土岩时，往往反映低的沉积速率，水体通常处于上升期，此时多发育洪泛面（吴靖等，2015）。一些学者研究认为海绿石和磷酸盐颗粒多分布于层序中的密集段（田景春等，2006b）。但考虑到海绿石复杂的成因，在细粒岩层序地层划分时，还需要考虑其成熟度与空间分布的特征（Amorosi，1995）。

一些特殊矿物在不同的沉积环境下其富集状态有所差异，根据这种差异可以识别海平面（湖平面）的相对高低，进而进行层序旋回的识别与划分（纪友亮等，2004；魏魁生等，1996；吴因业等，2003；赵俊青等，2004；朱筱敏等，2003）。如黏土矿物和黄铁矿含量变化就可以反映水体的相对深浅，进而利用沉积岩中（包括细粒岩）这些矿物的含量多少进行层序旋回的识别与划分。

在地质演化过程中，古环境特别是古气候会发生突变，从而引起水介质性质发生变化。这种变化对于各种矿物的生成、转变、消失有着直接的影响，其中黏土矿物对环境变

化的反应尤为敏感。显然，在不同环境形成的沉积体系中，黏土矿物类型及其组合特征必然会因环境的变化而变化，这是利用黏土矿物进行高分辨率层序地层划分、对比的基础（纪友亮等，2004）。在现代湖泊沉积环境中，具有从盆地边缘河流到湖中心，高岭石、绿泥石含量减少，蒙脱石含量增加的现象，在国内外现代沉积中均有报道(Gibbs，1977；张立仁，1989)。这也说明黏土矿物组合与沉积环境具有密切的关系，一定程度上能够反映沉积岩沉积时期的古水体深浅。

不同的沉积环境具有不同的黏土矿物组合，这与黏土矿物颗粒的化学分异作用和机械分异作用有关(赵永胜，1993)。黏土颗粒的化学分异作用的影响主要体现在黏土矿物有较强的阳离子交换和吸附能力，该能力明显地受控于介质的地球化学条件。在酸性的水介质中，高岭石的稳定程度大于蒙脱石，蒙脱石向高岭石转化；在碱性的水介质中，蒙脱石比较稳定，高岭石则向蒙脱石、伊利石转化，从而在不同的介质环境中形成不同的黏土矿物组合。在三角洲前缘环境中，由于河水与湖水汇合，造成从河流向湖方向水介质盐度增高的趋势，也使黏土质点因差异絮凝而发生分异作用。伊利石和高岭石的絮凝效应比蒙脱石大，故在这种介质条件下会出现先沉积高岭石、伊利石，后沉积蒙脱石的现象，从而加强了黏土矿物组合的分异。黏土矿物机械分异作用也影响不同黏土矿物的含量及其组合特征。在扫描电镜下，黏土矿物的粒径大小不一样，高岭石、伊利石较大，一般为2～4μm，而蒙脱石较小，仅0.1μm或更小。因此在沉积过程中，这些不同粒径的黏土颗粒会随水动力条件的逐渐减弱而依次沉积伊利石、高岭石和蒙脱石。这种粒径大小造成的分异作用在河口地区更明显，如在长江、黄河入海口高岭石和伊利石呈舌状向海减少；蒙脱石则向海方向递增(何良彪，1984；吕全荣和王效京，1985)。张立仁(1989)在研究云南洱海黏土矿物含量时也发现，沉积物越细的地方，蒙脱石含量越高；在湖泊中细粒物质多数集中在湖泊深水区的沉积中心位置，因此蒙脱石含量高，一定程度上反映水体深度大的特点。Gibbs(1977)在研究大西洋亚马逊河入海口海域海洋环境中黏土矿物分异作用时发现，在 <2μm 的碎屑沉积物中，随着距离河口距离的增大(水体深度增大)，蒙脱石的含量从27%增加到40%，高岭石的含量从36%减小到32%，10Åm(1Åm = ⅒nm)级云母含量从28%减小至18%(图3-1)；这种变化趋势在亚马逊河入海口的陆架海域具有相似性。由此可以看出随着海水深度的增加，蒙脱石含量增加而高岭石含量减少。对于可以排除成岩作用等作用影响的古代海洋细粒沉积物，这些黏土矿物含量的变化也在一定程度上反映距离海岸的远近，进而反映水体深度的情况，而这一特点恰恰可以用于层序旋回分析当中。

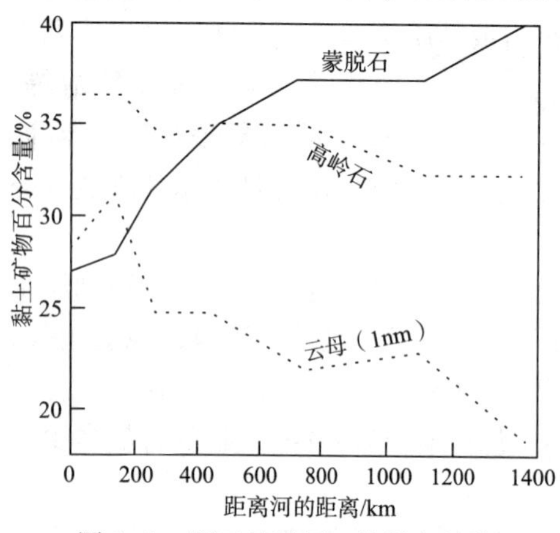

图3-1　距亚马逊河口的距离与黏土矿物含量关系图(Gibbs，1977)

绿泥石在低－中级区域变质岩中广泛分布，它是一种初期风化阶段的层状硅酸盐，通常情况下它经不起化学风化作用(张立仁，1989)。因此在湖泊环境中，在近源的扇三角洲等环境中绿泥石保存条件较好，相对富集，而碎屑物质经过较长距离搬运后，随着化学风化作用的增强，绿泥石含量逐渐减少，因此在湖泊的深水区绿泥石含量往往比较低，云南洱海沉积物中绿泥石含量就具有这种特点(张立仁，1989)。

3.1.2 地球化学方法

地球化学在层序旋回识别中的应用主要包括无机地球化学(如常、微量元素)和有机地球化学(TOC、烃相关指数)两类，利用这些参数所反映的海/湖水的氧化还原性质的变化，可以推测海/湖平面的变化，进而划分不同的层序旋回(陈开远等，2002；鲁洪波和姜在兴，1999；田景春等，2006a)。

地壳中元素的迁移富集规律，一方面取决于元素本身的物理化学性质，另一方面又受地质环境的影响。因此，在不同级别的高分辨率层序地层单元的基准面旋回形成过程中，沉积物中化学元素变化与湖/海平面变化有一定的响应关系，故我们可以沉积物元素的变化规律来识别和划分高分辨率层序地层单元(郭彦如等，2008；姜在兴，2012；倪新锋等，2007；赵俊青等，2004)。

Algeo 等利用 Mo、U、V、Zn、S、P 和 Al_2O_3/SiO_2 等对美国东堪萨斯 Hushpuckney 页岩段的氧化还原条件和层序特征进行了研究，他们利用有机参数和无机参数分析了该段页岩沉积时的环境条件(图 3-2、图 3-3)，并据此恢复了相对海平面变化，进行层序地层的划分(图 3-4)，取得了良好的效果(Algeo et al.，2004)。

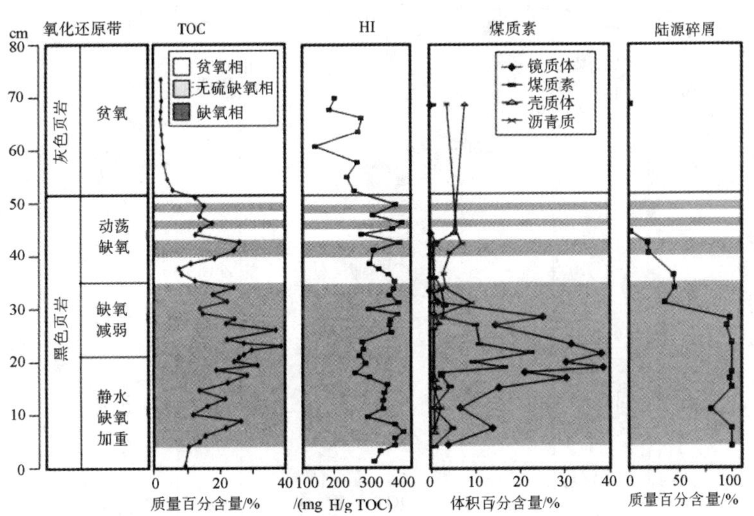

图 3-2 Kansas Hushpuckney 页岩段 TOC、HI、有机物质、陆源碎屑物质含量(Algeo et al.，2004)；HI 指氢指数(HI = 热解烃/有机碳含量，单位 mg Hg^{-1}TOC)

有机地球化学方法在层序划分过程中，主要适用于有机物质含量较多的较深水细粒沉积物。深水细粒沉积区有利于有机物质的沉积和保存，有机地球化学参数在纵向上的周期性变化特征最为明显。因此，适于利用有机地化参数在纵向上的周期性变化规律，识别和划分较小级别的层序地层单元(如体系域界面)(贾承造和赵文智，2002；金凤鸣等，2008；邵龙义等，2009)。金凤鸣等(2008)通过束鹿凹陷 5892 块次样品的多项地球化学参数的数

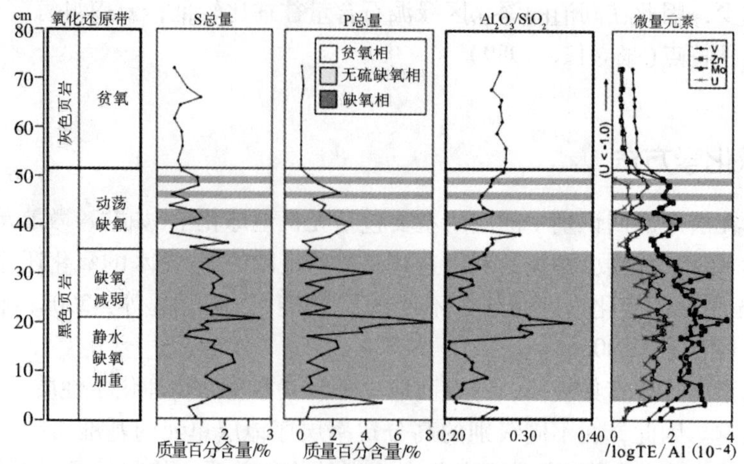

图 3-3　Kansas Hushpuckney 页岩段总硫、总磷、Al_2O_3/SiO_2、V、Zn、Mo 和 U 含量曲线(Algeo et al.，2004)

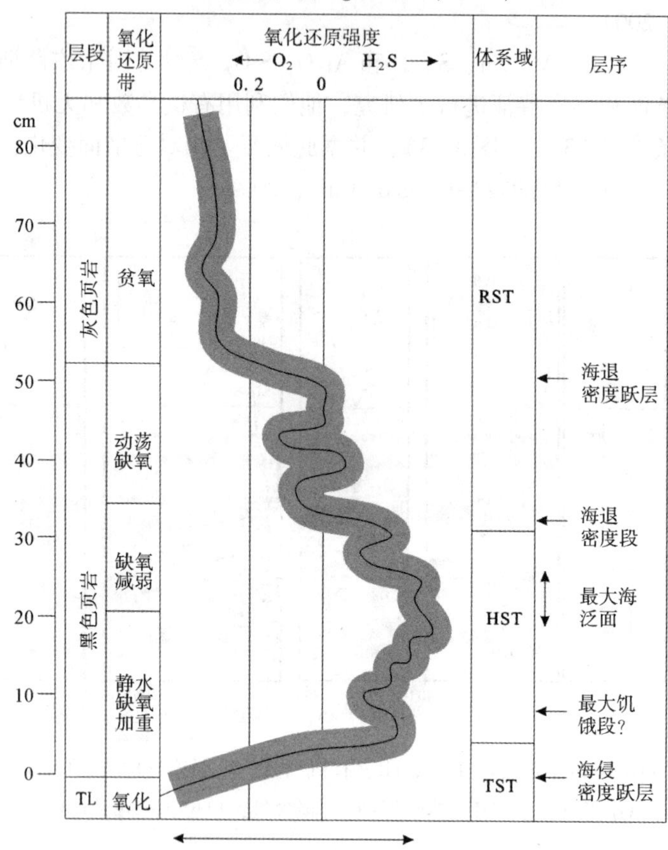

图3-4　Kansas Hushpuckney 页岩段古氧化还原条件、海平面变化及层序特征(Algeo et al.，2004)

图中氧化还原性为半定量尺度；TST—海侵体系域；HST—高位体系域；RST—海退体系域

理统计及作图分析，发现有机质丰度参数有机碳含量(C_{org})、生烃潜量(S_1+S_2)、有机相参数氢指数(HI)与无机相参数还原硫含量(S)4 项与沉积环境有关的参数，在纵向上具有明显的周期性变化规律，并用于泥灰岩层系层序地层单元的细分和对比，取得了较好的效果(图 3-5)。

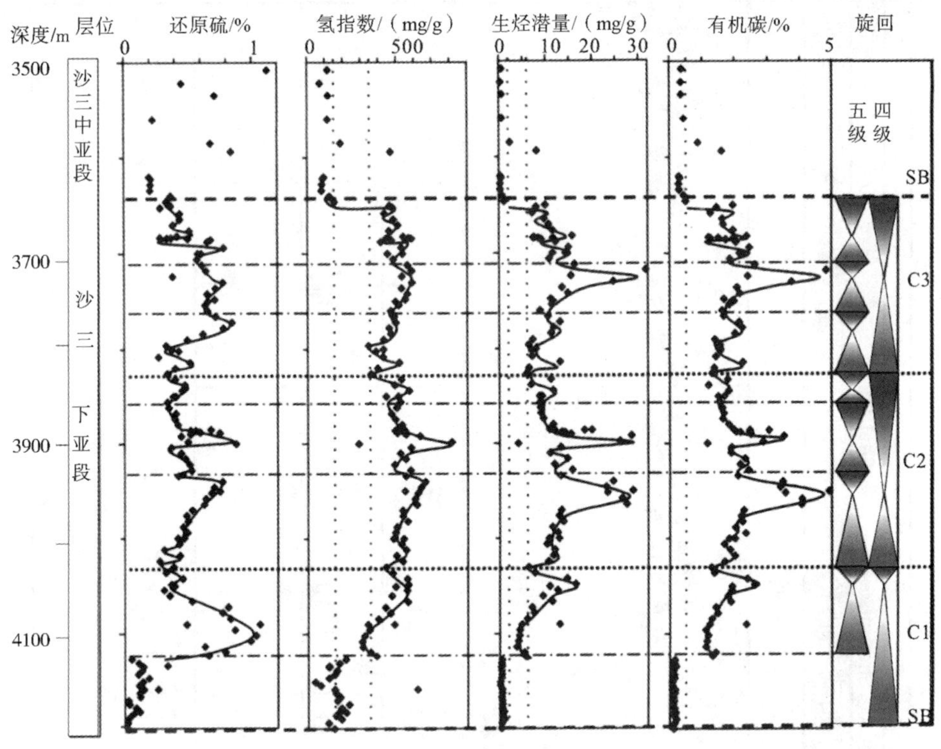

图 3-5　渤海湾盆地冀中坳陷束鹿凹陷晋 116X 井沙三段下亚段有机地化参数层序旋回分析(金凤鸣等，2008)

3.1.3　测井曲线法

测井曲线综合反映了地层岩性、电性、放射性等性质，利用测井曲线数据可以进行沉积岩的层序划分(操应长等，2003；陈茂山，1999；封从军等，2012；李霞等，2006；王卫红等，2003)。Abouelresh 等利用伽马测井曲线结合 *U*、*Th*、*K* 和 TOC 等数据对北美德克萨斯州 Fort Worth 盆地 Barnnet 页岩层段进行了层序的识别与划分，取得了较好的应用效果(图 3-6)(Abouelresh and Slatt，2012)。依据伽马能谱曲线，声波与电阻率曲线的变化可识别出页岩中有机质含量的变化进而识别出准层序的叠加样式、体系域及最大洪泛面(吴靖等，2015)。在最大洪泛面处，海/湖水处于某一段时期内的最深阶段，此时盆地内以细粒沉积物为主，U 等具有放射性的元素被细粒泥质物质吸附，造成该段自然伽马曲线出现最大值，利用这一特点有助于识别层序界面和各级的最大洪泛面。此外声波和电阻率曲线突变的地方往往对应于富有机质的泥页岩层段，它们通常孤立地出现在海/湖侵体系域或高位体系域的早期阶段。

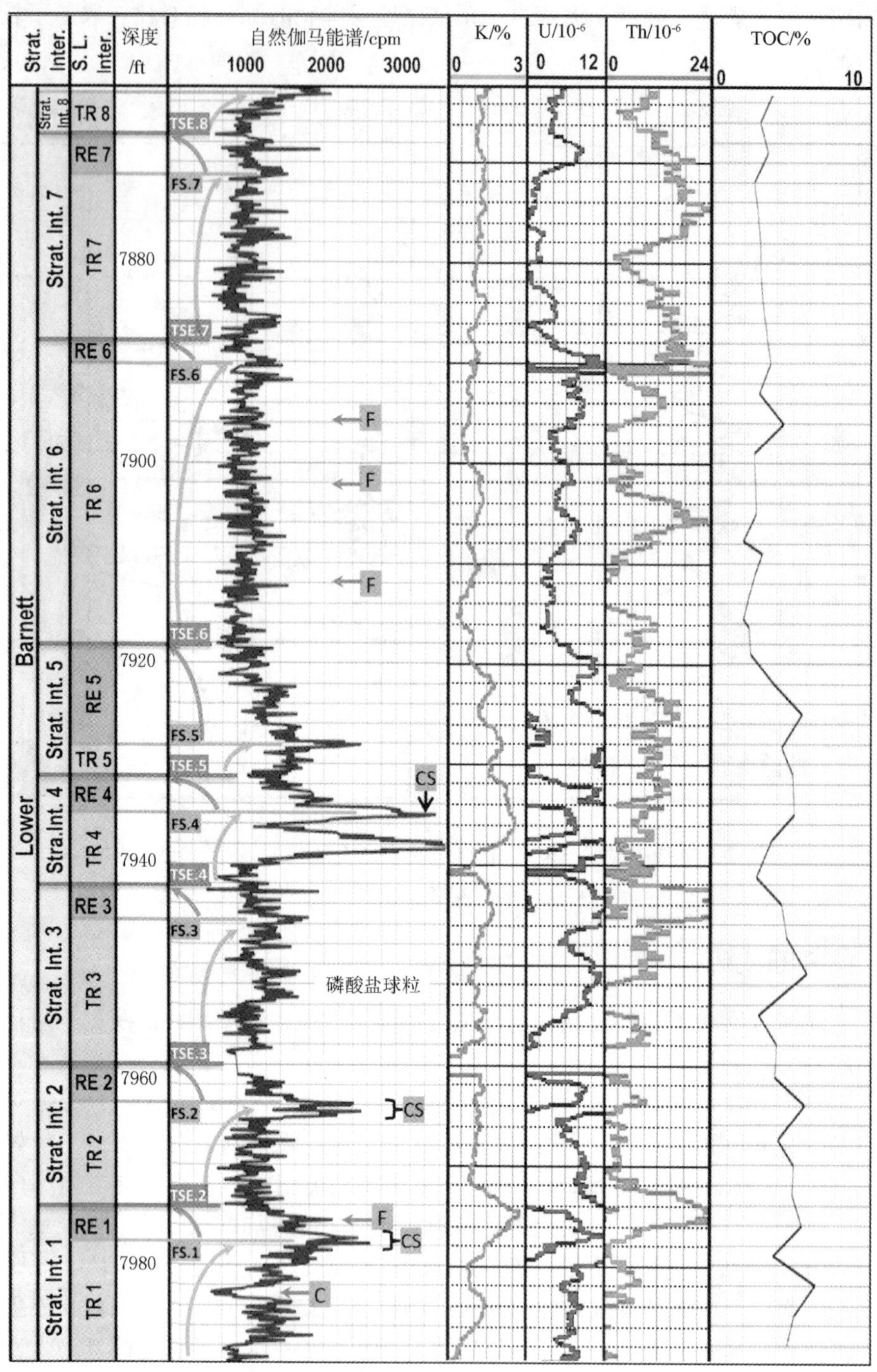

图 3-6　北美 Barnett 页岩层序解释（Abouelresh and Slatt，2012）

Strat. Int. 1 ~ 7—地层段 1 ~ 7；S. L. Inter. — sea lever interval（海平面阶段）；

TR—相对海平面上升事件；RE—相对海平面下降事件；

CS—密集段；TSE—海侵侵蚀面；FS—洪泛面；F—裂缝；C—结核

3.1.4 古生物标志

不同的生物具有不同的生活习性，因此当它们死亡后会沉积在不同水深的地区，因此利用保存在沉积岩中的生物化石，结合岩心、露头和地球物理等资料，可以识别这些岩石沉积时的相对水体深度，进而恢复海平面变化(庞雄等，2005；戎嘉余等，1984)。通常来讲最大洪泛面处具有丰富的球接子目(寒武纪至奥陶纪沉积岩)化石和三叶虫类化石，尤其是节肢动物，半索动物(如志留纪的笔石)，此外在深水区有孔虫、钙质超微化石和放射虫通常较为富集(王汝建和李保华，1999)，可以利用它们在地层垂向上的丰度特征变化来识别海平面的变化，进而进行层序的识别与划分。此外，在陆相湖盆，特别是一些小型的湖盆中，特殊生物化石也可以反映湖泊水体深度变化事件。张元福等在研究北京延庆地区“花盆”盆地的层序地层发育特征时发现，地层中的硅化木通常与大规模的湖泛事件相关，因此硅化木出现的层位至少代表了一个湖泛面(张元福等，2012)。张满郎等(2001)利用孢粉化石结合钻井和地震资料对准噶尔盆地彩参2井的层序地层进行了分析，研究结果发现层序界面附近的孢粉化石丰度和分异度较低，湖侵体系域晚期至高水位体系域早期，孢粉丰度及分异度达到最大，这表明在最大湖侵期较稳定的环境下生物繁盛，生物种属多、丰度大；而层序界面反映较大的环境变化时，生物分异度及丰度较小(张满郎等，2001)。因此可以利用孢粉丰度、分异度和特定环境下生物化石的分布特点进行层序的识别与划分。

3.2 层序界面的识别与层序划分方案

层序是一套相对整一的，成因上有联系的，以不整合或可以与之对比的整合为界的地层。层序地层学的一个重要研究内容就是层序界面(等时界面)的识别，即不整合面或与之相对应的整合面的识别(邓宏文，1995；李思田和林畅松，1995)，层序界面表现为沉积突变或沉积间断(操应长和罗东明，1996；蒲仁海，2002)。层序界面往往代表着一定时间尺度和空间尺度的沉积间断，因而层序界面上下地层在岩石的岩性、颜色、古生物组合、地球物理特征、地球化学特征上都有着明显的变化。在这些资料中野外露头的岩性、颜色等最为直接和明显，是进行层序划分最为直接和有效的方法，因此可以利用这些变化独立或多个一起作为识别层序边界的标志(郭峰等，2010；郭岭等，2011b；徐杰，2010；朱筱敏等，2008)。川东南地区龙马溪组野外露头出露良好，钻井岩心资料丰富，古生物和元素地球化学测试数据较为详实，本章中层序界面的识别主要基于这些方面的资料。

3.2.1 三级层序界面的识别

1)颜色或岩性突变界面

Walther 相律指出在整合的沉积序列中，只有在横向上紧密相邻出现的相才能在垂向层序中连续叠加而没有间断。因此如果横向上相距较远的相在垂向上相邻出现，这就意味着地层之间可能存在沉积间断，在层序边界上下地层表现为岩性、颜色等特征的突变(贾莉红等，2011；姜在兴等，2009)，而在每个层序内部，地层连续沉积，沉积相类型连续出现，岩性、颜色等为渐变特征，地层厚度的变化也表现为韵律性变化特征；当层序边界处沉积环境发生变化时，沉积相类型和地层叠置样式也会发生改变(李文厚，1997)。如界面之下为较深水的沉积相，而界面之上则变为浅水的沉积相类型。在单剖面上表现为界面之上是浅灰色，浅黄色泥岩和泥质粉砂岩，界面之下则为深灰色的泥岩和粉砂质泥岩。

研究区龙马溪组细粒岩以深灰色、黑色页岩沉积为主，但是在底部，岩性发生突然的变换，黑色页岩的底部为奥陶系五峰组的硅质岩和硅质页岩(图3-7A)，部分地区为观音桥组的灰岩和泥灰岩，硅质页岩常呈薄片状(图3-7C)，厚度较薄，下伏地层为奥陶系临湘组的灰岩，发育波痕，显示了浅水暴露环境(图3-7B、D)。岩石颜色在顶部由深灰色、灰色的还原色突然变化为弱氧化-氧化的浅黄色和黄色(图3-7E、F)，显示了沉积环境的变化，可以作为层序界面。在彭水县鹿角剖面上，层序的底界面表现为岩石岩性由硅质岩转变为黑色页岩，顶界面表现为由灰色页岩、粉砂质页岩转变为黄绿色粉砂岩(图3-8)。在酉阳县黑水剖面中，层序的顶界面表现为由深灰色粉砂质泥岩向灰绿色、黄绿色粉砂岩的转变(图3-9)。

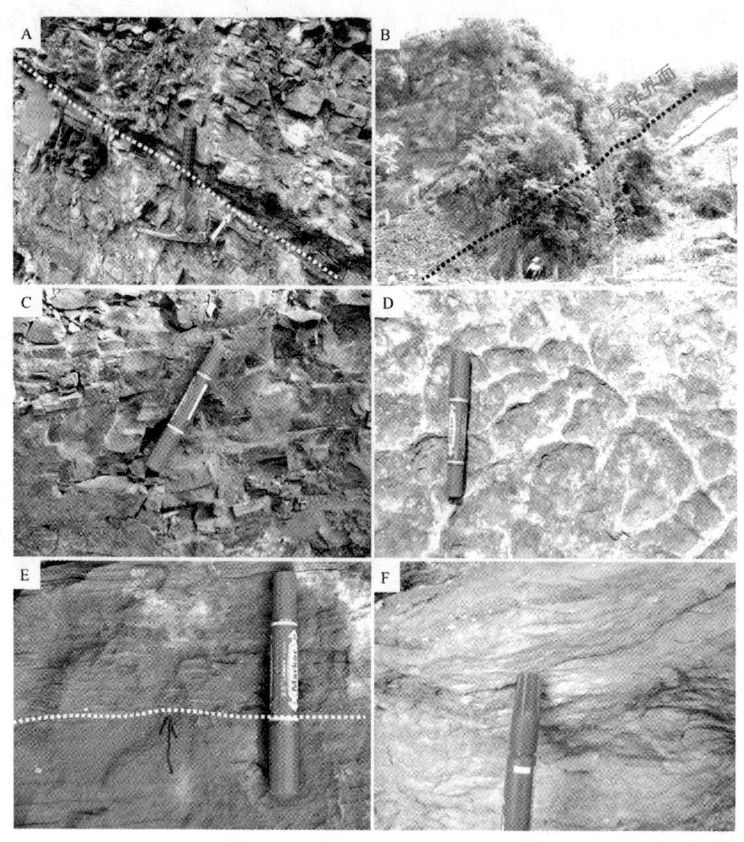

图3-7　研究区龙马溪组层序界面处岩石岩性和颜色特征

A—层序界面，左下侧为五峰组硅质页岩，中层状，五峰组与龙马溪组界线处为薄层(3cm)深灰色页岩，风化严重，向上为薄层状黑色页岩，重庆市秀山县中和龙马溪组剖面；B—层序界面，右侧为发育波痕构造的奥陶系灰岩和约1m厚的薄层硅质岩和硅质页岩，左侧为龙马溪组黑色页岩，重庆彭水县鹿角龙马溪组剖面；C—黑色薄层硅质岩和硅质页岩，重庆市彭水县鹿角志留系-奥陶系剖面；D—浅灰色灰岩，发育波痕(浅水暴露环境)，重庆市彭水县鹿角志留系-奥陶系剖面；E—深灰色粉砂质页岩和浅黄色泥质粉砂岩，重庆市彭水县鹿角龙马溪组剖面；F—黄色粉砂岩，与E图所示露头相邻，颜色由深灰色变为黄色，代表沉积环境的突然性变化，重庆市彭水县县鹿角龙马溪组剖面

2）自然伽马曲线

研究区龙马溪组野外露头中，部分剖面出露完整，而缺乏相应的钻井资料，特别是测井资料，同时龙马溪组黑色页岩的宏观特征相似，这给分析沉积环境在纵向的变化带来了一定的困难。在野外剖面测制过程中，利用伽马仪测定了大量的伽马数据，这为分析层序提供了良好的帮助。在不同的沉积环境下，其物源、水体介质和水体能量大小都有差别，从而导致沉积物组合形式和序列特征的不同，在电测（或放射性）曲线上就表现为不同的曲线形态，包括幅度大小、形态、接触关系及组合特征。由于层序界面上下沉积相类型、岩性、泥岩颜色等均发生明显的变化，其在自然伽马曲线上表现为曲线突变，如在彭水县鹿角剖面据顶部 23m 处层序顶界之上曲线较平直，界面之下曲线齿化严重，在底部 61m 处 GR 数值出现跳跃式变化，曲线形态由 61m 向下的漏斗型变为上部的钟型形态（图 3-8）。在酉阳县黑水志留系剖面中，GR 数值在志留系底部层序界面处表现为突变式增大（图 3-9），反映了沉积环境和相对海平面的变化。

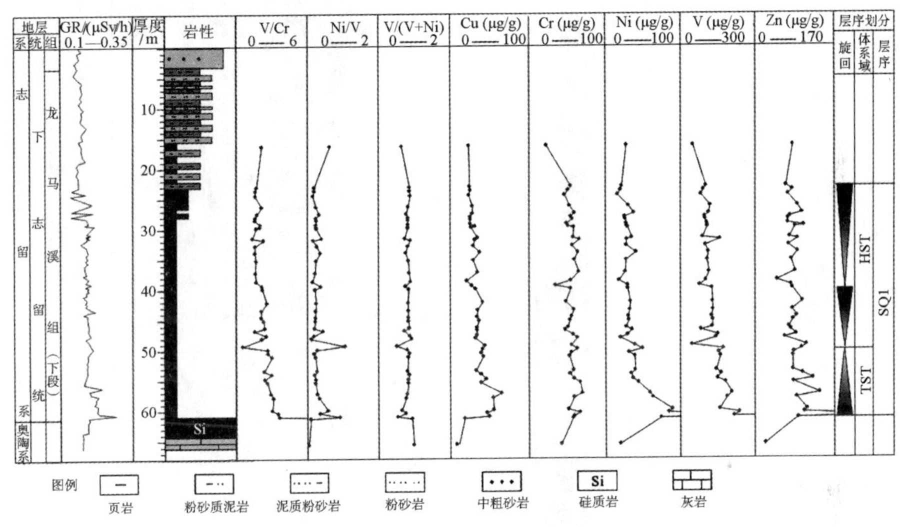

图 3-8 彭水县鹿角志留系剖面层序地层特征

3）古生物组合

包括研究区在内的扬子地台龙马溪组黑色笔石页岩与下伏地层的接触关系，可分为以下 2 种情况：第一种为龙马溪组黑色笔石页岩假整合或不整合覆盖在五峰组甚至临湘组地层之上；第二种为龙马溪组黑色笔石页岩整合覆盖于富含赫南特贝动物群的观音桥组灰岩之上。因此，龙马溪组的底界明显穿时，可从 N. persculptus 带延续到 C. cyphus 带，最多可缺失 4 个笔石带。如研究区东部的湖北来凤三堡岭龙马溪组黑色笔石页岩的底部地层为 A. ascensus 带（樊隽轩等，2012）。此外在川东南地区邻区黔北、湘中一带很多剖面上龙马溪组的黑色页岩和五峰组的黑色页岩直接接触，且存在笔石带缺失的现象，五峰组的 complexus 带直接被龙马溪组的 leei 带所覆盖。王传尚等（2003）认为这是由于这一地区远离古陆边缘，食物的供应受到限制，笔石动物在这一地区并不繁盛，加之可能存在洋流的侵蚀作用，导致这一地区笔石带的缺失，综合分析后认为黔北、湘中五峰组顶部和龙马溪组（或相当地层）底部之间存在着一个层序界面（王传尚等，2003）。扬子地台龙马溪组黑色

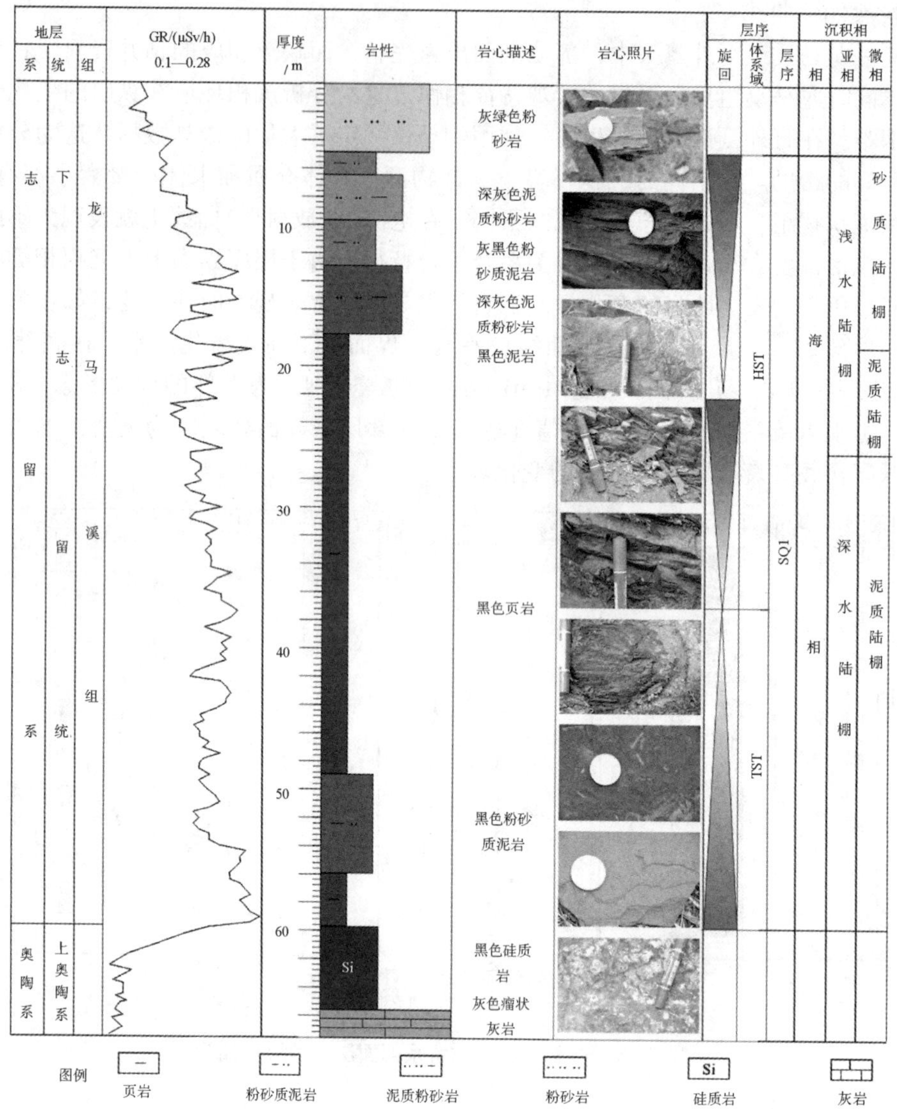

图 3-9　酉阳县黑水志留系剖面沉积层序综合柱状图

笔石页岩与龙马溪组上段灰绿色、黄绿色页岩、泥岩和粉砂岩虽为连续渐变的关系，但它们之间的界线代表了不同生物相之间的关系也是穿时的(樊隽轩等，2012)。研究区处于扬子地台的东南部，且龙马溪组的上部岩性通常也为灰绿色、黄绿色页岩和粉砂岩，根据樊隽轩等(2012)的研究成果，龙马溪组黑色页岩与顶部的灰绿色、黄绿色页岩和粉砂岩之间也是穿时的，可以作为龙马溪组细粒岩沉积体的顶部层序界面。

4)元素地球化学特征

沉积物在风化、搬运和沉积过程中，不同的元素可以发生一些有规律的迁移、聚集，沉积环境和沉积介质的物理化学性质的不同，不同元素的富集程度不同，同样在不同的沉积环境下元素含量也会发生变化，因此可以利用保存在沉积岩中的元素特别是对氧化还原条件比较敏感的元素来推测沉积时的环境，进而反映水体深度的变化(Trela et al.，2016；

Wong, 2013；郭飞等，2016；李艳芳等，2015；明承栋等，2015；汪凯明和罗顺社，2009；韦恒叶等，2013；朱红涛等，2012）。由图3-8可以看出对氧化还原比较敏感的元素（Cu、Cr、Ni、V和Zn）及其比值（V/Cr、Ni/V、V/V+Ni）以及在61m处突然增大，反映了水体还原性的增强，结合岩性和GR数值，综合认为该处为志留系龙马溪组的底部为一个三级层序界面。

通过岩性、颜色、自然伽马曲线形态转变和元素地球化学特征，可以识别出研究区龙马溪组黑色页岩的层序底界面和顶界面，多种层序界面识别标志的综合应用保证了层序界面识别的相对精确性。

3.2.2 体系域界面的识别

Vail模式中体系域的界面主要有2种类型，一种可以作为层序边界，如高位体系域顶部边界；另一种是体系域之间的界面，如初次海泛面（低位体系域与海侵体系域的分界）与最大海泛面（高位体系域与海侵体系域的分界）。本章中体系域界面的识别主要是最大海泛面。最大海泛面是一个层序中最大海侵时期形成的界面，它是海侵体系域的顶界面，并被上覆的高位体系域下超，它以退积式的准层序组变为进积式的准层序组为特征，因此我们可以利用体系域内准层序组叠加方式的不同来寻找最大海泛面或初次海泛面（陈秀艳等，2014；胡菲等，2012；刘招君等，2013）。此外最大海泛面常与密集段伴生，且密集段沉积体通常为较强还原条件下形成的暗色泥页岩，研究过程中着重使用了元素地球化学方法，恢复黑色页岩沉积时水介质的氧化-还原性，在还原性最强的阶段，水体深度达到最大值，形成黑色页岩，该处认为是最大海泛面。以川东南地区彭水县鹿角志留系剖面为例，如图3-8所示，在50m附近，元素Cu、Cr、Ni、V和Ni/V等指示还原强度的指数均达到最大值，反映了该段页岩沉积时，水体深度较大，认为该处为最大海泛面，即海侵和高位体系域的界面。

根据上述层序和体系域界面的识别，对研究区志留系龙马溪组黑色页岩沉积体进行了三级层序划分，认为该套黑色页岩可以分为一个三级层序即SQ1，又可进一步划分为两个体系域：海侵体系域和高位体系域（表3-1），其中海侵体系域包括一个准层序组，高位体系域包括两个准层序组。

表3-1 川东南地区下志留统龙马溪组下段层序地层格架

<table>
<tr><th colspan="3">地层</th><th rowspan="2">厚度/m</th><th colspan="2">层序</th><th rowspan="2">与下伏地层接触关系</th><th rowspan="2">沉积环境</th></tr>
<tr><th>统</th><th>组</th><th>段</th><th>三级</th><th>体系域</th></tr>
<tr><td rowspan="2">下志留统</td><td rowspan="2">龙马溪组</td><td rowspan="2">下段</td><td rowspan="2">50～200</td><td rowspan="2">SQ1</td><td>HST</td><td rowspan="2">假整合或不整合</td><td rowspan="2">陆棚</td></tr>
<tr><td>TST</td></tr>
</table>

第四章　岩石相类型与特征

4.1　相与岩相概述

“相”(facies)在拉丁文中有面容、画像、外观、外貌、样子和形状等意思。Teichert(1958)原文中是这样表述的：“Facies is a Latin word meaning face, figure, appearance, aspect, look, condition”(Teichert, 1958)。1669年Nicolaus Steno把“相”这一术语引入到地质术语中(Teichert, 1958)。现代地质学中“相”的使用源自1838年瑞士地质学家Gressly，1957年Dunbar和Rodgers翻译了Gressly对“相”原始界定的几条规则(Dunbar and Rodgers, 1957)，对我们理解相的原始定义有一定帮助。这几条规则如下：①地层单元中每一种相代表不同的岩性或古生物学特性，这些特性与相同层位地层中其他的相具有很大不同；②在不同的地层单元中(垂向和横向上)，相同的相具有相似或相同的古生物学特征；③不同的相在横向上具有明显的突变界面，有时也有过渡的相存在；④从地层单元的底部到顶部相的差异性是增大的；⑤不同地区地层相的差异不同。随着人们对沉积岩研究的深入，Walther在1894年对相进行了定义，即“相”是沉积岩主要特征的总和(原文是“sum of all primary characteristics of a sedimentary rock”)，后来Haug和很多欧洲地质学家沿用了这一定义(Teichert, 1958)。Haug1907年对“相”的定义进行了发展，他认为“相”是已知点沉积物岩性和古生物特征的总和，原文是“the sum of lithologic and paleontologic characters which represent a deposit at a given point”(Teichert, 1958)。

20世纪以来，相的概念随着沉积岩石学和古地理学的发展而广为流行，对相的概念的理解也随之形成了不同的观点(姜在兴，2010)。一种观点认为相是地层的概念，把相简单地看作“地层的横向变化”；另一种观点则把相理解为环境的同义语，认为相即环境；还有认为相是岩石特征和古生物特征的总和。

油气田勘探及其他沉积矿产勘探事业的飞速发展促进了相的研究，使人们对相这一概念的认识更加深入。目前较为普遍的看法是，相的概念中应包含沉积环境和沉积特征这两个方面的内容，姜在兴(2010)把相定义为沉积环境及在该环境中形成的沉积岩(物)特征的总和。这里相有两重含义，一是代表了沉积岩岩性和古生物特征的总和，二是沉积环境的同义词。

沉积环境是在物理上、化学上和生物上均有别于相邻地区的一块地表，是发生沉积作用的场所。沉积环境系由下述一系列环境条件(要素)所组成：①自然地理条件，包括海、陆、河、湖、沼泽、冰川、沙漠等的分布及地势的高低；②气候条件，包括气候的冷、热、干旱、潮湿；③构造条件，包括大地构造背景及沉积盆地的隆起与坳陷；④沉积介质的物理条件，包括介质的性质(如水、风、冰川、清水、浑水、浊流)、运动方式和能量大小以及水介质的温度和深度；⑤介质的地球化学条件，包括介质的氧化还原电位(Eh)、酸碱度(pH)以及介质的含盐度及化学组成等(Chang et al.，2014；Chermak and Schreiber，2014；Pi et al.，2013；李皎和何登发，2014；王淑芳等，2015)。

沉积岩特征包括岩性特征(如岩石的颜色、物质成分、结构、构造、岩石类型及其组合)、古生物特征(如生物的种属和生态)以及地球化学特征。沉积岩特征的这些要素是相应各种环境条件的物质记录，通常构成最主要的相标志(郭岭，2012；姜在兴，2010；林俊峰等，2015；吴靖等，2016)。

沉积环境是形成沉积岩特征的决定因素，沉积岩特征则是沉积环境的物质表现。换句话说，前者是形成后者的基本原因，后者乃是前者发展变化的必然结果。这就是相的概念中沉积环境和沉积岩特征的辩证关系(姜在兴，2010)。与相的概念同时存在的还有沉积相、岩相等这些流行的术语。在沉积学中，相就是沉积相，二者是同义语。

关于岩相的来历，Moore 在 1949 年就指出"岩相即岩石相，它是相概念的延伸，词根'litho'应用到沉积岩中时，有必要包括这类岩石中的有机组分和无机组分"，原文是这样表述的"'lithofacies'，meaning rock facies，is a strict synonym of facies，because the root 'litho' as applied to sedimentary rock necessarily embraces the organic constituent of such rock，wherever present，along with the inorganic."(Moore，1949；Teichert，1958)。岩相本质上来讲是相的概念的延伸，主要用来表征沉积岩的矿物学特征、岩石学特征和某些其他的特征(如岩石结构、构造、密度、体积、元素组成等)("lithofacies comprises the minralogical and petrographical aspects as well as certain mass properties of a sedimentary rock")(Teichert，1958)。

既然岩相用来表示沉积岩的矿物学、岩石学和其他的某些特征，那么对于沉积岩来讲，岩相的描述参数就会有多种，包括定性的和定量的参数，定性参数包括结构、构造(各种层理、纹理、层厚度)、颜色、颗粒大小、分选和磨圆程度、生物化石(化石丰度、分异度、生物扰动程度等)、脆性特征等；定量参数包括矿物成分、粒度大小、有机质含量、元素组成，岩相就是这些参数的总体表现，只是这些参数因不同的研究目的而具有不同的重要性(Teichert，1958)。

4.1.1 国外细粒岩岩相研究概述

国外学者对细粒岩岩相的研究取得很多成果，根据不同的研究目的和所掌握到的资料的多少，考虑到实用性和可操作性，他们在岩相划分时重点描述的内容也各不相同。

Macquaker 和 Gawthorpe(1993)在研究英格兰南部 Wessex 盆地 Kimmeridge 组泥岩岩相时，考虑到泥质硅质碎屑含量、粉砂质硅质碎屑含量、浮游生物化石含量、纹层、自生碳酸盐含量等因素，对泥岩岩相进行了划分，包括 5 种基本类型：①富黏土泥岩(clay - rich mudstone)；②富粉砂泥岩(silt - rich mudstone)；③富浮游生物化石泥岩(nannoplankton - rich mudstone)；④层状泥岩(laminated mudstone)；⑤凝缩碳酸盐岩(concretionary carbonate)(Macquaker and Gawthorpe，1993)，其具体含量如表 4-1 所示。

表4-1 Kimmeridge组泥岩岩相划分及相关参数(Macquaker and Gawthorpe，1993)

泥岩岩相	黏土质组分/%	粉砂组分/%	浮游生物化石组分/%	成层性	自生碳酸盐组分/%
富黏土泥岩	>85	<5(通常1~3)	<5	否	<20
富粉砂泥岩	>50	>5(通常8~12)	<5	否	<5
富浮游生物化石泥岩	>50	<5(通常2~3)	>5	否	<5
层状泥岩	>50	>1	<5	是	<15
凝缩碳酸盐岩	<30	<5(通常1~2)	>5	否	>50

Hickey和Henk(2007)在分析美国德克萨斯Wise县Barnette页岩的岩相时，基于钻井的取心分析资料，包括岩石矿物含量、有机碳含量和生物化石等，共识别出5种岩相：①富有机质页岩；②含白云质晶粒页岩；③白云质页岩；④凝固碳酸盐岩；⑤磷质颗粒岩(Hickey and Henk，2007)。

Wang和Carr(2012)指出岩相的研究通常可分为3个尺度，即岩心、单井和区域尺度。通过岩心或露头确定的岩相是岩心尺度的，使用资料包括岩石颜色、结构、层理、内部纹层结构、粒度分布、岩心照片、薄片、扫描电镜、矿物含量和地球化学分析数据，岩心尺度的岩相分类仅仅是区域上少量的代表，它们在地下和更大区域上是否可以延伸是值得讨论的。为了更方便和经济地识别单井纵向上的岩相分布，采用测井数据是一个实用的方法，建立测井曲线值与岩相的对应关系，划分岩相则更具可信性。可以使用的测井曲线包括自然伽马、自然电位、密度、补偿中子孔隙度、声波时差和电阻率，也包括一些特殊测井数据如能提供矿物成分、有机碳含量和岩石地球化学组成的测井曲线。区域上岩相的划分成本较高，需要较高质量的三维地震资料，根据这些地震数据及相应的地震属性图，可以进行区域尺度的岩相划分。在岩心和单井尺度上，依据矿物成分和有机碳含量，结合测井数据，对北美阿巴拉契亚盆地Marcellus页岩进行了岩相划分，共识别出7种岩相：①富有机质页岩(平均TOC：8%~10%)；②富有机质混合页岩(平均TOC：8%~10%)；③富有机质泥岩(平均TOC：8%)；④灰色硅质页岩(平均TOC：8%)；⑤灰色混合页岩(平均TOC：3%)；⑥灰色泥岩(平均TOC：1.5%)；⑦碳酸盐夹层(平均TOC：1%)(Wang and Carr，2012)。

Loucks和Ruppel(2007)在研究美国德克萨斯Fort Worth盆地密西西比系Barnett页岩时，以岩石矿物学、组构、生物群、结构和构造研究为基础，对Barnett页岩岩相进行了识别划分，包括3种基本类型：①非层-层状硅质泥岩；②层状黏土质灰质泥岩(泥灰岩)；③含骨屑泥晶灰岩(Loucks and Ruppel，2007)。

Mode和Odumodu(2015)在研究尼日利亚东南部Anambra盆地Okigwe地区Nsukka组沉积岩岩相和足迹化石时，重点考虑岩性和生物扰动程度对岩相进行了划分，共划分出9种岩相类型，其中细粒岩相3种，即①凝固黑色页岩相；②生物扰动泥岩；③生物扰动黑色页岩相。

Abouelresh和Slatt(2012)在研究美国德克萨斯州Fort Worth盆地中东部Barnett页岩的岩相时发现，该套页岩主要由10种岩相类型组成：①含硅质不含灰质泥岩(siliceous，noncalcareous mudstone)；②含硅质灰质泥岩(siliceous calcareous mudstone)；③白云质泥岩(dolomitic mudstone)；④粉砂与页状纹层交替的泥岩(silty－shaly interlaminated mudstone)；⑤结核层(concretion horizons)；⑥钙质纹层(calcareous laminae)；⑦再沉积的介壳层(reworked shelly deposits)；⑧磷酸盐沉积物(phosphatic deposits)；⑨再沉积针雏晶状泥岩(resedimented spiculitic mudstone)；⑩滞留沉积物(lag depostis)(Abouelresh and Slatt，2012)。

Bruner 等(2015)对美国东阿巴拉契亚盆地泥盆系 Marcellus 页岩岩相进行了划分，划分主要基于露头、手标本、薄片镜下沉积特征(岩石类型、矿物组成、颜色和颗粒大小)和化石含量，主要包括以下 5 种岩相：①钙质粗粒泥岩，含石英质粉砂颗粒，化石稀少(calcitic coarse mudstone，quartz－silty and sparsely fossiliferous)；②骨屑粒泥灰岩，具有低至中等的生物分异度(skeletal wackestone－packstone limestone，exhibiting a low to moderate faunal diversity)；③含钙质碳质中粒泥岩，有机碳含量高，密度低，生物分异性小(calcitic carbonaceous medium mudstone，containing a high organic－carbon content and low－density，low diversity fossil community)；④含硅质碳质细粒泥岩，具有高放射性和高有机碳含量的特征，底栖生物通常很少(siliceous carbonaceous fine mudstone，exceedingly radioactive with a high organic－carbon content and usually barren of benthic fossils)；⑤黏土质粗粒泥岩，含石英质粉砂、云母和高岭石(argillaceous coarse mudstone，quartz－silty，micaceous，and kaolinitic)(Bruner et al.，2015)。

Jacobi 等(2008)在总结北美 Fort Worth 盆地 Barnett 页岩岩相研究成果时指出，前人对该套页岩进行岩相描述时，主要考虑到 5 个方面的特征，即矿物含量、有机碳含量、古生物特征、岩石的成层性和岩石的结构特征(Jacobi et al.，2008)。其中代表性的岩性如下：①富有机质硅质泥岩，这类泥岩/页岩通常是开发页岩气的岩层(Bowker，2007；Jarvie et al.，2007)；②含磷质泥岩，某些情况下它们是一种凝缩沉积体，通常与洪泛事件有关(Loucks and Ruppel，2007)；③含硫化铁的泥岩，其中既有自形的黄铁矿晶体也有草莓状黄铁矿晶体，这种矿物的出现代表一种缺氧的静水沉积环境(Loucks and Ruppel，2007)；④含碳酸盐岩层；⑤含介壳层(Hickey and Henk，2007)。

Smith 和 Bustin(1996)在研究北美 Williston 盆地 Bakken 组岩相和古环境时，重点考虑岩石的颜色、粒度、有机碳含量和发育的构造(如透镜状层理、波状层理、水平层理、压扁层理等)，对该套砂泥岩互层的沉积体进行了岩相的划分，其中细粒的泥岩相为 Mb(black mudstone)，其主要由黑色泥岩组成，岩石成分包括黏土矿物(主要为伊利石)、粉砂级的石英、碱性长石、方解石、白云石、黄铁矿颗粒和无定形的有机物质(包括浸染的藻类)(Smith and Bustin，1996)。

4.1.2 国内细粒岩岩相研究概述

国内学者对细粒岩岩相的研究也取得了很多成果(Liang et al.，2016；李志明和全秋琦，1992b；张顺等，2014)。现选取若干关于细粒岩岩相研究的论文加以描述，需要说明的是多数岩相研究是针对泥岩或页岩的，细粒岩中粉砂岩岩相研究相对较少。

Yang 等(2016)在研究湖南麻阳盆地牛蹄塘组页岩时，基于露头资料、岩石薄片、有机碳含量、矿物含量(如黏土矿物、黄铁矿和碳酸盐矿物含量等)和生物化石(硅质海绵骨针含量与分布)资料，共识别出了8种岩相：①含磷结核的硅质泥岩；②含黄铁矿炭质泥岩；③含碳质粉砂质泥岩；④粉砂质泥岩；⑤含硅炭质泥岩；⑥黏土岩；⑦再沉积的含骨针泥岩；⑧钙质(白云质)泥岩(Yang et al.，2016)。

Du等(2015)在分析下扬子西部地区含气页岩的岩相和沉积特征时，基于露头分析、岩石学和矿物学特征，对该地区的含气页岩进行了总结，并划分出了8种岩相，分别是①硅质岩；②硅质不含钙泥岩；③硅质页岩；④炭质页岩；⑤钙质泥岩；⑥粉砂-泥互层的泥岩；⑦粉砂岩；⑧灰岩(Du et al.，2015)。该文中含气页岩并非指全部以黏土含量为主，而主要是考虑粒度的概念，包括了细粒的粉砂岩和灰岩。

Tang等(2016)在研究四川盆地东南部龙马溪组页岩时主要考虑了有机碳含量和矿物成分两方面因素对其岩相进行了划分，共划分出9类岩性：①富有机质硅质页岩；②富有机质混合页岩；③富有机质黏土页岩；④中有机质硅质页岩；⑤中有机质混合页岩；⑥中有机质黏土页岩；⑦贫有机质硅质页岩；⑧贫有机质混合页岩和⑨贫有机质黏土页岩(Tang et al.，2016)。显然他们以有机碳含量和矿物含量为着重考虑，并在命名中加以区分，这在不同的研究目的中具有实用性和方便性。

Liang等(2012)在研究四川盆地五峰组-龙马溪组页岩岩相及孔隙特征时，基于岩心、露头、镜下薄片观察和岩石矿物含量分析，共划分出5种岩相类型：①碳质页岩；②硅质页岩；③粉砂质页岩；④灰质页岩；⑤普通页岩(Liang et al.，2012)，他们对页岩的划分主要考虑了矿物和岩石的粒度组成。

Hu等(2006)在研究西藏南部上白垩统红层沉积时，把颜色作为岩相分类的一个重要参考标准，结合矿物学、地球化学、沉积岩石学等数据，划分出9种岩性，其中细粒岩岩性为红色页岩(Hu et al.，2006)。

由此可见国内外学者对岩相的划分根据不同的目的和所掌握资料详尽程度的不同，可以划分多种类型。因此在岩相的划分过程中，没有统一的标准，只是遵循命名过程中所要描述的定性和定量的参数即可[定性参数包括结构、构造(包括各种层理、纹理、层厚度)、颜色、颗粒大小、分选和磨圆程度、生物化石(化石丰度、分异度、生物扰动程度等)、脆性特征等；定量参数包括矿物成分、粒度大小及分布、有机质含量、元素组成]，岩相就是这些参数的总体表现。根据不同的研究目的和掌握资料的情况(如野外与室内，野外直观的看到有机质含量，矿物含量等定量数据)，对观察到的细粒岩进行岩相划分。

4.2 研究区岩相类型与特征

研究区细粒岩主要包括2种类型，即页岩类(包括泥岩)和粉砂岩类，本文中的页岩通常情况下具有纹层状结构；宏观或微观下不具有纹层状结构的泥岩为方便起见也归为页岩类，因为页岩只是比泥岩的易裂性好一些，其他性质并无大的区别，很多情况下页岩与泥岩两者可以互用(Nichols，2009)。基于野外露头、岩心、岩石薄片、有机碳含量和矿物含量等特征对研究区细粒岩进行岩相类型的划分。

4.2.1 页岩相

页岩相主要指宏观或显微镜下具有纹层状结构的细粒岩，其颗粒直径主体上小于

4μm。研究区页岩岩相主要包括以下 11 种类型。

(1)黑色纹层状页岩：此类页岩为野外缺少矿物测试分析资料情况下最为常见的一种岩石相，地表露头通常呈页理状，这类页岩是野外风化区常见的一种岩石类型(图 4-1A、C、F)；纹层状页岩在镜下显示波状明暗相间的特征，其中暗色纹层为富含有机质的纹层，灰白色为富含黏土矿物和石英的纹层(图 4-2A)。

(2)黑色块状页岩：这里也可以称为黑色块状泥岩。此类页岩在野外广泛出露，此类页岩之所以呈块状，是由于其往往含有一定量的粉砂质、硅质或钙质，造成岩石的固结程度大，抗风化能力增强，在野外显示中厚层的块状构造(图 4-1B、D)。本文中所提到层的厚度标准如下：薄层(厚度 <10cm)；中层(10cm < 厚度 <50cm)；厚层(50cm < 厚度 < 100cm)；巨厚层(厚度 >1m)。有些块状构造的页岩由于节理的发育，风化后常呈球状(图 4-1E)。黑色块状页岩在显微镜下显示较为均匀的块状特征(图 4-2E)。

(3)黑色硅质页岩：此类页岩中以较高的石英含量为特征，部分发生了弱的变质作用，石英含量质量分数常介于 40% ~50%。野外露头通常呈薄层状(图 4-3A)，硬度较大，它们多分布在龙马溪组的底部，部分地区与五峰组页岩特点相似。

(4)黑色钙质页岩：这类页岩以具有较高含量的方解石为特征，镜下薄片通常具有亮纹层和暗纹层的交互结构(图 4-2C)。这种明暗互层的沉积特征可能跟季节性的变化有关：在温暖的季节，表层钙质生物体发育，造成钙质含量较高的海水中沉淀明亮的钙质层；在气候寒冷的季节，主要沉积了细粒的黏土物质，同时吸附了较多的有机质造成暗色纹层的形成。黑色钙质页岩在野外露头也较为发育，主要出现在研究区的武隆县江口地区，该套钙质页岩厚度可达 15m，部分层段含 5mm 左右的白色方解石薄层(图 4-3B)，露头样品滴稀盐酸有较多的气泡产生。

(5)黑色笔石页岩：黑色笔石页岩以在层面中出现大量的笔石化石为特征(图 4-3C)；笔石页岩段通常具有较高的有机质含量。

(6)黑色富黄铁矿页岩：黑色富黄铁矿页岩中，黄铁矿含量通常可达 4% 左右，有些呈细粒的草莓状或斑点状分散在页岩中(图 4-2D)，有些以条带状或斑块状出现在块状结构的黑色页岩中(图 4-3D)。这类页岩在岩心中较为常见，在野外露头中较少见到，可能是由于它们遭受了氧化所致。但地表露头样品矿物分析显示，彭水县鹿角底部黑色页岩样品中黄铁矿含量可达 6%。

(7)黑色碳质页岩：这类页岩同样具有较高的有机碳含量，含量为 3% ~10%，手标本常呈黑色，且污手，表面有粉末状细碎屑(图 4-3E)。镜下石英颗粒常呈漂浮状，周围为黑色有机质和黏土矿物的混合体，石英颗粒大小 20 ~40μm，分选较差，磨圆次棱角 - 次圆状(图 4-2G)，主要由黏土矿物、石英、云母和长石组成。

(8)灰色黏土页岩，此类页岩以高黏土矿物含量为特征，黏土矿物总量介于 55% ~ 65%；岩石颜色以灰色、浅灰色为主，层理主要为水平层理(图 4-3F)和块状层理。在渝页 1 井中，主要分布在 100m 以上层段，即龙马溪组的上部。

(9)深灰色水平层理粉砂质页岩：此类岩相含有较多的粉砂质，薄层 - 中层状，野外露头通常显示水平层理(图 4-3G)，岩石硬度比纯页岩大。

(10)灰色波状层理粉砂质页岩：该类岩相中发育波状层理，粉砂质和泥质纹层交互沉积，部分粉砂质纹层发生了弱的变形作用(图 4-3H)。

(11)黑色富有机质页岩：此类页岩以含有较高的有机碳为特征，在镜下常可见条带状的沥青质(图 4-2F)；黑色笔石页岩和黑色碳质页岩也可以归为富有机质页岩类。

图 4-1　黑色纹层状和块状页岩野外露头特征

A—黑色纹层状页岩，页岩厚度巨大，可达 15m，页岩中常夹薄层泥质粉砂岩，重庆南川区德隆胡家湾志留系龙马溪组剖面；B—黑色中厚层页岩，风化后呈碎片状，厚度巨大，可达 20m，部分层面含有丰富的笔石化石，重庆彭水县鹿角志留系龙马溪组剖面；C—黑色页理状页岩，有较为明显的构造挤压现象，重庆石柱县漆辽志留系龙马溪组剖面；D—黑色块状厚层页岩，夹粉砂质页岩，重庆彭水县鹿角志留系龙马溪组剖面；E—黑色薄层页岩，有球形风化现象，重庆彭水县高谷志留系龙马溪组剖面；F—黑色中厚层状页岩，发育水平层理，重庆石柱县漆辽志留系龙马溪组剖面

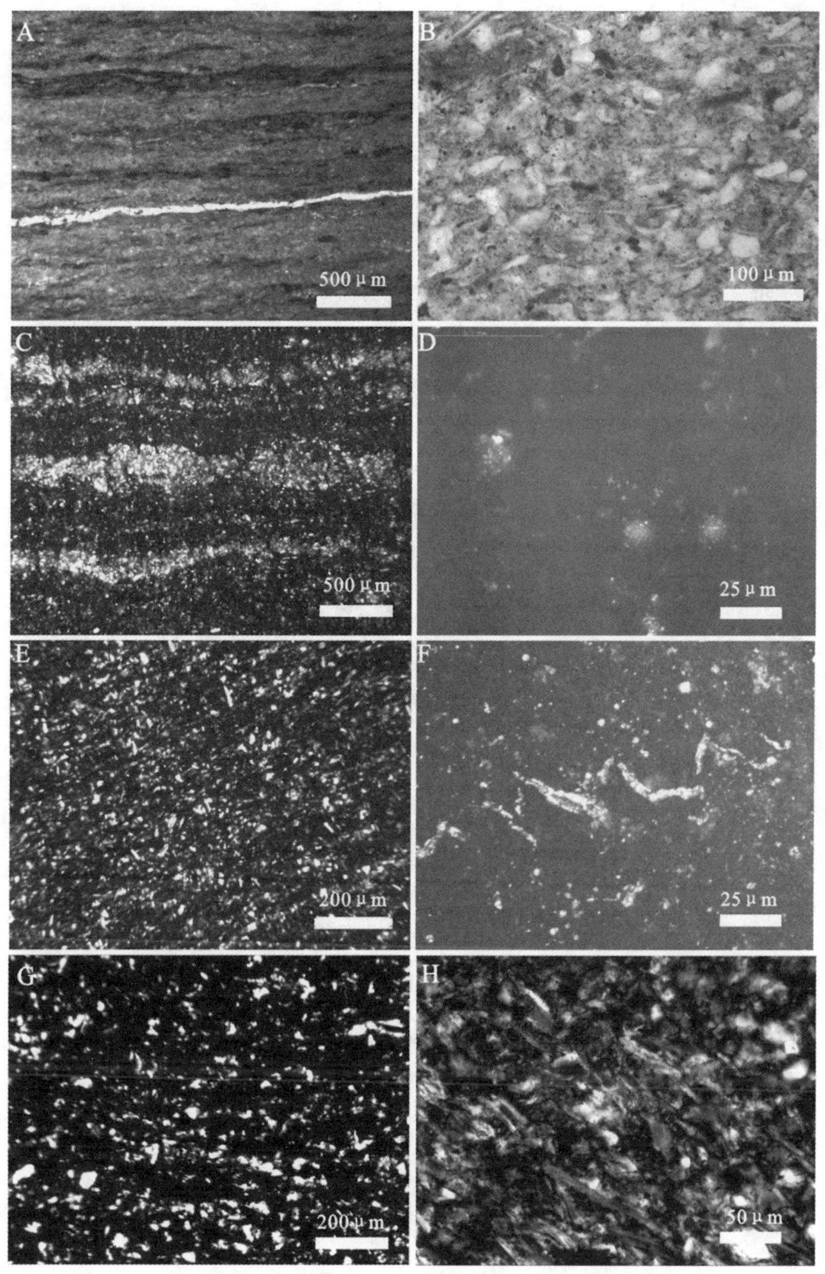

图 4-2 页岩相显微特征

A—黑色波状纹层状页岩，暗色纹层为富有机质纹层，单偏光，40×，渝页1井，25m；B—块状黏土质页岩，单偏光，200×，渝页1井，62.3m；C—黑色钙质页岩，亮色部分为方解石纹层，单偏光，40×，渝页1井，200.7m；D—黑色富黄铁矿页岩，亮色部分为草莓状或斑块状黄铁矿集合体，反射光，400×，渝页1井，165.7m；E—黑色块状页岩，单偏光，100×，渝页1井，292.5m；F—黑色富有机质页岩，灰白色为条状沥青质，荧光，400×，渝页1井，324.8m；G—黑色碳质页岩，石英颗粒漂浮状，单偏光，100×，渝页1井，192.0m；H—灰色黏土页岩，页岩中黏土矿物含量较高，同时部分长石发生绢云母化，200×，渝页1井，20.6m

图 4-3　页岩和粉砂质页岩相露头及岩心特征

A—黑色硅质页岩，表面风化后呈浅灰色，并覆盖红色铁质氧化物，重庆市彭水县鹿角志留系龙马溪组剖面；B—黑色钙质页岩，夹白色方解石薄层，重庆市武隆县江口志留系龙马溪组剖面；C—黑色笔石页岩，层面上含有大量的笔石化石，湖南省龙山县红岩溪志留系龙马溪组剖面；D—黑色富黄铁矿页岩，页岩中含有斑块状或条带状黄铁矿，渝页1井，250.70m(右)，309.12m(左)；E—黑色碳质页岩，贵州省道真志留系龙马溪组剖面；F—灰色黏土页岩，发育水平层理，矿物含量测试分析表明，页岩中黏土矿物含量达60%，渝页1井，38.7m；G—深灰色水平层理粉砂质页岩，重庆市酉阳县丁市志留系龙马溪组剖面；H—灰色波状层理粉砂质页岩，渝页1井，76.8m

4.2.2 粉砂岩相

粉砂岩相主要指其颗粒直径主体上介于 4～64μm 的细粒岩。研究区粉砂岩相主要包括以下 3 种类型。

(1)灰色水平层理粉砂岩相。这类岩相主要分布在志留系龙马溪组的上部，颜色以浅灰色、灰黄色为主(图 4-4A、C)，沉积环境为浅水陆棚与滨海相过渡区，沉积水体浅。与该层段对应的研究区其他地区的粉砂岩中还发育波状交错层理、平行层理等，反映了该时期具有较强的水动力条件。

图 4-4 粉砂岩相露头与岩心特征

A—灰色粉砂岩，水平层理，重庆市黔江区太极乡志留系龙马溪组剖面；B—灰色微波状层理泥质粉砂岩，含小的砂质透镜体，重庆市彭水县鹿角志留系龙马溪组剖面；C—灰色水平层理泥质粉砂岩，重庆市彭水县鹿角志留系龙马溪组剖面；D—上部灰色波状层理泥质粉砂岩，下部块状粉砂质页岩，重庆市彭水县鹿角志留系龙马溪组剖面；E—灰色变形层理泥质粉砂岩，粉砂质有液化和变形现象，渝页 1 井，81.2m；F—灰色变形层理泥质粉砂岩，发育包卷构造，说明沉积物在尚未固结时有滑动现象发生，渝页 1 井，81.6m

(2)灰色波状层理泥质粉砂岩相：该岩相以泥质细粒物质与粉砂级物质的交互或混合沉积为特点，野外露头多具有微波状层理(图 4-4B、D)。粉砂级物质的增多反映了陆源碎屑物质的增多和水动力条件的增强。

(3)灰色变形层理泥质粉砂岩：该类岩相以发育多种的变形层理为特征，包括包卷层理及粉砂质液化现象(图4-4E、F)，这类岩性可能是由未固结的粉砂质和泥质沉积物滑塌，或者重新液化造成。

4.2.3 互层状粉砂岩与页岩相

互层状粉砂岩与页岩相以薄层状页岩和粉砂岩互层为特征，粉砂质纹层厚度最厚可达5cm(图4-5A)，最小厚度仅几毫米(图4-5C)。这类岩相中粉砂岩薄层和页岩薄层厚度通常相近(图4-5A、B、C、D)，反映了碎屑物质供应周期性的变化，且这个变化周期相对均衡，沉积构造以微波状层理、水平层理和平行层理为主；也有部分互层状粉砂岩与页岩相中粉砂质纹层的厚度明显小于页岩层的厚度，这可能与粉砂质碎屑物质间歇性供应有关。在湖南地区的志留系龙马溪组剖面中发现在厚层的黑色页岩中常通常夹有数层10～20cm厚的灰色粉砂岩(图4-5E)，粉砂岩通常为块状结构，部分粉砂岩层中有少量波状层，显示整体上为浊流沉积，少量牵引流沉积体，这种互层状的粉砂岩与页岩相代表了长期稳定沉积背景下夹有幕式浊流沉积事件。

图4-5　互层状粉砂岩与页岩相露头特征

A—灰色粉砂岩与页岩互层，粉砂质纹层中有平行层理发育，反映了牵引流沉积的特征，重庆市南川区德隆胡家湾志留系龙马溪组剖面；B—灰色页岩与粉砂岩互层沉积，粉砂质纹层显示浅灰色，页岩纹层为深灰色，重庆市武隆县江口志留系龙马溪组剖面；C—灰色互层状粉砂岩与页岩，其中粉砂质纹层显示灰黄色，泥质纹层显示深灰色，重庆市彭水县鹿角志留系龙马溪组剖面；D—深灰色页岩夹薄层灰黄色粉砂岩，重庆市武隆县江口志留系龙马溪组剖面；E—厚层黑色页岩夹薄层灰色粉砂岩，粉砂岩薄层厚度约15cm，湖南省龙山县红岩溪志留系龙马溪组剖面；F—灰色粉砂岩与深灰色页岩互层，发育波状层理，重庆市彭水县鹿角志留系龙马溪组剖面

第五章　沉积相与沉积模式

5.1　沉积相标志

1838 年瑞士地质学家 Gressly 把相的概念应用于沉积岩研究中，认为“相是沉积物变化的总和，它表现为这种或那种岩性的、地质的或古生物的差异”。随着沉积学的不断发展和研究的逐步深入，现代沉积相研究更加强调沉积环境与沉积特征的关系，并把沉积相定义为是沉积环境及在该环境中形成的沉积岩(物)特征的总和(姜在兴，2010)。沉积环境是在物理上、化学上和生物上均有别于相邻地区的一块地表，是发生沉积作用的场所。沉积环境系由下述一系列环境条件(要素)所组成：①自然地理条件，包括海、陆、河、湖、沼泽、冰川、沙漠等的分布及地势的高低；②气候条件，包括气候的冷、热、干旱、潮湿；③构造条件，包括大地构造背景及沉积盆地的隆起与坳陷；④沉积介质的物理条件，包括介质的性质(如水、风、冰川、清水、浑水、浊流)、运动方式和能量大小以及水介质的温度和深度；⑤介质的地球化学条件，包括介质的氧化还原电位(Eh)、酸碱度(pH)以及介质的含盐度及化学组成等，上述条件的综合即为沉积环境。

Fisher 和 Mcgowen 在 1969 年首次把沉积体系(depositional system)这一概念引入沉积学文献中，即“一种现代的沉积体系是相关的相、环境及伴随的过程的组合”，因此“古代的沉积体系是成因上被沉积环境和沉积过程联系起来的相的三维组合”(Fisher and McGowen，1969)。组成沉积体系的最基本单元是相，鉴于相的概念使用十分广泛，Galloway(1986)建议使用“成因相(geneticfacies)”或“相构成单元”来表示沉积体系分析中“相”的特定范畴(Galloway，1986)。因此，成因相是沉积体系内部的基本构成单位。

相标志是指反映沉积相的一些标志，它是相分析和岩相古地理分析的基础，概括起来可以归纳为岩性、古生物、地球化学和地球物理四种相标志(Feng et al.，2014；姜在兴，2010；刘宝珺，1980；张元福等，2012；赵澄林，2001；赵俊峰等，2008)。在这些标志当中沉积物本身的特征是最重要的，它们是沉积相分析的基础，而地球物理相标志，如测井和地震均是一些辅助的标志。

通过野外剖面和岩心的观察描述，结合岩石矿物、微量元素、常量元素等综合研究总结了川东南地区龙马溪组细粒岩的沉积相标志。

5.1.1　岩性特征

岩性标志可以通过露头、岩心、测井和录井等资料获取，通常包括岩石的颜色、岩石类型、碎屑颗粒的结构、原生沉积构造和相序等。其中，相序指的是沉积相的垂向构成，包括岩石的成分、结构、构造、亚相(微相)等，按照粒度特征通常可以分为向上变粗(CU)、向上变细(FU)和复合3种类型。岩性标志是沉积环境的物质反应，相同或相似的岩性特征形成于统一的沉积背景，反映了当时的沉积环境，而不同沉积环境中形成的沉积物，其岩性特征不同。大量的岩心(露头)观察是确定沉积相类型最为直接同时也是最可靠的研究方法之一(封从军等，2013；郭峰等，2006；郭峰和郭岭，2011；李文厚等，2009；于兴河和李胜利，2009)，只要掌握研究区内的几个有代表性的地层剖面，弄清楚岩层的颜色、成分、结构、构造等在纵向上的变化规律，并结合其他依据，就可以对地层的沉积体系进行点和线上的划分及对比。

1)岩石颜色

碎屑岩的颜色是沉积岩最直观、最醒目的标志，是鉴别岩石，划分和对比地层，分析判断古地理环境的重要依据。在岩心特别是野外露头观察和描述的过程中要注意区分继承色、自生色和次生色。继承色主要决定于陆源碎屑颗粒的颜色，一般不反映沉积环境；自生色主要决定于沉积物堆积过程及早期成岩过程中自生矿物的颜色，如岩石中含铁自生矿物及有机质的种类及数量，黏土岩、化学岩和生物化学岩的自生颜色对沉积介质的物理化学条件都有良好的反映，是良好的沉积相标志；次生色是在后生作用阶段或风化过程中，岩石的原生组分发生次生变化所引起的，不反映沉积条件。

岩石颜色，特别是泥页岩的自生色，可以用于判断该沉积体沉积时的气候状况、水介质氧化-还原条件等(何幼斌和王文广，2007)。自生色的形成与岩石自身的成分和形成环境密切相关。一般来说，水体较浅或氧化环境中所形成的岩石颜色为灰白色、红色、棕色和黄色等氧化色，在水体较深或还原环境中所形成的颜色为深色，如灰色、深灰色和黑色等。川东南地区龙马溪组细粒岩沉积体的颜色主要为黑色、灰黑色、深灰色、灰色等，晚期沉积的粉砂质页岩、粉砂岩等主要显示黄色、灰色和浅灰色等(图5-1)，这说明研究区龙马溪组早期主要为深水沉积环境，晚期水体逐渐变浅，沉积物的颜色逐渐向氧化色过渡，显示沉积水体深度逐渐减小的过程。

2)岩性特征

下志留统龙马溪组岩性特征(层序1-TST)：在研究区中北部地区，岩性以黑色页岩(图5-2A)、黑色炭质页岩和灰黑色页岩为主，厚度在50m左右，部分地区发育的钙质页岩(图5-2B)；西部地区岩性以黑色页岩、深灰色页岩和黑色粉砂质页岩为主(图5-2C)，厚度30m左右，比北部地区稍薄；东部地区以黑色页岩、黑色炭质页岩和灰黑色页岩为主(图5-2D)，南部地区以黑色页岩、深灰色页岩和灰色粉砂质页岩为主(图5-2E)，但厚度小，在10m左右，且页岩中粉砂质含量较多。

下志留统龙马溪组岩性特征(层序1-HST)：在研究区中北部地区，岩性以灰黑色页岩、灰色页岩、灰色粉砂质页岩为主，厚度在100m左右；西部地区岩性以深灰色页岩、灰色页岩、灰色粉砂质页岩和灰色泥质粉砂岩为主，厚度在40m左右；东部地区以灰黑色页岩、灰色页岩、灰色粉砂质页岩和灰色粉砂岩为主，灰色粉砂岩单层厚度较薄，夹在厚层的灰色和灰黑色页岩中，厚度通常在15cm左右，南部地区以灰色页岩、灰色泥质粉砂岩、灰色粉砂岩和灰绿色粉砂岩为主(图5-2F)，但厚度小，在40m左右，与北部地区相比，粉砂质含量明显增多，岩石颜色以灰色、浅灰色、灰绿色和浅黄色为主。总体上讲，研究区 HST 时期，沉积岩的颜色由早期的黑色、灰黑色逐渐过渡到晚期的灰色和浅黄色，反映了沉积介质由强的还原性逐渐变为弱氧化-氧化的环境。

图 5-1 川东南地区龙马溪组岩石颜色特征

A—黑色页岩，层断面处含黄铁矿，渝页1井，296.1m；B—深灰色页岩，含笔石，重庆市酉阳县丁市厂坝志留系龙马溪组野外露头；C—深灰色页岩，重庆酉阳黑水龙马溪组野外露头；D—黑色页岩，风化后呈页理状，重庆市彭水县鹿角志留系龙马溪组野外露头；E—浅黄色泥质粉砂岩，重庆市酉阳县黑水志留系龙马溪组野外露头；F—黄色粉砂岩，发育波状交错层理，重庆市彭水县鹿角志留系龙马溪组野外露头

3）沉积构造

沉积岩的构造是指沉积物沉积时或沉积之后，由于物理作用、化学作用及生物作用所形成的各种构造。它是由沉积物的颜色、成分、结构等不均一性而引起的宏观特征。在沉积物沉积过程中及沉积物固结成岩之前形成的构造即为原生构造，它通常是由物理成因和生物成因形成，通过研究分析沉积岩的原生沉积构造可以确定沉积介质的营力及流动状态，从而有助于分析沉积环境（李凤杰等，2014；司学强等，2015；郑荣才等，2013），有的还可以确定地层的顶底界面，如波痕、泥裂和槽模等。因此原生沉积构造及其组合已成为判别沉积环境和进行沉积微相划分的最重要标志，现对研究区出现的主要沉积构造类型进行简单介绍。

（1）水平层理。水平层理是在比较弱的水动力条件下由悬浮物质沉积而形成的，主要出现在低能的环境中，其所形成的纹层平直且与层面平行，纹层通常连续出现。水平层理是研究区最为发育的一种层理类型（图 5-3A、B、C），主要发育于深水陆棚环境，沉积物的颜色以黑色、灰黑色和深灰色为主，岩性主要为页岩和粉砂质页岩。

（2）块状层理。层内物质均匀，组分和结构上差异较小、不现纹层构造的层理通常称为块状层理，它是由悬浮物的快速堆积，沉积物来不及分异形成的，因而不显纹层。研究区块状层理发育广泛（图 5-3D），主要发育在陆棚和半深海环境。

（3）平行层理。平行层理是在较强的水动力条件下，高流态中由平坦的床沙迁移，床面上连续滚动的砂粒产生粗细分离而显出的水平纹层。平行层理一般出现在急流和能量较高的环境中(郭岭等，2015)。研究区龙马溪组沉积体中，平行层理主要发育在龙马溪组的上部，此时在研究区南部地区，随着相对海平面的下降，水体变浅，陆源较粗的碎屑物质搬运至此，在潮汐、波浪等水动力条件下形成平行层理。研究区浅灰色、浅黄色粉砂岩、细砂岩中常常发育平行层理(图5-3E)。

图5-2　川东南地区龙马溪组岩石类型

A—黑色页岩，重庆市石柱县漆辽志留系龙马溪组剖面；B—黑色钙质页岩，以中厚层为主，层间偶有薄层白色方解石薄层，重庆市武隆县江口志留系龙马溪组剖面；C—黑色页岩，厚度可达20m，重庆市南川区德隆胡家湾志留系龙马溪组剖面；D—中薄层状黑色页岩，湖南省龙山县红岩溪志留系龙马溪组剖面；E—深灰色页岩，重庆市酉阳县黑水志留系龙马溪组剖面；F—灰黄色粉砂岩，重庆市酉阳县黑水志留系龙马溪组剖面

(4)波状交错层理。沉积岩层内的纹层呈连续的波状，这种层理称波状层理。形成波状层理一般要有大量的悬浮物质，当沉积速率大于水流的侵蚀速率时，可以保存连续的波状层理。波状层理主要发育在龙马溪组的上部，特别是在研究区南部靠近物源的地区，随着相对海平面的下降，水体变浅，大量的陆源碎屑物质搬运至此，在波浪等水动力条件下形成波状层理。研究区浅灰色、浅黄色粉砂岩、细砂岩中常常发育波状层理(图5-3F)。

(5)透镜状层理。透镜状层理是在潮汐水流或波浪作用较弱，泥质供应充足，砂质供应不足，泥质沉积物的保存比砂更有利的情况下形成的。这种层理的特征是砂质沉积物呈透镜体被包在泥质沉积物之中。这些透镜体在空间上呈断续分布，内部一般具有发育良好的波痕前积纹层，实际上是孤立波痕的产物。透镜状层理主要发育在龙马溪组的上部，随着相对海平面的下降，水体变浅，水动力条件相对增强，在潮汐、波浪等水动力条件下形成，研究区浅灰色、灰色粉砂岩、泥质粉砂岩中常常发育透镜状层理(图3-5G)。

(6)变形构造。变形构造是指已沉积的沉积层在重力作用下发生运动和位移所产生的各种同生变形构造的总称。滑塌变形构造是识别水下斜坡和浊积岩的良好标志，研究区变形构造主要出现在研究区北部地区，变形构造有滑塌变形、砂岩液化(图5-3H)和包卷层理等，岩性以灰色粉砂质页岩和灰色粉砂岩为主。

(7)槽模。槽模是一些规则而不连续的舌状突起，它是尚未固结的砂质沉积物在重力滑塌作用下，沉积在尚未固结的泥质沉积物之上形成的。槽模构造也是浊积岩的重要标志，研究区槽模构造出现在湖南省龙山县红岩溪志留系龙马溪组剖面上，其特点为：槽模稍高的一端呈浑圆状，向另一端变宽、变平逐渐并入底面中，形状多为舌状和锥状，两侧对称，高约1cm，长2～5cm(图5-3I)。

图5-3　川东南地区龙马溪组细粒岩系沉积构造特征

A—水平层理，灰黑色页岩，渝页1井，202.3m；B—水平层理，黑色页岩，风化后呈页理状，重庆市秀山县中和志留系龙马溪组剖面；C—水平层理，灰色泥岩，渝页1井，18.7m；D—块状层理，黑色页岩，含黄铁矿，渝页1井，202.3m；E—平行层理，灰色粉砂岩，重庆市彭水县鹿角志留系龙马溪组剖面；F—波状层理，黄色粉砂岩，重庆市彭水县鹿角志留系龙马溪组野外露头；G—透镜状层理，灰色泥质粉砂岩，重庆市彭水县鹿角志留系龙马溪组野外露头；H—变形构造，砂岩液化现象，灰色粉砂质页岩，渝页1井，81.2m；I—槽模构造，浅灰色粉砂岩，湖南省龙山县红岩溪志留系龙马溪组剖面

5.1.2 古生物相标志

生物与其生活环境是不可分割的统一体，不同类别的生物对环境因素的要求也是不一样的，因而通过保存在沉积岩中的古生物可以推测沉积介质当时的特征，进而为划分沉积相提供依据(陈骥等，2015；付金华等，2012；葛祥英等，2014；何卫军等，2013；马瑶等，2015；孟昊等，2016)。

研究区黑色页岩中笔石化石分布广泛(图5-4)，是最重要的一种化石，对沉积环境具有重要的指示意义。古生物的种类、丰度、分异度和缺失情况对构造和沉积环境具有很好的指示意义(戎嘉余等，2011)。戎嘉余等(2011)根据生物化石的分布对川东南和黔北地区的构造沉积特征进行了分析。在黔东北的务川地区，大坪龙井坡的五峰组上部笔石带发育不全，其上的观音桥层呈透镜状产出，产赫南特贝动物群；其上为2~3cm厚的红褐色铁质风化壳，往上为龙马溪组底部，所产笔石显示缺失志留系最早期2~3个笔石带，说明在志留纪最早期可能为古岛(戎嘉余等，2011)。在黔东北的沿河地区，县城北侧缺失观音桥层和龙马溪组底部，间断有4Ma(葛治洲等，1979；穆恩之和朱兆玲，1979)；该地区甘溪石场坳龙马溪组产P. acuminatus带或C. vesiculosus带的笔石，且至少缺失2个带(陈旭等，2001)，由此在沿河县城以北和以南志留纪初期均有小型古岛存在(戎嘉余等，2011)。处于研究区东南缘湖南省松桃县路地坪龙马溪组底部厚度大，岩石颗粒变粗(Xu et al.，2000)，最底部依次发育A. ascensus带和P. acuminatus带的笔石(陈旭等，2001)，在火烧桥地区的龙马溪组底部发育了中厚层的砂质页岩，表明在龙马溪组沉积时期(鲁丹期)该地距黔中古陆较近(戎嘉余等，2011)。由此可见根据古生物(如笔石)的缺失可以推测当时某个地区是处于海平面之上还是在水下，这对岩相古地理的研究具有重要的指导意义。

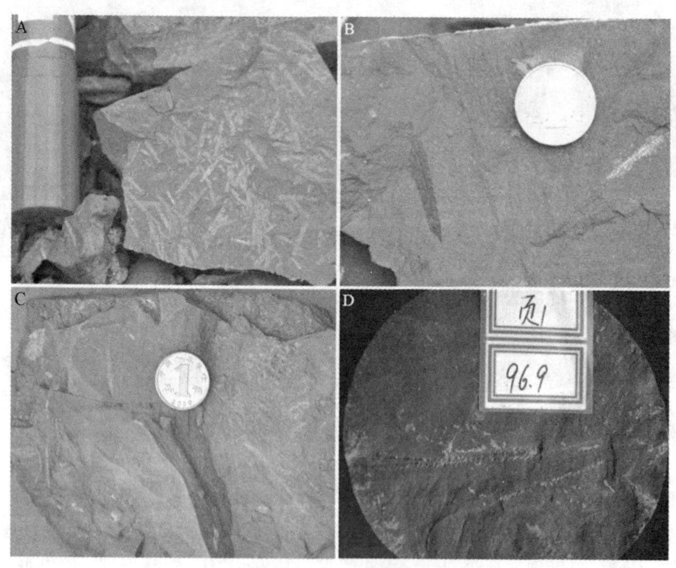

图5-4 川东南地区龙马溪组笔石特征

A—单笔石为主，少量双笔石，湖南省龙山县红岩溪志留系龙马溪组野外露头；B—双笔石，重庆市酉阳县黑水志留系龙马溪组野外露头；C—单笔石，重庆市酉阳县丁市志留系龙马溪组野外露头；D—单笔石，渝页1井，96.9m

孙跃武等(2006)指出含笔石的地层一般可以划分为两类：一类是黑色页岩，所含的化石几乎全是笔石，间或有浮游生物化石的笔石相，其形成环境是隔绝或半隔绝的平静海盆，海底还原作用强，生物不能生存，只有浮游生活的笔石比较繁盛；另一类以黄色、绿色页岩为主，也可夹少量砂岩、灰岩层，间或互层，所含笔石是底栖和浮游类型，常和三叶虫、腕足类等伴生，代表正常浅水环境下的沉积(孙跃武和刘鹏举，2006)。研究区所发现的笔石多数出现在黑色、灰黑色页岩中，可以推测沉积时海底水体还原性强，为较深水的沉积环境(如深水陆棚、半深海等)。在龙马溪组晚期的地层中，也发现了笔石化石，岩性主要为灰色粉砂质页岩、灰绿色粉砂岩、浅黄色粉砂岩等，结合沉积学特征可以推测其代表一种较浅的海水环境。

由于龙马溪组以黑色页岩沉积为主，个体较大的化石如笔石在岩心和野外露头中较为常见，为了进一步了解黑色页岩中的古生物化石种类，本次研究对渝页1井的82块样品进行了疑源类和孢型化石的分析，古生物鉴定由中国科学院南京地质古生物研究所完成。

疑源类一词的原文"acritarch"，来自希腊文，意思是"起源不明"，指的是个体微小(5～500μm)，由有机质成分的外壁包围一个中央空腔的微体化石。它们的起源不明，或许为多种起源，出现的时代早至寒武纪或甚至晚元古代，延续至第四纪，以早古生代最为繁盛，是划分寒武、奥陶、志留纪地层的重要化石之一(郝诒纯，茅绍智，1993)。疑源类的外壁抗腐蚀性很强，然而过高温度、压力的强热变作用可以完全毁坏化石致使记录缺失。由于其为浮游生物，它的保存受相的控制程度较小，可以从粉砂岩、泥灰岩或灰岩中获得。一般来说，疑源类在泥灰岩中保存的较好，在页岩中易受压扁，但在本次分析中同样发现了一些疑源类化石和几丁虫化石等。疑源类全部为水生，典型地分布于海洋中，也存在于陆相或过渡相的沉积物中，属最古老的化石类别之一。疑源类的研究历史较短，研究程度也较低，20年前所提出的属还不到20个，近20年来的报道和描述已使其生物地层价值大大提高，在地质上的应用也逐步扩大。迄今，已发表的属达400个，较为常见和重要的亚类或亚群包括：①棘面亚类；②多面亚类；③球面亚类；④梭形亚类；⑤网面亚类；⑥翼环亚类和⑦卵形亚类，如图5-5所示。

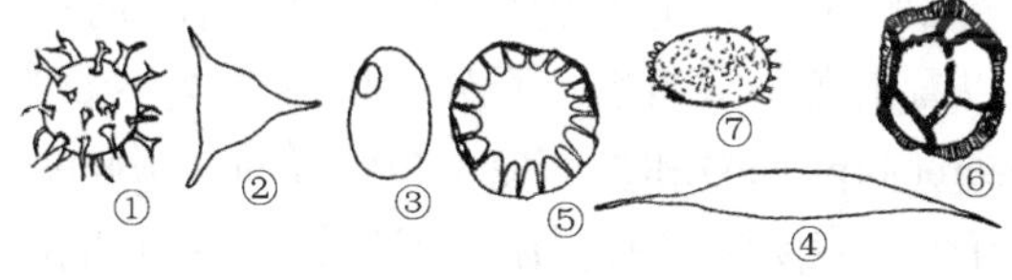

图5-5 疑源类的常见类别(郝诒纯和茅绍智，1993)

疑源类的基本特征是由有机质的外壁构成一个泡囊或囊，其形状为球形、椭球形、圆盘形、弓形、新月形、纺锤形、圆柱形、瓶形或多面体等，可左右对称、辐射对称或不对称(郝诒纯和茅绍智，1993)。研究区龙马溪组黑色页岩中的疑源类形状以球形和椭球形为主，外壁表面有的光滑无饰，还有一部分有各种类型的纹饰，如颗粒状、皱纹状、棒状等，部分有突起和脊，形成其他复杂形式的疑源类。研究区疑源类在其球形或椭球形的囊上分布着许多突起，这些突起有的均匀或随意地分布，有的分布于囊的一极或两极，龙马溪组细粒岩中的疑源类化石和孢型化石如图5-6所示，其中1～9号疑源类化石为光面球藻(*Leiosphaeridia* sp.),分别出现在渝页1井的12.7m、14.5m、46.5m、81m、102.5m、102.5m、116.5m、232.5m和324m,与常见疑源类化石对比后认为它们属于球面亚类(Sphaeromorphitae);10~15号为多叉球藻(未定种,*Multiplicisphaeridium* sp.),分别出现在渝页1井的46.5m、99.5m、99.6m、226.1m和259m,与常见疑源类化石对比后认为其为棘面亚类(Acanthomorphitae);16号和17号为棘突球藻(未定种,Gorgonisphaeridium sp.),分别出现在渝页1井的99.5m和137.4m,与常见疑源类化石对比后认为其为棘面亚类(Acanthomorphitae);18~21号为几丁虫(Chitinozoa和Conochitina simplex),分别出现在渝页1井的45m、45.1m、46.5m和317.4m;几丁虫为具空心有机质外壁的一类微体化石,外形近乎烧瓶形,大小一般为50~2000μm,常见者150~300μm。据研究,在距岸约30~50km以外的生物礁附近最适合于几丁虫生活,化石全部存在于海相沉积物中,特别在细粒的碎屑岩如砂岩和页岩中最为丰富(郝诒纯和茅绍智,1993);22号、23号为瘤面球藻(未定种,*Lophosphaeridium* sp.),分别出现在渝页1井的14.5m和45m,与常见疑源类化石对比后认为它们属于棘面亚类(Acanthomorphitae);24号为条纹星斑藻(Stelliferidium striatulum,? *Visbysphera* sp.),出现在渝页1井的80.6m层段;26号为膜环藻(未定种,? *Pterospermella* sp.),出现在渝页1井的226.2m层段,与常见疑源类化石对比后认为其为棘面亚类(Acanthomorphitae);27号为树形藻(未定种,? *Arbusculidium* sp.),出现在渝页1井的226.2m层段,与常见疑源类化石对比后认为其为棘面亚类(Acanthomorphitae);28号为多角藻(未定种,*Polygonium* sp.),出现在渝页1井的248m层段,与常见疑源类化石对比后认为其可能为棘面亚类(Acanthomorphitae);29号为条纹藻(未定种,? *Striatotheca* sp.),出现在渝页1井的275.4m层段,与常见疑源类化石对比后认为其可能为多面亚类(Polygonomorphitae);30号和31号为隐孢子(? cryptospores),出现在渝页1井的313m层段;33号为花边球藻(未定种,*Cymatiosphaera* sp.),出现在渝页1井的20.6m,与常见疑源类化石对比后认为它属于球面亚类(Sphaeromorphitae);34号为卡博特指形藻(? Dactylofusa cabottii),出现在渝页1井的38.5m,与常见疑源类化石对比后认为它们属于球面亚类(Sphaeromorphitae);36号和36号为底栖藻类碎片,分别出现在渝页1井的109.7m和126.5m;37号和38号为笔石胞管碎片,分别出现在渝页1井的105.5m和178.3m。由上面分析可以看出龙马溪组黑色页岩中的疑源类主要为棘面亚类(Acanthomorphitae)、球面亚类(Sphaeromorphitae)和多面亚类(Polygonomorphitae)。

与疑源类共生的所有生物表明它具有浮游的习性,而有机质化学成分的壁部说明它具有植物而非动物的属性,因而这是一类浮游植物,生存环境限于透光带。水体的温度、盐度、养料供给和浊度都是控制疑源类生态的重要因素,各个时期、地区控制着疑源类的分布。许多研究证明,某些特定形态的疑源类是某些特定环境的指示者,如Baltisphaeridiu-eryhachiurn-Polygonium是开阔海的代表;Micrhystridiurn(小刺藻)被认为是喜爱近岸的,或许是浅水的环境的代表;绿枝藻纲的塔斯马尼亚类和光面球藻类占优势的组合出现于接近陆地的地方,其中包括了半咸水盆地;以球形棘刺类的属占优势的组合被认为是沿海盆地环境的指示,而多面类(Veryhachium)和梭形类则认为是开阔海环境的特征。单个种的种群似乎是近岸条件的指示,具多样化、异质的组合存在于靠海的滨外地带,那些具有少而短的突起的种似乎能忍受湍流的条件,而那些具长而精致突起的种一般限于平静的沉积区。海浸时，生物组合的分异度增高；海退发生时，随着沉积物的变粗，生物组合的分异度和含量都大大下降，海浸的早期阶段和海退时的组合均为球形棘刺类占优势(郝诒纯和茅绍智，1993)。研究区龙马溪组黑色页岩中棘面亚类(Acanthomorphitae)的疑源类化石，主要分布在渝页1井的上部，根据前面的讨论即海浸的早期阶段和海退时的组合均以球形棘刺类占优势，因此这也反映了渝页1井上部地层沉积时处于海退阶段，水体相对较浅；而球面亚类(Sphaeromorphitae)和多面亚类(Polygonomorphitae)疑源类化石，多数分布在渝页1井的中部和下部，反映了一种局限较深海的沉积环境，水动力条件相对较弱，水体较深，在层序中处于海侵体系域和高位体系域的早期。

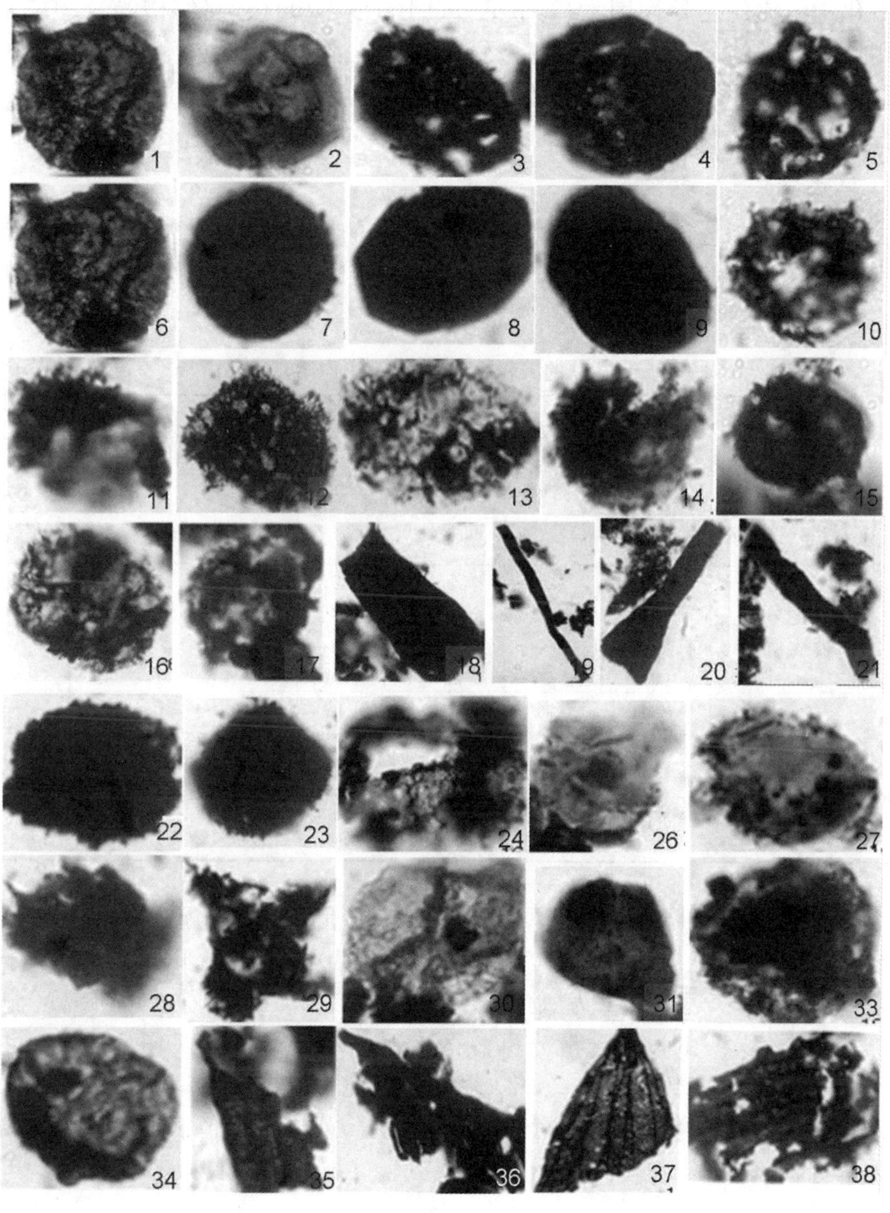

图5-6 研究区龙马溪组疑源类及孢型化石

5.1.3 地球化学相标志

沉积物在风化、搬运和沉积过程中，不同的元素可以发生一些有规律的迁移、聚集，沉积区的大地构造背景、古气候、源区母岩性质、沉积盆地地形、沉积环境和沉积介质的物理化学性质对元素的分异和聚集均有影响(陈建强等，2002；于炳松和林畅松，2002)。碎屑岩的化学组成主要受以下 6 个因素的影响：①源区岩石性质；②化学风化作用；③搬运过程中的分选作用；④成岩作用；⑤变质作用；⑥热液(水)交换作用(Fralick and Kronberg，1997)。而对于细粒岩来讲，源区岩石性质是控制细粒岩岩石化学组成的主导性因素(Dypvik and Harris，2001；赵红格等，2012)，因此可以利用这些元素的分异与富集规律来研究和推断控制元素运动和变化的各种环境因素，进而进行沉积环境分析。地球化学在古环境分析中的应用主要包括元素地球化学、同位素地球化学及有机地球化学等方面。

5.1.3.1 氧化还原性标志

铁在海盆中沉积具有明显的规律性，随着 Ph 值的增大、Eh 值的降低，铁矿物呈不同的相态依次分布，铁的化合价态也相应变化(表 5-1)，因而可用来推测沉积环境的地球化学条件。

表 5-1 铁的沉积地球化学相(冯增昭，1994)

沉积相	铁离子	主要铁矿物	沉积岩	有机质	Eh	pH
氧化相	Fe^{3+}	赤铁矿、褐铁矿(磁铁矿)	砂质粉砂质碎屑岩，有少量硅质和钙质结核	无	>0.02	7.2~8.5
过渡相	$Fe^{3+}>Fe^{2+}$ 到 $Fe^{2+}>Fe^{3+}$	海绿石、鳞绿泥石(磁铁矿)	粉砂质，砂质碎屑岩，硅藻土和磷灰岩	少	0.2~0.1	
弱还原相	Fe^{2+}	菱铁矿、鲕绿泥石	泥质沉积	多	-0.3~0	7.0~7.8
强还原相		铁白云石	白云岩和石灰岩	很多	-0.5~-0.3	>7.8
		黄铁矿、白铁矿	有机质黏土黑色页岩、有机岩			7.2~9.0

Fe^{2+}/Fe^{3+} 常用来划分氧化还原相，一般认为 Fe^{2+}/Fe^{3+} 远大于 1 为还原环境，Fe^{2+}/Fe^{3+} 大于 1 为弱还原环境，Fe^{2+}/Fe^{3+} 等于 1 为中性环境，Fe^{2+}/Fe^{3+} 小于 1 为弱氧化环境，Fe^{2+}/Fe^{3+} 远小于 1 为氧化环境(姜在兴，2010)。通过对研究区渝页 1 井 91 块井下样品的 Fe^{2+} 和 Fe^{3+} 含量分析，得出 Fe^{2+}/Fe^{3+} 的比值(图 5-7)。可以看出 Fe^{2+}/Fe^{3+} 均大于 1，多数分布在 2~10 之间，因此可以推测龙马溪早期沉积水体为弱还原-还原环境。除去大于 16 的个别异常值外，总体上比值底部较大，上部较小，反映了水体介质还原程度的减弱。

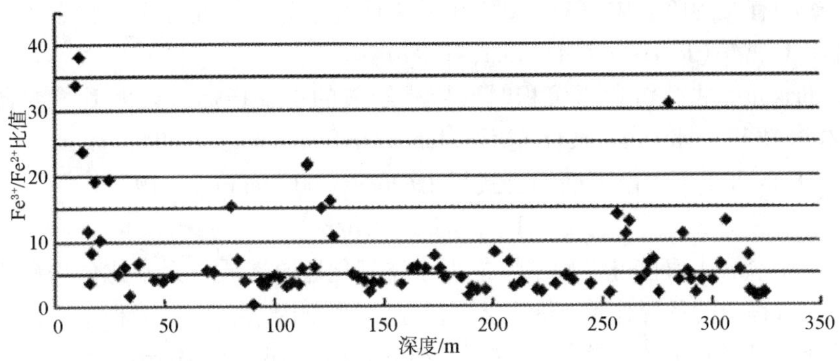

图 5-7 渝页 1 井龙马溪组 Fe^{2+}/Fe^{3+} 比值特征

海洋中，在氧化和还原条件下具有不同特性的微量元素通常可分为两类：第一类是由于氧化还原条件的不同，其化学价可变，包括 Mn 和 I，其中 Mn 在氧化条件下形成难溶的氧化物；I 很容易在有氧条件下被有机质吸附。第二类是在氧化条件下极易溶解，而在还原条件下（如水体中 H_2S 存在）难溶的 Cr，Mo，Re，U，V，Cd，Cu，Ni 和 Zn（Calvert and Pedersen，1993），因此 Cr，Mo，Re，U，V，Cd，Cu，Ni 和 Zn 元素的富集，代表水体还原性的增强。表 5-2 列出了一些微量元素在氧化和还原状态下海水中的存在状态。

表 5-2 氧化和还原状态下海水中某些微量元素的存在状态（Calvert and Pedersen，1993）

元素	氧化条件	还原条件
Mn	$MnO_{2(沉积物)}$	Mn^{2+}；$MnCl^{+}_{(水)}$；$MnCO_{3(沉积物)}$
I	$IO^{-}_{3(水)}$	$I^{-}_{(水)}$
Cd	$CdCl^{+}_{(水)}$	$CdS_{(沉积物)}$
Cu	$CuCl^{+}_{(水)}$	$CuS_{(沉积物)}$；$Cu_2S_{(沉积物)}$
Ni	Ni^{2+}；$NiCl^{+}_{(水)}$	$NiS_{(沉积物)}$
Zn	Zn^{2+}；$ZnCl^{+}_{(水)}$	$ZnS_{(沉积物)}$
Cr	$CrO^{2-}_{4(水)}$	$Cr(H_2O)_4(OH)^{+}_{2(水)}$；$Cr(OH)_{3(沉积物)}$？
V	$HVO^{2-}_{4(水)}$；$H_2VO^{-}_{4(水)}$	$VO^{2+}_{(水)}$；$VO(OH)^{-}_{3(水)}$；$V(OH)_{3(沉积物)}$？
Mo	$MoO^{2-}_{4(水)}$	$MoO^{+}_{2(水)}$；$MoS_{2(沉积物)}$
Re	$ReO^{-}_{4(水)}$	$ReO_{2(沉积物)}$？；$ReS_{2(沉积物)}$？；$Re_2S_{7(沉积物)}$？
U	$UO_2(CO_3)^{4-}_{3(水)}$	$UO_{2(沉积物)}$

Jones 和 Manning（1994）对古代泥岩中用于解释古氧化还原性的一些地化参数进行了对比，认为 U/Th，自生 U，V/Cr 和 Ni/Co 对氧化还原性的解释是最为可靠的，而 Ni/V 和（Cu + Mo）/Zn 对古氧化还原性的解释不够可靠（Jones and Manning，1994）。U/Th 可作为氧化还原的指标，在富有机质的泥岩中 U/Th 的值较高（Adams and Weaver，1958）。Th 在低温的表层环境比较稳定，在风化环境中富集在残留矿物中。在细粒岩中 Th 通常在与重

矿物或黏土矿物有关的碎屑中富集。U^{6+}在风化环境中易溶，而在U^{4+}状态下不溶，因此在还原条件下U富集(Jones and Manning，1994)。

自生U的含量是古代沉积岩沉积时底层水缺氧的重要指标，自生U含量越高，代表沉积时水体越缺氧，水体还原性越强(Jones and Manning，1994；Wignall and Myers，1988)。自生U的含量可以由下面的公式得出(Jones and Manning，1994)：

$$U_{自生} = U_{总} - Th/3$$

一些微量元素的比值也可以用来恢复古水体氧化还原性质，元素比值恢复古环境能够减小由于沉积过程中的稀释作用带来的影响，比如生物因素、成岩过程中碳酸盐或硅质的加入能够稀释与碎屑有关的一些元素(如Zr和Rb)(Dypvik and Harris，2001)。V/Cr在许多研究中被用于古氧化还原的指标(Dill，1986；Dill et al.，1988；Onoue et al.，2016；Wang et al.，2015；Zhao et al.，2016)。Cr通常沉积物碎屑中富集，被碎屑物质吸附，而V通常在还原环境中富集(Glikson et al.，1985；Stow and Atkin，1987；鲍志东等，1998)，也就是说Cr对环境的敏感度不如V，因此随着还原性的增强，V/Cr会逐渐增大(Harris et al.，2004)。V/Cr>2代表还原环境，此时沉积物上覆水体存在H_2S；V/Cr<2时水体具有氧化性(Jones and Manning，1994)。

Ni/Co也可以用于指示沉积物沉积时的水体氧化还原性，高值代表还原性强(Dill，1986；Jones and Manning，1994)。图5-8给出了DOP、U/Th、自生U、V/Cr和Ni/Co用于判定水体氧化还原性的指标图(Jones and Manning，1994)。可以看出DOP<0.42时，指示氧化环境(Oxic)；0.42<DOP<0.75时，指示弱氧化环境(Dysoxic)；DOP>0.75时，指示弱还原和缺氧还原环境(Suboxic and Anoxic)。DOP(Degree of Pyritization)代表黄铁矿化程度，能够指示沉积岩沉积时水体的氧化还原性(Berner，1984；Raiswell and Berner，1985；Raiswell et al.，1988；林治家等，2008；刘春莲等，2006)。$DOP = Fe_{黄铁矿}/Fe_{全}$，$Fe_{黄铁矿}$代表黄铁矿(FeS_2)中的铁(Berner，1970)，如果沉积岩/物中的S含量已知，则$Fe_{黄铁矿} = 56/64 \times S$。U/Th<0.75时，指示氧化环境(Oxic)；0.75<U/Th<1.25时，指示弱氧化环境(Dysoxic)；U/Th>1.25时，指示弱还原和缺氧还原环境(Suboxic and Anoxic)。$U_{自生}$<5ppm时，指示氧化环境(Oxic)；5<$U_{自生}$<12时，指示弱氧化环境(Dysoxic)；$U_{自生}$>12时，指示弱还原和缺氧还原环境(Suboxic and Anoxic)，其中$U_{自生} = U_{总} - Th/3$(Jones and Manning，1994)。V/Cr<2时，指示氧化环境(Oxic)；2<V/Cr<4.25时，指示弱氧化环境(Dysoxic)；V/Cr>4.25时，指示弱还原和缺氧还原环境(Suboxic and Anoxic)。Ni/Co<5时，指示氧化环境(Oxic)；5<Ni/Co<7时，指示弱氧化环境(Dysoxic)；Ni/Co>7时，指示弱还原和缺氧还原环境(Suboxic and Anoxic)。

高Cd、Mo、V、Zn和S，高DOP(≥0.75)，高V/(V+Ni)(≥0.84)通常代表有溶解的H_2S存在，代表强还原环境，且水体分层强；中等含量的Cd、Mo、V、Zn、S，DOP(0.42-0.75)，V/(V+Ni)(0.54-0.72)代表弱还原环境，水体分层性较差；低含量的Cd、Mo、V、Zn、S，DOP(<0.42)，V/(V+Ni)(0.46-0.6)代表弱氧化环境，水体基本不分层(Hatch and Leventhal，1992)。

Mo同位素也可以用来恢复古环境，Xu等(2012)认为古生代以来页岩中Mo同位素($\delta^{98/95}Mo$)比更早的岩石中同位素高，这指示海洋氧化/次氧化沉积范围的扩大(Xu et al.，

2012)，也就是低值指示海水处于局限的强还原环境，高值指示了海水具有较高的氧化性。

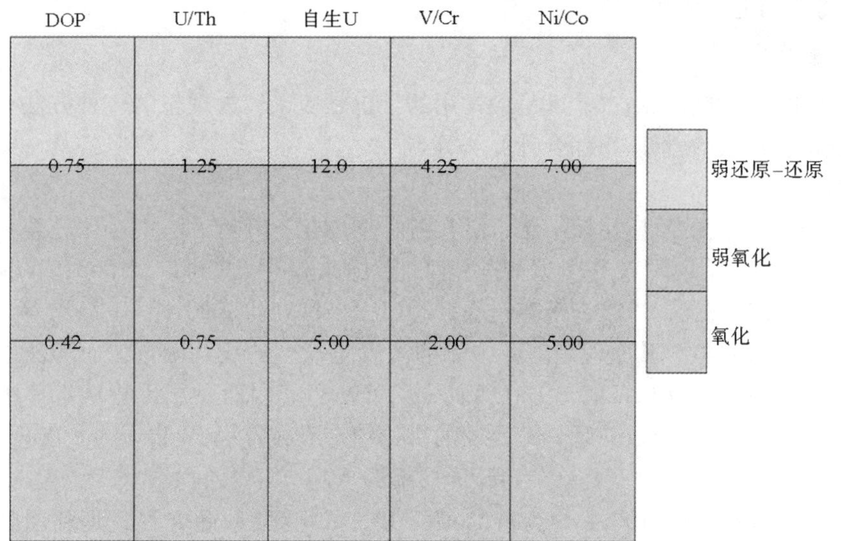

图5-8 DOP、U/Th、自生U、V/Cr和Ni/Co用于判定水体氧化还原性的指标图(Jones and Manning，1994)

DOP(Degree of Pyritization)代表黄铁矿化程度，DOP = $Fe_{黄铁矿}/Fe_{全}$；氧化(氧浓度2.0~860ml/L)；弱氧化(氧浓度0.2~2.0ml/L)；弱还原(氧浓度0~0.2ml/L)；还原(氧浓度0ml/L，硫化物出现)(Tyson and Pearson，1991)

腾格尔等(2004)在分析鄂尔多斯盆地海相地层与沉积环境的关系时认为，在缺氧的水体中，V、Ni、Cr、Cu等含量较高且与有机质含量具有正相关的关系(腾格尔等，2004)。金秉福等(2003)也认为Zn、Mo和U等过渡金属元素在底层海水、沉积物和孔隙水之间的循环很大程度上受控于该环境的氧化还原条件，是探讨沉积物表面沉积时沉积物-底层水表面氧化还原条件的有效参数(金秉福等，2003)。

此外稀土元素如Ce、Eu、La、Nd等也可以反映沉积介质的氧化还原性。Ce元素对外界氧化-还原条件变化较为敏感，可以反映岩石形成的氧化还原环境及海水的深浅，常用Ce异常值解释古沉积环境和海平面的变化(杨兴莲等，2008)。Ce是变价元素，Ce^{4+}在氧化环境中较难溶解，当Ce^{4+}所处的环境转变为缺氧环境时，Ce元素会被激活以Ce^{3+}形式溶解在水中，使得铈元素在海水中由负异常向正异常转化，则铈表现为负异常。Ce异常值越小，说明水体越缺氧，水体就越深；Ce异常越大，说明水体越富氧，水体就越浅。Ce异常δCe(即Ce/Ce^*)能够灵敏地反映沉积环境的氧化还原条件，$\delta Ce>1$时为正异常，表示氧化环境；$\delta Ce<0.95$时为负异常，表示还原环境(王中刚等，1989)。龙马溪组样品的分析结果显示，δCe平均值为0.92，$\delta Ce<0.95$，为负异常，反映了该段沉积体是在缺氧的还原条件下形成的。Elderfield和Greaves(1982)曾提出Ce_{anom}的指数，其计算公式为$Ce_{anom}=\lg[3Ce_N/(2La_N+Nd_N)]$，N为样品实测数值的北美页岩标准化值，$Ce_{anom}>-0.1$为还原环境，$Ce_{anom}<-0.1$为氧化环境(Elderfield and Greaves，1982)。龙马溪组页岩的Ce_{anom}指数几乎都大于-0.1，仅有一块样品的Ce_{anom}指数小于-0.1，因此可以肯定龙马溪组细粒岩绝大部分是在还原环境中形成的。

某些元素的比值也可以反映沉积介质的氧化还原条件。随着V/(V+Ni)的增大，水体的还原性增强(Rimmer, 2004)。关于微量元素、稀土元素等在判断水体氧化还原性质中的应用，将在第七章详细介绍。

5.1.3.2　古盐度

用地球化学的方法推断古盐度是最常用的，也是效果较为理想的一种方法，包括硼元素法、元素比值法、元素矿物综合计算法等。

1)硼元素法

硼元素对于盐度的反应比较敏感，且在各种地球化学分析方法中是比较容易确定的一种元素，因此，硼元素常被作为反映盐度的指标来使用(Walker, 1968；Wilson et al., 1994；李成凤和肖继风，1988；李智超等，2015；宋国奇等，2013；王昌勇等，2014；王海峰和俞剑华，1994)。其原理是溶液中硼的浓度是盐度的线性函数，而溶液中的硼浓度是水体盐度的线性函数(Couch, 1971；Lerman, 1966)。因而黏土矿物从水体中吸收的硼含量与水体的盐度呈双对数关系，即所谓的佛伦德奇吸收方程(Walker and Price, 1963)：

$$\lg B = C_1 \lg S + C_2$$

式中，B 为吸收硼含量，10^{-6}；S 为盐度,‰；C_1、C_2 为常数此方程式是利用硼和黏土矿物定量计算古盐度的基础。

不同的黏土矿物吸取硼元素的能力不同，以伊利石最强[$(100 \sim 200) \times 10^{-6}$]，高岭石最弱[$(10 \sim 30) \times 10^{-6}$]，因而泥岩中伊利石最能反映古盐度的情况。测定某种黏土矿物的相对硼含量，是目前古盐度测定中最有效的方法之一(许璟等，2010)。据 Walker 等(1963)分析，当黏土矿物中硼含量大于 120×10^{-6}时为咸水，硼含量 $80 \times 10^{-6} \sim 120 \times 10^{-6}$时为半咸水，硼含量小于 80×10^{-6}时为淡水(Walker and Price, 1963)。Couch(1971)为了求取含复杂黏土矿物泥岩的古盐度，提出了不同的硼含量校正公式：

$$B^* = B/(4x_i + 2x_m + x_k)$$

式中，B^* 指 Couch 校正硼含量，10^{-6}；B 为样品实测硼含量，10^{-6}；x_i，x_m，x_k 分别为样品中实测伊利石、蒙脱石和高岭石的质量百分含量，其中伊利石、蒙脱石的含量分别为伊利石(蒙脱石)矿物含量与伊蒙混层中伊利石(蒙脱石)含量的总和(Couch, 1971)。

Couch 古盐度方程为(Couch, 1971)：

$$\lg B^* = 1.28 \lg S_p + 0.11$$

由上式可得：

$$S_p = 10^{(\lg B^* - 0.11)/1.28}$$

式中，S_p 为古盐度,‰；B^* 为 Couch 校正硼含量，10^{-6}。利用该方法计算的古盐度结果将在第七章中详细讨论。

2)元素及元素比值法。

K、*Na* 及 *K/Na* 值：K 和 Na 为活动性极强的碱金属元素，在水体中分布均一，其含量为盐度的直接标志(文华国等，2008；郑荣才，柳梅青，1999)。在碱性还原条件下，水体盐度越高，钾和钠就越易被黏土吸附或进入伊利石晶格，且钾相对钠的吸附量要大，因此 *K*、*Na* 及 *K/Na* 值越大，代表水体盐度越大。但是全岩样品分析数据中如果含有部分不具古盐度指相意义的硅酸盐钾和钠组分(陆源碎屑矿物晶格中的钾和钠)，计算结果会不精确，此时要结合 B 等其他方法，来恢复水体古盐度。

Sr 丰度：Sr 的丰度也可以在一定程度上反映沉积介质的盐度特征，通常情况下，Sr 丰度小于 40×10^{-6}为咸水环境，Sr 丰度为 $40 \times 10^{-6} \sim 100 \times 10^{-6}$为半咸水环境，Sr 丰度为 $100 \times 10^{-6} \sim 300 \times 10^{-6}$为淡水环境（文华国等，2008；许璟等，2010b；袁海军和赵兵，2012）。

Sr/Ba：比值可作为古盐度判别的标志。Sr 和 Ba 的化学性质较相似，但它们在不同沉积环境中会由于地球化学行为的差异而发生分离。在自然界的水体中，与 Sr 相比，Ba 的化合物溶解度要低，Sr 和 Ba 以重硫酸盐的形式出现，当水体矿化度逐渐加大时，Ba 以 $BaSO_4$ 的形式首先沉淀，留在水体中的 Sr 相对 Ba 趋于富集。当水体的盐度加大到一定程度时 Sr 亦以 $SrSO_4$ 的形式以递增的方式沉淀，因而记录在沉积物中的 Sr 丰度和 *Sr/Ba* 值与古盐度呈明显的正相关关系（刘春莲等，2005；张金亮和张鑫，2006；郑荣才和柳梅青，1999）。

Rb 和 *Rb/K* 法：黏土矿物特别是黏土矿物中的伊利石对 K 具有很强的吸附作用。因此泥页岩中 K 元素的含量与黏土矿物含量有很大的关系。Rb 大部分呈悬浮胶体状态搬运，在碱性还原条件下，Rb 的胶体因凝絮效应而易被黏土和有机质吸附，因此盆地水体的含盐度越高。黏土和有机质对 Rb 的吸附能力越强，Rb 的含量和 *Rb/K* 值亦越高，因此，Rb 的含量和 *Rb/K* 值能反映沉积介质的盐度变化，可以作为沉积环境盐度测定的指标（韩永林等，2007；姜在兴，刘晖，2010；文华国等，2008；许中杰等，2011；朱立华等，1999）。一般正常的海相页岩中 *Rb/K* 大于0.006，微咸水页岩的 *Rb/K* 大于0.004，河流沉积物的 *Rb/K* 值为0.0028（Campbell and Williams，1965）。

B/Ga：该比值能够反映沉积介质的盐度特征（Degens et al.，1957；Thompson，1968；胡晓峰等，2012；夏威等，2015；赵永胜等，1998），通常 B/Ga 值越大，古盐度越大。硼是不稳定元素，在水中可以发生长距离迁移，在沉积水体中其含量随盐度的增加而增加。而 Ga 的迁移能力则相对要弱得多，这主要是由于 Ga 的活泼性较差，Ga 的氢氧化物在pH =5的弱酸性介质中很容易沉淀。一般而言，海相沉积的 *B/Ga* 值高于淡水沉积，一些学者认为，*B/Ga* <1.5 为淡水相，5 ~6 为近岸海相，*B/Ga* >7 为海相（孙振城和杨藩，1997）。

Sr/Ca：湖水和河水以 *Sr/Ca* 值低为特征，而海水中 *Sr/Ca* 值较前者大，Sr 与 Ca 相比，Sr 在海水中和大洋水中都有绝对的和相对的富集。*Sr/Ca* 值可以用作盐度标志，值越大反映的古盐度越高（Dodd and Crisp，1982；Engstrom and Nelson，1991；Gentry et al.，2008；Klein et al.，1997；张金亮和张鑫，2006）。

Ni/V：Ni 和 V 同属铁族元素，其离子价态易随氧化度的不同而变化，常用作评判沉积介质盐度的指标（贝丰等，2000；冯兴雷等，2014；陶树等，2009）。海水中 Ni 和 V 含量很少，但是在泥页岩和黏土中含量较高，其中 Ni 含量丰度可达 $68 \times 10^{-6} \sim 95 \times 10^{-6}$，V 含量可达 130×10^{-6}。海水中 Ni、V 主要被胶体质点或黏土等吸附沉淀，Ni 在还原环境、碱度较大的条件下易于富集，但 V 易于在氧化环境及酸度较大的条件下被吸附富集。因此，由浅海到深海区或者是由海水能量强的海域到海水能量较低的滞流海域，海水的氧化度、酸度降低，而还原性、碱度增加，沉积物中 Ni 的富集程度明显增加，*Ni/V* 值升高。因此可以根据 *Ni/V* 值来恢复沉积介质的古盐度，即 *Ni/V* 值越大，盐度越大。以上方法的具体应用将在第七章中详细介绍。

5.2 典型钻井/剖面沉积相分析

单井(剖面)沉积相的识别和划分是剖面相以及平面相分析的基础。本次研究观察描述了研究区1口取心井的岩心(全井取心，324.6m)和10余条野外露头剖面，钻井和露头剖面如图5-9所示，编制了取心井的单井岩心沉积相和野外露头剖面沉积相图。现从中选取有代表性的2口关键井和2条野外剖面进行单井(剖面)沉积相描述。

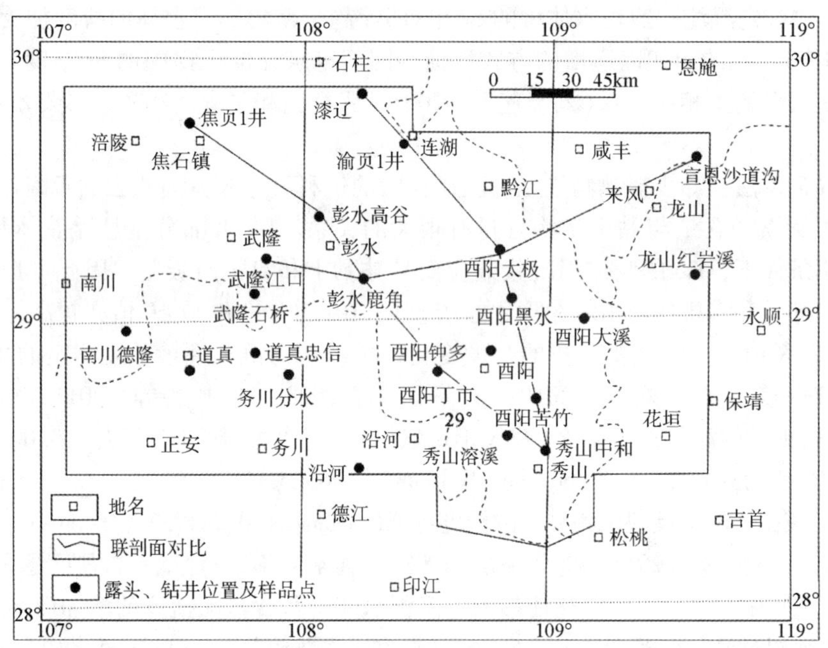

图5-9 研究区钻井、露头剖面分布和剖面对比位置

5.2.1 渝页1井沉积特征

渝页1井位于研究区的北部，是我国第一口页岩气战略调查井，该井于2009年11月开始钻探，2010年1月完钻，钻井地表开口处出露地层为下志留统上段底部，岩性为灰色页岩、浅黄色粉砂岩、泥质粉砂岩，目的层为龙马溪组黑色页岩和上奥陶统五峰组黑色页岩。该井为全井段取心，岩心平均收获率达88.3%，由于设计井深为200m，采用XY4型钻机钻进，一直没有钻穿黑色页岩，最终完井深度为324.6m。渝页1井在地理位置上位于重庆市彭水县连湖镇北西西290°方位2～3km的曹家沟，属彭水县连湖镇乐地坝村所辖。区内地形为北西高南东低，沟壑纵横，相对高差1000m左右，其中渝页1井位于山间河流切割冲刷所形成的“V”字形沟槽中(张金川等，2010)。

5.2.1.1 岩心特征

渝页1井是一口全井取心井，宏观上看整段岩心可以分为四段，底部250m以下以黑色页岩、灰黑色页岩、黑色炭质页岩为主，沉积构造以水平层理和块状层理为主，富含黄铁矿，且越往底部页岩中的黄铁矿含量越多(图5-10E、F)，反映了沉积早期水体深度相对较大，水体还原性强的特征；中段 100～250m 层段以黑色页岩、深灰色页岩和深灰色钙质页岩为主，发育块状层理和水平层理(图 5-10D)，70～100m 层段岩性主要为深灰色页岩、灰色粉砂质页岩和浅灰色泥质粉砂岩，发育水平层理、块状层理和变形层理；9～70m 层段以灰色页岩和灰色粉砂质页岩为主，发育块状层理(图 5-10C)，水平层理和弱变形层理；9m 以上主要为第四系的土黄色泥砾岩，为了更好地显示志留系龙马溪组顶部沉积特征，我们分别于 2010 年 8 月和 2011 年 7 月到渝页 1 井地区进行野外踏勘，并在该井南部 40m 处发现良好的野外露头，并与渝页 1 井进行了对比，认为渝页 1 井 9m 以上对应的为灰色、浅黄色粉砂岩和泥质粉砂岩(图 5-10A)，并以此对渝页 1 井顶部进行了校正。整体上来看，从该井的底部到顶部，页岩的颜色由黑色逐渐向灰色、浅灰色过渡，最后变为浅黄色的粉砂质泥岩，反映了沉积环境由强还原性逐渐向弱氧化-氧化环境的过渡。

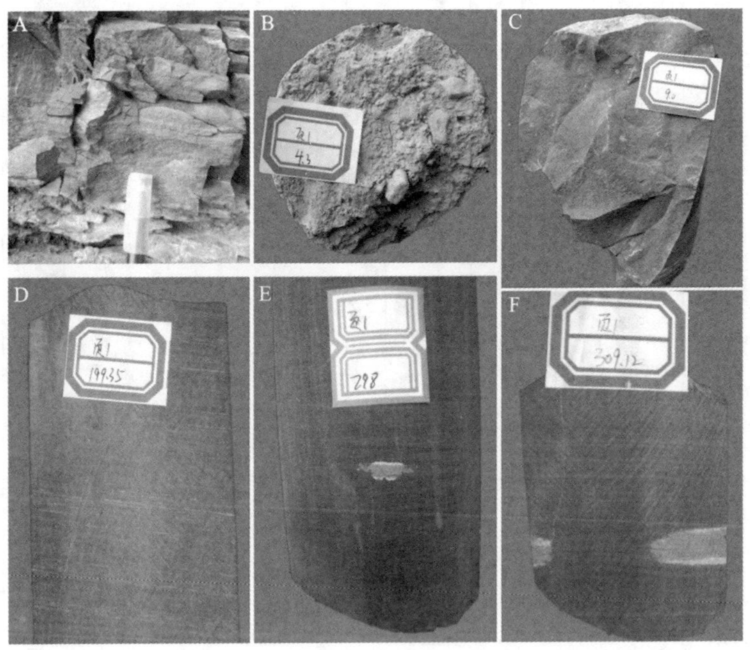

图 5-10 渝页 1 井岩心及邻区顶部露头特征

5.2.1.2 单井沉积相分析

单井沉积相划分是在有井地区平面沉积相研究中不可缺少的重要环节之一，虽然单井资料仅为一孔之见，但它是取自地下最直接的地层信息，是不可忽略的确切依据(郑秀娟，2005)。在川东南地区钻井岩心和野外露头沉积相标志识别的基础之上，依据单井取心资料、野外露头、自然伽马曲线、岩石矿物、常量元素、微量元素和稀土元素特征，对区内钻井和野外典型剖面进行了沉积相的划分。通过自然伽马曲线、古生物组合特征和元素地球化学特征，把渝页 1 井志留系龙马溪组分成了一个三级层序，包括海侵(TST)和高位两个体系域(HST)(图 5-11)，通过岩心的岩石矿物学特征、相邻剖面和区域地层发育特征的对比分析认为，底部还没有钻到奥陶系五峰组黑色页岩，因此底部层序界面可能发育在更深的地层中。

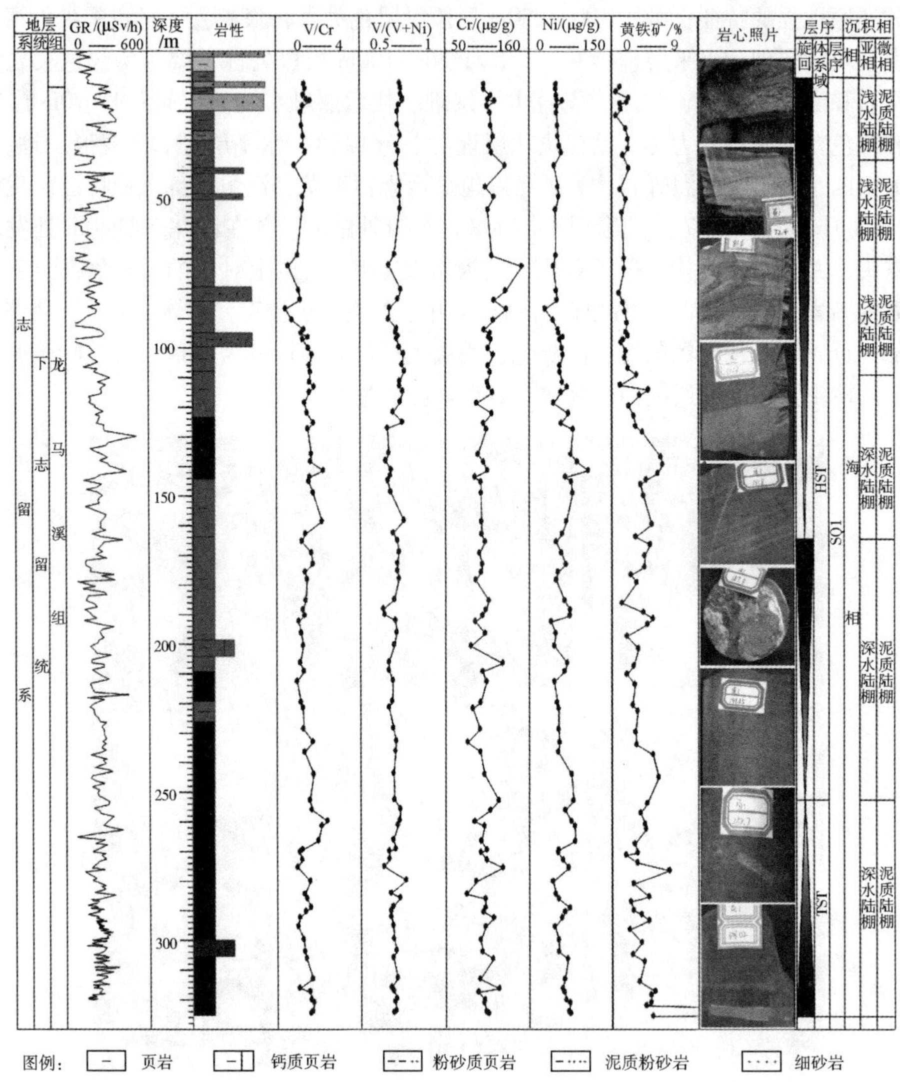

图 5-11　渝页 1 井沉积综合柱状图

渝页 1 井自然伽马曲线显示龙马溪组沉积体具有加积到退积的变化过程。能够反映氧化还原程度（一定程度上代表了相对海平面的变化）的 V/Cr 曲线从底部 324.6～300m，除 315m 附近出现小的负异常外，其余深度变化不大，300～256m 总体呈现由小到大的变化过程，代表了海侵体系域时期，早期相对海平面保持相对稳定，晚期迅速升高的过程，其他 4 条曲线 V/（V+Ni）、Cr、Ni 和黄铁矿含量除在个别地方出现异常外，其余深度保持同 V/Cr 近似同步的变化过程（图 5-11）。渝页 1 井底部海侵体系域岩石类型以黑色页岩、炭质页岩和钙质页岩为主，发育水平层理和块状层理，古生物以笔石为主，此外还包括疑源类的球面亚类和多面亚类，这些均反映了深水强还原性的水体环境。结合古构造、岩石矿物和元素地球化学特征认为渝页 1 井海侵体系域主要为深水陆棚沉积环境，以泥质陆棚为主。

高位体系域时期，岩石类型以页岩、钙质页岩、粉砂质页岩为主，岩石颜色以黑色、深灰色和灰色为主，发育水平层理、块状层理和变形层理，古生物同样以笔石为主，疑源类以球面亚类和棘面亚类为主，棘面亚类的增多反映了沉积水动力的增强。结合岩石岩性特征，说明高位体系域晚期相对海平面逐渐降低，从黄铁矿含量变化曲线上也可以看出从256m到顶部其含量越来越低，其他元素及其比值曲线多具有相似的变化过程。需要说明的是在70～120m层段，可能为一套浊积岩沉积体，发育水平层理和变形层理的鲍马序列组合，如图5-12所示，即A-D、B-E和C-F分别代表了一期浊积岩沉积。由于该套沉积体以重力流沉积为主，悬浮沉积作用弱，因此元素含量变化异常等现象较多，对环境的指示意义可能较小。由于浊积岩的发育需要足够的水深，通常认为最小深度为100m，此外还需要足够的坡度角等，因此该段浊积岩沉积可能代表了一个有一定角度的陆棚-斜坡环境，可能为深水陆棚沉积环境。70m以上岩石颜色变浅，粉砂质含量增多，由深水陆棚环境向浅水陆棚环境过渡，沉积微相为泥质陆棚和砂质陆棚。

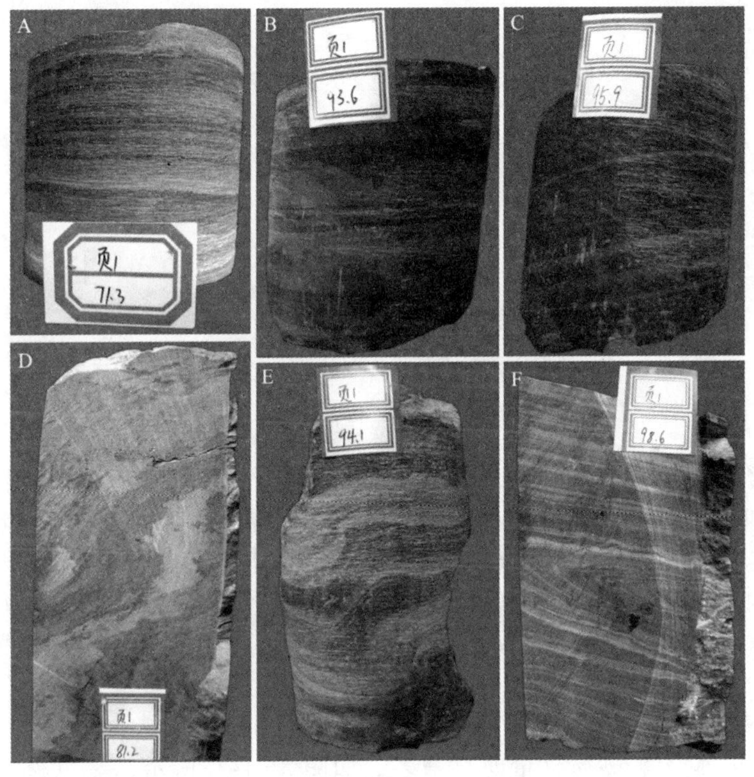

图5-12 渝页1井浊积岩沉积特征

A—水平层理粉砂质泥岩(71.3m)；B—水平层理灰黑色页岩(93.6m)；C—水平层理黑色页岩(95.9m)；D—变形层理灰色泥质粉砂岩(81.2m)；E—变形层理灰黑色泥岩夹灰色泥质粉砂岩(94.1m)；F—水平层理粉砂质泥岩夹变形层理粉砂质泥岩(98.6m)

5.2.2 彭水县鹿角剖面沉积特征

野外地质考察是沉积相研究最为直接的地质方法，它是确定沉积相最可靠的依据。虽然不能以点概全来说明当时的沉积环境和沉积相，但是它能够反映在某个特定区域内是有这种沉积作用的发生，进而反映当时的主要沉积背景。2010 年 6 ~ 9 月以及 2011 年 7 ~ 9 月，我们对川东南地区龙马溪组黑色页岩露头剖面进行了实地勘察，内容包括沉积、构造以及页岩气综合地质分析。鹿角剖面就是此次实地勘察的一条重点剖面，该剖面位于重庆市彭水县鹿角镇(29°8.648′N，108°17.131′E)，剖面位置如图 5-9 所示，地表龙马溪组地层出露完整，底部为五峰组硅质页岩和宝塔组、临湘组灰岩，出露长度约 180m，野外露头实测地层剖面如图 5-13 所示，根据地层倾角、倾向、导线方位和坡角等数据计算出地层真厚度约 70m。

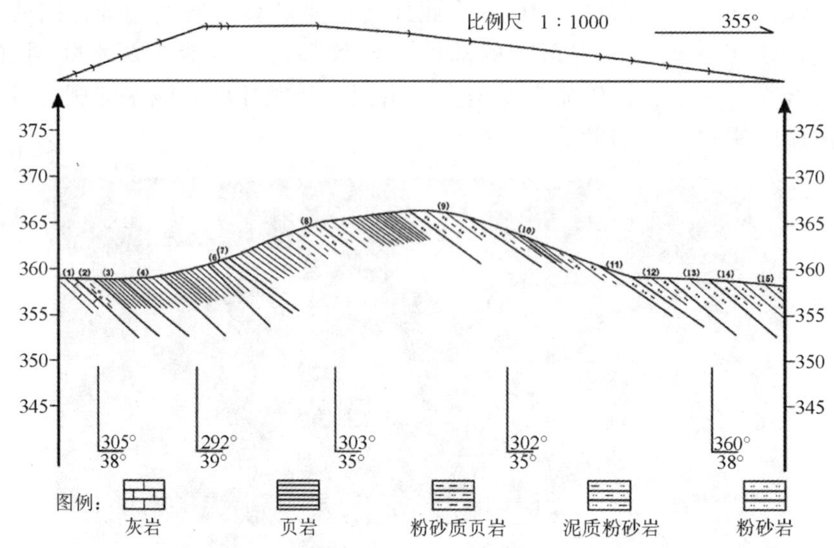

图 5-13 重庆市彭水县鹿角志留系龙马溪组地层实测剖面图

5.2.2.1 露头特征

鹿角剖面龙马溪组出露完整，顶底均可见，宏观上剖面可分为 3 段，下段以黑色页岩、黑色粉砂质页岩为主，中部以深灰色页岩、深灰色粉砂质页岩和灰色泥质粉砂岩为主，上部以灰色页岩、浅黄色泥质粉砂岩和粉砂岩为主，剖面底部为大套厚层的黑色页岩(图 5-14D、E、F)，反映了强的还原性沉积环境。同时在黑色页岩中产大量笔石(图 5-14E)，据孙跃武等人(2006)研究，这种含有大量笔石化石的黑色页岩主要形成在隔绝或半隔绝的平静海盆，海底还原作用强，生物不能生存，只繁盛浮游生活的的笔石。向上粉砂质含量明显增多，如图 5-14C 所示，黑色粉砂质页岩中含极薄层的浅灰色粉砂岩，且从宏观上看岩石多为中、厚层状，与底部薄层状页岩形成了鲜明的对比，粗粒物质的增多和岩石颜色的变浅，反映了沉积水动力条件的增强和水体还原性的减弱。在剖面的上部，岩石粉砂质的含量进一步增多，且粉砂岩的纹层厚度进一步增大，沉积层理由水平层理向波状层理和平行层理过渡，岩石颜色同下部地层相比进一步变浅，变为灰色和浅灰色(图 5-14B)。在剖面的顶部即龙马溪组下段和上段的分界处，以发育波状层理、交错层理和平行层理的浅黄色粉砂岩为主(图 5-14A)，反映了沉积环境由深水到浅水的变化。

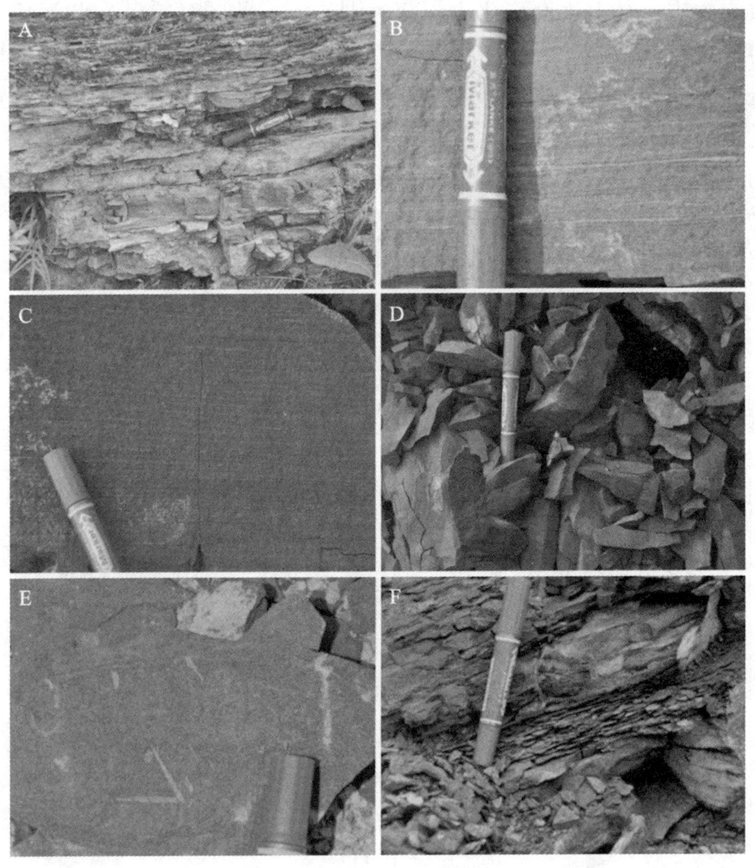

图 5-14 彭水县鹿角龙马溪组剖面露头特征

A—浅黄色粉砂岩，4-5 导线，16m 处；B—灰色泥质粉砂岩，3-4 导线，26m 处；C—黑色粉砂质页岩，1-2 导线，17.5m 处；D—黑色页岩，1-2 导线，6.5m 处；E—黑色页岩，含笔石，0-1 导线，17.5m 处；F—黑色页岩，0-1 导线，12.5m 处

5.2.2.2 剖面沉积相分析

根据区域地质资料和露头岩性、古生物和地球化学等资料，确定下志留统龙马溪组底部以奥陶系的黑色硅质页岩和具波痕构造的灰岩为界，顶部以出现黄绿色的粉砂岩(岩性、岩石的转变面)为界，并把龙马溪组以黑色页岩为主的地层划分为 1 个三级层序，包括海侵和高位两个体系域(图 5-15)。海侵体系域时期岩石以黑色页岩为主，发育水平层理和块状层理，并含有大量的笔石化石，同时反映水体氧化还原程度的 Ni/V、Cu、Zn 和黄铁矿值相对较大，反映海侵体系域时期水体的还原性较强，水体较深。海侵体系域时期可容空间的增大速率大于沉积物的供给速率，形成了一套加积-退积的准层序组。在海侵体系域的顶部分界处，页岩为黑色，且岩性较纯，为块状层理的黑色页岩，这里把这种黑色质纯的页岩当做“密集段”沉积，即最大海泛面的位置。综合露头岩性特征、古生物特征和地球化学特征，认为海侵体系域主要为深水陆棚环境，以泥质陆棚为主。高位体系域位于 16~50m 层段，反映水体氧化还原程度的 Ni/V、Cu、Zn 和黄铁矿含量值除个别异常值外，同底部相比，各参数值相对较小，反映沉积介质还原性有所减弱，代表相对浅水的环境。

底部以黑色页岩为主，往上逐渐变化为深灰色泥岩，与此同时粉砂岩和泥质粉砂岩含量逐渐增多，同时泥岩及粉砂岩的颜色由深灰色逐渐变为浅灰色和浅黄色，在地层剖面上可以看到明显的进积序列，反映了水体深度变浅的过程。总体来讲，海侵体系域后期，伴随着相对海平面的下降，形成了一套向上变粗的高位体系域沉积体，其又可细分为两个准层序组。准层序组 1 主要为黑色页岩，上部少量黑色粉砂质页岩，为深水陆棚沉积环境；准层序组 2 下部为黑色页岩，向上逐渐变为灰色粉砂质页岩和浅灰色泥质粉砂岩，浅灰色粉砂岩；粒度变粗，泥页岩颜色变浅等特征的变化反映了水动力条件的逐渐增强和水体氧化性的逐渐增强，高位体系域早期为深水陆棚环境，晚期变为浅水陆棚沉积环境，沉积微相为砂质陆棚。

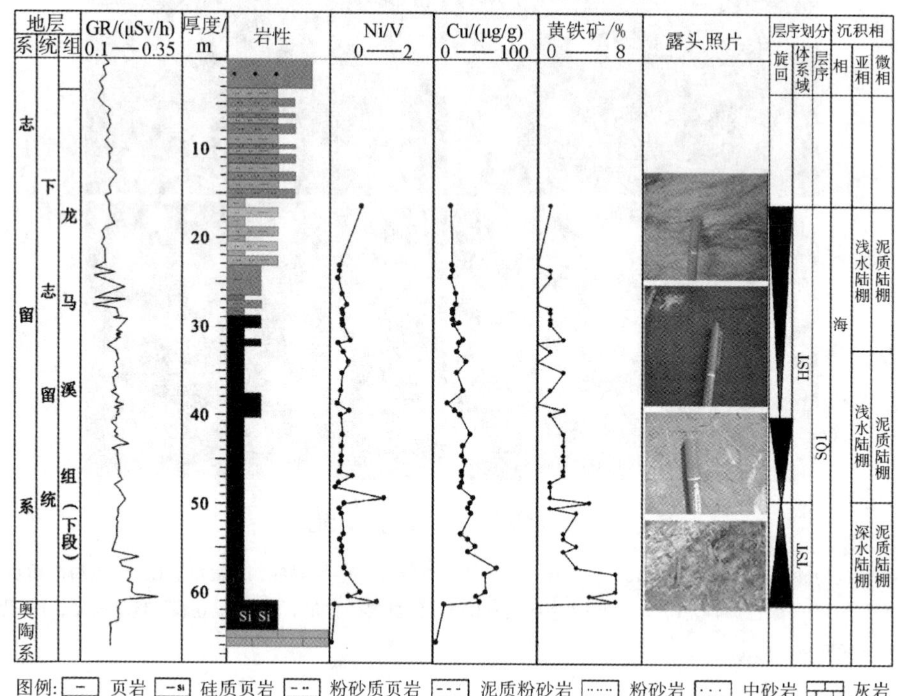

图 5-15　彭水县鹿角龙马溪组剖面沉积综合柱状图

5.2.3　龙山县红岩溪剖面沉积特征

红岩溪剖面位于湖南省龙山县红岩溪镇(29°17.209′N，109°38.129′E)，剖面位置如图 5-9 所示，地表龙马溪组地层出露完整，底部为五峰组硅质页岩和宝塔组、临湘组灰岩，龙马溪组(视)厚度约 200m。

5.2.3.1　露头特征

红岩溪剖面与西部鹿角剖面相比，厚度略大。底部主要为黑色页岩，且含有大量的笔石化石(图 5-16F)，岩层呈页理状(图 5-16E)，向上黑色页岩和灰黑色页岩中常夹薄层的灰色粉砂岩(图 5-16E)，厚度约 5cm；中部以深灰色和灰黑色页岩为主，可见少量的笔石化石(图 5-16C)，沉积构造主要有水平层理和块状层理；向上以灰色、深灰色页岩为主，同样出现频繁的灰色粉砂岩薄层，顶部粉砂岩薄层厚度达1m，岩石颜色为浅黄色，且底部发育槽模构造(图5-16B)。顶部为浅黄色泥质粉砂岩夹灰色页岩，没有发现西部鹿角地区和北部渝页1井地区的浅黄色波状层理、交错层理的浅黄色粉砂岩，是否为龙马溪组上段和下段的分界，还需要更多的古生物等资料来证实，此次仅根据岩性、地球化学资料等初步认为是龙马溪组上段和下段的分界。

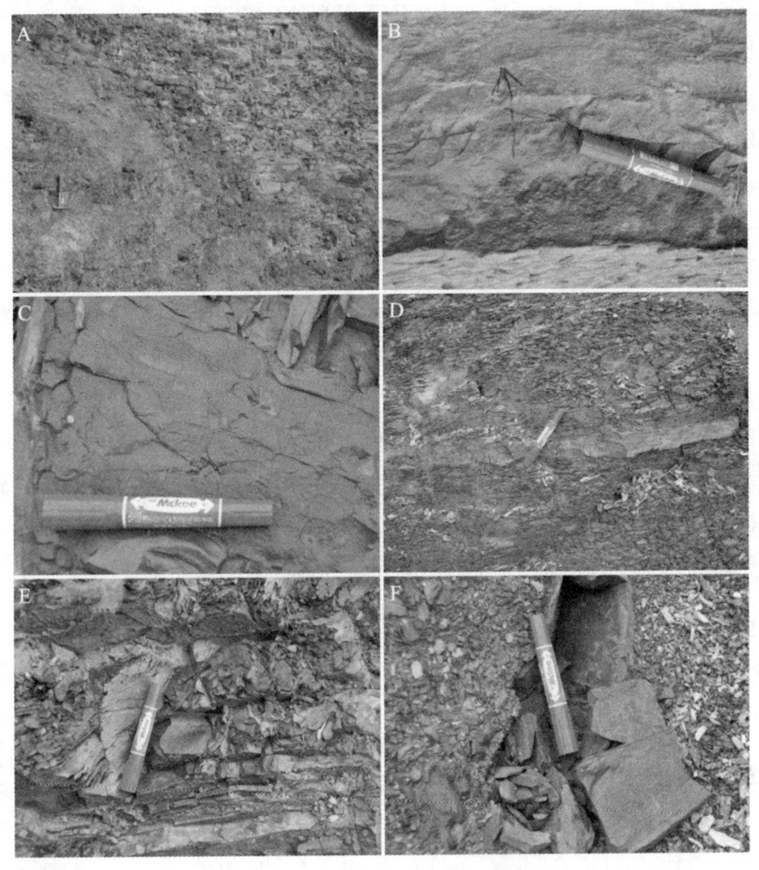

图5-16 龙山县红岩溪龙马溪组露头特征

A—浅黄色泥质粉砂岩夹灰色页岩，3-4导线，40m处；B—浅黄色粉砂岩，底部发育槽模构造，厚度约1m，其上部和下部均为灰黑色、深灰色页岩，3-4导线，14m处；C—灰黑色页岩，含笔石，2-3导线，1m处；D—深灰色页岩夹灰色薄层粉砂岩，1-2导线，44m处；E—黑色页岩，1-2导线，44m处；F—黑色页岩，含大量笔石，1-2导线，3m处

5.2.3.2 剖面沉积相分析

根据区域地质资料、露头岩性、古生物和地球化学等资料，确定下志留统龙马溪组底部以奥陶系的黑色硅质页岩和具波痕构造的灰岩为界，顶部以出现浅黄色的泥质粉砂岩(岩性、岩石的转变面)为界(图5-17)，并把龙马溪组以黑色页岩为主的地层划分为1个三级层序，包括海侵和高位两个体系域(图5-17)。海侵体系域时期岩石以黑色页岩和黑色炭质页岩为主，地层真厚度约12m，发育水平层理和块状层理，并含有大量的笔石化石，同时反映水体氧化还原程度的Ni、Cr、V、Cu、Zn和黄铁矿含量相对较大

(图5-17)，反映海侵体系域时期水体的还原性较强，水体较深。海侵体系域时期可容空间的增大速度大于沉积物的供给速率，形成了一套加积-退积的准层序组。在海侵体系域的顶部分界处，页岩颜色很深，为黑色，同时岩性较纯，为页理状的黑色页岩，即层序地层中的“密集段”沉积。综合露头岩性特征、古生物特征和地球化学特征，认为海侵体系域主要为深水陆棚沉积环境，以悬浮沉积的泥质陆棚为主。高位体系域位于7~66m层段，反映水体氧化还原程度的Ni、Cr、Cu、Zn和黄铁矿含量值除个别异常值外，同底部相比，各参数值相对较小，反映沉积介质还原性有所减弱，代表相对浅水的环境，在中、上部厚层黑色和深灰色页岩中夹数套厚度5cm左右的灰色粉砂岩，同时在上部的粉砂岩夹层中发育典型的槽模构造。综合分析后认为这些频繁的粉砂岩互层为浊流成因的浊积岩，根据浊积岩发育的环境和条件可以推断其为具有一定坡度的较深水的环境，可能为深水陆棚环境。顶部页岩的颜色相对较浅，以灰色、浅灰色为主，同时粉砂质的含量也逐渐增多，在地层剖面上可以看到加积到进积的序列，反映了水体深度变浅的过程。总体来讲，海侵体系域后期，伴随着相对海平面的下降，形成了一套向上变粗，颜色变浅的高位体系域沉积体，其又可细分为2个准层序组。准层序组1主要为黑色、深灰色页岩，中间夹多层薄层的灰色粉砂岩，为浊积岩和悬浮沉积；准层序组2下部为深灰色页岩，夹多层灰色、浅黄色粉砂岩，厚度相比于准层序1的粉砂质略有增大，向上逐渐变为灰色页岩和浅灰色粉砂质页岩，岩石颜色和粒度的特征变化反映了水动力条件的逐渐增强和水体还原性的逐渐减弱，高位体系域早期为深水陆棚环境，晚期变为浅水陆棚沉积环境。

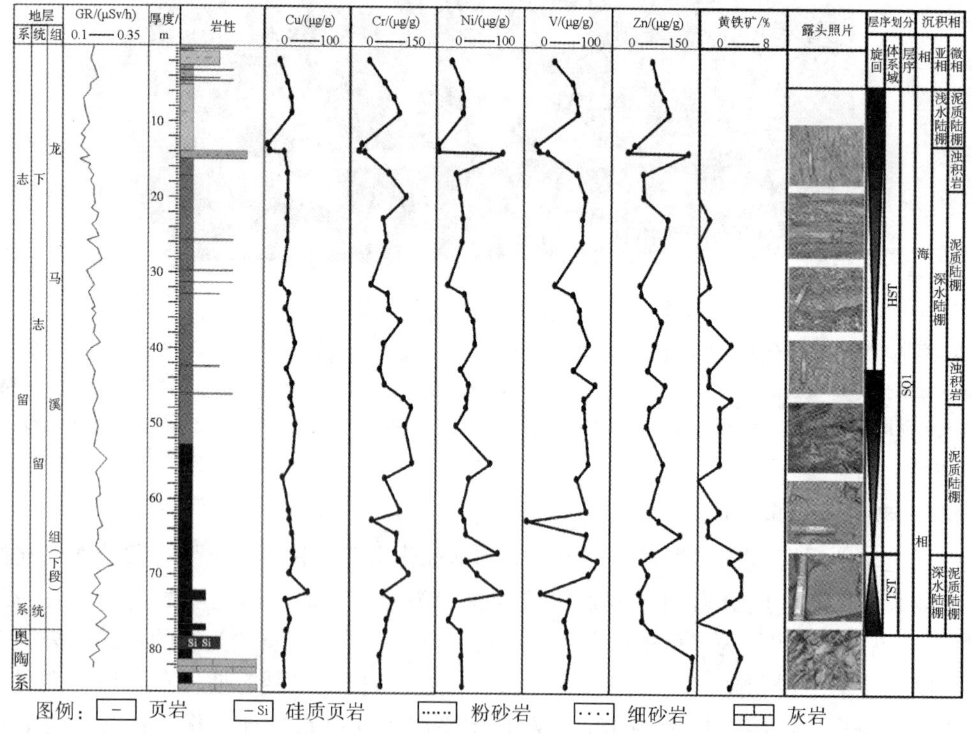

图5-17　龙山县红岩溪志留系剖面沉积综合柱状图

5.2.4 焦页1井沉积特征

焦页1井位于重庆市涪陵区焦石镇地区的焦石坝构造带，该地区(涪陵页岩气田)是我国目前所发现的最大并实现商业性产出的页岩气田(郭彤楼和张汉荣，2014；金吉能，2015)。该区页岩气的勘探主要开始于2011年，这一年对1997～1998年老二维地震测线13条共424.5km进行重新处理与解释，局部测网密度约2km×5km；2012年中国石化勘探南方分公司在涪陵区块南部武隆地区实施了二维地震概查测线7条共270km；2012年部署实施页岩气参数井——焦页1井，焦页1井在主要目的层上奥陶统五峰组－下志留统龙马溪组下部钻遇油气显示73.4m/3层；焦页1井在垂深2385～2415m层段进行水平钻探，测试获天然气(11～50)×10^4m^3/d。焦页1井在井口压力大于20MPa的情况下，经过1年的试采，日产天然气6×10^4m^3以上，压力、产量稳定，地层压力系数达1.55，气体组分以甲烷为主，含量高达98.1%(郭彤楼和张汉荣，2014)。涪陵页岩气田是我国第一个大型商业开发的页岩气田，2014年7月8日至10日，国土资源部组织专家评审组通过了《涪陵页岩气田焦石坝区块焦页1－焦页3井区五峰组－龙马溪组探明储量报告》，新增页岩气探明含气面积106.45km^2，探明地质储量1067.5×10^8m^3。气田已投入开发，截至2014年年底，涪陵页岩气田累计产气达11×10^8m^3。

5.2.4.1 岩心特征

焦页1井岩心以黑色页岩和粉砂质页岩为主(图5-18A、B)，中间夹有部分硅质页岩和碳质页岩。页岩微观显微镜下以块状层和水平层理为主(图5-18C)。

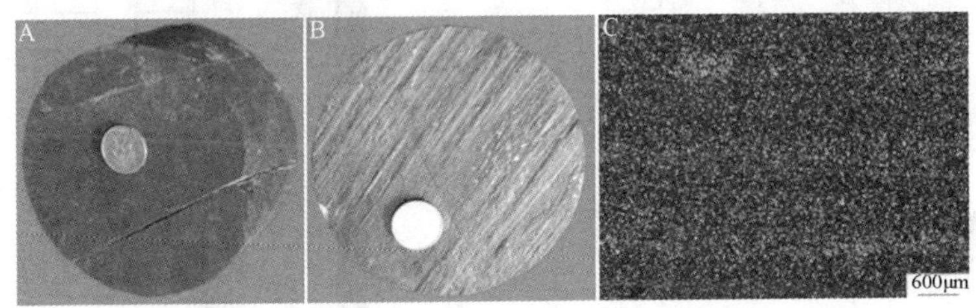

图5-18 焦页1井岩心及薄片特征

A—黑色页岩，发育垂直于层面的裂缝，焦页1井，2405m；B—黑色页岩，层面之间有滑移现象，焦页1井，2405m；C—黑色页岩，具有纹层状结构，亮色纹层主要为石英，暗色部分主要为黏土矿物和有机质，焦页1井，2937.13m(郭彤楼和张汉荣，2014)

5.2.4.2 单井沉积相分析

焦页1井龙马溪组暗色细粒岩(包括黑色页岩、硅质页岩和粉砂质页岩)厚度可达80m。其底部为奥陶系涧草沟组灰岩和五峰组硅质页岩及页岩。整体上龙马溪组沉积为陆棚环境，早期海侵体系域(TST)主要为深水陆棚环境(泥质陆棚)，最大海侵之后，早期为深水泥质陆棚和砂泥质陆棚，晚期随着相对海平面的降低，逐渐过渡为浅水砂质陆棚(图5-19)。

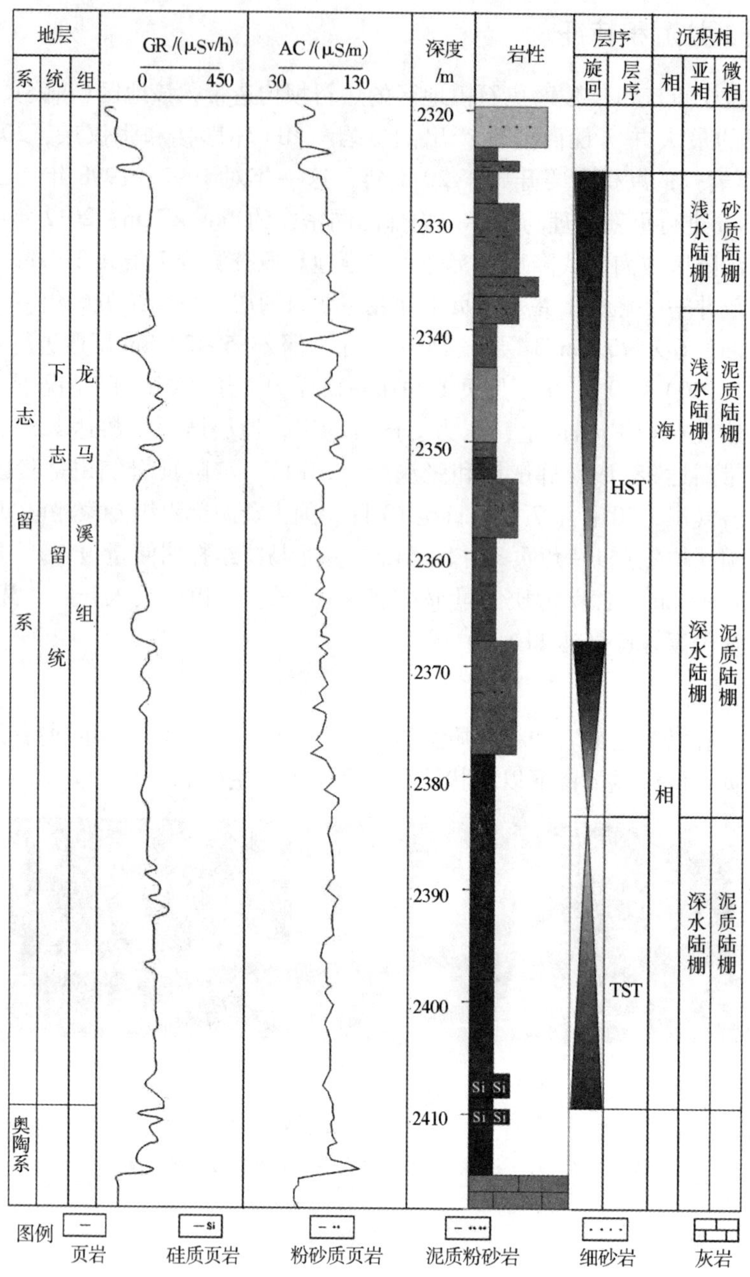

图 5-19 焦页 1 井沉积综合柱状图

5.3 连井剖面对比

剖面对比相分析的目的就是搞清单剖面(井)之间相或储层的横向变化，是确定研究区沉积相横向展布和垂向演化的重要基础工作。剖面对比相分析的关键是等时对比界面和单元的确定。本章在典型单剖面(井)沉积相分析的基础上，根据岩石类型、古生物、页岩颜色变化、常量元素、微量元素及其比值变化曲线等特征，完成了区内二纵一横三条剖面沉积相分析和对比工作，剖面对比分布如图 5-9 所示。通过区域地质资料对比分析和古构造、地层厚度、黑色页岩厚度、砂质含量等值线图等的分析，在单因素基础图件分析的基础上，认为研究区的物源主要来自南部，在研究区东北部可能存在隆起区。现对研究区三条剖面沉积相对比图进行分析。

5.3.1 焦页1井-彭水高谷-彭水鹿角-酉阳丁市-秀山中和剖面沉积相对比

该剖面是研究区贯穿南北的一条剖面，从北向南依次经过焦页 1 井、彭水县高谷、彭水县鹿角、酉阳县丁市和秀山县中和 5 条剖面(钻井)(图 5-9、图 5-20)。

海侵体系域：该时期相对海平面处于逐渐升高的阶段，陆源粗碎屑物质沉积稀少。研究区北部的焦页 1 井以黑色页岩和少量黑色炭质页岩为主，厚度达 25m；向南到彭水县高谷地区，同样以黑色页岩沉积为主，同时有深灰色页岩发育，黑色页岩沉积厚度近 20m；中部彭水县鹿角地区黑色页岩厚度达 20m；向南到酉阳县丁市地区，海侵体系域以深灰色页岩和灰色粉砂质页岩沉积为主，但深灰色页岩厚度仅 10m 左右，页岩厚度进一步减小；最南部的秀山县中和剖面以深灰色、黑色页岩为主，总的沉积厚度仅 5m。从贯穿研究区南北的该条剖面可以看出海侵体系域时期，焦页 1 井地区无论是黑色页岩厚度还是地层厚度都是最大的，因此可以推测该时期焦页 1 井附近地区是研究区的一个沉积中心。从沉积相来看，该条剖面在 TST 时期主体上为深水泥质陆棚环境，仅南部为浅水泥质陆棚。

高位体系域：该时期相对海平面处于由相对较高的位置向相对较低位置变化的阶段，陆源粗碎屑物质在高位体系域的早期仍然很少，随着相对海平面的变化，到高位体系域的晚期粉砂等粗碎屑物质逐渐增多。高位体系域时期研究区北部的焦页 1 井以黑色页岩、灰色粉砂质页岩和灰色粉砂岩沉积为主，其中黑色页岩、深灰色页岩和粉砂质页岩厚度累积为 50m；向南到彭水县高谷地区，高位体系域早期以黑色页岩和深灰色粉砂质页岩为主，晚期随着相对海平面的降低，发育一套以深灰色页岩、灰色粉砂质页岩和灰色页岩为主的浅水陆棚沉积体，顶部为龙马溪组上段的浅黄色泥质粉砂岩；南部酉阳县丁市地区早期为深灰色页岩，中期为灰色和深灰色页岩互层沉积，晚期以灰色粉砂岩沉积为主；到南部的秀山县中和地区，高位体系域仅下部发育少量深灰色页岩，其他层段以灰色页岩、灰色粉砂岩为主，同北部地区相比，砂质沉积明显增厚，该剖面高位体系域地层厚度达 50m，其中灰色页岩厚度约 30m，灰色粉砂岩和泥质粉砂岩厚度约 20m；最南部的秀山县中和剖面以灰色页岩、灰色粉砂岩和灰色泥质粉砂岩为主，总的沉积厚度约 40m，其中灰色页岩厚度约 30m。从该剖面可以看出高位体系域时期，焦页 1 井地区暗色页岩厚度最大，因此可以推测高位体系域时期位于研究区北部的焦页 1 井附近地区是一个沉积中心。同时由于焦页 1 井地区地层厚度最大，可以推测高位体系域时期焦页 1 井附近地区是研究区的一个沉降中心。通过海侵和高位体系域沉积地层的岩性特征和地层厚度特征可以看出，研究区的南部更靠近物源，研究区沉积和沉降的中心位于研究区的北部。从沉积相来看，该条剖面 HST 时期在研究区北部焦页 1 井和彭水县高谷地区，早期为深水泥质陆棚沉积，中晚期以浅水泥质陆棚为主，少量砂质陆棚沉积；彭水县鹿角地区以浅水泥质陆棚和浅水砂质陆棚沉积为主；南部酉阳县丁市和秀山县中和地区同样以浅水泥质陆棚和浅水砂质陆棚沉积为主。

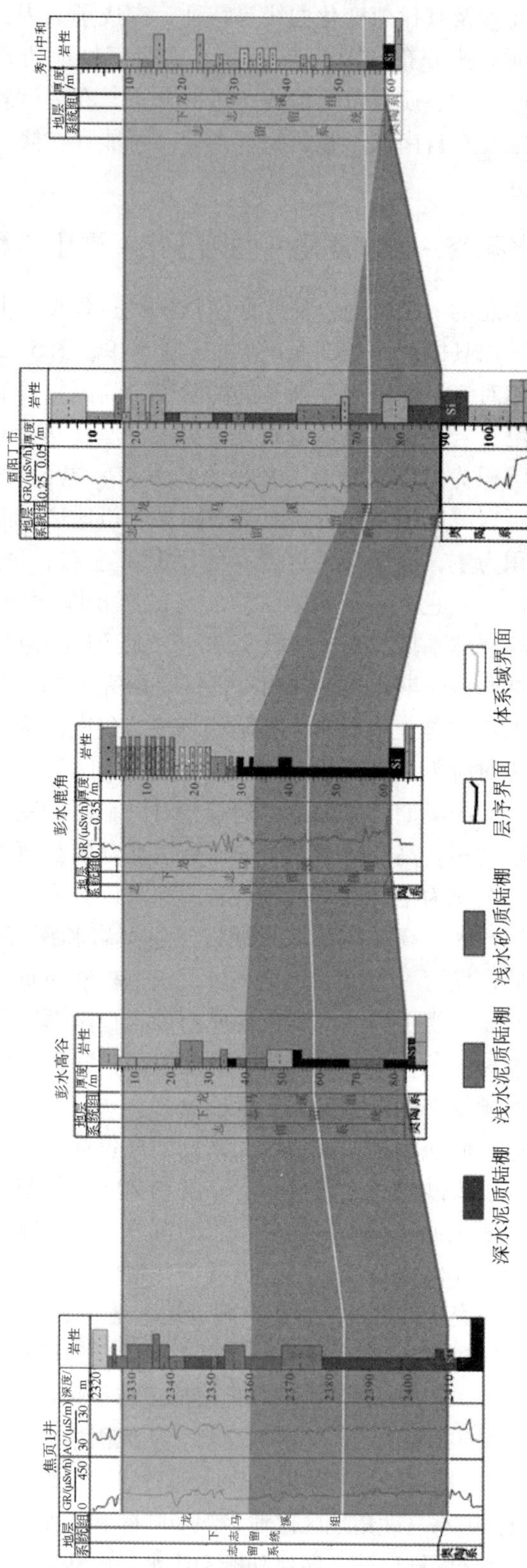

图5-20　焦页1井-彭水县高谷-彭水县鹿角-酉阳县丁市-秀山县中和剖面沉积相对比图

5.3.2 石柱漆辽－渝页1井－黔江太极－酉阳苦竹－秀山中和剖面沉积相对比

该剖面是研究区贯穿南北的一条剖面，从北向南依次经过石柱漆辽、渝页1井、黔江区太极、酉阳县苦竹和秀山县中和5条剖面(钻井)(图5-9、图5-21)。

海侵体系域：该时期相对海平面处于逐渐升高的阶段，陆源粗碎屑物质沉积很少。研究区北部的石柱县漆辽以黑色页岩、黑色炭质页岩和黑色粉砂质页岩为主，中间夹有少量黑色泥质粉砂岩，厚度达20m；向南到渝页1井地区，同样以黑色页岩沉积为主，黑色页岩沉积厚度近70m，其中夹约10m厚的黑色钙质页岩；中部黔江区太极地区黑色页岩厚度达20m，中间夹薄层黑色粉砂质页岩，同北部渝页1井地区相比厚度减小了近一半；再向南到酉阳苦竹地区，海侵体系域同样以黑色页岩沉积为主，但厚度仅16m左右，黑色页岩厚度进一步减小；最南部的秀山县中和剖面以深灰色页岩为主，总的沉积厚度仅5m。从贯穿研究区南北的该条剖面可以看出，海侵体系域时期，渝页1井地区无论是黑色页岩厚度还是地层厚度都是最大的，因此可以推测该时期渝页1井附近地区是研究区的一个沉积和沉降中心。该条剖面在TST时期主体上为深水泥质陆棚环境，南部为浅水泥质陆棚环境。

高位体系域：该时期相对海平面处于由相对较高的位置向相对较低位置变化的阶段，陆源粗碎屑物质在高位体系域的早期仍然很少，随着相对海平面的变化，到高位体系域的晚期粉砂、细砂等粗碎屑物质逐渐增多。高位体系域时期研究区北部的石柱漆辽剖面以黑色页岩、黑色粉砂质页岩和灰色页岩沉积为主，顶部发育薄层的灰色粉砂岩，总厚度近10m，其中黑色页岩、深灰色页岩和粉砂质页岩厚度累积为40m；向南到渝页1井地区，高位体系域早期以黑色页岩和深灰色页岩为主，夹薄层深灰色粉砂质页岩，晚期随着相对海平面的降低，发育一套以深灰色页岩、灰色粉砂质页岩和灰色粉砂岩为主的浅水陆棚沉积体，到晚期发育灰色泥质粉砂岩和灰色粉砂岩，顶部为龙马溪组上段的浅黄色泥质粉砂岩，其地层厚度较大，达到近250m，其中黑色页岩和灰色页岩厚度达到210m；中部黔江太极地区以深灰色页岩、深灰色粉砂质页岩、灰色泥质粉砂岩为主，地层厚度达到40m，其中暗色页岩(包括深灰色页岩和灰色粉砂质页岩)厚度达20m；到南部的酉阳县苦竹地区，高位体系域仅下部发育少量黑色页岩和灰色页岩，其他层段以深灰色页岩、灰色粉砂岩和灰色泥质粉砂岩为主，同北部地区相比，砂质沉积明显增厚，该剖面高位体系域地层厚度达50m，其中灰色页岩厚度约30m，灰色粉砂岩和泥质粉砂岩厚度约20m；最南部的秀山县中和剖面以灰色页岩、灰色粉砂岩和灰色泥质粉砂岩为主，总的沉积厚度约40m，其中灰色页岩厚度约20m。从该剖面可以看出高位体系域时期，渝页1井地区暗色页岩厚度最大，因此可以推测高位体系域时期位于研究区北部的渝页1井附近地区是一个沉积中心。同时由于渝页1井地区地层厚度最大，可以推测高位体系域时期渝页1井附近地区是研究区的一个沉降中心。通过海侵和高位体系域沉积地层的岩性特征和地层厚度特征可以看出，研究区的南部更靠近物源，研究区沉积和沉降的中心位于研究区的北部。从沉积相来看，该条剖面在HST时期石柱县漆辽和渝页1井地区以浅水泥质陆棚沉积为主，早期为少量的深水泥质陆棚沉积；中部黔江太极地区以浅水泥质陆棚为主，部分为浅水砂质陆棚沉积；南部秀山县中和地区以浅水泥质陆棚和浅水砂质陆棚沉积为主。

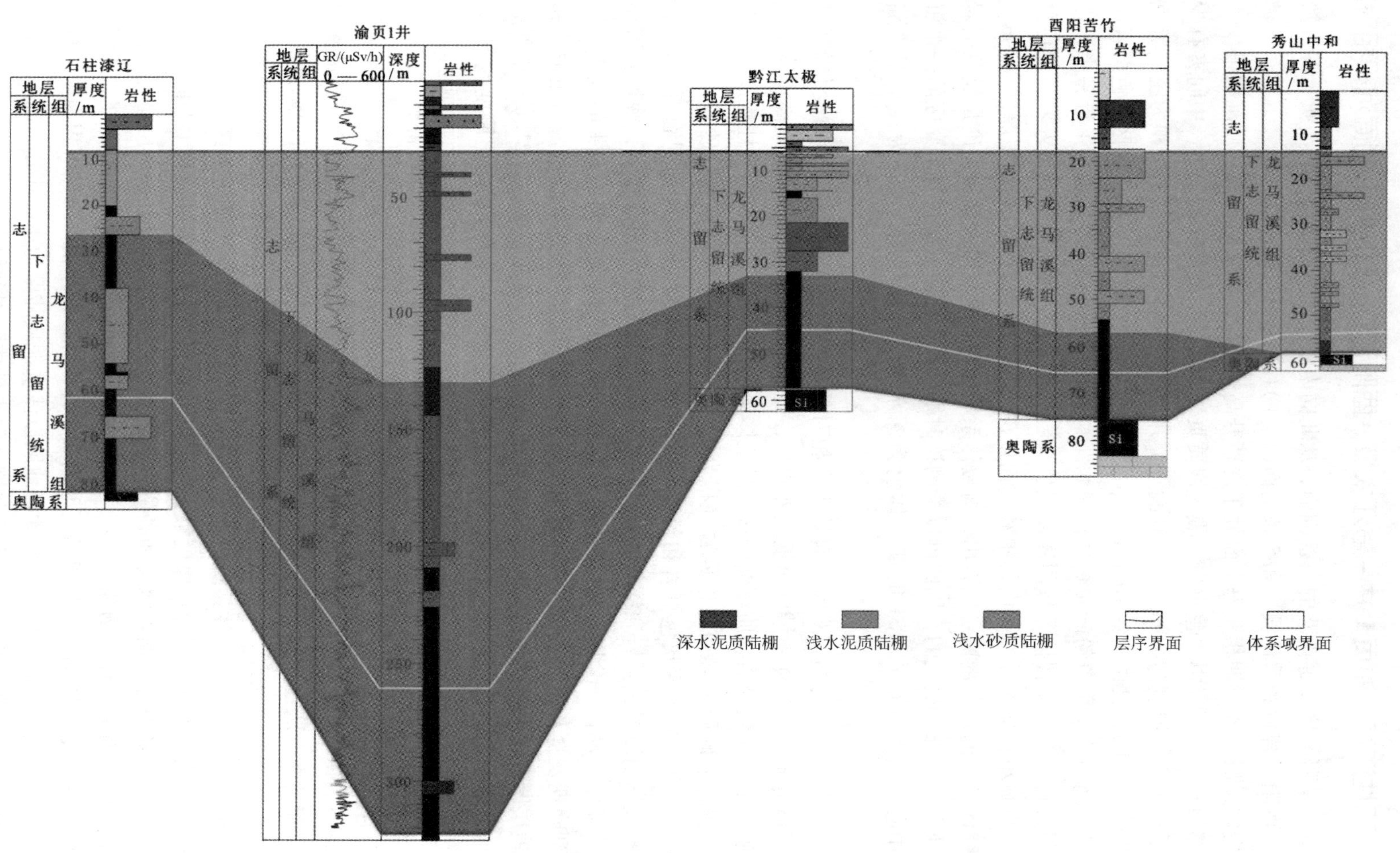

图5-21 石柱县漆辽-渝页1井-黔江区太极-酉阳县苦竹-秀山县中和剖面沉积相对比图

5.3.3 武隆江口－彭水鹿角－黔江太极－宣恩沙道沟剖面沉积相对比

该剖面是研究区东西向的一条剖面，从西向东依次经过武隆县江口、彭水县鹿角、黔江区太极和宣恩县沙道沟4条剖面(图5-9、图5-22)。

海侵体系域：该时期相对海平面处于逐渐升高的阶段，陆源粗碎屑物质沉积较少，仅在东部宣恩县沙道沟地区有少量砂质沉积。研究区西部的武隆县江口地区以黑色页岩和深灰色粉砂质页岩沉积为主，厚度大约25m；向东部彭水县鹿角地区黑色页岩厚度达20m；黔江太极地区黑色页岩厚度约15m；东部宣恩县沙道沟为8m左右的灰色页岩和粉砂质页岩。从该剖面可以看出西部地层厚度和暗色页岩厚度相对较大。从沉积相来看，该条剖面在TST时期西部为深水陆棚环境，沉积微相为泥质陆棚，东部为浅水陆棚环境，以泥质陆棚沉积为主。

高位体系域：该时期相对海平面处于由相对较高的位置向相对较低位置变化的阶段，陆源粗碎屑物质在高位体系域的早期仍然很少，随着相对海平面的变化，到高位体系域的晚期粉砂等粗碎屑物质逐渐增多。高位体系域时期研究区西部的武隆县江口地区以黑色页岩、深灰色粉砂质页岩和灰色粉砂岩沉积为主，其中黑色页岩、深灰色页岩和粉砂质页岩厚度累积为50m；向南到彭水县鹿角地区，高位体系域早期以黑色页岩和深灰色粉砂质页岩为主，晚期随着相对海平面的降低，发育一套以灰色粉砂质页岩和灰色粉砂岩为主的浅水陆棚沉积体，顶部为龙马溪组上段的浅黄色细砂岩；中部黔江区太极地区早期为黑色页岩，中晚期为灰色粉砂岩和灰色粉砂质泥岩；东部宣恩县沙道沟地区以灰色页岩、泥质粉砂岩、粉砂岩和细砂岩沉积为主，总体上砂质沉积占主导。从此剖面可以看出，西部地区更靠近沉积中心。从沉积相来看，该条剖面HST时期在剖面中西部为泥质陆棚沉积，东部以浅水砂质陆棚和泥质陆棚沉积为主。

5.4 平面沉积体系

通过岩心相和露头相分析，结合古生物、岩石矿物学和元素地球化学特征分析，在完成了区域层序格架划分对比和单剖面(井)相、剖面(井)对比沉积相分析的基础上，的沉积相的平面展布研究。利用“单因素分析，多因素综合”的研究思路(冯增昭，1992)，统计了研究区内11个剖面(井)的各个体系域的地层厚度、黑色页岩厚度、砂岩厚度，计算出砂岩百分含量，做出等值线图，结合单剖面和剖面对比相分析的结果，对研究区龙马溪组进行了沉积体系的研究，下面就所划分的层序中的两个体系域的平面沉积体系分布特征进行介绍。

海侵体系域：海侵体系域沉积时水体相对较深，根据岩心相和露头剖面特征，在单剖面沉积相划分的基础上，进行了剖面对比沉积体系的划分。由于海侵体系域主要发育黑色页岩、少量灰色页岩和灰色粉砂质页岩，结合暗色页岩等厚图(图5-23)和地层等厚图(图5-24)，做出了海侵体系域的沉积相图(图5-25)。可以看出研究区的北部和西北部地区以深水泥质陆棚环境为主，其岩石类型主要为黑色页岩、黑色炭质页岩、深灰色页岩和深灰色粉砂质页岩；东北部地区主要为浅水泥质陆棚沉积，东部和南部也为浅水陆棚沉积。东部地区可能受到“湘鄂水下高地”的影响(樊隽轩等，2012)。而南部地区主要受到黔中隆起及其北侧少量小规模隆起的影响。由地层厚度图和暗色页岩厚度图可以看出川东南地

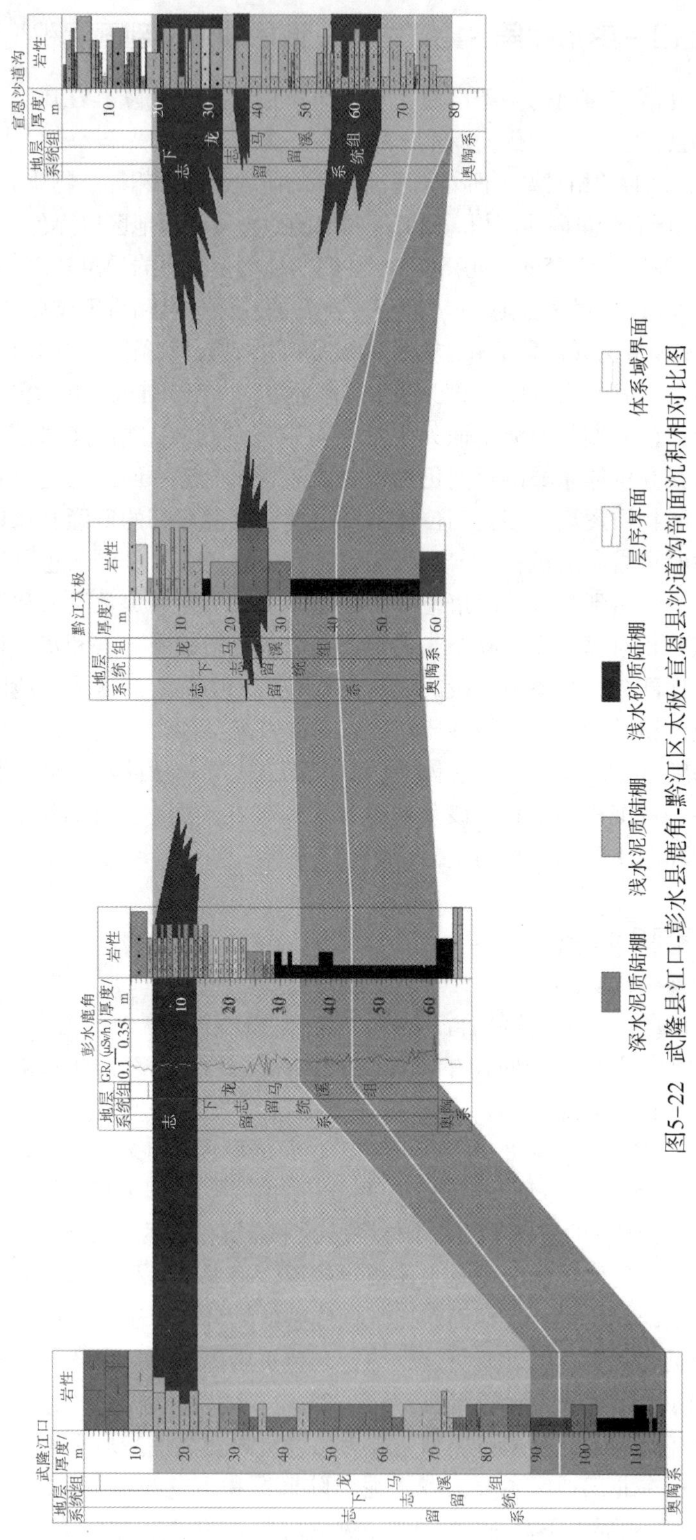

图5-22 武隆县江口-彭水县鹿角-黔江区太极-宣恩县沙道沟剖面沉积相对比图

区下志留统龙马溪组海侵体系域沉积时期，沉积和沉降中心位于研究区的西北部，南部地区更靠近物源区，东北部受水下古隆起的影响，沉积水体相对较浅。

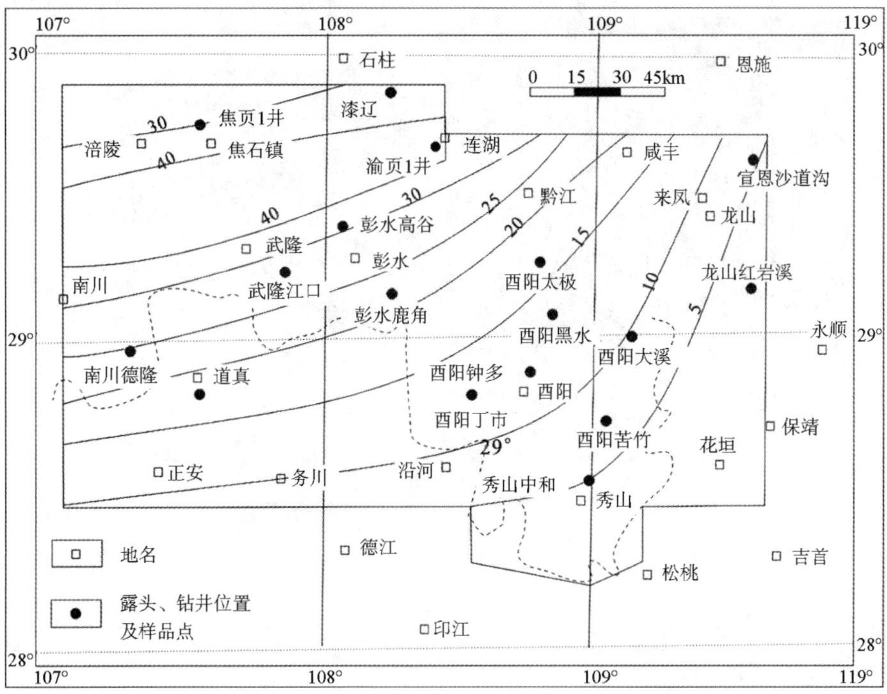

图 5-23　川东南下志留统龙马溪组 TST 暗色页岩厚度等值线图

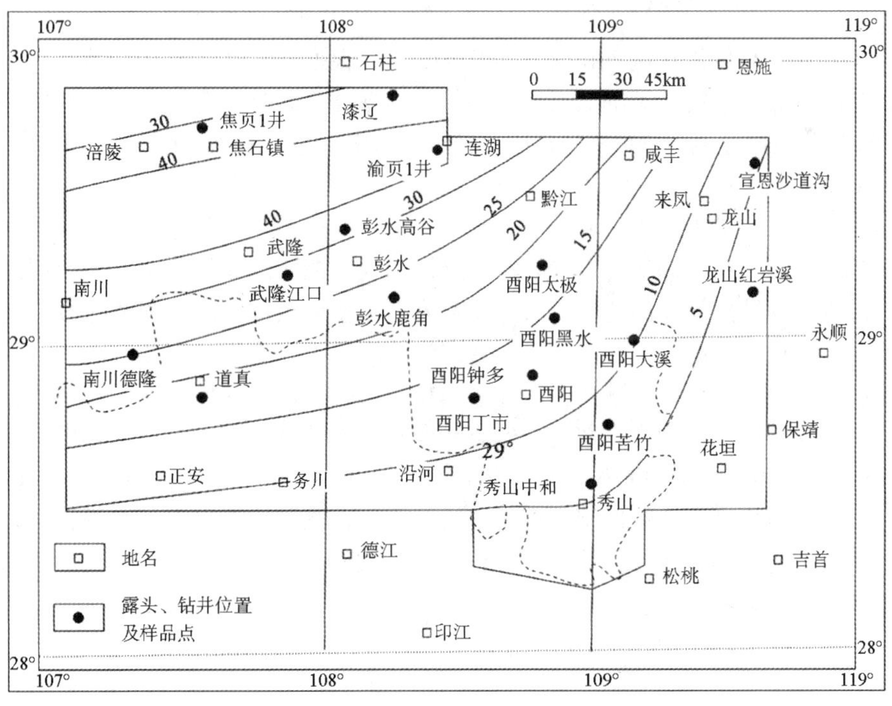

图 5-24　川东南下志留统龙马溪组 TST 地层厚度等值线图

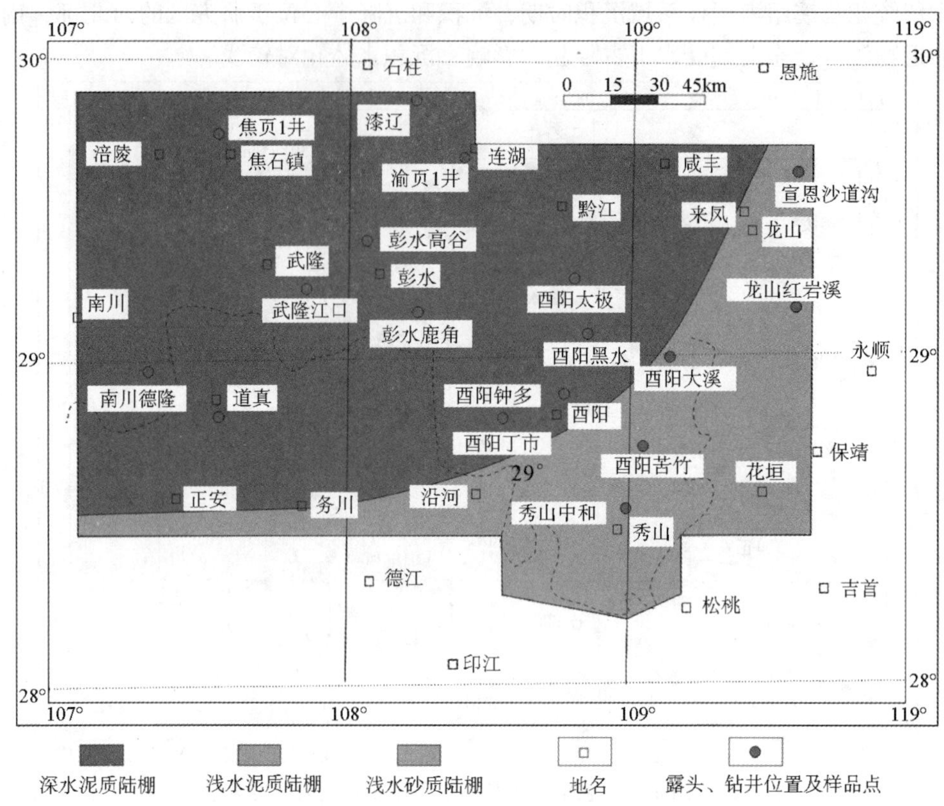

图 5-25　川东南地区下志留统龙马溪组 TST 沉积相图

高位体系域：高位体系域沉积时水体开始变浅，根据岩心和露头剖面特征，在单剖面沉积相划分的基础上，进行了剖面对比沉积体系的划分，同时结合暗色页岩厚度等值线图（图 5-26）和砂地比等值线图（图 5-27），做出了高位体系域的沉积相图（图 5-28）。高位体系域时期由于相对海平面的降低，研究区离物源区的距离减小，在研究区的东南部地区，砂质沉积的面积扩大，以砂质陆棚沉积为主，岩石类型包括灰色页岩、灰色泥质粉砂岩和浅灰色粉砂岩；西北部地区以深水泥质陆棚和浅水泥质陆棚沉积为主，但同海侵体系域相比，深水泥质陆棚沉积的范围大大缩小，岩石类型以黑色页岩、深灰色页岩和灰色泥质粉砂岩为主；此外在渝页 1 井和龙山红岩溪地区沉积了少量的浊积岩，渝页 1 井浊积岩岩石类型以灰色页岩、灰色粉砂质页岩和灰色粉砂岩为主，且单层厚度相对较大，而在东部的龙山红岩溪地区，浊积岩以灰色粉砂岩和浅黄色粉砂岩为主，且单层厚度较小，一般不超过 1m；浅水陆棚的沉积面积同海侵体系域相比范围进一步扩大，岩石类型以灰色页岩和灰色粉砂质页岩为主。从地层厚度等值线图，结合沉积体系平面展布图，可以看出川东南地区下志留统龙马溪组海侵体系域沉积时期，沉降中心同样位于研究区的北部和西北部，南部地区更靠近物源区。

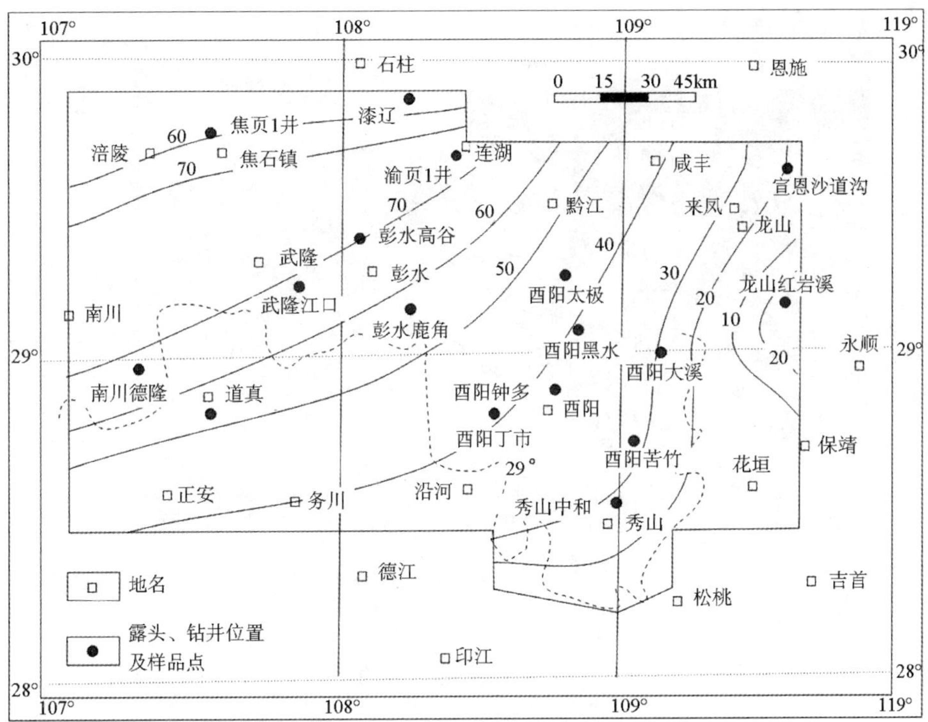

图5-26 川东南下志留统龙马溪组HST暗色页岩厚度等值线图

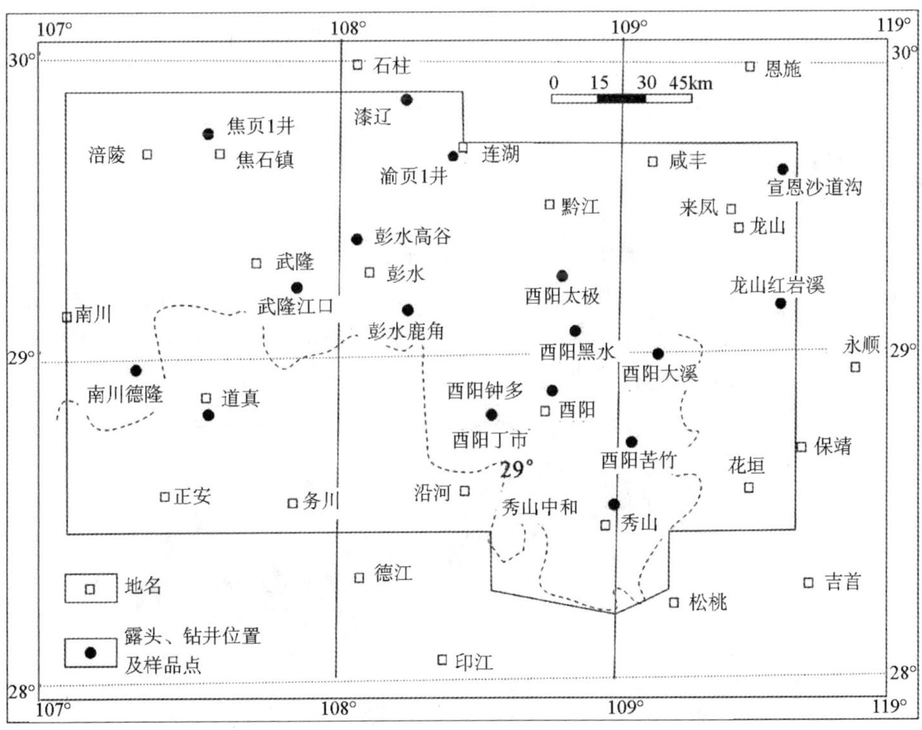

图5-27 川东南下志留统龙马溪组HST砂地比等值线图

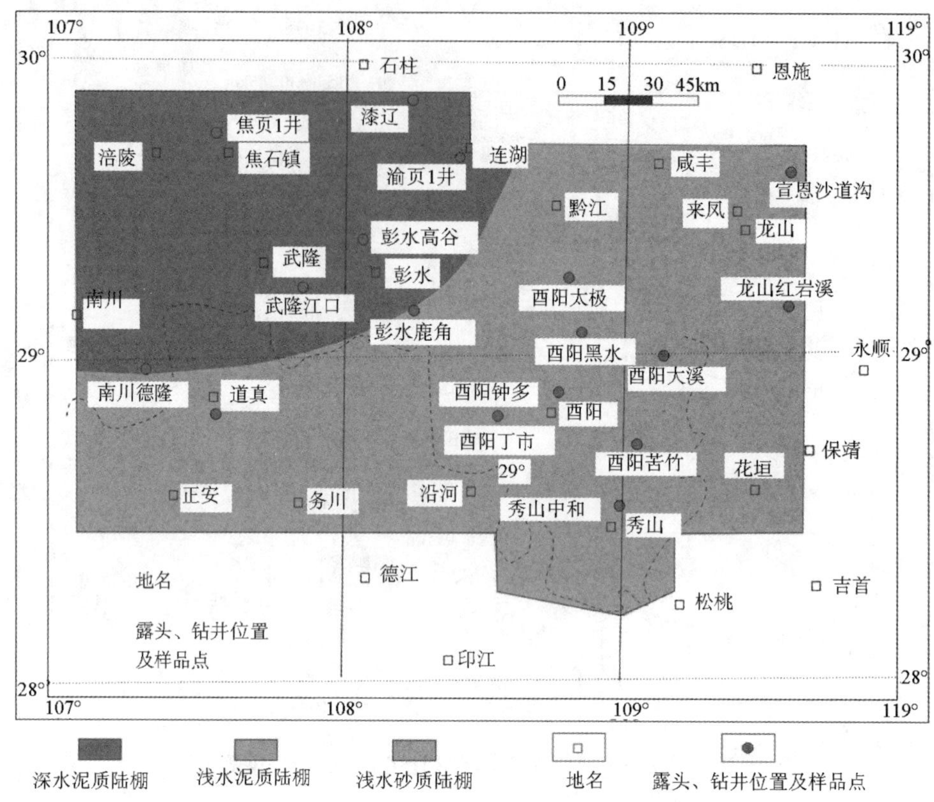

图 5-28　川东南下志留统龙马溪组 HST 沉积相图

5.5　沉积模式

在沉积构造、岩石相、沉积相、地球化学和古生物学分析、研究的基础上，结合区域沉积和构造特征，给出了研究区龙马溪组细粒岩沉积的沉积模式图(图 5-29)。龙马溪组细粒岩主要为悬浮沉积体，部分为牵引流成因的粉砂和浊流成因的粉砂、泥质粉砂等，这些沉积体主要形成于深水陆棚和浅水陆棚环境中，部分在深水斜坡地带。

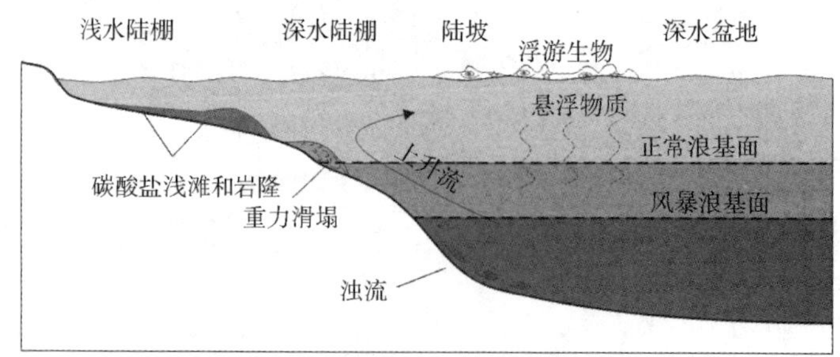

图 5-29　四川盆地东南部龙马溪组细粒岩沉积的沉积模式图

(据 Loucks 和 Ruppel，2007，修改)

第六章　岩石矿物学特征

6.1　样品与测试

由于本书记述的研究工作时限较长，分别在2010年和2011年两次进行钻井岩心取样和野外露头取样，因此岩石矿物含量测试也分为2批进行：第一批样品为岩心样品，样品从井场用塑料箱封闭运至北京，保存在室温下，对91块样品(YY-1～YY-91)用D/MAX2500衍射仪进行了矿物X射线衍射分析，岩石以黑色页岩，黑色炭质页岩、黑色钙质页岩、深灰色页岩和深灰色粉砂质页岩为主，样品由中国石油勘探开发研究院石油地质实验研究中心测试完成；第二批样品主要为2011年采集的野外露头样品，其中186块龙马溪组岩样进行了矿物含量测试，样品由华北石油勘探开发研究院测试完成，采用D8 DISCOVER型X射线衍射仪，在温度24°，湿度35%条件下测试完成。

6.2　渝页1井矿物含量特征

渝页1井是我国第一口页岩气战略调查井，位于研究区的北部，完钻井深324.6m，全井取心，研究过程中对渝页1井取样91块进行了X衍射矿物含量测试，测试结果如表6-1所示。从表6-1可以看出渝页1井龙马溪组细粒岩中矿物以黏土矿物、石英和长石为主，黏土矿物含量介于24.7%～65.7%之间，平均含量达47.62%；其次为石英含量介于23.8%～54.7%之间，平均含量达35.42%；长石(包括钾长石和钠长石)含量介于5.1%～19.8%之间，平均含量为10.14%；碳酸盐矿物(包括方解石和白云石)含量介于0～17.9%之间，平均含量为4.27%；黄铁矿含量介于0.5%～6%之间，平均含量为2.55%。纵向上看黏土矿物含量底部200m以下含量较低，仅在270m附近出现一个较大值；200～90m层段黏土矿物含量逐渐增多；90m以上随着粉砂质含量的变化，黏土矿物含量出现一定的波动，在80m附近的粉砂岩层段，黏土矿物含量出现低值，但是总体上来讲上部黏土矿物的含量相对较高(图6-1)。

表6-1　渝页1井龙马溪组岩石矿物含量/%

样号	黏土总量	石英	钾长石	斜长石	方解石	白云石	黄铁矿	菱铁矿
YY-1	61.5	31.8	—	5.6	—	—	1.1	—
YY-2	62.2	31.2	—	5.7	—	—	0.9	—
YY-3	59.8	33.3	—	6.4	—	—	0.5	—

续表

样号	黏土总量	石英	钾长石	斜长石	方解石	白云石	黄铁矿	菱铁矿
YY-4	59.9	32.3	0.4	5.6	—	—	1.8	—
YY-5	56.2	34.6	1.1	6.5	—	—	1.6	—
YY-6	52.1	36.8	3.4	6.8	—	—	0.9	—
YY-7	54.9	34.9	1.1	8.1	—	—	1	—
YY-8	62.1	30.9	—	6.5	—	—	0.5	—
YY-9	59.3	30.7	0.4	8.1	—	—	1.5	—
YY-10	65.7	26.2	0.3	6.1	—	—	1.7	—
YY-11	51.7	34.6	1.7	10.3	—	—	1.7	—
YY-12	61.2	31.0	—	6.6	—	—	1.2	—
YY-13	64.3	28.8	0.5	4.6	—	—	1.8	—
YY-14	58.1	33.6	0.6	6.8	—	—	0.9	—
YY-15	46.8	40.5	0.5	10.7	—	—	1.5	—
YY-16	38.6	46.0	2.9	11.4	—	—	1.1	—
YY-17	58.8	29.5	—	10.4	—	—	1.3	—
YY-18	51.9	37.4	—	9.4	—	—	1.3	—
YY-19	24.7	54.7	2.6	17.2	—	—	0.8	—
YY-20	45.1	42.6	1.5	9.6	—	—	1.2	—
YY-21	59.1	32.3	0.5	6.7	—	—	1.4	—
YY-22	57.4	32.0	0.7	8.3	—	—	1.6	—
YY-23	59	33.0	—	6.5	—	—	1.5	—
YY-24	56.4	34.4	0.4	7.1	—	—	1.7	—
YY-25	59.3	32.2	0.7	6.6	—	—	1.2	—
YY-26	59.5	32.0	—	7.5	—	—	1	—
YY-27	57.7	30.0	—	8.1	—	2.7	1.5	—
YY-28	59.4	29.3	0.5	6.8	—	2.6	1.4	—
YY-29	61.5	31.0	—	5.8	—	—	1.7	—
YY-30	59.1	31.2	—	6.4	0.7	—	2.6	—
YY-31	60.9	30.7	—	7.5	—	—	0.9	—
YY-32	48.1	28.7	0.3	8.5	9	1.6	3.8	—
YY-33	55.8	33.1	—	7.1	1.1	—	2.9	—
YY-34	54.6	32.0	0.2	7.7	0.7	3	1.8	—
YY-35	51.4	33.8	0.2	7.7	1.9	2.7	2.3	—
YY-36	47.3	36.4	0.6	9	1.2	3	2.5	—
YY-37	51.1	32.6	0.4	9.7	0.4	2.6	3.2	—
YY-38	51.9	30.3	1.0	7.6	0.6	3.5	5.1	—
YY-39	51.1	23.8	1.1	6	5.5	7.2	5.3	—
YY-40	49.3	36.2	0.4	8	—	1.3	4.8	—
YY-41	45.7	32.9	1.2	8.3	4	4.3	3.6	—
YY-42	37.4	40.9	1.8	9.5	2.3	5.1	3	—

续表

样号	黏土总量	石英	钾长石	斜长石	方解石	白云石	黄铁矿	菱铁矿
YY－43	44.5	34.0	1.9	11.8	2	2.5	3.3	—
YY－44	43.6	33.7	0.9	12.8	2.1	2.7	4.2	—
YY－45	45.6	32.8	0.9	9.7	4.5	4	2.5	—
YY－46	49.3	34.1	1.1	4.7	2	4.8	4	—
YY－47	49.3	33.3	0.9	7.2	3.2	2.7	3.4	—
YY－48	49.7	32.3	0.7	7.8	2.4	3.7	3.4	—
YY－49	43.8	32.8	1.4	9.8	5.9	4.3	2	—
YY－50	43	37.8	1.2	9	2.5	3.9	2.6	—
YY－51	61	30.9	0.3	6.7	—	—	1.1	—
YY－52	44.9	33.2	1.4	10.9	2.4	3.9	3.3	—
YY－53	42.3	36.0	1.0	9.7	2.1	4.6	4.3	—
YY－54	41.5	32.8	1.2	12.2	2.4	6.2	3.7	—
YY－55	40.7	26.3	3.3	10.2	1.4	16.5	1.6	—
YY－56	38.9	37.9	1.8	11	1.8	5.8	2.8	—
YY－57	41	34.3	1.6	15.5	1.9	3.4	2.3	—
YY－58	39.9	38.9	1.7	11.4	1.4	5.1	1.6	—
YY－59	42.4	39.4	1.6	9.6	2.2	2.4	2.4	—
YY－60	42.9	35.8	1.8	12.4	1.2	3.7	2.2	—
YY－61	38.2	38.0	2.4	12.9	0.7	5.1	2.7	—
YY－62	42.1	38.5	1.4	11.2	1.2	3.1	2.5	—
YY－63	39.9	41.5	1.3	10.3	1.3	3.1	2.6	—
YY－64	38.7	40.1	1.4	9.8	2.3	3.4	4.3	—
YY－65	41.1	37.5	1.8	8.7	2.1	3.9	4.9	—
YY－66	41.5	38.3	1.0	6.3	2.4	6.8	3.7	—
YY－67	38.3	40.8	0.6	7	3.5	6.8	3	—
YY－68	36.1	42.2	1.1	8.4	1.9	6.8	3.5	—
YY－69	41.6	37.1	1.1	7.4	4.1	5.1	3.6	—
YY－70	44.8	34.9	0.9	7.9	5.9	3.2	2.4	—
YY－71	40.1	36.9	1.8	11.4	1.6	5.5	2.7	—
YY－72	58.7	32.8	0.4	6.6	—	—	1.5	—
YY－73	38.8	36.6	2.3	11	1.1	7.5	2.7	—
YY－74	41.4	34.8	2.5	12.7	—	2.6	6	—
YY－75	38.5	39.9	2.1	13.4	—	3.8	2.3	—
YY－76	43	33.2	1.8	13.1	1.8	3.2	3.9	—
YY－77	39.6	39.0	2.1	13	1	3.3	2	—
YY－78	39.8	38.3	1.3	12.2	1.3	4.8	2.3	—
YY－79	39.3	38.1	2.4	11.7	1	4.4	3.1	—
YY－80	39	36.8	4.0	10.6	1.1	4.6	3.9	—
YY－81	37	41.8	2.6	12.3	1.6	2.8	1.9	—

续表

样号	黏土总量	石英	钾长石	斜长石	方解石	白云石	黄铁矿	菱铁矿
YY－82	32.8	36.1	1.5	13.2	0.5	12.8	3.1	—
YY－83	34.2	36.0	1.3	9.1	0.4	16.8	2.2	—
YY－84	39.4	41.6	1.8	9.4	1.5	2.9	3.4	—
YY－85	39.9	40.4	1.5	8.6	3	3.7	2.9	—
YY－86	38.8	42.3	1.4	7.9	1.6	3.5	4.5	—
YY－87	38.7	44.0	1.7	7.3	0.9	3.3	4.1	—
YY－88	39.8	41.0	1.0	8.7	3	2.4	4.1	—
YY－89	39.3	39.8	1.0	9.8	3.4	3.1	3.6	—
YY－90	40	38.2	1.0	10	3.6	3	4.2	—
YY－91	40.8	40.1	0.9	8.7	2.4	2.8	4.3	—

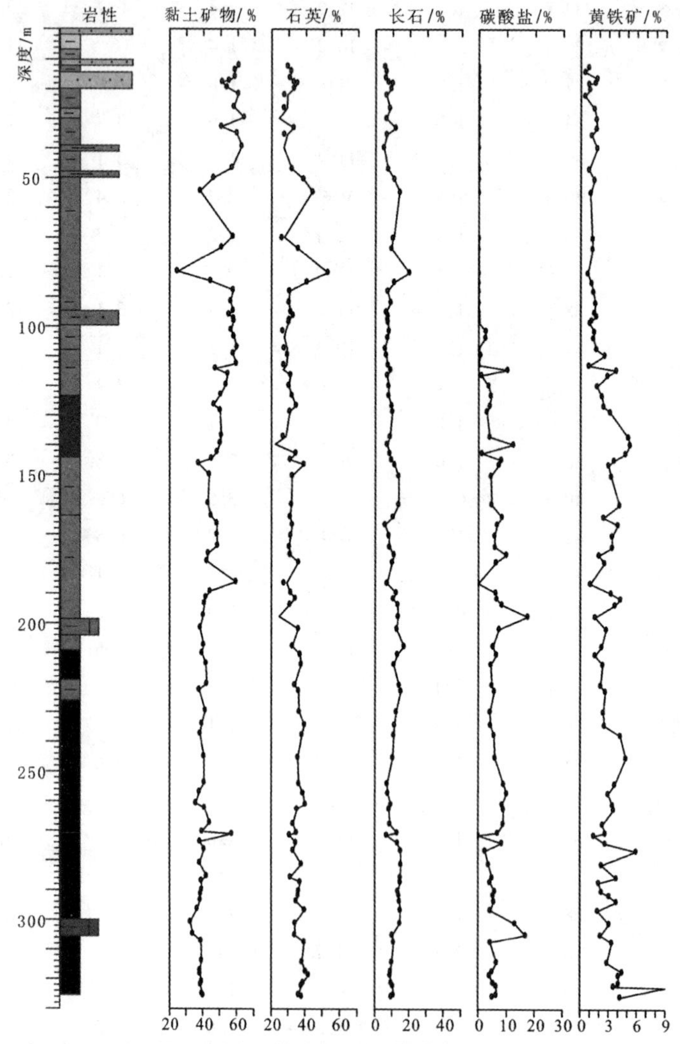

图6-1　渝页1井矿物含量垂相变化

石英含量在纵向上可分为三个变化阶段：从底部到265m附近，石英的含量逐渐降低；265～90m石英含量较为稳定，仅在部分层段出现异常值，且异常值往往与黏土含量呈现负相关的关系；90m以上石英含量随着粉砂质的增加出现较大的变化。长石含量相对稳定，其变化趋势同石英含量的变化相似。碳酸盐的含量中下部较高，在上部90m以上几乎不含碳酸盐矿物，碳酸盐矿物在200m和300m附近出现两次较高值，其他层段含量变化不大。黄铁矿含量总体上来看在100m以下较高，上部含量较低，从底部到270m黄铁矿含量较为稳定，且有逐渐增多的趋势，向上在140m和240m附近层段均出现了相对高的黄铁矿含量。矿物含量的变化反应了沉积环境的变化，特别是能够反应水体氧化还原性的黄铁矿含量对水介质的氧化还原性较为敏感，可以根据其含量推测沉积时海水的氧化还原性。324.6～270m层段，黄铁矿含量逐渐增加，沉积介质的还原性处于增强的阶段；270～170m层段，黄铁矿含量总体上处于逐渐降低的阶段，反映沉积时水体还原性逐渐减弱；170～140m黄铁矿含量逐渐增加，之后到顶部，含量逐渐减小，反映了水体还原性由快速增强到逐步减弱的过程。黄铁矿含量的变化反映了从龙马溪下段早期到晚期水体还原性增大到逐渐减小的过程。

从图6-2矿物含量三角图上可以看出，渝页1井细粒岩中石英、长石和黄铁矿含量总和介于40%～60%之间，黏土矿物含量介于40%～60%之间，碳酸盐矿物含量多数介于介于0～10%之间，少量介于10%～20%之间。样品中矿物含量分布较为集中，反映了研究区北部的渝页1井地区龙马溪组早期阶段沉积物供给相对比较稳定，没有发生大的物源体系的变化和较大规模的生物繁盛和灭亡，特别是能够产生碳酸盐和硅质的生物体。

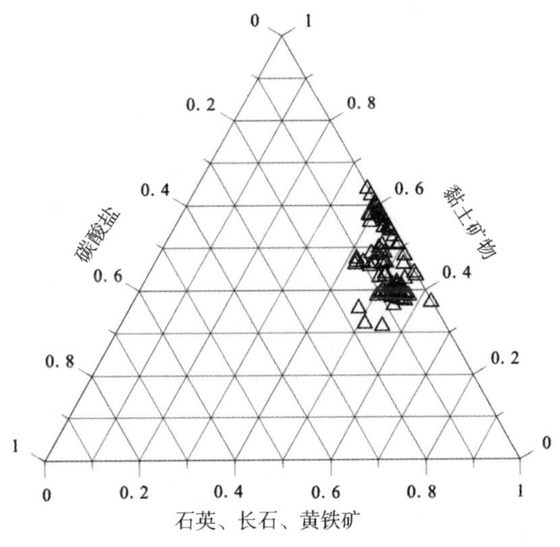

图6-2 渝页1井龙马溪组细粒岩矿物含量三角图

6.3 彭水县鹿角剖面矿物含量特征

彭水鹿角剖面位于研究区的西部，龙马溪组出露完整，通过对采自该剖面的43块样品进行X衍射矿物含量测试，得到测试结果如表6-2所示。从表6-2可以看出彭水县鹿角剖面龙马溪组岩石的矿物以石英、黏土矿物和长石为主，石英为含量最多的矿物，介于37% ~51%之间，平均含量为42.78%；黏土矿物含量介于25% ~44%之间，平均值达到34.07%；其次为长石(包括钾长石和钠长石)平均含量为14.93%，最大含量为22%，最小含量为7%；碳酸盐矿物(包括方解石和白云石)含量介于0 ~14%之间，平均含量为6.32%；黄铁矿平均含量达1.8%，最大含量为6%；菱铁矿含量很少，仅在底部个别样品中发现，其含量为1%，其他层段没有检测出菱铁矿。

表6-2　彭水县鹿角龙马溪组岩石矿物含量/%

样号	黏土总量	石英	钾长石	斜长石	方解石	白云石	黄铁矿	菱铁矿
PS-1	29	45	4	15	3	3	1	—
PS-2	33	43	5	17	2	—	—	—
PS-3	31	43	4	14	4	3	1	—
PS-4	25	44	5	17	4	4	1	—
PS-5	35	40	6	12	4	3	—	—
PS-6	28	50	5	17	—	—	—	—
PS-7	32	44	4	14	3	2	1	—
PS-8	27	49	4	12	5	2	1	—
PS-9	36	43	4	10	4	2	1	—
PS-10	32	42	4	12	6	3	1	—
PS-11	26	51	4	13	5	—	1	—
PS-12	34	42	3	15	4	—	2	—
PS-13	38	42	5	15	—	—	—	—
PS-14	35	43	3	15	3	—	1	—
PS-15	40	41	4	15	—	—	—	—
PS-16	35	38	4	12	6	3	2	—
PS-17	33	47	5	12	2	—	1	—
PS-18	39	45	4	11	1	—	—	—
PS-19	31	44	4	9	6	4	2	—
PS-20	30	46	4	12	4	3	1	—
PS-21	39	41	4	9	3	2	2	—
PS-22	38	37	5	13	5	—	2	—
PS-23	34	40	6	11	4	3	2	—
PS-24	26	42	7	13	7	3	2	—
PS-25	37	42	3	9	4	3	2	—
PS-26	39	39	3	10	5	2	2	—
PS-27	34	43	5	9	3	5	1	—
PS-28	37	46	3	10	3	—	1	—
PS-29	42	39	3	8	5	2	1	—
PS-30	42	39	2	7	4	2	4	—
PS-31	37	45	3	9	3	2	1	—
PS-32	36	41	3	7	6	4	3	—
PS-33	37	38	4	11	4	4	2	—
PS-34	31	44	3	10	5	5	2	—
PS-35	40	41	3	9	4	—	3	—
PS-36	37	40	2	10	7	2	2	—
PS-37	44	38	1	8	4	2	3	—
PS-38	28	44	2	5	11	3	6	1

续表

样号	黏土总量	石英	钾长石	斜长石	方解石	白云石	黄铁矿	菱铁矿
PS－39	35	42	2	7	5	2	6	1
PS－40	30	48	3	5	5	4	4	1
PS－41	25	43	3	8	6	8	6	1

纵向上看在60m以下的奥陶系五峰组黑色硅质页岩中黏土矿物含量很低，在23%左右；向上至50m附近，黏土矿物逐渐增加，并保持较高值，到顶部15m处，随着粉砂质含量的增加，黏土矿物含量呈现逐渐下降的趋势。在60m以下的五峰组黑色硅质页岩中石英的含量达到65%；到60m以上的龙马溪组细粒岩中，石英含量相对稳定，其中15～30m层段，随着粉砂质含量的增加，石英含量略有增加。长石含量在五峰组硅质页岩中含量很少，在5%左右，上部龙马溪组页岩中，长石含量相对于五峰组页岩含量略有增大，同时龙马溪组页岩中长石的含量从底部到顶部有逐渐增加的趋势。碳酸盐矿物在底部五峰组硅质页岩中没有检测出，上部龙马溪组页岩中，每个层段都不同程度的含有碳酸盐矿物，除个别样品外，岩石碳酸盐含量多分布在7%左右。黄铁矿在60m以下的五峰组硅质页岩中含量很少，在龙马溪组细粒岩中底部含量相对较高，顶部含量较低，在50m处达到一个相对高的值后，向上到38m处降低到一个低值点，向上到35m达到相对高值后至顶部黄铁矿的含量又逐渐减小(图6-3)。前面已经提到黄铁矿含量对水介质的氧化还原性较为敏感，可以根据其含量推测沉积时海水的氧化还原性：60～50m层段，黄铁矿含量逐渐增加，沉积介质的还原性处于增强的阶段；50～40m层段，黄铁矿含量总体上处于逐渐降低的阶段，反映沉积时水体还原性逐渐减弱；40～35m层段黄铁矿含量逐渐增加，之后到顶部，含量逐渐减小，反映了水体还原性由快速增强到逐步减弱的过程。总体上看，底部黄铁矿含量逐渐增多，到晚期含量逐渐减少，这反映了从龙马溪下段早期到晚期水体还原性增大到逐渐减小的过程。

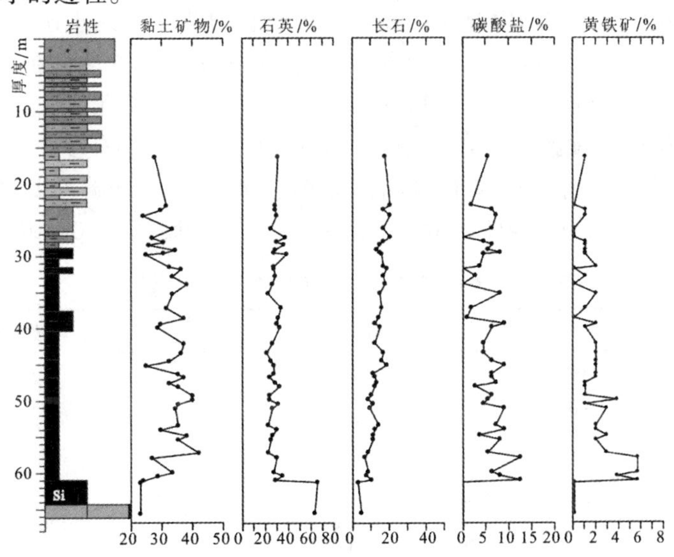

图6-3　彭水县鹿角龙马溪组剖面矿物含量垂向变化图

从图6-4矿物含量三角图上可以看出，彭水县鹿角龙马溪组细粒岩中黏土矿物主要介于30%～50%之间，石英、长石和黄铁矿含量总和介于50%～70%之间，碳酸盐矿物含量介于0～10%之间，各种矿物的含量分布较为集中。与研究区北部相比，黏土矿物的含量略有减少，而石英、长石和黄铁矿等脆性矿物的含量比北部的渝页1井地区增多，碳酸盐矿物含量同样较少，多数都小于10%。

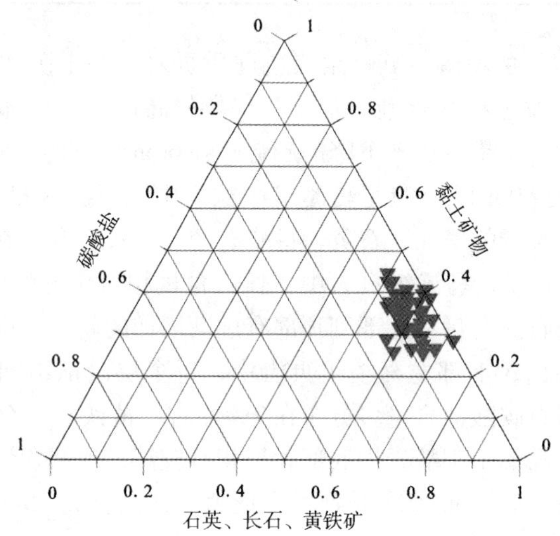

图6-4　彭水县鹿角龙马溪组矿物含量三角图

6.4　龙山县红岩溪剖面矿物含量特征

湖南省龙山县红岩溪剖面位于研究区的东部，龙马溪组出露完整，对采自该剖面的35块样品进行了X衍射矿物含量测试的测试结果如表6-3所示。从表6-3可以看出彭水县鹿角剖面龙马溪组的岩石矿物以黏土矿物、石英和长石为主，黏土矿物为含量最多的矿物，含量介于12%～65%之间，其平均含量达到45.46%；石英含量在28%～81%之间，平均含量为43.54%；其次为长石(包括钾长石和钠长石)平均含量为9.23%，最大含量为22%，最小含量为3%；碳酸盐矿物(包括方解石和白云石)含量较少，仅在底部的4块样品中检测出该矿物，其他层段没有检测出碳酸盐矿物，总体碳酸盐矿物平均含量为0.37%；黄铁矿平均含量为1.4%，最大含量为4%，位于底部的70m附近层段(图6-5)。

表6-3　龙山红岩溪龙马溪组岩石矿物含量/%

样号	黏土总量	石英	钾长石	斜长石	方解石	白云石	黄铁矿	菱铁矿
LS-1	21	68	2	9	—	—	—	—
LS-2	46	51	1	2	—	—	—	—
LS-3	55	39	—	6	—	—	—	—
LS-4	55	40	—	5	—	—	—	—
LS-5	13	71	5	11	—	—	—	—

续表

样号	黏土总量	石英	钾长石	斜长石	方解石	白云石	黄铁矿	菱铁矿
LS－6	12	70	2	16	—	—	—	—
LS－7	12	81	3	4	—	—	—	—
LS－8	51	43	1	5	—	—	—	—
LS－9	52	42	—	6	—	—	—	—
LS－10	55	37	—	7	—	—	1	—
LS－11	65	28	—	7	—	—	—	—
LS－12	41	48	1	9	—	—	1	—
LS－13	56	36	—	8	—	—	—	—
LS－14	53	41	—	6	—	—	—	—
LS－15	50	41	1	7	—	—	1	—
LS－16	57	33	—	7	—	—	3	—
LS－17	49	44	—	6	—	—	1	—
LS－18	56	35	—	8	—	—	1	—
LS－19	54	34	—	9	—	—	3	—
LS－20	54	37	—	7	—	—	2	—
LS－21	54	39	—	5	—	—	2	—
LS－22	51	41	—	6	—	—	2	—
LS－23	49	39	2	10	—	—	—	—
LS－24	52	38	—	8	—	—	2	—
LS－25	50	40	—	9	—	—	1	—
LS－26	56	36	1	6	—	—	1	—
LS－27	54	35	—	7	—	—	4	—
LS－28	47	42	2	6	—	—	3	—
LS－29	48	38	2	8	—	—	4	—
LS－30	45	40	2	9	—	—	4	—
LS－31	46	35	4	9	—	3	3	—
LS－32	27	51	5	17	—	—	—	—
LS－33	34	44	5	11	—	3	3	—
LS－34	36	43	3	11	—	3	4	—
LS－35	35	44	3	11	—	4	3	—

纵向上，78m 以下的奥陶系五峰组黑色页岩中黏土矿物含量相对较少，在 35% 左右；向上至 20m 附近；黏土矿物含量逐渐增加；向上一直到顶部，随着粉砂质含量的增加，在含有砂质沉积物的层段，黏土矿物含量相应的降低，页岩层段同样保持相对高的黏土矿物含量。在 78m 以下的五峰组黑色页岩中石英的含量在 45% 左右；向上到 20m 附近，石英含量保持一个较稳定的阶段，仅在含薄层粉砂岩的层段，石英含量出现一个较高值；向上

到顶部，随着沉积物中砂质含量的增加，石英含量相应的增加；其他页岩层段，石英含量同黏土矿物的含量则是一个负相关的关系(图6-5)。长石含量在五峰组页岩中含量略高，为18%左右；上部龙马溪组细粒岩中，除部分样品外，长石含量相对于五峰组页岩含量略有减小，为10%左右，长石含量的变化与石英含量变化具有很好的一致性(图6-5)。碳酸盐矿物仅在底部2块五峰组页岩和龙马溪组页岩底部的2块样品中检测出来，上部龙马溪组页岩中没有检测出碳酸盐矿物。黄铁矿在78m五峰组和龙马溪组分界处含量最低；78m以下的五峰组页岩中含量在3%左右；在龙马溪组页岩中底部含量相对较高，顶部含量较低，在68m处达到一个相对高的值后，向上到44m处降低到一个低值点，向上到38m达到相对高值后至顶部黄铁矿的含量又逐渐减小。前面已经提到黄铁矿含量对水介质的氧化还原性较为敏感，可以根据其含量推测沉积时海水的氧化还原性：从78m到68m层段，黄铁矿含量逐渐增加，沉积介质的还原性处于增强的阶段；68m到44m层段，黄铁矿含量总体上处于逐渐降低的阶段，反映沉积时水体还原性逐渐减弱；44m至38m黄铁矿含量逐渐增加，之后到顶部，含量逐渐减小，反映了水体还原性由快速增强到逐步减弱的过程。总体上来看这反映了从龙马溪下段早期到晚期水体还原性经历了增大到减小的变化过程。

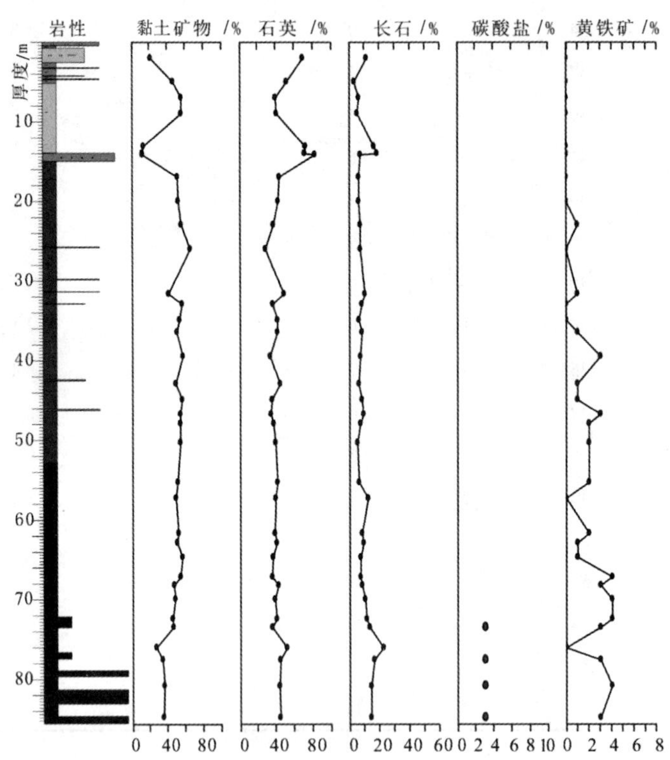

图6-5　龙山县红岩溪龙马溪组剖面矿物含量垂向变化图

从图6-6矿物含量三角图上可以看出，湖南龙山县红岩溪剖面中龙马溪组细粒岩(包括底部少量五峰组页岩)中黏土矿物含量变化范围较广，10%~65%均有分布，但主要介于40%~60%之间；石英、长石和黄铁矿含量总和变化范围同样较广，30%~90%均有分布，但主要介于40%～60%之间；碳酸盐矿物含量很少，大部分样品不含碳酸盐矿物，只有少量样品含有碳酸盐矿物。

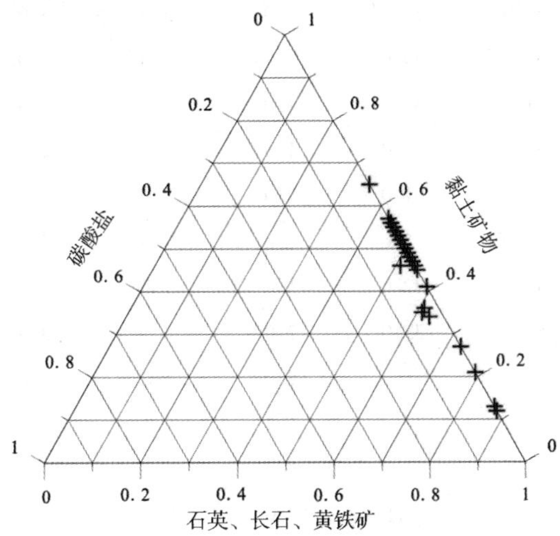

图6-6 龙山县红岩溪龙马溪组矿物含量三角图

6.5 武隆县江口、石桥剖面矿物含量特征

重庆市武隆县江口镇和石桥乡龙马溪组出露较完整，对采自该武隆江口剖面的14块样品和采自武隆县石桥乡的10块样品进行了X衍射矿物含量测试的测试结果如表6-4所示。从表6-4可以看出武隆县江口剖面龙马溪组细粒岩中的矿物以黏土矿物、石英和长石为主，黏土矿物为含量最多的矿物，含量介于36%～56%之间，其平均含量达50.3%；石英含量介于31%～49%之间，平均含量为37.4%；其他矿物如斜长石平均含量为6.1%；方解石平均含量为5%；钾长石平均含量为1.4%。白云石仅在JK－11－01样品中检测出，含量为2%。黄铁矿在武隆县江口剖面中没有检测出。

从表6-4可以看出武隆县石桥剖面龙马溪组的岩石矿物以黏土矿物和石英为主，黏土矿物为含量最多的矿物，含量介于29%～59%之间，其平均含量达43.7%；石英含量介于22%～61%之间，平均含量为38.9%；其他矿物如斜长石平均含量为5.7%；方解石平均含量为2.7%；钾长石平均含量为1.6%；白云石平均含量为8.8%；黄铁矿平均含量可达1.8%。

表6-4 武隆县江口、石桥剖面龙马溪组矿物含量/%

样品号	剖面	黏土总量	石英	钾长石	斜长石	方解石	白云石	黄铁矿
JK－11－01	武隆江口	36.0	49.0	1.0	7.0	5.0	2.0	—
JK－11－03	武隆江口	50.0	43.0	2.0	5.0	—	—	—
JK－11－05	武隆江口	51.0	36.0	2.0	7.0	4.0	—	—
JK－11－08	武隆江口	56.0	33.0	1.0	7.0	3.0	—	—
JK－11－10	武隆江口	50.0	41.0	1.0	6.0	2.0	—	—

续表

样品号	剖面	黏土总量	石英	钾长石	斜长石	方解石	白云石	黄铁矿
JK-11-12	武隆江口	53.0	37.0	1.0	5.0	4.0	—	—
JK-11-13	武隆江口	51.0	39.0	1.0	6.0	3.0	—	—
JK-11-16	武隆江口	51.0	41.0	1.0	4.0	3.0	—	—
JK-11-18	武隆江口	55.0	36.0	1.0	6.0	2.0	—	—
JK-11-20	武隆江口	51.0	31.0	2.0	7.0	9.0	—	—
JK-11-21	武隆江口	51.0	35.0	1.0	7.0	6.0	—	—
JK-11-23	武隆江口	42.0	32.0	1.0	7.0	18.0	—	—
JK-11-25	武隆江口	56.0	33.0	2.0	6.0	3.0	—	—
JK-11-26	武隆江口	51.0	38.0	2.0	6.0	3.0	—	—
平均值		50.3	37.4	1.4	6.1	5.0	—	—
sq-01-01	武隆石桥	31.0	61.0	2.0	6.0	—	—	—
sq-02-01	武隆石桥	29.0	52.0	2.0	11.0	2.0	4.0	—
sq-03-01	武隆石桥	40.0	39.0	1.0	8.0	4.0	5.0	3.0
sq-04-01	武隆石桥	46.0	41.0	1.0	5.0	2.0	4.0	1.0
sq-05-01	武隆石桥	59.0	33.0	—	4.0	—	3.0	1.0
sq-06-01	武隆石桥	40.0	22.0	—	3.0	—	34.0	1.0
sq-09-01	武隆石桥	50.0	37.0	—	6.0	2.0	4.0	1.0
sq-10-01	武隆石桥	57.0	30.0	—	4.0	—	7.0	2.0
sq-12-01	武隆石桥	51.0	31.0	—	4.0	3.0	10.0	1.0
sq-14-01	武隆石桥	34.0	43.0	2.0	6.0	3.0	8.0	4.0
平均值		43.7	38.9	1.6	5.7	2.7	8.8	1.8

6.6 秀山县溶溪、大溪剖面矿物含量特征

秀山溶溪剖面位于秀山县溶溪镇大田坝，大溪剖面位于秀山县城东北的大溪乡。重庆市武隆县江口镇和石桥乡龙马溪组出露较完整，对采自溶溪剖面的18块样品和采自大溪剖面的7块样品进行了X衍射矿物含量测试的测试结果如表6-5所示。从表6-5可以看出秀山溶溪剖面龙马溪组的岩石矿物以石英、黏土矿物和长石为主，石英含量介于33%~66%之间，平均含量为43.6%；黏土矿物为含量最多的矿物，含量介于14%~55%之间，其平均含量达35.7%；其他矿物如斜长石平均含量为10.7%；方解石平均含量为6.7%；白云石平均含量5%；钾长石平均含量为4.5%；在含有黄铁矿的样品中，其平均含量为1.5%。

从表6-5可以看出秀山大溪剖面龙马溪组的岩石矿物以石英和黏土矿物为主，石英为含量最多的矿物，含量介于33%~66%之间，其平均含量达43.9%；黏土矿物含量介于14%~59%之间，平均含量为35.8%；其他矿物如斜长石平均含量为10.9%；方解石平

均含量为6.4%；钾长石平均含量为4.7%；白云石平均含量为4.6%；在含有黄铁矿的样品中，其平均含量可达1.4%。

表6-5 秀山溶溪、大溪龙马溪组岩石矿物含量/%

样品号	剖面	黏土矿物	石英	钾长石	斜长石	方解石	白云石	黄铁矿
RX-2-9	秀山溶溪	27.0	66.0	3.0	4.0	—	—	—
RX-2-11	秀山溶溪	27.0	59.0	4.0	10.0	—	—	—
RX-2-13	秀山溶溪	34.0	46.0	4.0	10.0	3.0	—	3.0
RX-2-15	秀山溶溪	27.0	51.0	4.0	8.0	9.0	—	1.0
RX-2-17	秀山溶溪	31.0	42.0	4.0	10.0	7.0	4.0	2.0
RX-2-19	秀山溶溪	23.0	37.0	6.0	14.0	11.0	8.0	1.0
RX-2-21	秀山溶溪	14.0	51.0	6.0	19.0	10.0	—	—
RX-2-23	秀山溶溪	20.0	50.0	6.0	24.0	—	—	—
RX-2-25	秀山溶溪	43.0	39.0	5.0	9.0	4.0	—	—
RX-2-27	秀山溶溪	46.0	36.0	4.0	8.0	5.0	—	1.0
RX-2-29	秀山溶溪	37.0	39.0	5.0	11.0	5.0	3.0	—
RX-2-31	秀山溶溪	32.0	44.0	10.0	14.0	—	—	—
RX-2-33	秀山溶溪	48.0	36.0	2.0	8.0	6.0	—	—
RX-2-35	秀山溶溪	48.0	37.0	5.0	10.0	—	—	—
RX-2-37	秀山溶溪	40.0	39.0	3.0	10.0	7.0	—	1.0
RX-2-39	秀山溶溪	51.0	33.0	3.0	9.0	4.0	—	—
RX-2-41	秀山溶溪	40.0	39.0	2.0	10.0	9.0	—	—
RX-2-43	秀山溶溪	55.0	41.0	—	4.0	—	—	—
平均值		35.7	43.6	4.5	10.7	6.7	5.0	1.5
DX-2-56	秀山大溪	31.0	40.0	4.0	17.0	4.0	3.0	1.0
DX-2-57	秀山大溪	40.0	44.0	6.0	10.0	—	—	—
DX-2-58	秀山大溪	34.0	47.0	5.0	14.0	—	—	—
DX-2-59	秀山大溪	27.0	49.0	7.0	17.0	—	—	—
DX-2-60	秀山大溪	22.0	47.0	10.0	15.0	6.0	—	—
DX-2-61	秀山大溪	40.0	50.0	5.0	5.0	—	—	—
DX-2-62	秀山大溪	59.0	37.0	1.0	3.0	—	—	—
平均值		35.8	43.9	4.7	10.9	6.4	4.6	1.4

6.7 与北美页岩矿物含量对比

为了更好地讨论研究区细粒岩(主要为页岩类)矿物含量特征，对研究区216块样品进行了三角图投点，以石英+长石+黄铁矿、黏土矿物和碳酸盐矿物作为三个端元，得出川东南地区细粒岩的矿物含量分布图(图6-7)。从图6-7(a)可以看出川东南地区龙马溪组细粒岩石英+长石+黄铁矿含量多数集中在40%~70%，黏土矿物多数集中在40%~60%，碳酸盐矿物多集中在0~10%之间。图6-7(b)显示了北美主要页岩的矿物含量分布图，可以看出川东南地区的细粒岩与北美的Ohio页岩和barnett页岩具有相似的矿物组成。总体来看研究区脆性矿物石英+长石+黄铁矿+碳酸盐含量较高，其含量总和多数在50%以上，具有较好的脆性特征，对于页岩裂缝的发育及后期压裂改造具有积极的影响。

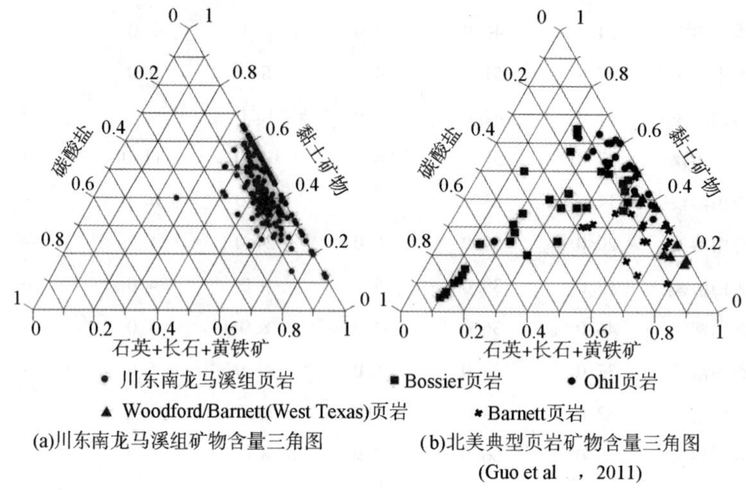

图6-7 川东南地区细粒岩矿物含量三角图

第七章　地球化学与古环境

7.1　碳、氧同位素地球化学与古环境

碳在自然界中分布很广，主要分为两大类即有机碳和无机碳。大气圈、水圈、生物圈和岩石圈是地球上碳的四大存储库，各种不同形式的碳在这四大存储库之间进行着无机和有机过程的碳交换和循环。由于碳是一种变价元素，在不同条件下可形成不同价态的化合物，它们之间存在着明显的同位素分馏。自然界中主要有三种碳同位素：^{12}C、^{13}C 和 ^{14}C，其中稳定同位素 ^{12}C 丰度为 98.89%，^{13}C 丰度为 1.108%。^{14}C 是放射性同位素。^{13}C 稳定同位素用 δ 值表示，其定义为：

$$\sigma^{13}C = \left(\frac{R_{样品} - R_{标样}}{R_{标样}}\right) \times 1000 = \left(\frac{R_{样品}}{R_{标样}} - 1\right) \times 1000$$

其中稳定碳同位素的国际标样为 PDB（Pee Dee Belemnite：美国南卡罗莱纳州白垩系 Pee Dee 组拟箭石化石）。

^{12}C、^{13}C 和 ^{14}C 三种主要的碳同位素由于其质量的差异，在自然界中的物理、化学和生物作用下发生分馏。通常来讲在碳的有机循环中，氢同位素容易进入有机质（如石油中富含 ^{12}C），而在无机循环中，重同位素倾向于富集在无机盐中（如碳酸盐沉积物/岩富含 ^{13}C）。碳同位素分馏过程通常包括以下几种：光合作用，生物或细菌氧化－还原作用，水溶液中 $CaCO_3$ 的沉淀速度差异，油气水系统物理过程和扩散作用等。其中光合作用中碳同位素动力分馏对沉积物中碳同位素的影响较大。对该过程简要描述：由于轻同位素（如 ^{12}C）分子的化学键比重同位素（如 ^{13}C）分子的化学键易于破坏，光合作用的结果使有机体相对富集轻同位素 ^{12}C，而残留的 CO_2 中（如大气中的 CO_2，海水溶解的 CO_2 和沉积碳酸盐中的 CO_2）相对富集重同位素 ^{13}C。Baertschi 等（1953）认为对植物来讲，叶子表面对两种二氧化碳（$^{12}CO_2$ 和 $^{13}CO_2$）同位素吸收速度上的差异是造成这一分馏的主要原因（Baertschi et al.，1953），这与轻同位素 ^{12}C 易于破坏也具有一致性。

本章所述同位素分析主要为碳、氧同位素分析，岩性主要为暗色细粒岩，包括页岩、粉砂质页岩和少量泥质粉砂岩，主要测试这类岩石中含有的无机碳酸盐中的碳、氧同位素，由于个别样品中碳酸盐含量很少，所以没有碳、氧同位素值（研究样品同位素测试在核工业北京地质研究院分析测试研究中心完成，测试仪器为 Thermo Fisher 公司 MAT－253型稳定同位素质谱仪，测试依据和方法为“DZ/T 0184.17—1997 碳酸盐矿物或岩石中碳、氧同位素组成的磷酸法测定”，测试精度一般优于 0.2‰）。研究区碳氧同位素数值见表 7－1。

表 7-1　研究区渝页 1 井细粒岩碳、氧同位素组成

样品编号	深度/m	岩性	$\delta^{13}C_{V-PDB}$/‰	$\delta^{18}O_{V-PDB}$/‰	$\delta^{18}O_{V-SMOW}$/‰
YY96	9.2	灰色页岩	—	—	—
YY95	11.1	灰色页岩	-5.6	-2.8	28
YY94	12.7	灰色页岩	-2.5	-14.1	16.4
YY93	14.9	深灰色页岩	—	—	—
YY92	16.3	深灰色页岩	-2.4	-14.3	16.2
YY91	16.6	深灰色页岩	—	—	—
YY90	18.5	深灰色页岩	-7.1	-18.6	11.7
YY89	20.6	深灰色互层状粉砂岩与页岩	—	—	—
YY88	25	深灰色页岩	-8.8	-12.9	17.6
YY87	28.6	灰色粉砂质页岩	—	—	—
YY86	31.8	灰色粉砂质页岩	-5.3	-17.9	12.4
YY85	34	灰色粉泥质页岩	-4.4	11.2	42.4
YY84	38.5	深灰色互层状粉砂岩与页岩	-6.5	-11.1	19.5
YY82	45.7	深灰色页岩	—	—	—
YY81	49	深灰色页岩	-5.4	-15.7	14.7
YY79	53.5	深灰色页岩	-6.4	-10.7	19.9
YY77	68.9	深灰色粉砂质页岩	-5.8	-16.7	13.7
YY76	72.4	灰色泥质粉砂岩	-8.7	-12.3	18.2
YY75	80.6	深灰色粉砂质页岩	-5.2	-16.4	14
YY74	83.8	深灰色粉砂质页岩	-6.5	-10.9	19.7
YY73	86.8	灰色泥质粉砂岩	-8.1	-11.7	18.8
YY72	90.6	深灰色页岩	-5.9	-12.2	18.3
YY71	93.8	黑色页岩	-4	-10.2	20.4
YY70	95	黑色页岩	-6.9	-11.2	19.4
YY69	96.5	黑色页岩	-5.4	-10.3	20.3
YY68	97.2	黑色页岩	-5.9	-11.5	19
YY67	100.3	深灰色页岩	-5.5	-11.4	19.1
YY66	102.5	深灰色页岩	-5.1	-11.2	19.4
YY65	106	黑色页岩	-7.5	-10.2	20.4
YY64	108.2	黑色页岩	-5.6	-11.7	18.8
YY63	111.7	黑色页岩	-5.5	-11.3	19.3
YY62	113.25	黑色页岩	-4.8	-12.6	17.9
YY61	115	黑色页岩	-3.9	-11.6	18.9

续表

样品编号	深度/m	岩性	$\delta^{13}C_{V-PDB}$/‰	$\delta^{18}O_{V-PDB}$/‰	$\delta^{18}O_{V-SMOW}$/‰
YY60	118.6	黑色页岩	-2.1	-12	18.5
YY59	122.1	黑色页岩	-4	-11.4	19.1
YY58	125.5	黑色页岩	-4.9	-11.1	19.5
YY57	127.5	黑色页岩	-3.7	-11.5	19
YY55	135.9	黑色页岩	-4.9	-10.8	19.8
YY54	138.5	黑色页岩	-4.5	-11.8	18.7
YY53	141.4	黑色页岩	-4.1	-11.1	19.5
YY52	143.7	黑色页岩	-9.6	-10.6	20
YY51	145.2	黑色页岩	-5.1	-10.8	19.8
YY50	149	黑色页岩	-4.5	-10.5	20.1
YY48	158.6	黑色页岩	-3.8	-11.5	19
YY47	162.9	黑色页岩	-3.5	-11.5	19
YY46	165.5	黑色页岩	-3.6	-11.2	19.4
YY45	169.2	黑色页岩	-3.9	-11.2	19.4
YY44	173.1	黑色页岩	-3.9	-11.3	19.3
YY43	175.6	黑色页岩	-3.4	-11.3	19.3
YY42	178.3	黑色页岩	-3.4	-11.5	19
YY41	185.2	黑色页岩	-4	-11.4	19.1
YY40	188.4	黑色页岩	-3.7	-11	19.6
YY39	190.4	黑色页岩	-3.5	-10.9	19.7
YY38	192.5	黑色页岩	-3.5	-10.8	19.8
YY37	196.5	黑色页岩	-3.7	-11.6	18.9
YY36	200.7	黑色页岩	-7.6	-10	20.6
YY35	206.5	黑色页岩	-3.8	-11	19.6
YY34	209.3	黑色页岩	-3.9	-11.2	19.4
YY33	212.6	黑色页岩	-4.2	-11.9	18.6
YY32	219.6	黑色页岩	-3.6	-11.4	19.1
YY31	221.7	黑色页岩	-4.5	-11.4	19.1
YY30	228.6	黑色页岩	-4.4	-10.7	19.9
YY29	233.1	黑色页岩	-3.8	-11.3	19.3
YY28	236.5	黑色页岩	-3.6	-11.4	19.1
YY27	244	黑色页岩	-3.5	-11.2	19.4
YY26	252.9	黑色页岩	-3.3	-10.7	19.9
YY25	256	黑色页岩	-3.8	-10.2	20.4
YY24	259.9	黑色页岩	-2.6	-9.9	20.7

续表

样品编号	深度/m	岩性	$\delta^{13}C_{V-PDB}$/‰	$\delta^{18}O_{V-PDB}$/‰	$\delta^{18}O_{V-SMOW}$/‰
YY23	261.4	黑色页岩	-2.9	-10.1	20.5
YY22	266.5	黑色页岩	-3.5	-10.2	20.4
YY21	269.5	黑色页岩	-1.7	-9	21.6
YY20	270.2	黑色页岩	-3.8	-10.6	20
YY19	272.8	黑色页岩	-4.2	-10.4	20.2
YY18	275.4	黑色页岩	-4.3	-9.8	20.8
YY17	280	黑色页岩	-3.9	-9.6	21
YY16	284.5	黑色页岩	-3.5	-9.9	20.7
YY15	286	黑色页岩	-3.9	-10.7	19.9
YY14	289	黑色页岩	-3.8	-11	19.6
YY13	290.5	黑色页岩	-3.9	-10.7	19.9
YY12	292.5	黑色页岩	-3.8	-11.1	19.5
YY11	295.5	黑色页岩	-3.7	-10.9	19.7
YY10	299.8	黑色页岩	-7	-10.4	20.2
YY9	303.9	黑色页岩	-7.1	-10.4	20.2
YY8	306.3	黑色页岩	-3.3	-11.1	19.5
YY7	313	黑色页岩	-3	-10.8	19.8
YY6	316.3	黑色页岩	-3.5	-11.2	19.4
YY5	317.4	黑色页岩	-3.6	-11.4	19.1
YY4	320	黑色页岩	-3.4	-11.6	18.9
YY3	321	黑色页岩	-3.5	-11.5	19
YY2	324	黑色页岩	-3.5	-11.6	18.9
YY1	324.6	黑色页岩	-3.6	-11.3	19.3

注："—"表示碳酸盐含量极少，未检测出同位素值

碳、氧同位素物源示踪被广泛应用。从碳同位素分馏机理上看，导致全球性海水无机碳酸盐的$\delta^{13}C$值偏移的主要原因是：全球性重大地质灾变事件的发生，破坏了原先已建立起的生物圈、大气圈、水圈之间的碳同位素动态平衡，致使大气圈、生物圈、水圈内各种含碳物质的碳同位素组成发生明显的变化，海相碳酸盐就保存了当时碳同位素组成变化的记录。海水碳酸盐的碳同位素组成主要受控于大气CO_2的碳同位素组成和当时的环境温度。大气CO_2的碳同位素组成既受植物光合作用对大气CO_2利用率大小的影响，又受生物死亡后其有机质分解、氧化以及以CO_2形式返回到大气中的数量多少所影响。此外，全球性大规模火山喷发、构造运动等排出大量的CO_2（$\delta^{13}C$为-4.1×10^{-3}左右），也可以造成碳循环原先已建立的碳同位素动态平衡的破坏（尹观和王成善，1998）。

东太平洋隆起热液喷口附近热水中CO_2的$\delta^{13}C$的值稳定在$-5.55‰\sim-4.13‰$之间（Merlivat and Chen，1988）。Roberts 等（2007）指出海底热（液）水沉积碳酸盐岩具有典型的

碳同位素负异常(Roberts and Carney, 1997)。研究区细粒岩系没有变质，有利于保留其形成时的古地理、古气候和古环境信息。

川东南地区龙马溪组细粒岩系样品的无机碳 $\delta^{13}C$ 值介于 -1.7‰~9.6‰之间，该数值与东太平洋隆起热液喷口附近热水中 CO_2 的 $\delta^{13}C$ 的值相近(-5.55‰~ -4.13‰)(Merlivat and Chen, 1988)；同时海底热(液)水沉积碳酸盐岩也具有典型的碳同位素负异常(Roberts and Carney, 1997)，这暗示研究区渝页 1 井附近地区可能受到上升热流活动的影响。

同时从图 7-1 还可以看出 $\delta^{13}C$ 的值与 TOC 在一定程度上呈协同式的变化。这种协同式的变化原因可能是志留世早期的海侵事件，导致大批生物的死亡和迅速埋藏而免遭氧化和分解，有机质富集在细粒岩中，这就带走了大量的 ^{12}C，而导致大气和海水中溶解的 CO_2 得不到或较少得到 ^{12}C 的补充，造成大气和海水中溶解的 CO_2 中 ^{13}C 的相对富集，进而使得沉积在页岩中的碳酸盐物质中含有相对多的 ^{13}C，因而呈现出研究区地层中 ^{13}C 与有机碳含量的正相关变化关系。同时这种协同变化的原因还可能是研究区龙马溪期海洋生物的繁盛和大批死亡，该事件加大了海洋有机碳的堆积速率，这些生物遗骸沉积在海底，氧化作用大大消耗了海底中溶解的有限浓度的 O_2，造成海底严重缺氧，处于强的还原状态。底部海水中厌氧细菌大量产生，这致使海水中溶解的 CO_2 中的 ^{12}C 被细菌有限还原出来，进而海水中溶解的 CO_2 中相对富集 ^{13}C，此时沉积碳酸盐中的 ^{13}C 相对富集，这也是海相碳酸盐碳同位素正偏移的程度常常与沉积层中有机碳含量存在正相关变化的重要原因(尹观和王成善, 1998)。

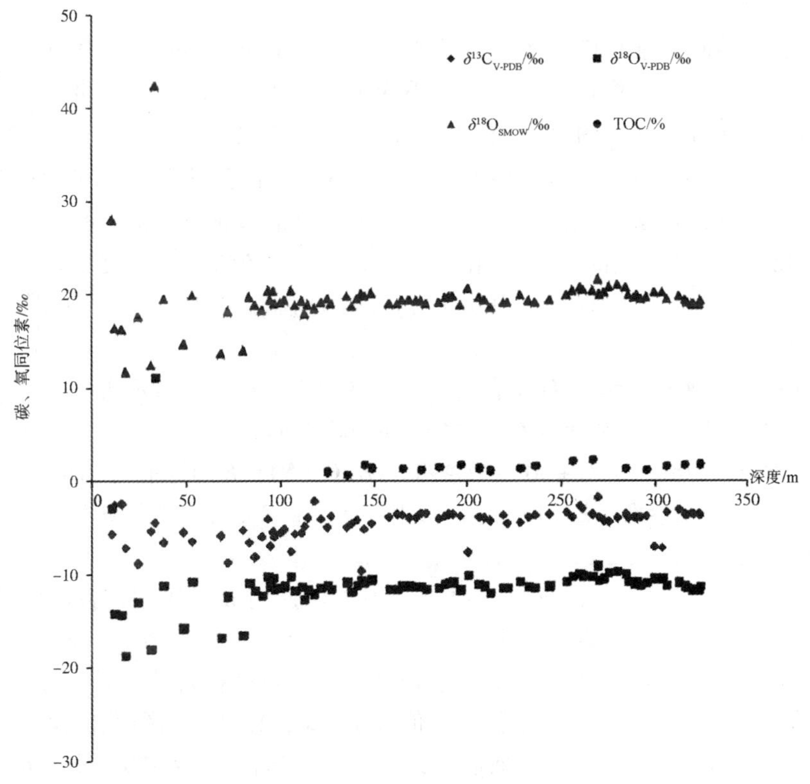

图 7-1 川东南地区渝页 1 井碳、氧同位素随深度变化图

7.1.1 古盐度

碳酸盐沉积物中的碳、氧稳定同位素与沉积介质的同位素组成有关，在 $CaCO_3-CO_2-H_2O$ 系统中，有以下碳、氧同位素交换反应式(张秀莲，1985)：

$$^{13}CO_3^-(\text{水})+{}^{12}CO_3^-(\text{固})\rightleftharpoons{}^{12}CO_3^-(\text{水})+{}^{13}CO_3(\text{固})$$

$$H_2{}^{18}O(\text{液})+1/3CaC^{18}O_3(\text{固})\rightleftharpoons H_2{}^{16}O(\text{液})+1/3Ca^{18}O_3(\text{固})$$

如果说碳酸盐是在与周围环境平衡状态下沉淀的话，那么碳酸盐的 $\delta^{13}C$ 和 $\delta^{18}O$ 值就取决于碳酸盐矿物相、水体的温度和盐度。在碳酸盐的矿物相为方解石的条件下，其稳定同位素组成则只取决于水体的温度和盐度。因此，可以通过稳定同位素在碳酸盐岩中的分布，分析沉淀碳酸盐的水介质的性质(张秀莲，1985)。

在开阔大洋水体中，盐度大致保持一致，因此 $\delta^{13}C$ 和 $\delta^{18}O$ 因盐度变化而发生的变化很小。但如果有冰川融水或河流注入，碳、氧同位素将受到较大的影响，此时海水中 $\delta^{13}C$ 和 $\delta^{18}O$ 值降低；在海洋中受高速度蒸发影响的地区，因高速蒸发优先带走了 $\delta^{12}C$ 和 $\delta^{16}O$，指示海水中 $\delta^{13}C$ 和 $\delta^{18}O$ 值增大。

用 $\delta^{18}O$ 值计算古盐度的基本原理是 Epstein 和 Mayeda 在 1953 年建立的，他们确定出海水的 $\delta^{18}O$ 值随盐度的增高而增加，其原因主要是蒸发作用(Epstein and Mayeda，1953)。由于轻的同位素优先被蒸发，雨水中的 $\delta^{18}O$ 值较海水中的 $\delta^{18}O$ 值大约小 7‰(Epstein and Mayeda，1953)，因此假如一个地区温度不变的话，$\delta^{18}O$ 值的变化就可以认为是因盐度变化而引起的。

碳酸盐岩中碳同位素也随盐度变化而变化(Clayton and Degens，1959)。由于大气中的 CO_2 含量很少(按体积占 0.03%)，溶解在淡水中的 CO_2 多来自土壤和腐植质，而土壤和腐植质中的 CO_2 的 $\delta^{13}C$ 值是低值，约 -25‰，典型河流中 CO_2 的 $\delta^{13}C$(PDB)值约为 -12‰，典型湖泊中 CO_2 的 $\delta^{13}C$(PDB)值约为 -5‰(张秀莲，1985)。可见淡水湖泊和河流中 $\delta^{13}C$ 值很低，在这些环境中形成的淡水碳酸盐沉积物的 $\delta^{13}C$ 值多介于 -15‰ ~ -5‰之间，而海相石灰岩中的 $\delta^{13}C$ 值则介于 -5‰ ~ 5‰之间。可见 $\delta^{13}C$ 和 $\delta^{18}O$ 值都与盐度有关，其变化趋势都是盐度越大，$\delta^{13}C$ 和 $\delta^{18}O$ 的值越高(张秀莲，1985)。

Keith 和 Weber 把 $\delta^{13}C$ 和 $\delta^{18}O$ 结合起来求取参数 Z，并用以指示古盐度，来区分侏罗纪和时代更新的海相石灰岩和淡水石灰岩(Keith and Weber，1964)：

$$Z=2.048\times(\delta^{13}C+50)+0.498\times(\delta^{18}O+50)\quad(\delta\text{ 的标准为 PDB})$$

式中，Z 为古盐度指示参数，$Z>120$ 时为海相石灰岩；$Z<120$ 时为淡水石灰岩；$Z=120$ 时为未定型石灰岩。

研究样品为古生代早志留世样品，由于经历了较强的成岩作用，致使原始沉积物中 $\delta^{13}C$ 和 $\delta^{18}O$ 的值因同位素的交换作用而发生了较大的变化，从而降低了 $\delta^{13}C$ 和 $\delta^{18}O$ 的值指示古盐度的可靠性。通过计算，研究区志留系龙马溪组细粒岩的 Z 值介于 95.8 ~ 123.9 之间，平均值为 110.9，仅有 1 个样品的 Z 值大于 120，显然这与研究区龙马溪期为海相沉积明显不符(Chen et al.，2004；陈旭等，2001；葛治洲等，1979；李志明和陈建强，1997；李志明和全秋琦，1992a；苏文博等，2007；尹赞勋，1949)，说明 $\delta^{13}C$ 和 $\delta^{18}O$ 的值因同位素的交换作用而发生了较大的变化。虽然 $\delta^{13}C$ 和 $\delta^{18}O$ 的值因同位素的交换作用而发生了变化，但其 Z 值仍能大致反映海水的盐度，即 Z 值越大，海水的盐度相对较大，这为相分析提供了值得参考的定量数据(张秀莲，1985)。

虽然沉积物中的同位素会因沉积后的同位素交换作用发生变化，但这种交换作用对于碳同位素来讲比较微弱，自寒武纪以来没有显著的变化，因此用 $\delta^{13}C$ 值作为区别海陆相的鉴定标志(张秀莲，1985)和间接反映古盐度的大小是可行的。

7.1.2 古水温

在沉积介质平衡条件下，从介质中沉淀出来的碳酸盐的 $\delta^{18}O$ 主要受介质的温度和同位素组成影响，因此测定碳酸盐的 $\delta^{18}O$ 值可以恢复古温度。但是，受成岩改造作用的影响，古生代以前的岩石测出的 $\delta^{18}O$ 值偏低，即温度值偏高(有些学者认为实际温度应为根据公式计算出的温度的 1/3)(董熙平，1992)。研究样品为志留纪早期沉积的页岩中的碳酸盐，我们尝试利用测定 $\delta^{18}O$ 值的方法恢复其沉积时的古水温的绝对值。

成岩改造作用对碳酸盐 $\delta^{18}O$ 的影响主要包括时间效应，埋藏深度和大气淡水参与的成岩作用等。深埋条件下岩石随埋藏时间的增大，轻组分增长，失去 $\delta^{18}O$，增加了 $\delta^{16}O$，从而造成 $\delta^{18}O$ 值降低；此外岩石随埋藏深度的加大，温度升高，进而引起 $\delta^{18}O$ 值的降低。

虽然成岩改造作用对 $\delta^{18}O$ 值的影响很大，但是，如果样品经历了大致相同的成岩改造作用，同原始沉积时的 $\delta^{18}O$ 值相比，测出的 $\delta^{18}O$ 值的改变幅度大体也是一致的，因此 $\delta^{18}O$ 所指示的古温度的相对值也是有意义的，能够代表海水温度的相对变化(董熙平，1992)。

自 Urey(1947)第一次提出同位素地质温度计的概念后，Epstain 于 1951 年实验测定了已知不同温度环境中生活的软体海生生物贝壳碳酸钙的 $\delta^{18}O$ 值，并于 1953 年首次建立了温度和贝壳 $\delta^{18}O$ 值之间的经验公式(Epstein et al.，1953)：

$$t = 16.5 - 4.3(\delta^{18}O_C - \delta^{18}O_W) + 0.14(\delta^{18}O_C - \delta^{18}O_W)^2 \tag{1}$$

式中，t 为碳酸盐沉淀时周围水体的温度,℃；$\delta^{18}O_C$ 为自生碳酸盐矿物的氧同位素组成(PDB 标准)；$\delta^{18}O_W$ 为沉积时水体氧同位素的组成(SMOW 标准)。

式(1)经 Craig，Shackleton 和 Gasse 等完善修改后得到目前普遍接受的经验公式：

$$t = 16.5 - 4.3(\delta^{18}O_C - \delta^{18}O_W + 0.27) + 0.10(\delta^{18}O_C - \delta^{18}O_W + 0.27)^2 \tag{2}$$

由于温度恢复时测定的碳酸盐矿物必须是自生碳酸盐矿物，因此需要确定研究区页岩中的碳酸盐是否为自生的。从图 7-2 可以看出研究区细粒岩中的碳酸盐几乎都是呈纹层状产出，且没有重结晶等后期成岩形成的现象，因此基本可以确定岩石中的碳酸盐纹层为沉积成因而非后期成岩过程中形成。志留纪时期，浮游生物产生碳酸钙的数量是微不足道的，生物成因的碳酸钙多数是有底栖生物产生的(Jeppsson，1990)。碳酸盐的形成主要是生物成因或化学成因，因此如果研究区的碳酸钙是生物成因或者生物化学成因，则能够反映当时的水体温度。

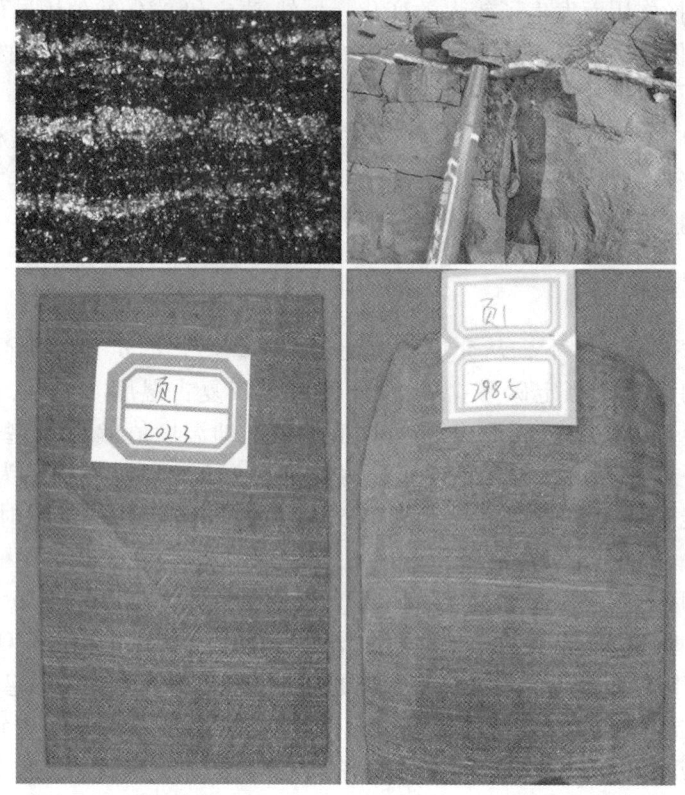

图 7-2　川东南地区钙质页岩特征，钙质纹层与页岩互层沉积

根据样品测试的碳酸盐氧同位素值，获得的古海水温度如表 7-2 所示。由表 7-2 可以看出，研究区早志留世时期古水体温度平均值为 68.6℃（$\delta^{18}O_{SMOW}$ 取 0.5‰）。

表 7-2　研究区渝页 1 井细粒岩沉积时的古水温

样品编号	深度/m	$\delta^{18}O_{V-PDB}$/‰	T_1 ($\delta^{18}O_W=-2$‰)	T_2 ($\delta^{18}O_W=0$‰)	T_3 ($\delta^{18}O_W=0.5$‰)	$T_1/3$	$T_2/3$	$T_3/3$
YY94	12.7	-14.1	81.4	96.6	98.7	27.1	32.2	32.9
YY92	16.3	-14.3	82.7	98.0	100.1	27.6	32.7	33.4
YY88	25	-12.9	73.5	88.2	90.2	24.5	29.4	30.1
YY84	38.5	-11.1	62.3	76.1	78.1	20.8	25.4	26.0
YY79	53.5	-10.7	59.9	73.5	75.4	20.0	24.5	25.1
YY76	72.4	-12.3	69.7	84.1	86.1	23.2	28.0	28.7
YY74	83.8	-10.9	61.1	74.8	76.7	20.4	24.9	25.6
YY73	86.8	-11.7	65.9	80.0	82.0	22.0	26.7	27.3
YY72	90.6	-12.2	69.1	83.4	85.4	23.0	27.8	28.5
YY71	93.8	-10.2	56.9	70.3	72.2	19.0	23.4	24.1
YY70	95	-11.2	62.9	76.7	78.7	21.0	25.6	26.2
YY69	96.5	-10.3	57.5	70.9	72.9	19.2	23.6	24.3

续表

样品编号	深度/m	$\delta^{18}O_{V-PDB}$/‰	T_1 ($\delta^{18}O_W = -2‰$)	T_2 ($\delta^{18}O_W = 0‰$)	T_3 ($\delta^{18}O_W = 0.5‰$)	$T_1/3$	$T_2/3$	$T_3/3$
YY68	97.2	-11.5	64.7	78.7	80.7	21.6	26.2	26.9
YY67	100.3	-11.4	64.1	78.0	80.0	21.4	26.0	26.7
YY66	102.5	-11.2	62.9	76.7	78.7	21.0	25.6	26.2
YY65	106	-10.2	56.9	70.3	72.2	19.0	23.4	24.1
YY64	108.2	-11.7	65.9	80.0	82.0	22.0	26.7	27.3
YY63	111.7	-11.3	63.5	77.4	79.4	21.2	25.8	26.5
YY62	113.25	-12.6	71.6	86.1	88.1	23.9	28.7	29.4
YY61	115	-11.6	65.3	79.4	81.4	21.8	26.5	27.1
YY60	118.6	-12	67.8	82.0	84.0	22.6	27.3	28.0
YY59	122.1	-11.4	64.1	78.0	80.0	21.4	26.0	26.7
YY58	125.5	-11.1	62.3	76.1	78.1	20.8	25.4	26.0
YY57	127.5	-11.5	64.7	78.7	80.7	21.6	26.2	26.9
YY55	135.9	-10.8	60.5	74.1	76.1	20.2	24.7	25.4
YY54	138.5	-11.8	66.6	80.7	82.7	22.2	26.9	27.6
YY53	141.4	-11.1	62.3	76.1	78.1	20.8	25.4	26.0
YY52	143.7	-10.6	59.3	72.8	74.8	19.8	24.3	24.9
YY51	145.2	-10.8	60.5	74.1	76.1	20.2	24.7	25.4
YY50	149	-10.5	58.7	72.2	74.2	19.6	24.1	24.7
YY48	158.6	-11.5	64.7	78.7	80.7	21.6	26.2	26.9
YY47	162.9	-11.5	64.7	78.7	80.7	21.6	26.2	26.9
YY46	165.5	-11.2	62.9	76.7	78.7	21.0	25.6	26.2
YY45	169.2	-11.2	62.9	76.7	78.7	21.0	25.6	26.2
YY44	173.1	-11.3	63.5	77.4	79.4	21.2	25.8	26.5
YY43	175.6	-11.3	63.5	77.4	79.4	21.2	25.8	26.5
YY42	178.3	-11.5	64.7	78.7	80.7	21.6	26.2	26.9
YY41	185.2	-11.4	64.1	78.0	80.0	21.4	26.0	26.7
YY40	188.4	-11	61.7	75.4	77.4	20.6	25.1	25.8
YY39	190.4	-10.9	61.1	74.8	76.7	20.4	24.9	25.6
YY38	192.5	-10.8	60.5	74.1	76.1	20.2	24.7	25.4
YY37	196.5	-11.6	65.3	79.4	81.4	21.8	26.5	27.1
YY36	200.7	-10	55.7	69.0	71.0	18.6	23.0	23.7
YY35	206.5	-11	61.7	75.4	77.4	20.6	25.1	25.8
YY34	209.3	-11.2	62.9	76.7	78.7	21.0	25.6	26.2
YY33	212.6	-11.9	67.2	81.4	83.4	22.4	27.1	27.8
YY32	219.6	-11.4	64.1	78.0	80.0	21.4	26.0	26.7
YY31	221.7	-11.4	64.1	78.0	80.0	21.4	26.0	26.7
YY30	228.6	-10.7	59.9	73.5	75.4	20.0	24.5	25.1
YY29	233.1	-11.3	63.5	77.4	79.4	21.2	25.8	26.5

续表

样品编号	深度/m	$\delta^{18}O_{V-PDB}$/‰	T_1 ($\delta^{18}O_W$ = -2‰)	T_2 ($\delta^{18}O_W$ = 0‰)	T_3 ($\delta^{18}O_W$ = 0.5‰)	T_1/3	T_2/3	T_3/3
YY28	236.5	-11.4	64.1	78.0	80.0	21.4	26.0	26.7
YY27	244	-11.2	62.9	76.7	78.7	21.0	25.6	26.2
YY26	252.9	-10.7	59.9	73.5	75.4	20.0	24.5	25.1
YY25	256	-10.2	56.9	70.3	72.2	19.0	23.4	24.1
YY24	259.9	-9.9	55.1	68.4	70.3	18.4	22.8	23.4
YY23	261.4	-10.1	56.3	69.6	71.6	18.8	23.2	23.9
YY22	266.5	-10.2	56.9	70.3	72.2	19.0	23.4	24.1
YY21	269.5	-9	50.0	62.8	64.7	16.7	20.9	21.6
YY20	270.2	-10.6	59.3	72.8	74.8	19.8	24.3	24.9
YY19	272.8	-10.4	58.1	71.5	73.5	19.4	23.8	24.5
YY18	275.4	-9.8	54.5	67.7	69.7	18.2	22.6	23.2
YY17	280	-9.6	53.4	66.5	68.4	17.8	22.2	22.8
YY16	284.5	-9.9	55.1	68.4	70.3	18.4	22.8	23.4
YY15	286	-10.7	59.9	73.5	75.4	20.0	24.5	25.1
YY14	289	-11	61.7	75.4	77.4	20.6	25.1	25.8
YY13	290.5	-10.7	59.9	73.5	75.4	20.0	24.5	25.1
YY12	292.5	-11.1	62.3	76.1	78.1	20.8	25.4	26.0
YY11	295.5	-10.9	61.1	74.8	76.7	20.4	24.9	25.6
YY10	299.8	-10.4	58.1	71.5	73.5	19.4	23.8	24.5
YY9	303.9	-10.4	58.1	71.5	73.5	19.4	23.8	24.5
YY8	306.3	-11.1	62.3	76.1	78.1	20.8	25.4	26.0
YY7	313	-10.8	60.5	74.1	76.1	20.2	24.7	25.4
YY6	316.3	-11.2	62.9	76.7	78.7	21.0	25.6	26.2
YY5	317.4	-11.4	64.1	78.0	80.0	21.4	26.0	26.7
YY4	320	-11.6	65.3	79.4	81.4	21.8	26.5	27.1
YY3	321	-11.5	64.7	78.7	80.7	21.6	26.2	26.9
YY2	324	-11.6	65.3	79.4	81.4	21.8	26.5	27.1
YY1	324.6	-11.3	63.5	77.4	79.4	21.2	25.8	26.5

注：早志留世，若取海水的 $\delta^{18}O_{SMOW}$ = -2‰，计算得到水温 T_1；若古海水的 $\delta^{18}O_{SMOW}$ 与现代海水相似，即 $\delta^{18}O_{SMOW}$ = 0，计算得到水温 T_2；早志留世时期，若取海水的 $\delta^{18}O_{SMOW}$ = 0.5‰(Finnegan et al.，2011)，计算得到水温 T_3

Veizer 等通过对显生宙热带海洋中 2128 个生物的同位素测定(包括牙形石、腕足壳和箭石)，论述了显生宙海水氧同位素的组成演化趋势(Veizer et al.，1999)。低镁方解石的腕足壳中的 $\delta^{18}O_{PDB}$ 值从寒武纪的 -8‰，逐渐上升到更新世以来的 0，所以可以认为从寒武纪至今虽然期间有冰川消融等气候变化带来的波动，但海洋水中的 $\delta^{18}O_{SMOW}$ 值总体呈现上升的趋势(杨丽丽等，2011)。在计算海水古温度时，古海水的$\delta^{18}O_{SMOW}$值只能做理论上的推测，通常认为显生宙以来海水的$\delta^{18}O_{SMOW}$值被水岩反应缓冲为0±2‰(Muehlenbachs and Clayton，1972)。更新世最后一次最大冰期时，海水的$\delta^{18}O_{SMOW}$值约为1‰(Schrag et al.，2002)，Finnegan等(2011)认为志留纪早期海水的$\delta^{18}O_{SMOW}$值约为0.5‰(Finnegan et al.，2011)。当$\delta^{18}O_{SMOW}$值取-2‰时，计算得到研究区早志留世龙马溪期海水古水温平均值约为62℃，当$\delta^{18}O_{SMOW}$值取0时，计算得到研究区早志留世龙马溪期海水古水温平均值约为76℃。当海水的$\delta^{18}O_{SMOW}$值约为0.5‰时，计算得到研究区早志留世龙马溪期海水古水温平均值约为78.6℃，这个显然不合实际，因为它们远远超过海洋无脊椎动物的生存的上限温度，如珊瑚的最高生存温度仅31℃(Brock，1985；Kinne，1970)。表7-3为Brock(1985)总结的生物能够生长的上限温度。研究表明蛋白质分子不能够在大于37℃的温度下长期存在(Brock，1985；Milliman et al.，2012)。此外多细胞动物均不能在大于50℃时生存，仅有少量的原生动物能够在略高于50℃的温度下生存(Brock，1985；Brock，2012)，也就是说在高于50℃时动物无法大量繁殖和生长，然而在研究区志留系龙马溪组页岩中发育大量的笔石动物化石，显然由此计算出的研究区龙马溪期的古水温不可信。由此我们有理由推测研究区早志留世时期古海水水温主体上应该在50℃以下。

表7-3 生物能够生长的上限温度(Brock，1985)

组	近似上限温度/℃
动物	
鱼类和其他水生脊椎动物	38
昆虫类	45~50
介形类(甲壳类)	49~50
植物	
维管植物	45
藓类植物	50
真核微生物类	
原生动物	56
藻类	55~60
真菌	60~62
原核微生物类	
蓝藻(蓝藻细菌)	70~73
光合细菌	70~73
化能无机营养菌	>100
异养细菌	>100

受成岩改造作用的影响，古生代以前的岩石测出的$\delta^{18}O$值偏低，即温度值偏高(有些学者认为实际温度应为根据公式计算出的温度的1/3)(董熙平，1992)，如果温度按照计算温度的1/3计算，据此当$\delta^{18}O_{SMOW}$值取-2‰时，计算得到研究区早志留世龙马溪期海水

古水温介于16.6~27.6℃之间，平均值约为20.9℃，当$\delta^{18}O_{SMOW}$值取0时（即假设志留纪时期赤道地区的古海水氧同位素值与现代海水近似），计算得到研究区早志留世龙马溪期海水古水温介于20.9~32.6℃之间，平均温度约25.5℃。当海水的$\delta^{18}O_{SMOW}$值约为0.5‰时，计算得到研究区早志留世龙马溪期海水古水温介于21.6~33.4℃之间，平均温度约26.2℃。

Bickert等（1997）对志留纪时期同样处于赤道附近的瑞典Gotland腕足类动物壳的碳氧同位素进行了测试，在假定志留纪时期海洋水的$\delta^{18}O_W$值为0‰（现代海洋水的$\delta^{18}O$平均值）的情况下，计算得出志留纪时期古海水的温度为22~34℃，平均为27.7℃，精度为±1.8℃（Bickert et al.，1997）。Wenzel等（1996）推算的志留纪热带地区瑞典Gotland古海水的温度介于23~39℃（Wenzel and Joachimski，1996），同Bickert等人的结论近似。

以古板块的构造位置以及志留纪时期CO_2含量为现今4倍的数据为基础，Moore等（1994）模拟了志留纪海洋的条件，最符合志留纪生物相和岩石相的热带海水表层温度为30℃（Moore et al.，1994）。

现代赤道附近的热带海洋表层水温度介于23~27℃之间，这个温度是最适合生物礁发育的温度（Brock，1985；Milliman et al.，2012）。在研究区的南侧邻区贵州石阡－思南一带龙马溪组发育一套中－薄层泥灰岩夹泥岩，产大量的腕足类（beitaia、zygospiraella、paraconchidium）、珊瑚（densiphylloides、ceriaster）及海百合茎化石，在石阡地区龙马溪晚期还发育生物礁和台地边缘浅滩相沉积体，岩石类型包括生物碎屑灰岩和生物礁灰岩，并见大量的腕足类、海百合茎和珊瑚等化石（张春明等，2012）。此外在研究区龙马溪组细粒岩中还发现了几丁虫（Chitinozoa和Conochitina simplex）：几丁虫为具空心有机质外壁的一类微体化石，外形近乎烧瓶形，一般为50~2000μm，常见者150~300μm，据研究，在距岸约30~50km以外的生物礁附近最适合于几丁虫生活，化石全部存在于海相沉积物中，特别在细粒的碎屑岩中最为丰富（郝诒纯，茅绍智，1993）。由于研究区志留纪时期古纬度介于6.5°S~2.8°N（万天丰，2004；万天丰和朱鸿，2007），也属于赤道附近的热带区域，因此我们有理由推测志留纪时期赤道附近的海水温度与现今赤道附近的海水温度具有可比性（Azmy et al.，1998）。

第三纪的古新世－始新世的极热事件，被认为是最类似于现今的温室效应（孟凡巍等，2007）。从赤道到热带的温度记录表明，全球温度在不到1万年内上升了至少5℃（Zachos et al.，2003），这个温度的迅速升高被认为与大气中二氧化碳含量的迅速升高有关（Lowenstein and Demicco，2006）。地质历史时期O_2和CO_2含量的关系如图7-3所示（Boucot and Gray，2001）。

汪明泉等人（2015）对四川盆地东部三叠系嘉陵江组四段石盐岩中的单一液相包裹体的均一温度进行了测试，由此计算出了石盐结晶时卤水的温度为17.7~63.5℃，平均温度为33.7℃（汪明泉等，2015）。研究表明，石盐原生包裹体的最大均一温度可以反映卤水结晶时的最高温度，测试数据显示由石盐岩流体包裹体所直接得到的古海水最高温度为50~60℃，由氧同位素测试得到的古海水理论温度为32~61℃，平均温度约40℃。

南君亚和周德全（1998）通过对贵州二叠纪和三叠纪地层沉积岩相、古生物组合、稀土元素、碳氧同位素和微量元素进行了地球化学综合研究，发现贵州二叠纪、早－中三叠世

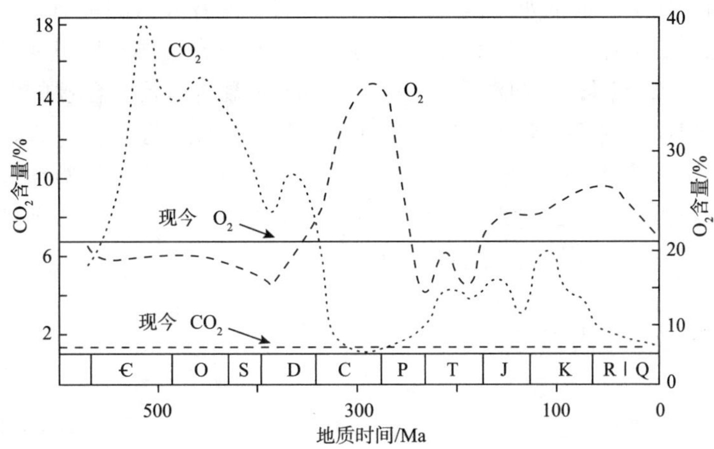

图7-3 各地质历史时期大气中 O_2 和 CO_2 含量变化关系(Boucot and Gray，2001)

和晚三叠世三个地质时期古气候和古海洋环境有明显差异。其中二叠纪为潮湿的热带海洋性气候，海水相对氧化，盐度正常，平均温度为53℃；此时 CO_2 平均含量约2%，O_2 平均含量约7%(Boucot and Gray，2001)。早－中三叠世为干燥的大陆性气候，海水相对还原，盐度较高，平均温度为38℃；晚三叠世又转变为潮湿的气候，海水相对氧化，盐度正常，平均温度为44℃(南君亚和周德全，1998)。可以看出三叠纪时期贵州和四川盆地东部古海水温度均在40℃左右，CO_2 平均含量约4%，O_2 平均含量约5%(Boucot and Gray，2001)。

孙亚东(2013)通过关于牙形石的研究得出早三叠世时华南地区的海水温度相对偏高的结论，并且他认为整个早三叠世是由西伯利亚火山作用诱发的超级温室期，火山的爆发释放了 CO_2 和 CH_4 等温室气体，使得古海水处于较高的温度(40℃左右)。

杨丽丽等(2011)对贵州南部晚奥陶世的碳酸钙质生物壳体氧同位素进行了测试，并计算出了当时珊瑚礁区海水的古水温约21～31℃，此时全球 CO_2 平均含量约2%，O_2 平均含量约6%(Boucot and Gray，2001)。

姜素华等(2014)对古近纪早期赤道附近的古海水温度进行了估算，并认为该时期赤道附近海水温度介于20～30℃之间。由以上调研结果可知，地质古生代以来赤道附近古海水温度集中分布在20～40℃。

全球变暖对海洋生物有重要影响，这在晚二叠世生物灭绝后的海洋中表现得十分显著。一般动物的热耐受温度上限为47℃，大部分生物的上限只有40～45℃。随着温度的升高，新陈代谢速率会大幅加强，有氧运动需氧量迅速提升。这一过程一直持续到线粒体不能提供足够的三磷酸腺苷(ATP)，随后动物体即开始进行线粒体的厌氧氧化，但厌氧氧化是不能长期持续的。这一过程随后导致低血氧症(hypoxaemia)，生物体只能通过生成热休克蛋白(heat－shock protein)来短期缓解。而对于海洋生物而言，热耐受温度上限更低，这是因为随着温度的上升，需氧量也随之上升，海水中的氧气溶解度迅速降低，而体液的携氧能力也更低。因此，大部分海洋动物，特别是具有高运动能力和高需氧量的门类(如头足类)，不能在常年超过35℃的水温中生存(孙亚东，2013)。如果川东南地区志留纪海洋动物笔石的耐热温度上限也在47℃左右的话，显然估算的海水温度62～76℃可能偏高，不符合实际。因为在早志留世龙马溪期沉积的细粒岩中发育大量的笔石化石，在如此高的水温中显然不能大量生存，所以取计算温度的1/3得到研究区早志留世龙马溪期海水古水温介于21.6～33.4℃之间，平均温度约26.2℃，这一温度是较为合理的温度值。这一温度与前人对志留纪赤道附近古海水温度的推测值相近。因此对于古生代以前的沉积岩，由于成岩作用的影响，计算出的古温度偏高。为此，研究过程中尝试计算研究区志留纪的古海水温度，综合分析后认为，利用页岩中同沉积的碳酸盐计算古生代以前的沉积岩形成时的古水温，取计算值的1/3得到的结果更为合理。

7.2 常量元素与古环境

样品测试分两批进行。第一批样品为岩心样品，样品从井场用塑料箱封闭运至北京，保存在室温下，对91块样品(YY－1～YY－91)进行了元素含量测试，其中常量元素采用飞利浦PW2404X射线荧光光谱仪测试完成；微量元素测定在HR－ICP－MS(Element Ⅰ)上完成，常量元素、微量元素均由核工业北京地质研究院分析测试中心完成。第二批样品主要为2011年采集的野外露头样品，其中186块龙马溪组岩样进行了元素含量测试，样品由华北石油勘探开发研究院测试完成，测试仪器为NORAN QUEST能谱仪，检测依据为SY/T 6189—1996(岩石矿物能谱定量分析方法)。

7.2.1 渝页1井常量元素及环境意义

7.2.1.1 常量元素含量特征

从表7-4中可以看出，渝页1井龙马溪组沉积岩中常量元素(以氧化物形式表示)主要为SiO_2、Al_2O_3和Fe_2O_3(包括Fe_2O_3和FeO)，三者的平均含量总和达到83.85%，其中SiO_2含量介于52.69%～75.05%，平均含量为63.23%；Al_2O_3含量介于10.92%～18.98%，平均含量为15.15%；Fe_2O_3含量介于2.18%～6.82%，平均含量达到5.47%，其他常量元素含量相对较低，具体表现为K_2O(2.26%～5.16%，平均值4.04%)>MgO(1.36%～3.14%，平均值2.32%)>CaO(0.22%～6.45%，平均值1.67%)>Na_2O(0.65%～1.7%，平均值0.97%)>TiO_2(0.56%～0.82%，平均值0.71%)>P_2O_5(0.084%～0.14%，平均值0.11%)>MnO(0.012%～0.12%，平均值0.04%)。

表7-4 渝页1井常量元素含量/%

样号	SiO_2	Al_2O_3	Fe_2O_3	MgO	CaO	Na_2O	K_2O	MnO	TiO_2	P_2O_5
YY－1	61.06	17.72	6.75	2.73	0.25	0.7	4.7	0.05	0.73	0.11
YY－2	61.22	17.58	6.67	2.74	0.24	0.68	4.65	0.05	0.7	0.1
YY－3	60.91	17.75	6.66	2.75	0.38	0.65	4.73	0.053	0.7	0.1
YY－4	61.12	17.97	6.46	2.75	0.25	0.65	4.8	0.052	0.72	0.11
YY－5	61.59	17.56	6.38	2.67	0.29	0.71	4.63	0.044	0.74	0.1
YY－6	60.86	17.91	6.49	2.72	0.24	0.65	4.73	0.046	0.74	0.1

续表

样号	SiO_2	Al_2O_3	Fe_2O_3	MgO	CaO	Na_2O	K_2O	MnO	TiO_2	P_2O_5
YY-7	62.3	17.23	6.43	2.69	0.31	0.74	4.47	0.05	0.73	0.11
YY-8	62.59	17.2	6.41	2.7	0.28	0.75	4.39	0.041	0.72	0.11
YY-9	62.39	17.41	6.31	2.7	0.34	0.76	4.45	0.045	0.72	0.11
YY-10	61.24	17.97	6.48	2.74	0.29	0.68	4.69	0.046	0.74	0.1
YY-11	61.45	18.16	6.15	2.6	0.3	0.82	4.67	0.043	0.77	0.11
YY-12	59.59	18.9	5.97	2.57	0.29	0.71	5.16	0.04	0.73	0.095
YY-13	62.25	17.65	6.13	2.57	0.32	0.91	4.4	0.04	0.76	0.12
YY-14	61.38	18.01	6.65	2.69	0.24	0.78	4.75	0.044	0.72	0.1
YY-15	60.84	17.86	6.82	2.67	0.23	0.76	4.73	0.045	0.69	0.1
YY-16	61.99	17.21	6.31	2.64	0.26	0.83	4.46	0.041	0.76	0.12
YY-17	63.88	16.98	5.89	2.47	0.26	1.11	4.12	0.035	0.74	0.13
YY-18	67.25	15.14	5.97	2.34	0.31	1.23	3.43	0.037	0.64	0.12
YY-19	60.89	18.98	5.8	2.53	0.25	0.92	4.94	0.034	0.82	0.13
YY-20	64.32	16.23	6.03	2.43	0.27	1.11	4.02	0.039	0.8	0.13
YY-21	75.05	10.92	4.57	1.77	0.44	1.7	2.26	0.04	0.56	0.14
YY-22	68.16	14.02	6.26	2.47	0.31	1.24	3.18	0.04	0.61	0.13
YY-23	61.62	17.71	6.38	2.7	0.24	0.85	4.62	0.04	0.76	0.1
YY-24	61.85	17.64	6.39	2.63	0.24	0.94	4.6	0.039	0.74	0.1
YY-25	61.51	17.59	6.63	2.68	0.22	0.87	4.64	0.044	0.72	0.1
YY-26	63.29	16.8	6.32	2.58	0.25	0.89	4.36	0.044	0.7	0.1
YY-27	61.83	17.49	6.34	2.67	0.23	0.87	4.61	0.044	0.7	0.1
YY-28	61.49	17.44	6.39	2.67	0.28	0.88	4.66	0.044	0.67	0.089
YY-29	61.57	17.19	6.44	2.76	0.97	0.92	4.56	0.047	0.68	0.1
YY-30	62.45	17.69	6.72	2.78	0.28	0.86	4.69	0.043	0.69	0.1
YY-31	61.09	17.57	6.27	2.72	0.44	0.77	4.75	0.04	0.67	0.092
YY-32	61.31	17.23	6.28	2.66	0.67	0.8	4.64	0.044	0.65	0.084
YY-33	61.15	17.84	6.45	2.75	0.3	0.83	4.79	0.044	0.7	0.089
YY-34	57.17	15.77	5.56	2.4	4.58	0.92	4.09	0.052	0.61	0.12
YY-35	61.08	16.81	6.34	2.58	0.93	0.85	4.47	0.036	0.66	0.093
YY-36	60.87	17.03	5.84	2.57	1.27	0.88	4.56	0.044	0.69	0.1
YY-37	60.52	16.21	6.02	2.54	1.73	0.89	4.22	0.042	0.67	0.087
YY-38	62.21	15.53	5.15	2.26	1.59	0.91	4.18	0.035	0.63	0.1
YY-39	61.51	15.87	6.43	2.5	0.82	0.94	4.06	0.033	0.72	0.1
YY-40	59.17	16.67	6.76	2.57	0.96	0.91	4.34	0.03	0.7	0.1
YY-41	52.69	15.52	6.27	2.83	6.45	0.85	3.92	0.065	0.73	0.12
YY-42	62.83	15.9	5.16	2.21	0.89	0.84	4.37	0.022	0.71	0.1
YY-43	61.92	14.7	5.51	2.32	2.6	0.83	3.95	0.035	0.68	0.1
YY-44	67.41	12.19	3.95	1.78	2.87	1.03	3.39	0.028	0.73	0.13

续表

样号	SiO_2	Al_2O_3	Fe_2O_3	MgO	CaO	Na_2O	K_2O	MnO	TiO_2	P_2O_5
YY-45	63.01	14.83	5.1	2.23	2.43	0.99	3.92	0.026	0.74	0.12
YY-46	62.19	14.89	5.12	2.2	2.55	0.99	3.99	0.029	0.72	0.12
YY-47	60.02	15.5	5.55	2.48	3.09	0.9	4.1	0.034	0.73	0.1
YY-48	60.4	15.63	5.65	2.49	2.44	0.86	4.17	0.033	0.73	0.1
YY-49	61.43	15.74	5.61	2.41	2.3	0.82	4.27	0.029	0.69	0.1
YY-50	61.46	15.7	5.52	2.37	2.29	0.86	4.29	0.029	0.71	0.1
YY-51	62.04	14.43	4.98	2.26	3.58	1.04	3.8	0.034	0.72	0.12
YY-52	63.69	14.02	5.11	2.22	2.43	1.05	3.69	0.031	0.74	0.12
YY-53	61.76	14.49	5.15	2.25	2.89	1.12	3.81	0.032	0.74	0.11
YY-54	61.74	14.94	4.9	2.23	2.77	1.08	4	0.03	0.73	0.11
YY-55	62.59	14.56	4.73	2.08	2.66	1.26	3.83	0.027	0.77	0.12
YY-56	53.74	14.1	5.98	3.14	6.03	1.13	3.61	0.1	0.7	0.11
YY-57	64.68	13.38	4.84	2.15	2.69	1.31	3.43	0.036	0.72	0.12
YY-58	64.14	13.61	4.85	2.13	2.71	1.35	3.55	0.034	0.75	0.12
YY-59	66.48	12.61	4.81	2.01	2.29	1.18	3.37	0.033	0.71	0.12
YY-60	66.12	12.95	4.64	2	2.48	1.17	3.5	0.031	0.7	0.11
YY-61	65.59	13.35	4.85	2.11	2.29	1.45	3.43	0.035	0.75	0.12
YY-62	66.89	13.81	4.43	1.9	1.47	1.47	3.78	0.025	0.74	0.13
YY-63	65.35	13.67	4.93	2.03	1.8	1.08	3.7	0.031	0.74	0.12
YY-64	68.57	11.8	4.56	1.79	1.94	0.99	3.29	0.031	0.67	0.11
YY-65	65.63	12.87	5.12	1.91	2.05	0.9	3.55	0.03	0.69	0.11
YY-66	64.38	13.54	5.29	1.93	2.08	0.96	3.72	0.027	0.7	0.1
YY-67	64.51	13.62	3.95	1.89	2.48	0.7	3.98	0.033	0.61	0.094
YY-68	66.69	11.4	4.1	1.81	3.35	0.77	3.3	0.038	0.64	0.11
YY-69	66.78	11.37	4.01	1.82	2.97	0.79	3.37	0.04	0.64	0.11
YY-70	63.49	12.36	4.52	2.11	3.42	0.83	3.53	0.045	0.71	0.11
YY-71	62.37	15.29	4.62	2.15	3.08	0.91	4.41	0.037	0.79	0.12
YY-72	65.67	13.37	4.61	2.07	2.31	1.22	3.58	0.033	0.74	0.13
YY-73	63.66	13.63	4.68	2.19	2.61	1.23	3.67	0.041	0.74	0.12
YY-74	65.7	15.45	3.5	1.43	0.76	1.18	4.98	0.012	0.75	0.14
YY-75	68.11	14.88	2.18	1.36	1.19	1.11	4.84	0.02	0.72	0.11
YY-76	63.53	15.4	4.18	1.97	2.02	1.29	4.28	0.028	0.78	0.11
YY-77	66.16	13.33	4.73	2.16	2.02	1.12	3.6	0.035	0.72	0.11
YY-78	64.4	13.74	5.12	2.23	2.34	1.27	3.59	0.038	0.76	0.11
YY-79	64.4	13.78	5.09	2.27	2.37	1.27	3.6	0.039	0.78	0.12
YY-80	64.14	14.06	5.26	2.16	2.06	1.31	3.64	0.031	0.74	0.11
YY-81	66.55	13.34	4.4	2.06	1.99	1.25	3.6	0.031	0.74	0.12

续表

样号	SiO_2	Al_2O_3	Fe_2O_3	MgO	CaO	Na_2O	K_2O	MnO	TiO_2	P_2O_5
YY-82	61.05	12.84	5.24	2.62	4.26	1.34	3.43	0.074	0.71	0.12
YY-83	59.75	11.42	5.91	2.86	5.21	0.93	3.05	0.12	0.63	0.1
YY-84	67.32	12.32	4.91	1.85	2.04	0.98	3.43	0.031	0.68	0.11
YY-85	66.19	12.69	4.8	1.97	2.39	0.87	3.59	0.038	0.67	0.1
YY-86	66.25	11.73	4.78	1.73	1.62	0.84	3.27	0.028	0.64	0.1
YY-87	68.07	12.02	4.88	1.79	1.74	0.89	3.37	0.032	0.66	0.12
YY-88	67.73	12.21	4.54	1.74	1.99	0.94	3.45	0.027	0.67	0.1
YY-89	67.29	12.27	4.89	1.8	1.95	0.92	3.44	0.03	0.66	0.088
YY-90	66.18	12.59	5.22	1.91	2.06	0.91	3.48	0.031	0.67	0.11
YY-91	66.79	12.24	4.99	1.82	1.98	0.92	3.39	0.032	0.66	0.1

从图7-4可以看出，SiO_2 在210m以下含量比上部略大，上部除200m和140m出现异常低值和90m出现异常高值外，其含量保持相对稳定，说明该时期沉积环境没有发生大的改变；底部 Al_2O_3 含量相对较小，向上有逐渐增大的趋势；Fe_2O_3 含量从下到上具有逐步增多的趋势，仅在280m出现一个低值点；MgO具有底部含量低，向上含量逐渐增大的特点；CaO含量中下部相对较高，到上部含量逐渐减小，顶部100m以上含量极低；Na_2O 含量较少，分布在1%～2%之间，变化不明显，仅在80m附近出现了一个高值点；K_2O 含量在4%～6%之间，底部含量低，中上部含量相对较高；MnO含量除在310m和200m附近出现较高值外，其他层段含量较为稳定，高值点可能代表了水体还原性的一个最强点；TiO_2 含量在0.5%～1%之间，含量较为稳定，仅底部含量略低；P_2O_5 含量在0.1%附近，纵向上有小的波动，总体上含量比较稳定。

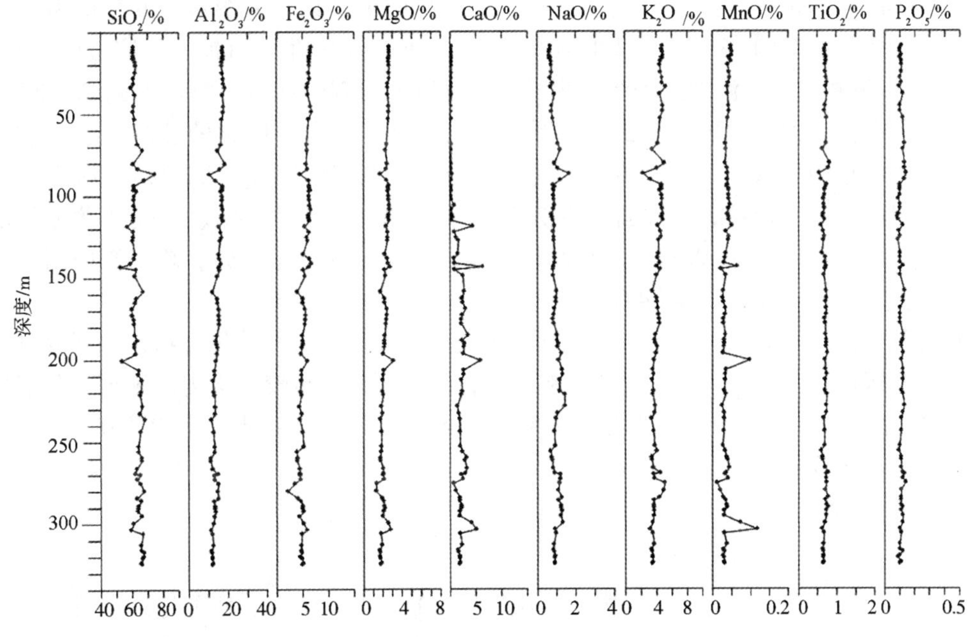

图7-4 渝页1井常量元素垂相变化

Si 元素在位于研究区北部彭水县连湖镇的渝页1井岩石中的含量较高，介于24.6% ~35%之间，平均值达29.5%。其原因可能有两种：①龙马溪早期连湖地区处于较深水的沉积环境，距离物源较远，一些不稳定的矿物随着搬运距离的增加含量逐渐降低，石英等相对稳定的矿物得到富集，造成该地区 Si 元素的相对富集；②海洋硅质生物体含量较高。

Al 是沉积物中仅次于 Si 和 O 的造岩元素，主要以各种铝硅酸盐矿物及其风化产物存在，广泛分布于沉积物中。渝页1井细粒岩中的 Al 含量为5.78% ~10%，平均为8%，比加拿大海盆沉积物中 Al 的含量(6.1% ~8.6%)略高(Darby et al.，1989)，这可能与本区细粒岩中黏土矿物含量较高有关。

Fe 和 Mn 是典型的变价元素，具强烈的亲氧性，其迁移富集过程与环境关系密切。Fe 在渝页1井龙马溪组细粒岩中的含量为1.55% ~4.8%，平均含量为3.8%，低于加拿大海盆中 Fe 的平均含量5.13%(其含量介于3.68% ~6.05%之间)(Herman，2012)，而比中国浅海沉积物 Fe 的平均值3.10%略大(赵一阳和鄢明才，1994)。龙马溪组页岩中 Mn 的含量平均为301.4μg/g，低于中国东部上地壳 Mn 的平均含量600μg/g(鄢明才和迟清华，1997)，因含 Mn 岩石在风化过程中被水解，搬运过程中，在较强的氧化条件下容易被氧化形成 Mn 的高价氧化物 MnO_2，造成沉积物中较高的 Mn 含量，而研究区细粒岩是在较强的还原条件下形成的，不利于 Mn 的高价氧化物的形成，因而造成较低的 Mn 含量。

龙马溪组页岩中 Na 的平均值为0.72%，明显低于中国东部上陆壳的平均值1.16%(鄢明才等，1997)，K 含量达到3.35%，明显大于中国浅海沉积物 K 的平均值1.93%(赵一阳和鄢明才，1994)。沉积物的 X 射线衍射分析表明 K 的赋存矿物主要为正长石和伊利石，而龙马溪组页岩中含有较高的黏土矿物，且黏土矿物中80.6%为伊利石，这也是 K 含量高于中国浅海沉积物的一个重要原因。

Ca 和 Mg 是非常重要的造岩元素，在风化过程中很容易进入溶液，并随溶液一起搬运。此外水体中的 Ca 和 Mg 容易被生物所吸收，形成碳酸盐生物骨骼，当溶液中的 Ca 和 Mg 离子与碳酸根离子的浓度达到溶度积时，便可以形成碳酸盐沉积物。因此 Ca 和 Mg 在沉积物中的含量受到沉积环境、物源体系和生物活动三个方面因素的控制。Ca 在渝页1井细粒岩中含量为0.16% ~4.61%，平均为1.68%，低于中国浅海沉积物平均值3.79%(赵一阳和鄢明才，1994)，一方面说明物源体系中碳酸盐矿物较少，另一方面说明钙质生物活动不明显。Mg 含量在0.82% ~1.88%之间，平均含量为1.39%，略高于中国浅海沉积物平均值1.11%(赵一阳和鄢明才，1994)。

Ti 在地壳中广泛分布，属于惰性元素，风化后难以形成可溶性化合物，大部分以碎屑矿物的形式搬运，受化学风化作用的影响较小，在平面上分布较为均匀。渝页1井细粒岩中 Ti 含量为0.43% ~0.64%，平均为0.55%，大于中国东部上陆壳平均值0.31%(鄢明才和迟清华，1997)。

7.2.1.2 古环境

1)物源及源区岩石性质

常量元素在沉积物中的质量分数受区域地质背景、源岩组成、所处地理位置及相应气候条件、沉积环境等所共同控制，因此可以根据保存在沉积岩中的常量元素来恢复沉积岩沉积时的地质背景、源岩组成和沉积环境等特征。利用 Al_2O_3 为 X 轴，其他氧化物为 Y 轴作相关性图解，可以清楚反映出其他元素与 Al 的相关性，并可用来判断其来源(万世明，2006)。从图 7-5 可以看出，SiO_2 的含量同 Al_2O_3 的含量具有一定的负相关性，说明 SiO_2 以石英的形式存在占主导地位；Fe_2O_3 含量同 Al_2O_3 的含量具有很好的正相关性，相关系数达到 75.7%，由于 Al_2O_3 主要以黏土矿物的形式存在，说明 Fe 和黏土矿物具有很好的共存关系；CaO 含量同 Al_2O_3 的关系不明显，说明它不是以黏土矿物的形式存在，而是受到碳酸盐矿物含量的影响；MgO 含量与 Al_2O_3 的含量具有很好的正相关性，相关系数达到 76.8%，说明 Mg 主要以黏土矿物的形式存在；Na_2O 含量同 Al_2O_3 的含量不具有相关性，这可能是由于样品没有洗盐所致；K_2O 含量与 Al_2O_3 的含量具有很好的正相关性，相关系数达到 92.9%，说明 K 主要以黏土矿物的形式存在；MnO 和 P_2O_5 含量基本不随 Al_2O_3 含量的变化而变化，这也体现了 Mn 和 P 为生物成因的特点。

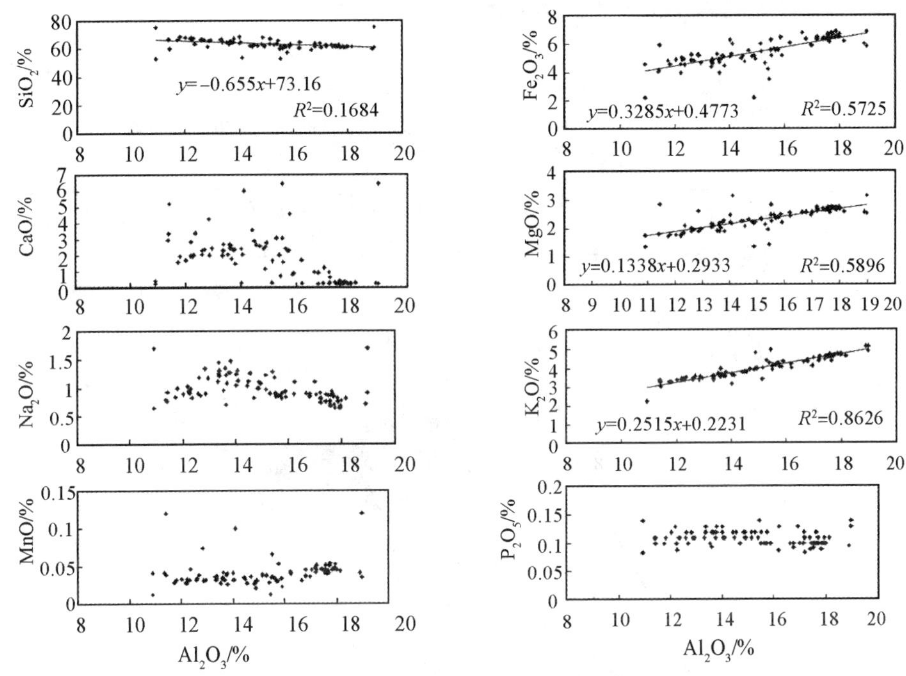

图 7-5 渝页 1 井常量元素与 Al_2O_3 相关性图解

$n(SiO_2)/n(Al_2O_3)$值是区分岩石物源的重要标志，陆壳 $n(SiO_2)/n(Al_2O_3)$值为 3.6。因此比值接近的岩石其物源应以陆源为主，超过此值则有生物成因或热水成因物质补充(Taylor and McLennan，1985)。渝页 1 井龙马溪组细粒岩中 $n(SiO_2)/n(Al_2O_3)$值平均达到 4.28，最小值为 3.15，最大值达到 6.87，从下往上该比值有逐渐减小的趋势(图 7-6)。根据 $SiO_2-Al_2O_3$ 岩石热水成因模式图解，可以看出渝页 1 井样品大部分落在水成区，少数样品落在深海沉积物，而没有热水区成因的物质(图 7-7)。渝页 1 井 130m 以上 $n(SiO_2)/n(Al_2O_3)$比值与 3.6 较为接近，说明岩石的物源主要以陆源为主，130m 以下 $n(SiO_2)/n(Al_2O_3)$比值略大，主要分布在 4.5 附近，这说明一方面物源来自陆地，另一方面可能有生物成因的物质补充，如硅质的放射虫等。

陆源物质富含铝，大洋热水沉积物中富含铁锰，三者的含量关系可用于示踪沉积岩的物源。沉积岩中 $n(Al)/n(Al+Fe+Mn)$ 值大于 0.5 时，其物源应为陆源；当比值小于 0.35 时为热水沉积物(Boström，1983；Boström et al.，1973)。渝页 1 井 $n(Al)/n(Al+Fe+Mn)$ 平均值为 0.675，最小值为 0.588，最大值为 0.836，均大于 0.5，因此同样证实该地区龙马溪早期物源为陆源，没有热水沉积作用。此外岩石中 $n(Si)/n(Si+Al+Fe)$ 值可以提供物质来源的信息，即此值为 0.9～1 时反应物源主要为生物硅，小于 0.9 时则反映其更接近碎屑物源区。渝页 1 井样品 $n(Si)/n(Si+Al+Fe)$ 平均值为 0.714，最大值为 0.796，均小于 0.9，反应了该地区物质来源主要为碎屑物质。

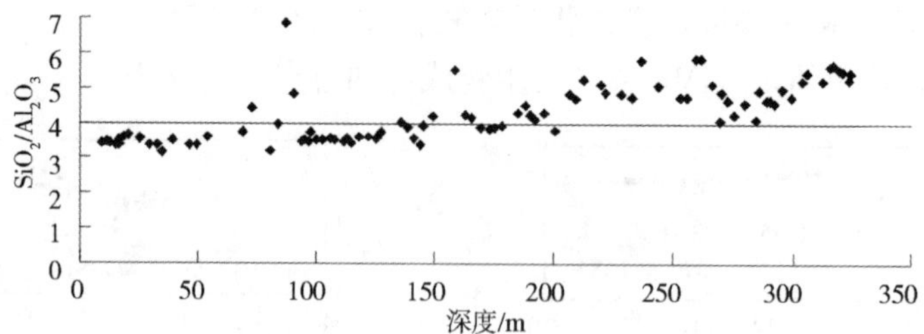

图 7-6　渝页 1 井 SiO_2/Al_2O_3 比值与深度的关系

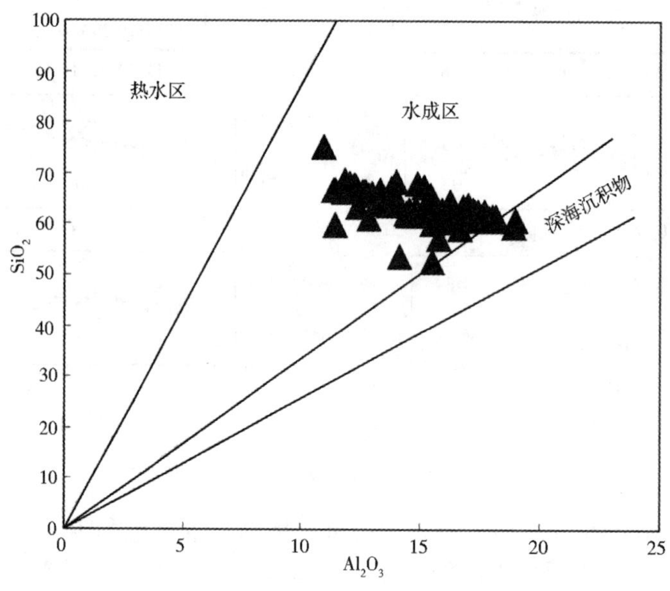

图 7-7　渝页 1 井 $SiO_2-Al_2O_3$ 岩石热水成因模式图解

F1 和 F2 参数图解法可以判断沉积岩的源区性质，通过投点可以判断沉积岩的物源。该图中有 4 个物源区，即长英质火山岩物源，中性火山岩物源，沉积岩物源和基性火山岩物源(图 7-8)。从图中可以看出，渝页 1 井细粒岩物源主要来自沉积岩，仅有两块样品落在长英质火山岩区，需要说明的是该判别图只是适用于缺少大量生物成因物质的沉积岩，特别是缺少生物成因的 $CaCO_3$ 和 SiO_2。研究中没有确定生物成因物质对钙质和硅质的贡献量，因此，又做出了 F3 和 F4 参数判别图，进而更全面的讨论渝页 1 井沉积物的来源。由图7-9可以看出在假定钙质和硅质受生物作用影响的情况下，渝页1井细粒岩沉积物源均落在沉积岩区，综合判断可以得出，研究区渝页1井细粒岩主要来自古老沉积岩的风化产物。

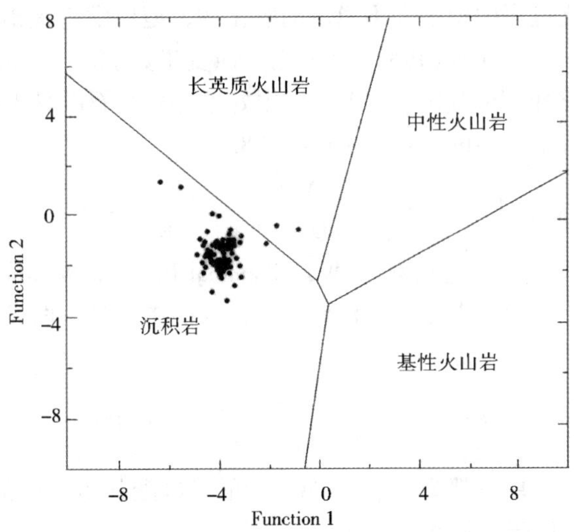

图7-8 碎屑沉积物源区特征的主量元素函数判别图(Roser and Korsch，1988)

Funtion 1 $= -1.773TiO_2 + 0.607Al_2O_3 + 0.76Fe_2O_3^T - 1.5MgO + 0.616CaO + 0.509Na_2O - 1.224K_2O - 9.09$；

Funtion 2 $= 0.445TiO_2 + 0.07Al_2O_3 - 0.25Fe_2O_3^T - 1.142MgO + 0.438CaO + 1.475Na_2O + 1.426K_2O - 6.861$；

该判别图适用于生物成因的 $CaCO_3$ 和 SiO_2 含量较少的沉积岩

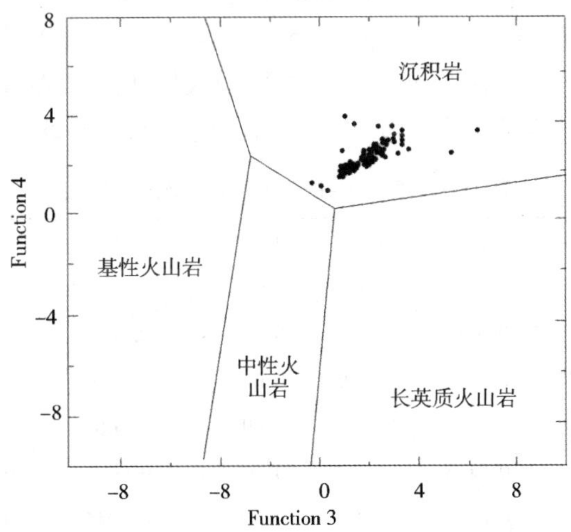

图7-9 碎屑沉积物源区特征的主量元素函数判别图(Roser and Korsch，1988)

Funtion 3 $= 30.638TiO_2/Al_2O_3 - 12.541Fe_2O_3^T/Al_2O_3 + 7.329MgO/Al_2O_3 + 12.031Na_2O/Al_2O_3 + 35.402K_2O/Al_2O_3 - 6.382$；

Funtion 4 $= 56.5TiO_2/Al_2O_3 - 10.879Fe_2O_3^T/Al_2O_3 + 30.875MgO/Al_2O_3 - 5.404Na_2O/Al_2O_3 + 11.112K_2O/Al_2O_3 - 3.89$；该判别图适用于含较多生物成因物质的沉积岩，特别是较多生物成因的 $CaCO_3$ 和 SiO_2

2)源区风化作用

在岩石化学风化作用过程中优先将物源区比较活泼的碱金属和碱土金属元素(如 Na、K、Ca、Mg)淋滤出来，经过较长距离搬运后，相对稳定的元素(如 Al、Ti 等)则在沉积物中富集起来。基于风化过程中稳定和不稳定的氧化物，地质学者提出了很多指标用于评价化学风化作用的强弱。Nesbitt 等(1982)提出化学蚀变指数(CIA，Chemical Index of Alteration)来评价物源区风化作用的强度。CIA 可以很好地评价长石向黏土矿物(如高岭石)转化的程度，其计算公式如下(Nesbitt and Young，1982)：

$$CIA = \frac{Al_2O_3}{Al_2O_3 + CaO^* + Na_2O + K_2O} \times 100$$

Harnois(1988)提出化学风化指数(CIW，Chemical Index of Weathering)的概念，用该指数可以评价物源区风化作用的强度，该指数也能很好的表征长石向黏土矿物(如高岭石)转化的程度，其计算公式如下(Harnois，1988)：

$$CIW = \frac{Al_2O_3 - K_2O}{Al_2O_3 + CaO^* + Na_2O} \times 100$$

上述两式中，氧化物单位都为摩尔；CaO^*指的是硅酸盐组分中的 Ca 含量，而不包括非硅酸盐组分中的 Ca(如碳酸盐和磷酸盐)。

目前还没有一种直接的方法可以定量区分这两种组分中 Ca 的含量。McLennan 等(1993)提出了一种间接计算 CaO^* 含量的方法，即 $X = CaO_{摩尔数} - P_2O_{5摩尔数}$。如果 X 小于 Na_2O 的摩尔数，采用 X 作为硅酸盐矿物的 CaO 含量，即 $CaO^* = X$；如果 X 大于 Na_2O 的摩尔数，则采用 Na_2O 作为硅酸盐矿物的 CaO 含量，即 $CaO^* = Na_2O$。根据此方法计算出的 CIA 和 CIW 值如表 7-5 所示。由表 7-5 可以看出，渝页 1 井细粒岩 CIA 最大值为 73.2，最小值为 60.7，平均值为 67.5，大于平均大陆上地壳的 CIA 值($CIA_{UCC} = 50.8$)(Sharma et al.，2013)；CIW 最大值为 66.1，最小值为 52，平均值为 59.6。

表 7-5 渝页 1 井细粒岩 CIA 与 CIW 值

样品号	Al_2O_3/mol	CaO/mol	Na_2O/mol	K_2O/mol	P_2O_5/mol	X ($CaO - P_2O_5$)	CaO^*/mol	CIA	CIW
YY-1	0.1737	0.0045	0.0113	0.0500	0.0008	0.0037	0.0037	72.8	65.6
YY-2	0.1724	0.0043	0.0110	0.0495	0.0007	0.0036	0.0036	72.9	65.7
YY-3	0.1740	0.0068	0.0105	0.0503	0.0007	0.0061	0.0061	72.2	64.9
YY-4	0.1762	0.0045	0.0105	0.0511	0.0008	0.0037	0.0037	73.0	65.7
YY-5	0.1722	0.0052	0.0115	0.0493	0.0007	0.0045	0.0045	72.5	65.3
YY-6	0.1756	0.0043	0.0105	0.0503	0.0007	0.0036	0.0036	73.2	66.1
YY-7	0.1689	0.0055	0.0119	0.0476	0.0008	0.0048	0.0048	72.4	65.4
YY-8	0.1686	0.0050	0.0121	0.0467	0.0008	0.0042	0.0042	72.8	65.9
YY-9	0.1707	0.0061	0.0123	0.0473	0.0008	0.0053	0.0053	72.5	65.5
YY-10	0.1762	0.0052	0.0110	0.0499	0.0007	0.0045	0.0045	72.9	65.9
YY-11	0.1780	0.0054	0.0132	0.0497	0.0008	0.0046	0.0046	72.5	65.5

续表

样品号	Al_2O_3/mol	CaO/mol	Na_2O/mol	K_2O/mol	P_2O_5/mol	X ($CaO-P_2O_5$)	CaO^*/mol	CIA	CIW
YY-12	0.1853	0.0052	0.0115	0.0549	0.0007	0.0045	0.0045	72.3	64.8
YY-13	0.1730	0.0057	0.0147	0.0468	0.0008	0.0049	0.0049	72.3	65.5
YY-14	0.1766	0.0043	0.0126	0.0505	0.0007	0.0036	0.0036	72.6	65.4
YY-15	0.1751	0.0041	0.0123	0.0503	0.0007	0.0034	0.0034	72.6	65.4
YY-16	0.1687	0.0046	0.0134	0.0474	0.0008	0.0038	0.0038	72.3	65.2
YY-17	0.1665	0.0046	0.0179	0.0438	0.0009	0.0037	0.0037	71.8	65.2
YY-18	0.1484	0.0055	0.0198	0.0365	0.0008	0.0047	0.0047	70.9	64.7
YY-19	0.1861	0.0045	0.0148	0.0526	0.0009	0.0035	0.0035	72.4	65.3
YY-20	0.1591	0.0048	0.0179	0.0428	0.0009	0.0039	0.0039	71.1	64.3
YY-21	0.1071	0.0079	0.0274	0.0240	0.0010	0.0069	0.0069	64.7	58.7
YY-22	0.1375	0.0055	0.0200	0.0338	0.0009	0.0046	0.0046	70.2	63.9
YY-23	0.1736	0.0043	0.0137	0.0491	0.0007	0.0036	0.0036	72.3	65.2
YY-24	0.1729	0.0043	0.0152	0.0489	0.0007	0.0036	0.0036	71.9	64.7
YY-25	0.1725	0.0039	0.0140	0.0494	0.0007	0.0032	0.0032	72.1	64.9
YY-26	0.1647	0.0045	0.0144	0.0464	0.0007	0.0038	0.0038	71.9	64.7
YY-27	0.1715	0.0041	0.0140	0.0490	0.0007	0.0034	0.0034	72.1	64.8
YY-28	0.1710	0.0050	0.0142	0.0496	0.0006	0.0044	0.0044	71.5	64.1
YY-29	0.1685	0.0173	0.0148	0.0485	0.0007	0.0166	0.0148	68.3	60.6
YY-30	0.1734	0.0050	0.0139	0.0499	0.0007	0.0043	0.0043	71.8	64.5
YY-31	0.1723	0.0079	0.0124	0.0505	0.0006	0.0072	0.0072	71.1	63.4
YY-32	0.1689	0.0120	0.0129	0.0494	0.0006	0.0114	0.0114	69.6	61.9
YY-33	0.1749	0.0054	0.0134	0.0510	0.0006	0.0047	0.0047	71.7	64.2
YY-34	0.1546	0.0818	0.0148	0.0435	0.0008	0.0809	0.0148	67.9	60.3
YY-35	0.1648	0.0166	0.0137	0.0476	0.0007	0.0160	0.0137	68.7	61.0
YY-36	0.1670	0.0227	0.0142	0.0485	0.0007	0.0220	0.0142	68.5	60.6
YY-37	0.1589	0.0309	0.0144	0.0449	0.0006	0.0303	0.0144	68.3	60.8
YY-38	0.1523	0.0284	0.0147	0.0445	0.0007	0.0277	0.0147	67.3	59.4
YY-39	0.1556	0.0146	0.0152	0.0432	0.0007	0.0139	0.0139	68.3	60.9
YY-40	0.1634	0.0171	0.0147	0.0462	0.0007	0.0164	0.0147	68.4	60.8
YY-41	0.1522	0.1152	0.0137	0.0417	0.0008	0.1143	0.0137	68.8	61.5
YY-42	0.1559	0.0159	0.0135	0.0465	0.0007	0.0152	0.0135	67.9	59.8
YY-43	0.1441	0.0464	0.0134	0.0420	0.0007	0.0457	0.0134	67.7	59.7
YY-44	0.1195	0.0513	0.0166	0.0361	0.0009	0.0503	0.0166	63.3	54.6
YY-45	0.1454	0.0434	0.0160	0.0417	0.0008	0.0425	0.0160	66.4	58.5

续表

样品号	Al_2O_3/mol	CaO/mol	Na_2O/mol	K_2O/mol	P_2O_5/mol	X ($CaO-P_2O_5$)	CaO^*/mol	CIA	CIW
YY-46	0.1460	0.0455	0.0160	0.0424	0.0008	0.0447	0.0160	66.2	58.2
YY-47	0.1520	0.0552	0.0145	0.0436	0.0007	0.0545	0.0145	67.7	59.9
YY-48	0.1532	0.0436	0.0139	0.0444	0.0007	0.0429	0.0139	68.0	60.2
YY-49	0.1543	0.0411	0.0132	0.0454	0.0007	0.0404	0.0132	68.2	60.2
YY-50	0.1539	0.0409	0.0139	0.0456	0.0007	0.0402	0.0139	67.7	59.6
YY-51	0.1415	0.0639	0.0168	0.0404	0.0008	0.0631	0.0168	65.7	57.7
YY-52	0.1375	0.0434	0.0169	0.0393	0.0008	0.0425	0.0169	65.3	57.3
YY-53	0.1421	0.0516	0.0181	0.0405	0.0008	0.0508	0.0181	65.0	57.0
YY-54	0.1465	0.0495	0.0174	0.0426	0.0008	0.0487	0.0174	65.4	57.3
YY-55	0.1427	0.0475	0.0203	0.0407	0.0008	0.0467	0.0203	63.7	55.6
YY-56	0.1382	0.1077	0.0182	0.0384	0.0008	0.1069	0.0182	64.9	57.1
YY-57	0.1312	0.0480	0.0211	0.0365	0.0008	0.0472	0.0211	62.5	54.6
YY-58	0.1334	0.0484	0.0218	0.0378	0.0008	0.0475	0.0218	62.1	54.1
YY-59	0.1236	0.0409	0.0190	0.0359	0.0008	0.0400	0.0190	62.6	54.3
YY-60	0.1270	0.0443	0.0189	0.0372	0.0008	0.0435	0.0189	62.9	54.5
YY-61	0.1309	0.0409	0.0234	0.0365	0.0008	0.0400	0.0234	61.1	53.1
YY-62	0.1354	0.0263	0.0237	0.0402	0.0009	0.0253	0.0237	60.7	52.1
YY-63	0.1340	0.0321	0.0174	0.0394	0.0008	0.0313	0.0174	64.4	56.1
YY-64	0.1157	0.0346	0.0160	0.0350	0.0008	0.0339	0.0160	63.3	54.7
YY-65	0.1262	0.0366	0.0145	0.0378	0.0008	0.0358	0.0145	65.4	57.0
YY-66	0.1327	0.0371	0.0155	0.0396	0.0007	0.0364	0.0155	65.3	56.9
YY-67	0.1335	0.0443	0.0113	0.0423	0.0007	0.0436	0.0113	67.3	58.4
YY-68	0.1118	0.0598	0.0124	0.0351	0.0008	0.0590	0.0124	65.1	56.1
YY-69	0.1115	0.0530	0.0127	0.0359	0.0008	0.0523	0.0127	64.5	55.2
YY-70	0.1212	0.0611	0.0134	0.0376	0.0008	0.0603	0.0134	65.3	56.5
YY-71	0.1499	0.0550	0.0147	0.0469	0.0008	0.0542	0.0147	66.3	57.5
YY-72	0.1311	0.0413	0.0197	0.0381	0.0009	0.0403	0.0197	62.9	54.6
YY-73	0.1336	0.0466	0.0198	0.0390	0.0008	0.0458	0.0198	62.9	54.6
YY-74	0.1515	0.0136	0.0190	0.0530	0.0010	0.0126	0.0126	64.2	53.8
YY-75	0.1459	0.0213	0.0179	0.0515	0.0008	0.0205	0.0179	62.6	52.0
YY-76	0.1510	0.0361	0.0208	0.0455	0.0008	0.0353	0.0208	63.4	54.8
YY-77	0.1307	0.0361	0.0181	0.0383	0.0008	0.0353	0.0181	63.7	55.4
YY-78	0.1347	0.0418	0.0205	0.0382	0.0008	0.0410	0.0205	63.0	54.9
YY-79	0.1351	0.0423	0.0205	0.0383	0.0008	0.0415	0.0205	63.0	55.0

续表

样品号	Al_2O_3/mol	CaO/mol	Na_2O/mol	K_2O/mol	P_2O_5/mol	X ($CaO-P_2O_5$)	CaO^*/mol	CIA	CIW
YY-80	0.1378	0.0368	0.0211	0.0387	0.0008	0.0360	0.0211	63.0	55.0
YY-81	0.1308	0.0355	0.0202	0.0383	0.0008	0.0347	0.0202	62.5	54.1
YY-82	0.1259	0.0761	0.0216	0.0365	0.0008	0.0752	0.0216	61.2	52.9
YY-83	0.1120	0.0930	0.0150	0.0324	0.0007	0.0923	0.0150	64.2	56.0
YY-84	0.1208	0.0364	0.0158	0.0365	0.0008	0.0357	0.0158	63.9	55.3
YY-85	0.1244	0.0427	0.0140	0.0382	0.0007	0.0420	0.0140	65.3	56.5
YY-86	0.1150	0.0289	0.0135	0.0348	0.0007	0.0282	0.0135	65.0	56.4
YY-87	0.1178	0.0311	0.0144	0.0359	0.0008	0.0302	0.0144	64.6	55.9
YY-88	0.1197	0.0355	0.0152	0.0367	0.0007	0.0348	0.0152	64.1	55.3
YY-89	0.1203	0.0348	0.0148	0.0366	0.0006	0.0342	0.0148	64.5	55.8
YY-90	0.1234	0.0368	0.0147	0.0370	0.0008	0.0360	0.0147	65.0	56.6
YY-91	0.1200	0.0354	0.0148	0.0361	0.0007	0.0347	0.0148	64.6	56.1
最大值								73.2	66.1
最小值								60.7	52.0
平均值								67.5	59.6

CIA=50~60 指示弱风化作用；CIA=60~80 指示中等强度风化作用；CIA=80~100 指示强风化作用(Fedo et al., 1995；Nesbitt and Young，1982)。因此研究区渝页1井地区沉积岩物源区经历了中等强度的风化作用。为了更清晰的显示渝页1井龙马溪组沉积时物源区风化作用强度的变化，对CIA和CIW值在纵向上的变化进行了制图，如图7-10所示。可以看出，随身深度的增加，源区CIA和CIW值均增大，指示了风化作用从龙马溪组早期到晚期逐渐减小的过程。在第五章渝页1井沉积相和层序分析时，指出龙马溪组沉积时，早期水体较深，为深水陆棚环境，晚期变为浅水陆棚。这可能说明水体越深，沉积物搬运距离越长，遭受的风化作用越大；另一方面，水体越深(海平面上升)，也可能代表气候变暖，降雨增多，风化作用增强。

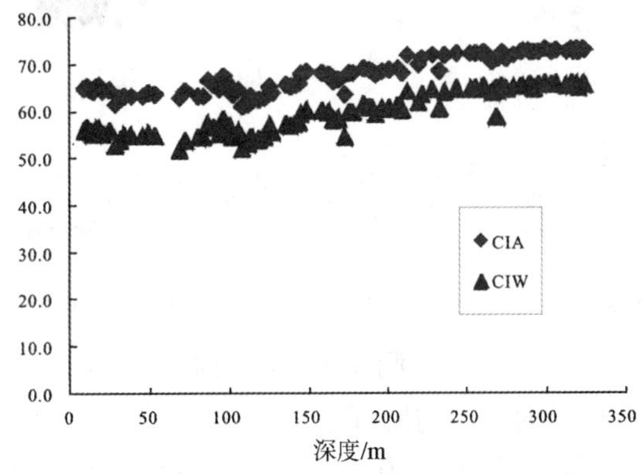

图7-10 渝页1井CIA与CIW值随深度的变化关系图

3)源岩形成的构造背景

通过岩石地球化学方法恢复某些被后期改造的碎屑岩的基本特征，“解读”保存在沉积岩石中的地球化学“印记”，已成为恢复盆地构造背景和追溯碎屑物质来源的一种有效的研究途径(和政军等，2005；罗静兰等，2007)。

TiO_2(%)、Al_2O_3/SiO_2、K_2O/Na_2O 和 $Al_2O_3/(CaO+Na_2O)$ 、($MgO+Fe_2O_3$)(%)可以用于沉积岩源岩形成的构造背景判断(Bhatia，1983)。由图 7-11 可以看出渝页 1 井沉积岩源岩主要形成在岛弧构造背景下，部分形成在活动大陆边缘环境。根据 Roser 和 Korsch(1986)对泥岩、砂岩提出的 SiO_2-K_2O/Na_2O、TiO_2-SiO_2 图解可以区分源岩形成的构造背景和源岩的岩石类型。由图 7-12A 可以看出渝页 1 井沉积岩源岩同样主要形成在岛弧和活动大陆边缘环境；图 7-12B 显示渝页 1 井沉积岩源岩主要由沉积岩组成，并有部分火成岩成分注入。

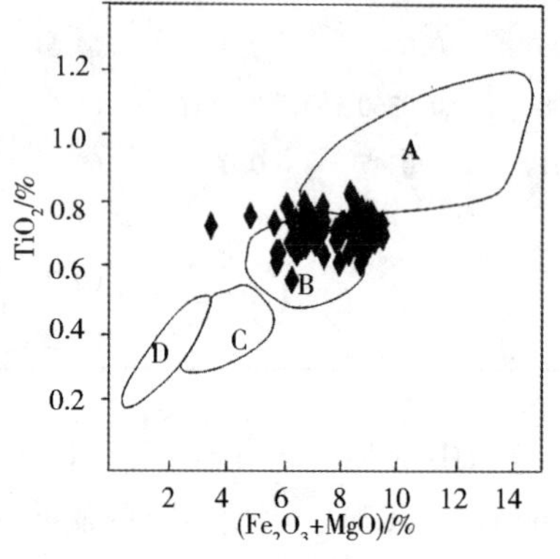

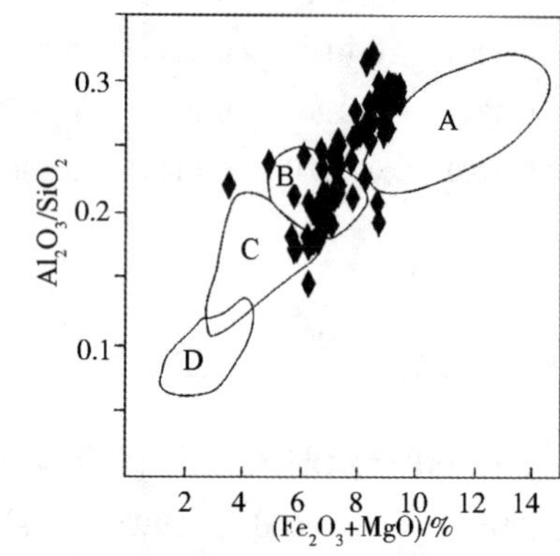

图 7-11 渝页 1 井沉积岩源区构造背景判别图(Bhatia，1983)

注：A—大洋岛弧；B—大陆岛弧；C—活动大陆边缘；D—被动大陆边缘

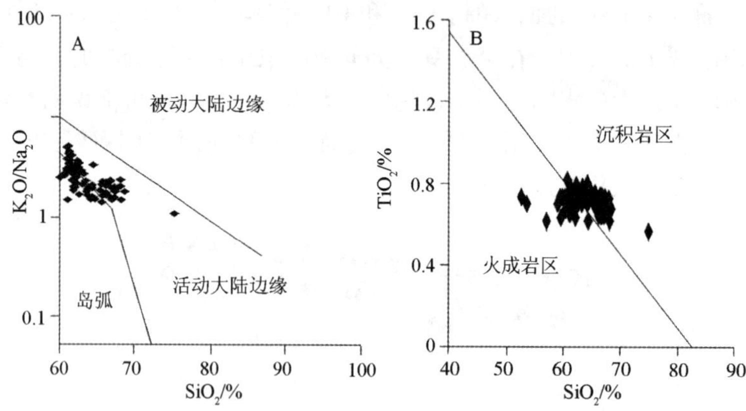

图 7-12 渝页 1 井沉积岩源区构造背景判别图(Roser and Korsch，1986)

此外根据常量元素的含量可以推测沉积岩的构造背景，如 $n(Al_2O_3)/n(Al_2O_3+Fe_2O_3)$值可以用来确定沉积岩的大地构造背景，当 $n(Al_2O_3)/n(Al_2O_3+Fe_2O_3)$值为 0.6～0.9 时，岩石属大陆边缘环境，为 0.4～0.7 时属远洋深海环境，为 0.1～0.4 时则属洋脊海岭环境(Murray et al.，1991)。位于四川盆地东南缘北部的渝页 1 井下志留统龙马溪组页岩中，$n(Al_2O_3)/n(Al_2O_3+Fe_2O_3)$平均值为0.73，最大值为0.87，最小值为0.66，且小于0.7的样品仅有1个，因此根据上述讨论，研究区北部地区主要位于大陆边缘沉积环境。

7.2.2 彭水县鹿角剖面常量元素及环境意义

7.2.2.1 常量元素含量特征

从表7-6中可以看出，彭水县鹿角地区龙马溪组沉积岩中常量元素主要为Si、Al和Fe(包括Fe_2O_3和FeO)，三者的平均含量总和达到55.4%，其中Si的含量介于33.59%~39.2%之间，平均值为36.2%；Al的含量介于7.4%~11.5%之间，平均含量达到10.2%；Fe的含量介于7.4%~10.9%之间，平均含量达到9%；其他常量元素含量相对较低，具体表现为*K*(4.2%~6.4%，平均值5.6%)>Ca(0.6%~8%，平均值3.9%)>Mg(1.2%~1.8%，平均值1.6%)>S(0.2%~4.4%，平均值1.4%)>Ti(0.5%~0.8%，平均值0.7%)>Na(0.1%~0.9%，平均值0.4%)>MnO(0.012%~0.12%，平均值0.04%)。

表7-6 彭水县鹿角龙马溪组常量元素含量/%

样号	O	Si	Al	Fe	Ca	Na	K	Mg	S	Ti
PS-1	31.8	36.6	10.8	7.4	3.6	0.9	5.6	1.7	0.9	0.7
PS-2	31.7	38.8	10.6	8.2	1.7	0.8	5.4	1.6	0.6	0.7
PS-3	31.4	37.1	10.3	8	3.8	0.7	5.3	1.7	1	0.6
PS-4	32.2	37	10	7.7	3.9	0.8	5.1	1.6	1.1	0.6
PS-5	31.7	35.8	10.5	8.7	4.2	0.5	5.6	1.7	0.8	0.7
PS-6	30.6	39.2	10.8	10.3	0.7	0.5	5.4	1.6	0.2	0.7
PS-7	31.8	36.7	9.7	8.3	4.5	0.5	5.2	1.7	1.1	0.7
PS-8	31.5	37	9.7	8.4	4.5	0.6	5.2	1.6	1	0.6
PS-9	31.5	36.8	10.2	8.4	3.7	0.5	5.5	1.7	1.1	0.7
PS-10	31.9	35.6	10.3	8.2	4.5	0.6	5.5	1.7	1.1	0.6
PS-11	31	36	10.2	8.4	4.5	0.7	5.6	1.7	1.2	0.7
PS-12	31.5	35.7	10.6	8.9	3.6	0.6	5.7	1.7	1.1	0.7
PS-13	30.6	38	10.9	10.6	1.2	0.5	5.7	1.7	0.2	0.8
PS-14	30.9	36.8	10.5	8.9	3.6	0.4	5.5	1.6	1.1	0.7
PS-15	30.4	37.1	11.1	10.7	0.6	0.6	5.9	1.7	0.2	0.8
PS-16	31.3	36	10.2	9	3.9	0.5	5.6	1.7	1.2	0.7
PS-17	30.8	37.3	10.8	9.8	2	0.4	5.9	1.5	0.8	0.8
PS-18	30.8	37.5	11.5	9.2	0.9	0.4	6.4	1.6	0.8	0.8
PS-19	31.6	34.9	10.2	8.6	5.2	0.4	5.7	1.7	1.1	0.6
PS-20	30.9	36.5	10.7	8.5	3.4	0.5	5.8	1.8	1.3	0.7
PS-21	31.2	35.3	10.7	8.7	4.1	0.5	5.9	1.7	1.4	0.7
PS-22	30.4	34.9	10.6	10.2	3.8	0.4	6	1.7	1.3	0.8
PS-23	31	35.2	10.5	9.5	4	0.5	5.9	1.7	1.3	0.6

续表

样号	O	Si	Al	Fe	Ca	Na	K	Mg	S	Ti
PS-24	30.9	35.6	10.6	9.1	3.7	0.4	5.9	1.7	1.4	0.7
PS-25	31.3	35.7	10.3	9.3	4	0.3	5.6	1.6	1.2	0.6
PS-26	31.2	36	10.3	8.6	3.9	0.4	5.7	1.6	1.5	0.8
PS-27	31.7	35.5	10.1	8.1	5.1	0.3	5.7	1.7	1.1	0.7
PS-28	30.7	37.4	10.5	9.2	2.3	0.3	5.9	1.6	1.3	0.8
PS-29	30.8	36	10.5	9	3.7	0.3	5.8	1.7	1.6	0.7
PS-30	29.7	35.8	10.4	10.2	3.9	0.1	5.9	1.5	1.8	0.7
PS-31	30.9	37.2	10	8.7	3.8	0.2	5.6	1.5	1.4	0.6
PS-32	30.7	36.3	9.8	9.3	4.4	0.2	5.6	1.5	1.7	0.6
PS-33	30.8	37	9.9	9	4	0.2	5.6	1.5	1.4	0.7
PS-34	31.2	34.8	9.8	9.5	5.3	0.1	5.6	1.6	1.5	0.6
PS-35	30.5	35.9	10.2	9.6	3.6	0.2	5.8	1.6	1.9	0.7
PS-36	30.6	36	10.4	8.6	4.1	0.2	6	1.7	1.7	0.8
PS-37	30.6	35	10.4	9.3	4.4	0.1	6.2	1.6	1.8	0.7
PS-38	31.8	33.5	8.5	8.3	8	—	5.1	1.3	2.8	0.6
PS-39	31.2	36.3	8.1	8.2	6	0.1	4.9	1.2	3.6	0.6
PS-40	30.9	35.3	8.4	8.8	6.5	—	5	1.2	3.2	0.6
PS-41	30.6	33.6	7.4	10.9	7	0.1	4.2	1.3	4.4	0.5

从图7-13可以看出，Si含量底部略低，向上略有增大的趋势，含量介于20%~30%之间；Al含量在58m以下的几个样品中含量相对较低，其他层段含量相对稳定，均在10%左右；Fe含量变化不大，较为均匀地分布在10%附近；Ca含量变化相对较大，最大达到10%，在58m附近Ca出现较大值，上部28m、33m和38m出现低值，Ca含量的变化可能受到碳酸盐产率的影响；Na含量从下到上具有逐渐增大的趋势，这一方面可能受到海水盐度的影响，另一方面也有可能是由样品检测时没有洗盐所致；Mg含量底部略低，向上呈稳定缓慢增加的趋势；S含量底部较高，这可能是由于底部黄铁矿含量较高所致，反映了底部水体还原性相对较强，而顶部水体还原性相对较弱；Ti含量下部较低，向上略有增高。

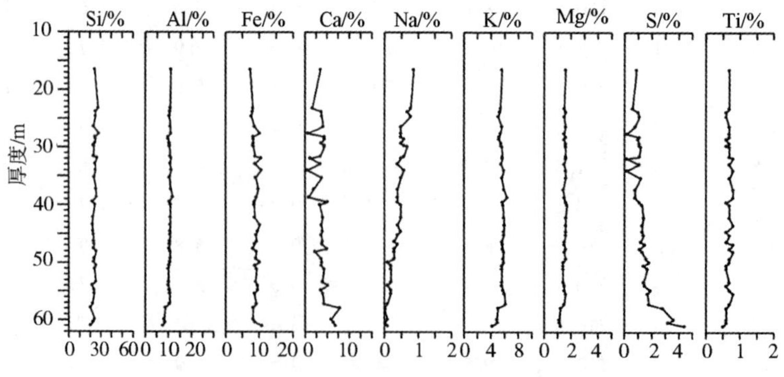

图7-13 彭水县鹿角龙马溪组剖面常量元素垂相变化图

Si 在位于研究区西部的彭水县鹿角剖面岩石中含量介于 33.5% ~39.2% 之间，平均值达到 36.2%，比位于研究区北部的连湖地区 Si 的平均含量高 29.5%，主要原因是龙马溪组细粒岩中 Si 很大一部分以石英碎屑的方式存在，通过第五章沉积体系的划分，鹿角地区相比于连湖地区更靠近南部的物源区，含石英碎屑颗粒较多，造成 Si 比北部渝页 1 井地区富集。

Al 是沉积物中仅次于 Si 和 O 的造岩元素，主要以各种铝硅酸盐矿物及其风化产物存在，广泛分布于沉积物中。Al 在彭水县鹿角剖面的龙马溪组细粒岩中的含量介于 7.4% ~ 11.5% 之间，平均值达 10.2%，比北部连湖的渝页 1 井细粒岩中的 Al 的平均含量 8% 大。

Fe 和 Mn 是典型的变价元素，具强烈的亲氧性，其迁移富集过程与环境关系密切。Fe 在研究区西部的彭水鹿角龙马溪组细粒岩中含量介于 7.4% ~10.9%，平均含量为 9%，大于北部连湖地区的渝页 1 井龙马溪组细粒岩中平均值为 3.8% 的 Fe 平均含量，也大于加拿大海盆中平均值为 5.13% 的 Fe 的平均含量(Herman，2012)，比中国浅海沉积物 Fe 的平均值 3.10% 略大(赵一阳和鄢明才，1994)。其原因可能包括两个方面，一方面是鹿角地区靠近物源，而陆源碎屑中碎屑状态的 Fe 含量较多，造成离源区较近的鹿角地区 Fe 含量较高；另一方面由于该区龙马溪早期海水相对较浅，水体还原性比北部连湖地区弱，一部分 Fe 以高价 Fe 氧化物的形式保存下来。鹿角龙马溪组细粒岩中 Mn 的含量介于 20 ~422μg/g之间，平均含量为 199.2μg/g，低于北部连湖地区龙马溪组细粒岩 Mn 的平均含量 301.4μg/g。

彭水县鹿角龙马溪组剖面细粒岩中 Na 的平均含量为 0.4%，低于北部连湖地区的渝页 1 井龙马溪组细粒岩中的 Na 含量(平均含量 0.72%)，也明显低于中国东部上陆壳的 Na 含量(平均含量 1.16%)(鄢明才和迟清华，1997)，K 平均含量达到 5.6%，高于北部地区龙马溪组细粒岩中 K 的平均含量(3.35%)，也明显大于中国浅海沉积物 K 的平均含量(1.93%)(赵一阳和鄢明才，1994)。

Ca 和 Mg 是非常重要的造岩元素，在风化过程中很容易进入溶液，并随溶液一起搬运，此外水体中的 Ca 和 Mg 容易被生物所吸收，形成碳酸盐生物骨骼，当溶液中的 Ca 和 Mg 离子与碳酸根离子的浓度达到溶度积时，便可以形成碳酸盐沉积物。因此 Ca 和 Mg 在沉积物中的含量受到沉积环境、物源体系和生物活动三个方面因素的控制。Ca 在彭水鹿角剖面龙马溪组细粒岩中含量介于 0.6% ~8% 之间，平均含量达到 3.9%，高于北部连湖渝页 1 井龙马溪组细粒岩中 Ca 的平均含量(1.68%)，同中国浅海沉积物平均值 3.79% 相近(赵一阳和鄢明才，1994)。Mg 含量在 1.2% ~1.8% 之间，平均含量达 1.6%，略大于北部渝页 1 井龙马溪组细粒岩中 Mg 的平均含量(1.39%)，也高于中国浅海沉积物平均含量(1.11%)(赵一阳和鄢明才，1994)。

Ti 在地壳中广泛分布，属于惰性元素，风化后难以形成可溶性化合物，大部分以碎屑矿物的形式搬运，受化学风化作用的影响较小，在平面上分布较为均匀(杨兢红等，2006)。彭水鹿角剖面中龙马溪组细粒岩中 Ti 的含量介于 0.55% ~0.8% 之间，平均含量为 0.7%，大于北部渝页 1 井细粒岩中 Ti 的平均含量(0.55%)，也明显大于中国东部上陆壳的平均含量(0.31%)(鄢明才和迟清华，1997)。

7.2.2.2 古环境

前面提到常量元素可以用来恢复沉积岩沉积时的地质背景、源岩组成和沉积环境等特征。$n(SiO_2)/n(Al_2O_3)$的值是区分岩石物源的重要标志，陆壳$n(SiO_2)/n(Al_2O_3)$值为3.6。因此比值接近的岩石其物源应以陆源为主，超过此值则有生物成因或热水成因物质补充(Taylor and McLennan，1985)。位于研究区西部的彭水鹿角剖面龙马溪组细粒岩中$n(SiO_2)/n(Al_2O_3)$值平均达4.06，最小值为3.7，最大值达5.15，底部60～65m几块样品比值较大，其他层段比值均在4左右(图7-14)。根据$SiO_2-Al_2O_3$岩石热水成因模式图解(图7-15)，可以看出彭水鹿角样品均落在水成区，没有深海沉积物和热水成因的物质。

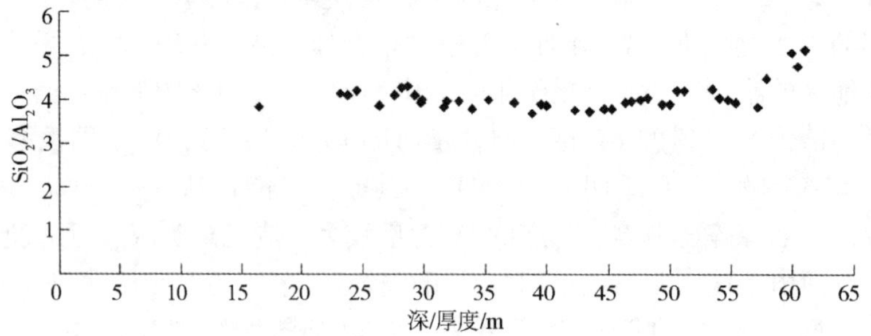

图7-14　彭水鹿角SiO_2/Al_2O_3比值与深/厚度的关系

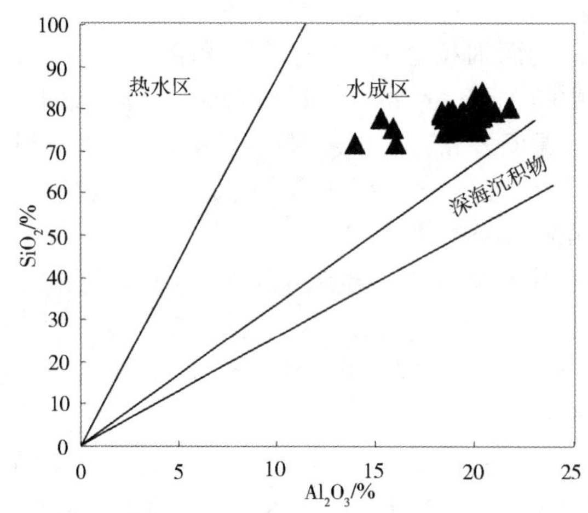

图7-15　彭水鹿角$SiO_2-Al_2O_3$岩石热水成因模式图解

彭水鹿角岩石样品$n(SiO_2)/n(Al_2O_3)$比值平均为4.06，与3.6较为接近，说明岩石的物源以陆源为主，底部$n(SiO_2)/n(Al_2O_3)$比值略大，说明虽然主要的沉积物来自陆源碎屑，但可能还有少量生物成因物质的沉积。

陆源物质富含铝，大洋热水沉积物中富含铁、锰，三者的含量关系可用于示踪沉积岩的物源，沉积岩中$n(Al)/n(Al+Fe+Mn)$值大于0.5时，其物源为陆源，当比值小于0.35时为热水沉积物(Boström，1983；Boström et al.，1973)。彭水鹿角地区$n(Al)/n(Al+Fe+Mn)$平均值为0.53，最小值为0.40，最大值为0.59，该剖面所有样品$n(Al)/n(Al+Fe+Mn)$比值均大于0.5，因此证实该地区龙马溪早期物源主要为陆地，没有热水沉积作用。此外岩石中 $n(Si)/n(Si+Al+Fe)$ 值可以提供物质来源的信息，即此值为0.9～1时反应物源主要为生物硅，小于0.9时则反映其更接近碎屑物源区(侯林，2010)。彭水鹿角地区样品 $n(Si)/n(Si+Al+Fe)$ 平均值为0.65，最大值为0.69，均小于0.9，反应了该地区物质来源主要为碎屑物质。

前面提到 $n(Al_2O_3)/n(Al_2O_3+Fe_2O_3)$ 值可以用来确定沉积岩的大地构造背景，当 $n(Al_2O_3)/n(Al_2O_3+Fe_2O_3)$ 值为0.6～0.9时，岩石属大陆边缘环境；为0.4～0.7时属远洋深海环境，为0.1～0.4时则属洋脊海岭环境(Murray et al.，1991)。位于四川盆地东南缘地区西部的彭水鹿角下志留统龙马溪组页岩中，$n(Al_2O_3)/n(Al_2O_3+Fe_2O_3)$ 平均值为0.60，最大值为0.66，最小值0.47，大多数样品大于0.6。根据上述讨论，研究区西部地区同样主要位于大陆边缘沉积环境。

7.3 微量元素与古环境

研究样品测试分两批进行。第一批样品为岩心样品，样品从井场用塑料箱封闭运至北京，保存在室温下，对91块样品(YY－1～YY－91)进行了元素含量测试，微量元素测定在HR－ICP－MS(Element Ⅰ)上完成，微量元素由在核工业北京地质研究院分析测试中心完成。第二批样品主要为2011年采集的野外露头样品，其中182块龙马溪组岩样进行了微量元素含量测试，样品测试由华北石油勘探开发研究院完成，测试仪器为ICPS－1000IV型等离子体发射光谱仪，检测依据为SY/T 6404—1999(沉积岩中金属元素的电感耦合等离子体原子发射光谱分析方法)。

7.3.1 渝页1井微量元素及环境意义

本研究测试分析了锂(Li)、铍(Be)、钪(Sc)、钒(V)、铬(Cr)、钴(Co)、镍(Ni)、铜(Cu)、锌(Zn)、镓(Ga)、铷(Rb)、锶(Sr)、铌(Nb)、钼(Mo)、镉(Cd)、铟(In)、锑(Sb)、铯(Cs)、钡(Ba)、钽(Ta)、钨(W)、铊(Tl)、铅(Pb)、铋(Bi)、钍(Th)、铀(U)、锆(Zr)、铪(Hf)、镧(La)、铈(Ce)、镨(Pr)、钕(Nd)、钐(Sm)、铕(Eu)、钆(Gd)、铽(Tb)、镝(Dy)、钬(Ho)、铒(Er)、铥(Tm)、镱(Yb)、镥(Lu)、钇(Y)等44种微量元素，如表7-7(微量元素)和表7-8(稀土元素)。样品主要采自川东南地区下志留统龙马溪组细粒岩，由核工业北京地质研究院分析测试中心完成。

表7-7 渝页1井微量元素含量表/10^{-6}

样号	Li	Be	Sc	V	Cr	Co	Ni	Cu	Zn	Ga	Rb	Sr	Nb	Mo	Cd	In	Sb	Cs	Ba	U	Zr	Hf
YY－1	60.9	3.57	22	149	109	21.8	54.6	36.1	98.6	26.9	238	68.8	17.1	0.383	0.115	0.107	0.774	18.1	1027	3.83	137	3.47
YY－2	52	3.06	17.6	136	101	20.4	48.5	41.2	221	24	190	61.2	15.1	0.408	0.254	0.099	0.757	16.1	891	3.41	125	3.25
YY－3	57.6	3.17	20.6	140	101	18.7	48.1	31.7	95.1	25.6	230	65.1	15.2	0.408	0.204	0.095	0.595	17.3	956	3.27	121	3.25
YY－4	57.7	3.66	21.4	144	110	17.9	49.1	34.7	87.8	26.6	236	71	16	0.595	0.082	0.098	0.819	18	989	3.42	129	3.33
YY－5	54.9	3.08	19.6	155	106	18.6	50.4	54	154	25.1	222	74.7	16.7	2.09	0.26	0.106	0.931	16.2	915	3.84	140	3.57
YY－6	57	3.19	20.7	186	115	20.2	60.5	48.4	105	26.3	228	73.2	18	8.47	0.183	0.099	1.21	16.4	985	4.35	150	3.99
YY－7	58.9	3.47	19.3	136	105	20.3	49.9	46	88.9	24.8	216	82.2	16.3	0.722	0.122	0.094	0.716	15.5	918	3.46	133	3.59

续表

样号	Li	Be	Sc	V	Cr	Co	Ni	Cu	Zn	Ga	Rb	Sr	Nb	Mo	Cd	In	Sb	Cs	Ba	U	Zr	Hf
YY-8	61.6	3.49	19.9	130	109	17.1	49.4	46.1	150	25.7	214	72.1	16.3	0.479	0.15	0.103	0.424	14.8	896	3.45	143	3.75
YY-9	58.6	3.02	19.2	135	110	20.6	51.1	42.5	102	24.9	214	72.6	16.8	0.559	0.102	0.083	0.594	14.1	906	3.7	145	3.78
YY-10	64.2	3.63	21.8	148	113	17.5	51.6	37.4	75	28.3	238	70.2	17.3	0.49	0.133	0.105	0.434	17.1	1058	3.92	143	3.88
YY-11	52.3	3.73	21.3	138	108	22.2	54.2	45.5	81.8	25.7	222	78.4	17.6	1.25	0.275	0.094	0.768	14.2	1063	3.84	154	4
YY-12	52.3	4.29	21.2	157	111	20.9	58.1	40	80.2	26.9	235	77.4	16.4	2.17	0.088	0.107	0.956	17	1167	4.48	134	3.5
YY-13	52.9	3.01	17.1	115	128	18.2	45	30.7	64.1	21.9	189	82.1	16.4	1.45	0.087	0.078	0.673	12	963	3.62	157	4.22
YY-14	60.1	3.56	20.8	145	103	19.8	51.6	35.6	77.2	25.6	204	82.6	15.5	0.745	0.071	0.1	0.729	14.2	1118	3.53	129	3.39
YY-15	62.8	3.1	20.6	148	114	22.9	52.8	33.5	159	26	232	86.5	15.8	0.792	0.292	0.091	0.863	14	1153	3.52	119	3.38
YY-16	59.4	3.3	20.4	133	106	17.1	47.2	37.6	71.7	23.8	212	78.5	16.6	0.534	0.091	0.09	0.427	13.1	1123	3.44	141	3.78
YY-17	61.7	3.27	17.4	116	111	19.4	48.1	51.7	96.9	22.5	189	76.3	16.4	1.72	0.159	0.078	0.728	11	980	3.34	160	4.22
YY-18	63.9	1.74	12.8	88.7	150	15.8	43.2	32.1	107	18.1	143	69.7	13.7	2.49	0.162	0.069	0.63	7.5	970	3.05	159	4.41
YY-19	55.2	3.58	19.9	141	129	19.2	48.5	43.4	880	25.2	218	76.6	18.9	0.95	0.858	0.109	0.724	13.7	1584	4.16	165	4.76
YY-20	55.4	2.88	17.7	133	114	20.6	50.2	23.9	74.3	23	196	78.9	18.2	1.08	0.077	0.081	0.782	12.7	1045	4.14	145	4.13
YY-21	53.1	1.22	7.46	59.4	130	10.6	28.3	17.1	56.1	12.5	90.3	65.8	11.9	2.24	0.085	0.034	0.423	4.32	535	2.34	134	3.74
YY-22	61.8	2	11.4	86.9	113	15.9	42.6	24.5	68.8	17.7	138	71	13	1.67	0.114	0.067	0.583	8.02	883	2.78	106	2.75
YY-23	64	4.1	18.3	133	101	18.6	51.6	35	101	24.1	217	75.2	16.8	1.97	0.14	0.088	0.689	15.9	1151	4.07	119	3.11
YY-24	62.1	3.3	18.1	132	109	19.6	53	32.8	104	24	207	74	15.5	1.76	0.091	0.099	0.834	14.8	1277	3.8	120	3.34
YY-25	67.7	4.03	20.3	163	107	20.5	60.8	35.3	104	26.4	233	79.8	22.2	3.31	0.131	0.105	1.08	17.2	1369	4.92	145	4.45
YY-26	68.8	3.3	20	140	110	19.5	55.1	46.8	102	25.8	221	78.5	17.4	2.02	0.129	0.096	1.44	15.3	1337	4.09	138	3.59
YY-27	66.5	3.7	20.2	163	106	19	58.7	40.9	93.2	26.1	228	73.5	16.2	1.9	0.088	0.096	0.863	16	1446	4.4	127	3.48
YY-28	70.3	3.41	21.5	193	113	18.5	60.9	45.7	203	26.3	239	75.3	15.7	3.27	0.855	0.109	1.17	17.4	1619	4.85	125	3.47
YY-29	63.1	3.41	19.3	167	106	19.2	55.3	40.3	143	25.2	229	84.4	15.1	3.04	0.338	0.093	1.23	15.4	1647	4.45	118	3.34
YY-30	66.2	3.63	20.7	177	109	18.7	55	43.6	140	26	230	68.6	15.2	2.96	0.385	0.117	0.991	15.1	1689	4.77	116	3.07
YY-31	59.8	3.8	19.1	167	105	16.9	59.6	43.2	112	24.8	229	76.4	15.8	3.49	0.246	0.102	1.24	15.9	1844	4.12	124	3.3
YY-32	62.7	3.71	19.9	191	107	18.3	68.4	42.4	210	26.1	238	79.1	21.3	6.79	0.415	0.091	1.76	16.4	1936	6.54	165	4.57
YY-33	68.8	3.54	19.2	176	112	17.6	57.1	40.7	143	24.3	230	71.7	16.5	3.23	0.792	0.1	1.16	17.1	1698	5.8	118	3.56
YY-34	55.5	3.61	15.9	124	91	16.2	43.7	62.3	93.7	20.3	196	191	15	1.92	0.532	0.081	0.523	14.4	1771	4.15	129	3.9
YY-35	72.1	4.54	19.3	164	111	19.6	70.5	47.7	130	26.4	242	91.4	15.7	9.03	0.245	0.102	1	17.6	2119	7.47	125	3.71
YY-36	59.3	3.67	18.2	177	100	15.9	57.7	36.9	96	24.8	221	92.9	30.4	5.66	0.18	0.087	0.946	14.6	2086	6.02	174	4.19
YY-37	65.3	3.77	19.5	156	104	18.9	78.6	47.7	110	24.3	215	113	19.2	11.3	0.172	0.096	1.35	14.8	2013	8.85	157	4.02
YY-38	52.7	3.91	15.4	155	92.7	17.8	74.8	52.2	84.6	20.9	198	104	23.4	16.7	0.22	0.075	1.83	15.1	1743	10.5	172	5.66
YY-39	53.3	2.73	15.2	165	100	20	86.9	56.3	133	20.3	177	73.6	18.2	18	0.486	0.087	2.25	12.4	1563	11.5	153	3.93
YY-40	58.5	3.99	18	235	105	24.7	107	66.7	196	21.7	212	84.9	17.2	18.7	0.999	0.1	3.83	14.4	1904	13.6	127	4.03
YY-41	41.8	3.32	14.3	141	88.6	21.3	65.5	57	117	17.7	165	172	27.8	13.7	0.668	0.073	2.98	10.6	12732	8.5	191	4.62
YY-42	43.7	3.19	15.9	151	96.4	22.3	75.5	59.9	96.2	21.4	203	80.5	25.8	14.6	0.34	0.089	2.36	14.1	1905	9.02	169	4.15
YY-43	56.9	3.09	14.2	170	97	18.5	78.3	49.3	106	21.4	188	132	30.2	12.2	0.611	0.087	2.69	12.8	1997	7.28	220	6.91
YY-44	32.5	2.25	11.7	212	97.4	16.8	66.7	45.7	145	15.8	148	131	16.2	8.86	1.03	0.07	2.59	9.07	1531	8.36	233	7.2
YY-45	44.7	3	14.8	136	97.5	18.8	58.8	51.6	114	19.7	170	113	17.7	9.26	0.634	0.077	2.12	11.3	1368	8.75	190	5.72
YY-46	39.7	2.91	14	125	102	21.1	47.9	54.9	101	19.1	191	122	15.8	11	0.544	0.076	2.13	11.6	1399	9.88	160	4.95
YY-47	55.3	3.2	16.7	158	94.6	18.5	57.9	56.3	116	21.4	203	139	17.7	8.14	0.513	0.091	2.1	14	1534	7.44	160	4.89

续表

样号	Li	Be	Sc	V	Cr	Co	Ni	Cu	Zn	Ga	Rb	Sr	Nb	Mo	Cd	In	Sb	Cs	Ba	U	Zr	Hf
YY-48	53.2	3.3	16.3	172	98.4	18.2	65.7	59.6	134	22.2	203	121	17.2	8.05	0.407	0.088	1.47	14.1	1490	7.32	140	4.03
YY-49	53.9	3.21	17.8	134	97.2	18.9	50.9	51.8	106	22.8	209	123	16.6	8.4	0.393	0.083	1.8	14.9	1478	6.23	126	3.48
YY-50	48.2	3.12	16.7	132	89.6	18.1	48.2	51.1	94.2	21.9	208	114	16.8	8.02	0.358	0.098	1.68	13.9	1453	6.25	125	3.77
YY-51	44.4	3.19	15.2	151	107	18.3	63.3	43	122	20.3	183	149	16.6	8.54	0.551	0.066	1.85	11.1	1425	6.38	163	4.86
YY-52	50.2	3.74	15	131	103	19.4	73.8	47.5	121	19.9	172	126	16.6	11.5	0.616	0.07	1.71	10.4	1369	8.07	181	5.37
YY-53	44.5	3.08	13.9	135	99	20	73.2	50.4	120	20.1	183	136	16.4	10.5	0.443	0.078	2.19	11.2	1339	8.63	173	4.95
YY-54	41.2	2.87	14.5	96.5	89.4	17.6	39.1	46.6	82.1	21.2	185	130	16.2	3.98	0.633	0.083	1.26	11.5	1369	4.87	178	5.14
YY-55	36.4	3.09	12.8	122	102	20.5	47.4	43.4	78.2	19.2	180	132	17.9	9.17	0.372	0.075	1.84	10.4	1270	8.38	218	6.01
YY-56	35.7	2.85	12.4	107	83.3	15	44.9	34.1	76.1	17.6	165	157	15.3	5.42	0.324	0.059	1.19	9.78	1333	6.03	208	5.79
YY-57	48	2.94	14	142	125	17.8	68.7	39.3	104	19.6	165	135	17.1	10.2	0.384	0.081	1.68	9.7	1306	6.27	199	5.97
YY-58	40.7	2.87	13.1	131	98.8	17.6	63.6	43.5	112	19.7	159	131	16.4	9.43	0.416	0.066	1.61	9.16	1272	6.54	201	5.7
YY-59	41.9	2.8	11.2	103	104	16.4	44.8	35.3	108	18.3	157	123	17.7	11.2	0.407	0.05	1.71	8.68	1216	6.24	186	4.96
YY-60	42.1	2.58	12.3	113	96.1	16.5	50.1	34.9	106	19.1	165	138	16.4	10	0.247	0.055	1.68	10.5	1340	6.34	182	5.36
YY-61	38.1	2.16	11.4	109	85.4	14.9	52.7	36.5	95.7	17.3	146	122	15.3	9.85	0.336	0.071	1.58	8.79	1135	5.98	195	5.29
YY-62	43.1	2.79	10.5	122	95	18.4	52.7	40.4	97	18.5	159	101	15.7	11.1	0.501	0.057	2.29	7.94	1289	6.45	211	5.96
YY-63	37	1.92	11.7	137	78.5	17.1	54.6	42.5	91.1	18.5	159	101	15.5	11	0.399	0.06	1.99	8.77	1198	6.49	173	5.11
YY-64	37	2.52	11.6	128	95.5	17.2	51.9	48.4	120	17.4	159	113	15.5	15	0.701	0.065	1.97	9.12	1236	6.5	181	4.94
YY-65	45.4	3.16	14.1	179	101	21.8	76.5	57.3	146	20.9	188	111	15.8	17.4	0.574	0.074	2.84	11.5	1449	8.14	164	4.77
YY-66	43.8	3.19	14.9	190	120	20.2	79.4	55.2	153	22.6	188	115	17.5	16.3	0.684	0.07	3.09	11.1	1395	8.56	190	5.4
YY-67	38.1	3.29	14.7	185	109	15.6	64.6	43.1	65.5	22.2	209	118	17.4	23.3	0.309	0.064	2.85	14.3	1642	11	183	5.79
YY-68	33.3	2.53	10.8	213	87.8	17.6	75.9	51.5	25.4	16.9	158	111	14.6	25.9	0.047	0.052	2.81	8.73	1229	10.2	152	4.26
YY-69	29.2	2.56	10.3	218	101	15.6	82.4	46.5	34.5	16.5	146	102	13.4	25.2	0.071	0.039	2.81	8.26	1169	9.06	145	4.28
YY-70	30.7	2.89	9.45	192	96.5	15.4	82.5	42	27.3	18.6	168	117	21	27	0.05	0.064	2.99	8.99	1382	10.8	185	5.77
YY-71	71.4	2.27	11.4	129	104	16.7	52.5	28.5	24.2	20.9	162	87.8	16.8	9.86	0.095	0.059	1.6	7.55	1003	5.95	189	5.59
YY-72	36.1	2.42	9.43	106	96.2	15.1	51.5	34.1	28.5	18	154	107	14.5	10.4	0.062	0.048	1.61	8.23	1092	6.44	181	5.28
YY-73	44.9	2.46	12.3	127	104	18	61.1	42.3	35.8	21.7	168	127	17.6	11.5	0.09	0.072	1.88	9.46	1303	6.84	222	6.01
YY-74	30.1	3.61	13.2	126	125	21.9	70.2	41.2	16.5	21.8	201	83	17.1	19.1	0.058	0.055	2.93	12.2	1334	9.62	213	6.04
YY-75	24.5	2.91	11.9	144	89.6	11.9	42.2	19.6	15.6	21.2	187	85.9	17.8	8.35	0.042	0.049	1.17	9.36	1245	5.59	186	5.23
YY-76	33.9	3.58	11.1	103	77.1	14.2	47.3	31.5	25.7	24.3	174	92.8	37.4	13.8	0.109	0.079	1.88	10.5	1275	7.02	289	11.4
YY-77	45.5	2.72	11.4	149	102	15.1	52.6	36.5	33.5	18.3	167	112	15.6	6.98	0.127	0.046	1.43	9.25	1194	5.35	191	5.4
YY-78	47.9	2.57	13.7	168	102	17.8	72.9	46.8	39.2	21.6	177	125	18.1	11.8	0.261	0.075	1.81	10.4	1342	7.1	214	6.06
YY-79	40.3	2.61	11.7	138	99.2	16.7	63.8	41.2	67.4	19.8	168	126	17.3	11.3	0.21	0.067	1.95	10.2	1196	6.35	217	6.22
YY-80	41.1	2.76	11.9	126	113	19.2	58.2	46.4	105	19.4	168	115	16.5	13.2	0.347	0.07	2.04	10.2	1192	6.61	188	4.86
YY-81	39.8	2.81	11.1	105	102	15.3	45.6	35	90	19.3	157	114	17.9	12.3	0.292	0.069	1.33	8.95	1229	5.77	196	5.52
YY-82	34.7	2.63	10.6	124	95.8	16.4	52.7	37.2	111	18.3	156	137	16.2	10.6	0.572	0.062	2	8.89	1273	6.36	194	5.37
YY-83	35.1	2.54	9.96	132	98	16.7	52.6	41.5	32.7	18.1	146	147	15.6	12.2	0.12	0.048	1.96	8.78	1280	5.89	154	4.24
YY-84	37.6	2.6	11.4	159	112	19.3	69.4	52.7	54.9	18.3	169	111	16.5	14	0.183	0.069	2.35	10.1	1246	6.81	154	4.05
YY-85	36.6	3.02	11	164	94.8	17.6	63.5	47.9	41.7	17.6	162	106	17.2	13.9	0.101	0.065	2.19	9.74	1307	6.19	162	4.58
YY-86	36.6	2.79	11.3	130	120	20	59.6	50.2	107	19.3	167	95.9	29.2	16.2	0.36	0.088	2.25	10.8	1264	6.65	209	4.98
YY-87	37.3	3.16	11.1	147	92.5	18.9	62.7	53.8	96	18.4	167	93.3	30.6	12.5	0.352	0.071	2.65	11.1	1240	7.48	221	3.84

续表

样号	Li	Be	Sc	V	Cr	Co	Ni	Cu	Zn	Ga	Rb	Sr	Nb	Mo	Cd	In	Sb	Cs	Ba	U	Zr	Hf
YY-88	38.1	2.96	12.9	167	101	20.2	65.7	49.7	104	20.8	178	110	16.8	11.2	0.488	0.084	2.39	11.5	1412	6.98	154	4.08
YY-89	35.7	3.15	12.1	177	100	19.2	72.9	58.1	135	18.6	169	102	15	14	0.691	0.073	2.56	11.2	1225	7.16	137	3.74
YY-90	37.5	3.24	11.9	178	103	18.6	71.3	57.3	128	19.1	169	105	15.1	15.8	0.526	0.07	2.26	11.4	1247	6.46	134	3.54
YY-91	37.8	2.62	12	174	106	19.4	74.2	55.1	135	19.4	171	108	16.1	12.7	0.491	0.077	2.6	11.6	1312	6.58	134	3.61

表7-8　平均页岩中主量元素和微量元素含量(Wedepohl，1971)

主量元素/%		微量元素/10^{-6}											
SiO_2	58.90	Li	66	Co	19	Zr	160	Cs	5.5	Er	3.9	Tl	1.4
TiO_2	0.78	Be	3	Ni	68	Nb	18	Ba	580	Tm	0.6	Pb	20
Al_2O_3	16.70	B	100	Cu	45	Mo	2.6	La	40	Yb	3.7	Bi	0.1
Fe_2O_3	2.80	F	740	Zn	95	Ru	0.0	Ce	95	Lu	0.7	Th	12
FeO	3.70	P	700	Ga	19	Rh	0.0	Pr	9.7	Hf	2.8	U	3.7
MnO	0.09	S	2400	Ge	1.6	Pd	0.0	Nd	39	Ta	2		
MgO	2.60	Cl	180	As	10	Ag	0.07	Sm	7.3	W	1.8		
CaO	2.20	Sc	13	Se	0.6	Cd	0.8	Eu	1.6	Os	0.000x		
Na_2O	1.60	Ti	4600	Br	4	In	0.1	Gd	7	Ir	0.000x		
K_2O	3.60	V	130	Rb	140	Sn	6	Tb	1.2	Pt	0.00x		
P_2O_5	0.16	Cr	90	Sr	300	Sb	1.5	Dy	5.5	Au	0.005		
CO_2	1.30	Mn	850	Y	41	J	2.2	Ho	1.6	Hg	0.4		

7.3.1.1　微量元素含量特征

为了探讨研究区龙马溪组细粒岩中微量元素的富集特性，本章采用了“标准化”作图法，对部分微量元素的富集和亏损状态进行了探讨。该方法是近年来在微量元素地球化学研究中较为流行的作图方法，所谓标准化是基于某种理论模式或某种特定的研究目的而设计的。微量元素标准化，就是将样品中的某一种微量元素的含量除以参照物质中(如上地壳、球粒陨石、北美页岩等)该种微量元素的含量，得到标准化数据，然后以标准化数据的对数为纵坐标，以标准化的元素名称为横坐标进行编图。标准化图采用 Geokit 软件制作(路远发，2004)。

为了探讨渝页1井微量元素的变化，把该井分为6段(每段60m)进行微量元素的标准化。标准化采用上地壳微量元素平均值(Wedepohl，1995)，即：Mo(0.102μg/g)、U(18.6μg/g)、Cd(2.5μg/g)、Zn(1.4μg/g)、V(11.6μg/g)、Cr(18.6μg/g)、Co(14.3μg/g)、Ni(52μg/g)、Cu(14μg/g)、Ga(2.0μg/g)、In(0.31μg/g)、Sb(668μg/g)、Tl(0.123μg/g)、Pb(10.3μg/g)、Bi(2.5μg/g)、Rb(20.72μg/g)、Sr(237μg/g)、Ba(1.5μg/g)。标准化蛛网图如图7-16所示。

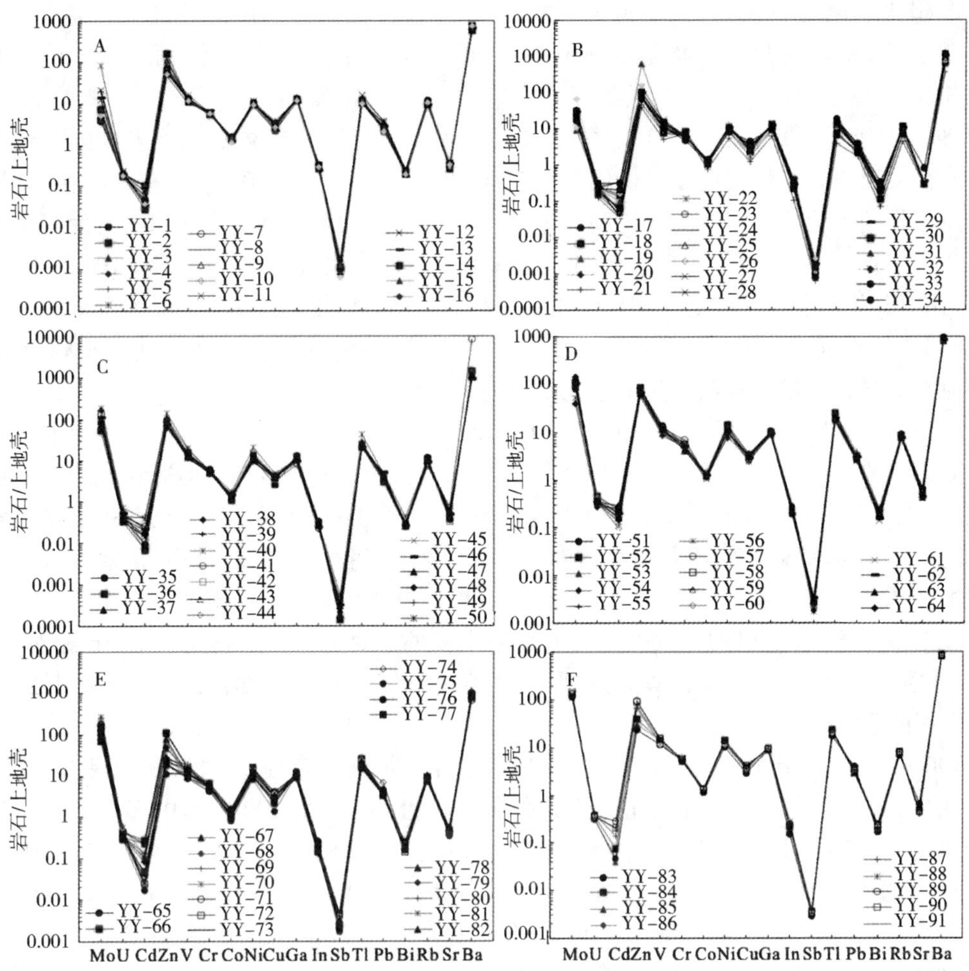

图 7-16 渝页 1 井微量元素上地壳标准化蛛网图

0～60m 层段：从图 7-16A 可以看出，龙马溪组细粒岩微量元素丰度同上地壳相比，能够反映水介质氧化还原条件的 Mo 和 Zn 富集，U 和 Cd 相对亏损；亲铁元素中 V、Cr、Co 和 Ni 明显富集；亲铜元素中 Cu、Ga、Tl 和 Pb 相对富集，In 略有亏损，而 Sb 有明显的亏损；亲石元素中 Rb 和 Ba 相对富集，而 Sr 略有亏损。

60～120m 层段：从图 7-16B 可以看出，龙马溪组细粒岩微量元素丰度同上地壳相比，能够反映水介质氧化还原条件的 Mo 略有富集，而 Zn 则明显富集，U 和 Cd 则相对亏损；亲铁元素中 V、Cr 和 Co 较为富集，而 Ni 含量与上地壳的丰度基本一致；亲铜元素中 Cu、Ga、Tl 和 Pb 相对富集，In 和 Bi 同上地壳的丰度相近，而 Sb 有明显的亏损；亲石元素中 Rb 相对富集，Ba 明显富集，而 Sr 同上地壳丰度相比略有亏损。

120～180m 层段：从图 7-16C 可以看出，龙马溪组细粒岩微量元素丰度同上地壳相比，能够反映水介质氧化还原条件的 Mo 和 Zn 相对富集，达到 100 倍左右，U 和 Cd 则相对亏损；亲铁元素中 V、Cr 和 Ni 较为富集，富集在 8 倍左右，而 Co 含量与上地壳的丰度基本一致；亲铜元素中 Cu、Ga、Tl 和 Pb 相对富集，In 和 Bi 同上地壳的丰度相比，略有亏损，而Sb有明显的亏损；亲石元素中Rb相对富集，达到10倍左右，而Ba明显富集，平均达到700倍，而个别样品可以达到近万倍，Sr同上地壳丰度相比略有亏损。

180～240m层段：从图7-16D可以看出，龙马溪组细粒岩微量元素丰度同上地壳相比，能够反映水介质氧化还原条件的Mo和Zn相对富集，达到100倍左右，U和Cd则相对亏损，分别为上地壳丰度的0.3和0.1倍左右；亲铁元素中V、Cr和Ni较为富集，富集在9倍左右，而Co含量与上地壳的丰度基本一致；亲铜元素中Cu、Ga、Tl和Pb相对富集，In和Bi同上地壳的丰度相比，略有亏损，而Sb有明显的亏损，仅为上地壳丰度的0.001倍；亲石元素中Rb相对富集，达到10倍左右，而Ba明显富集，达到1000倍，Sr同上地壳丰度相比略有亏损，为上地壳丰度的0.6倍。

240～300m层段：从图7-16E可以看出，龙马溪组细粒岩微量元素丰度同上地壳相比，能够反映水介质氧化还原条件的Mo和Zn相对富集，其中Mo富集达到上地壳丰度的100倍左右，U和Cd则相对亏损，分别为上地壳丰度的0.3和0.02倍左右；亲铁元素中V、Cr和Ni较为富集，分别为上地壳丰度的30倍、7倍和10倍，而Co元素含量与上地壳的丰度基本一致；亲铜元素中Cu、Ga、Tl和Pb相对富集，相对于上地壳丰度，In和Bi略有亏损，而Sb有明显的亏损，仅为上地壳丰度的0.001倍；亲石元素中Rb相对富集，达到10倍左右，而Ba明显富集，达到1000倍，Sr同上地壳丰度相比略有亏损，约为上地壳丰度的0.6倍。

300～324.6m层段：从图7-16F可以看出，龙马溪组细粒岩微量元素丰度同上地壳相比，能够反映水介质氧化还原条件的Mo和Zn相对富集，其中Mo富集达到上地壳丰度的100倍以上，Zn则在50倍左右，U和Cd则相对亏损，分别为上地壳丰度的0.3和0.03倍左右；亲铁元素中V、Cr和Ni较为富集，分别为上地壳丰度的20倍、7倍和10倍，而Co含量与上地壳的丰度基本一致；亲铜元素中Cu、Ga、Tl和Pb相对富集，分别达到上地壳丰度的3倍、9倍、11倍和4倍，相对于上地壳丰度，In和Bi则略有亏损，而Sb有明显的亏损，仅为上地壳丰度的0.002倍；亲石元素中Rb相对富集，达到10倍左右，而Ba明显富集，达到1000倍，Sr同上地壳丰度相比略有亏损，约为上地壳丰度的0.5倍。

总体上看，渝页1井龙马溪组细粒岩中微量元素丰度与上地壳相比，Mo和Zn相对富集，U和Cd则相对亏损；亲铁元素中V、Cr和Ni较为富集，而Co含量与上地壳的丰度基本一致；亲铜元素中Cu、Ga、Tl和Pb相对富集，相对于上地壳丰度，In和Bi则略有亏损，而Sb有明显的亏损；亲石元素中Rb相对富集，而Ba明显富集，Sr同上地壳丰度相比略有亏损。

此外，在微量元素分析过程中，富集系数(EF－enrichment factors)可以被用来表示某种元素的富集程度，可用下式计算(Calvert and Pedersen，1993；Rimmer，2004)：

$$富集系数(EF)=(X_{样品}/Al_{样品})/(X_{平均页岩}/Al_{平均页岩})$$

式中，$X_{样品}$为样品中X的含量；$Al_{样品}$为样品中Al的含量(如果测试结果中，Al含量以Al_2O_3表示，则需要计算出Al_2O_3中Al的含量)；$X_{平均页岩}$表示平均页岩中X的含量；$Al_{平均页岩}$表示平均页岩中Al的含量(计算出Al_2O_3中Al的含量，如表7-8平均页岩中Al_2O_3

的含量为16.7%，则其中 Al 含量为8.84%）。平均页岩中主量元素和微量元素如表7-8所示（Wedepohl，1971）。计算的平均页岩中部分微量元素与平均页岩中 Al 的比值如表 7-9 所示。根据微量元素富集系数计算公式，计算出的渝页 1 井中个微量元素的富集系数 *EF*，如表7-10 所示。

表 7-9　平均页岩中部分微量元素与平均页岩中 Al 的比值

$X_{页岩}/Al_{平均页岩}$	$Li_s/Al_s\times10^{-4}$	$Be_s/Al_s\times10^{-4}$	$Sc_s/Al_s\times10^{-4}$	$V_s/Al_s\times10^{-4}$
结果	7.47	0.34	1.47	14.71
$X_{页岩}/Al_{平均页岩}$	$Ga_s/Al_s\times10^{-4}$	$Rb_s/Al_s\times10^{-4}$	$Sr_s/Al_s\times10^{-4}$	$Nb_s/Al_s\times10^{-4}$
结果	2.15	15.84	33.94	2.04
$X_{页岩}/Al_{平均页岩}$	$Ba_s/Al_s\times10^{-4}$	$U_s/Al_s\times10^{-4}$	$Zr_s/Al_s\times10^{-4}$	$Hf_s/Al_s\times10^{-4}$
结果	65.61	0.42	18.10	0.32
$X_{页岩}/Al_{平均页岩}$	$Ni_s/Al_s\times10^{-4}$	$Cu_s/Al_s\times10^{-4}$	$In_s/Al_s\times10^{-4}$	$Sb_s/Al_s\times10^{-4}$
结果	7.69	5.09	0.01	0.17
$X_{页岩}/Al_{平均页岩}$	$Cr_s/Al_s\times10^{-4}$	$Co_s/Al_s\times10^{-4}$	$Mo_s/Al_s\times10^{-4}$	$Cd_s/Al_s\times10^{-4}$
结果	10.18	2.15	0.29	0.09
$X_{页岩}/Al_{平均页岩}$	$Zn_s/Al_s\times10^{-4}$	$Cs_s/Al_s\times10^{-4}$	$B_s/Al_s\times10^{-4}$	$Mn_s/Al_s\times10^{-4}$
结果	10.75	0.62	11.31	96.15

表 7-10　渝页 1 井细粒岩各微量元素的富集系数（*EF*）

样号	元素																					
	Li	Be	Sc	V	Cr	Co	Ni	Cu	Zn	Ga	Rb	Sr	Nb	Mo	Cd	In	Sb	Cs	Ba	U	Zr	Hf
YY-1	5.2	6.7	9.6	6.5	6.8	6.5	4.5	4.5	5.9	8.0	9.6	1.3	5.4	0.8	0.8	6.2	2.9	18.6	10.0	5.8	4.8	7.0
YY-2	4.5	5.8	7.7	5.9	6.4	6.1	4.1	5.2	13.2	7.2	7.7	1.2	4.8	0.9	1.8	5.8	2.9	16.7	8.7	5.2	4.4	6.6
YY-3	4.9	6.0	8.9	6.1	6.3	5.5	4.0	4.0	5.6	7.6	9.3	1.2	4.8	0.9	1.4	5.5	2.2	17.7	9.3	5.0	4.3	6.5
YY-4	4.9	6.8	9.2	6.2	6.8	5.2	4.0	4.3	5.1	7.8	9.4	1.3	4.9	1.3	0.6	5.6	3.0	18.2	9.5	5.1	4.5	6.6
YY-5	4.7	5.9	8.6	6.8	6.7	5.6	4.2	6.8	9.2	7.5	9.0	1.4	5.3	4.6	1.9	6.2	3.5	16.8	9.0	5.9	5.0	7.3
YY-6	4.8	5.9	8.9	8.0	7.1	5.9	5.0	6.0	6.2	7.7	9.1	1.4	5.6	18.2	1.3	5.7	4.5	16.7	9.5	6.6	5.2	7.9
YY-7	5.2	6.7	8.6	6.1	6.8	6.2	4.3	5.9	5.4	7.6	9.0	1.6	5.3	1.6	0.9	5.6	2.8	16.4	9.2	5.4	4.8	7.4
YY-8	5.4	6.8	8.9	5.8	7.0	5.2	4.2	6.0	9.2	7.9	8.9	1.4	5.3	1.1	1.1	6.2	1.6	15.6	9.0	5.4	5.2	7.8
YY-9	5.1	5.8	8.5	6.0	7.0	6.2	4.3	5.4	6.2	7.5	8.8	1.4	5.4	1.2	0.7	4.9	2.3	14.7	9.0	5.7	5.2	7.7
YY-10	5.4	6.7	9.3	6.3	7.0	5.1	4.2	4.6	4.4	8.3	9.5	1.3	5.3	1.0	0.9	6.0	1.6	17.3	10.2	5.9	5.0	7.7
YY-11	4.4	6.9	9.0	5.8	6.6	6.4	4.4	5.6	4.7	7.4	8.7	1.4	5.4	2.6	1.9	5.3	2.8	14.2	10.1	5.7	5.3	7.9
YY-12	4.2	7.6	8.6	6.4	6.5	5.8	4.5	4.7	4.5	7.5	8.9	1.4	4.8	4.4	0.6	5.8	3.4	16.4	10.6	6.4	4.4	6.6
YY-13	4.5	5.7	7.5	5.0	8.1	5.4	3.7	3.9	3.8	6.5	7.6	1.6	5.2	3.2	0.6	4.5	2.5	12.4	9.4	5.5	5.6	8.5
YY-14	5.1	6.6	8.9	6.2	6.4	5.8	4.2	4.4	4.5	7.5	8.1	1.5	4.8	1.6	0.5	5.7	2.7	14.3	10.7	5.3	4.5	6.7
YY-15	5.3	5.8	8.9	6.4	7.1	6.7	4.3	4.2	9.4	7.7	9.3	1.6	4.9	1.7	2.1	5.2	3.2	14.3	11.1	5.3	4.2	6.8
YY-16	5.2	6.4	9.1	5.9	6.8	5.2	4.0	4.9	4.4	7.3	8.8	1.5	5.4	1.2	0.7	5.4	1.7	13.8	11.3	5.4	5.1	7.8
YY-17	5.5	6.4	7.9	5.3	7.3	6.0	4.2	6.8	6.0	7.0	8.0	1.5	5.4	3.9	1.2	4.7	2.9	11.8	10.0	5.3	5.9	8.9
YY-18	6.4	3.8	6.5	4.5	11.0	5.5	4.2	4.7	7.4	6.3	6.7	1.5	5.0	6.3	1.3	4.7	2.8	9.0	11.0	5.4	6.6	10.4
YY-19	4.4	6.3	8.1	5.7	7.6	5.3	3.8	5.1	48.8	7.0	8.2	1.3	5.5	1.9	5.7	5.9	2.5	13.1	14.4	5.9	5.4	8.9
YY-20	5.2	5.9	8.4	6.3	7.8	6.7	4.5	3.3	4.8	7.5	8.6	1.6	6.2	2.6	0.6	5.1	3.2	14.2	11.1	6.9	5.6	9.1

续表

样号	元素																					
	Li	Be	Sc	V	Cr	Co	Ni	Cu	Zn	Ga	Rb	Sr	Nb	Mo	Cd	In	Sb	Cs	Ba	U	Zr	Hf
YY-21	7.4	3.7	5.3	4.2	13.2	5.1	3.8	3.5	5.4	6.0	5.9	2.0	6.1	7.9	1.0	3.2	2.6	7.2	8.4	5.8	7.7	12.2
YY-22	6.7	4.8	6.3	4.8	9.0	6.0	4.5	3.9	5.2	6.6	7.0	1.7	5.2	4.6	1.0	4.9	2.8	10.4	10.9	5.4	4.7	7.0
YY-23	5.5	7.7	8.0	5.8	6.3	5.5	4.3	4.4	6.0	7.2	8.8	1.4	5.3	4.3	1.0	5.1	2.6	16.3	11.2	6.2	4.2	6.3
YY-24	5.3	6.2	7.9	5.8	6.9	5.8	4.4	4.1	6.2	7.2	8.4	1.4	4.9	3.8	0.6	5.8	3.1	15.3	12.5	5.8	4.3	6.8
YY-25	5.8	7.6	8.9	7.1	6.8	6.1	5.1	4.5	6.2	7.9	9.5	1.5	7.0	7.2	0.9	6.1	4.1	17.8	13.4	7.6	5.2	9.0
YY-26	6.2	6.6	9.2	6.4	7.3	6.1	4.8	6.2	6.4	8.1	9.4	1.6	5.8	4.6	1.0	5.9	5.7	16.6	13.7	6.6	5.1	7.6
YY-27	5.8	7.1	8.9	7.2	6.7	5.7	4.9	5.2	5.6	7.9	9.3	1.4	5.1	4.2	0.6	5.6	3.3	16.6	14.3	6.8	4.5	7.1
YY-28	6.1	6.5	9.5	8.5	7.2	5.6	5.1	5.8	12.3	7.9	9.8	1.4	5.0	7.2	6.2	6.4	4.5	18.1	16.0	7.5	4.5	7.1
YY-29	5.6	6.6	8.6	7.5	6.9	5.9	4.7	5.2	8.8	7.7	9.5	1.6	4.9	6.8	2.5	5.6	4.8	16.3	16.5	7.0	4.3	6.9
YY-30	5.7	6.8	9.0	7.7	6.8	5.6	4.6	5.5	8.3	7.7	9.3	1.3	4.8	6.4	2.7	6.8	3.7	15.5	16.5	7.3	4.1	6.2
YY-31	5.2	7.2	8.4	7.3	6.6	5.1	5.0	5.5	6.7	7.4	9.3	1.4	5.0	7.6	1.8	6.0	4.7	16.5	18.1	6.3	4.4	6.7
YY-32	5.5	7.2	8.9	8.5	6.9	5.6	5.8	5.5	12.8	8.0	9.9	1.5	6.9	15.2	3.0	5.4	6.8	17.3	19.4	10.2	6.0	9.5
YY-33	5.8	6.6	8.3	7.6	7.0	5.2	4.7	5.1	8.4	7.2	9.2	1.3	5.1	7.0	5.6	5.8	4.3	17.4	16.4	8.8	4.1	7.1
YY-34	5.3	7.6	7.8	6.0	6.4	5.4	4.1	8.8	6.3	6.8	8.9	4.0	5.3	4.7	4.2	5.3	2.2	16.6	19.4	7.1	5.1	8.8
YY-35	6.5	9.0	8.8	7.5	7.3	6.1	6.2	6.3	8.1	8.3	10.3	1.8	5.2	20.7	1.8	6.2	4.0	19.0	21.7	12.0	4.6	7.9
YY-36	5.3	7.2	8.2	8.0	6.5	4.9	5.0	4.8	5.9	7.7	9.3	1.8	9.9	12.8	1.3	5.3	3.7	15.6	21.1	9.5	6.4	8.8
YY-37	6.1	7.8	9.3	7.4	7.1	6.1	7.1	6.5	7.1	7.9	9.5	2.3	6.6	26.8	1.3	6.1	5.5	16.6	21.4	14.7	6.1	8.8
YY-38	5.1	8.4	7.6	7.7	6.6	6.0	7.1	7.5	5.7	7.1	9.1	2.2	8.4	41.4	1.8	5.0	7.8	17.7	19.4	18.3	6.9	13.0
YY-39	5.1	5.7	7.4	8.0	7.0	6.6	8.1	7.9	8.8	6.7	8.0	1.5	6.4	43.6	3.8	5.6	9.4	14.2	17.0	19.6	6.0	8.8
YY-40	5.3	8.0	8.3	10.8	7.0	7.8	9.4	8.9	12.4	6.9	9.1	1.7	5.7	43.2	7.5	6.2	15.3	15.7	19.7	22.0	4.8	8.6
YY-41	4.1	7.1	7.1	7.0	6.3	7.2	6.2	8.2	7.9	6.0	7.6	3.7	10.0	34.0	5.4	4.8	12.8	12.4	141.4	14.8	7.7	10.6
YY-42	4.2	6.7	7.7	7.3	6.7	7.4	7.0	8.4	6.4	7.1	9.1	1.7	9.0	35.3	2.7	5.8	9.9	16.1	20.7	15.3	6.6	9.3
YY-43	5.9	7.0	7.4	8.9	7.3	6.6	7.8	7.5	7.6	7.7	9.1	3.0	11.4	31.9	5.2	6.1	12.2	15.8	23.4	13.4	9.4	16.8
YY-44	4.0	6.2	7.4	13.4	8.9	7.3	8.0	8.3	12.5	6.8	8.7	3.6	7.4	28.0	10.6	5.9	14.1	13.5	21.7	18.5	11.9	21.1
YY-45	4.6	6.8	7.7	7.1	7.3	6.7	5.8	7.7	8.1	7.0	8.2	2.5	6.6	24.0	5.4	5.3	9.5	13.9	15.9	15.9	8.0	13.8
YY-46	4.0	6.5	7.2	6.5	7.6	7.5	4.7	8.2	7.1	6.8	9.2	2.7	5.9	28.4	4.6	5.2	9.5	14.2	16.2	17.9	6.7	11.9
YY-47	5.4	6.9	8.3	7.8	6.8	6.3	5.5	8.1	7.9	7.3	9.4	3.0	6.3	20.2	4.2	6.0	9.0	16.4	17.1	13.0	6.5	11.3
YY-48	5.2	7.0	8.0	8.5	7.0	6.1	6.2	8.5	9.0	7.5	9.3	2.6	6.1	19.8	3.3	5.8	6.3	16.4	16.4	12.6	5.6	9.2
YY-49	5.2	6.8	8.7	6.5	6.9	6.3	4.8	7.3	7.1	7.6	9.5	2.6	5.9	20.5	3.1	5.4	7.6	17.2	16.2	10.7	5.0	7.9
YY-50	4.6	6.6	8.2	6.5	6.3	6.1	4.5	7.2	6.3	7.3	9.5	2.4	5.9	19.7	2.9	6.4	7.1	16.1	16.0	10.7	5.0	8.6
YY-51	4.7	7.4	8.1	8.0	8.2	6.7	6.5	6.6	8.9	7.4	9.1	3.4	6.4	22.8	4.8	4.7	8.5	14.0	17.0	11.9	7.1	12.0
YY-52	5.4	8.9	8.2	7.2	8.2	7.3	7.7	7.5	9.1	7.5	8.8	3.0	6.6	31.6	5.5	5.1	8.1	13.5	16.8	15.5	8.1	13.7
YY-53	4.7	7.1	7.4	7.2	7.6	7.3	7.4	7.7	8.7	7.3	9.0	3.1	6.3	27.9	3.8	5.5	10.1	14.1	15.9	16.1	7.5	12.2
YY-54	4.2	6.4	7.5	5.0	6.6	6.2	3.8	6.9	5.8	7.5	8.8	2.9	6.0	10.3	5.3	5.7	5.6	14.0	15.8	8.8	7.4	12.3
YY-55	3.8	7.1	6.8	6.4	7.8	7.4	4.8	6.6	5.7	6.9	8.8	3.0	6.8	24.2	3.2	5.3	8.4	13.0	15.0	15.5	9.4	14.7
YY-56	3.8	6.7	6.8	5.8	6.6	5.6	4.7	5.4	5.7	6.6	8.4	3.7	6.0	14.8	2.9	4.3	5.6	12.6	16.3	11.5	9.2	14.7
YY-57	5.4	7.3	8.1	8.2	10.4	7.0	7.6	6.5	8.2	7.7	8.8	3.4	7.1	29.3	3.6	6.2	8.4	13.2	16.8	12.7	9.3	15.9
YY-58	4.5	7.0	7.4	7.4	8.1	6.8	6.9	7.1	8.7	7.6	8.3	3.2	6.7	26.7	3.8	5.0	7.9	12.2	16.1	13.0	9.2	14.9

续表

样号	元素																					
	Li	Be	Sc	V	Cr	Co	Ni	Cu	Zn	Ga	Rb	Sr	Nb	Mo	Cd	In	Sb	Cs	Ba	U	Zr	Hf
YY-59	5.0	7.4	6.8	6.3	9.2	6.8	5.2	6.2	9.0	7.6	8.9	3.3	7.8	34.2	4.1	4.1	9.0	12.5	16.6	13.4	9.2	14.0
YY-60	4.9	6.6	7.3	6.7	8.2	6.7	5.7	6.0	8.6	7.8	9.1	3.6	7.0	29.7	2.4	4.4	8.6	14.7	17.8	13.2	8.8	14.8
YY-61	4.3	5.4	6.6	6.3	7.1	5.9	5.8	6.1	7.5	6.8	7.8	3.0	6.4	28.4	3.2	5.5	7.9	12.0	14.7	12.1	9.1	14.1
YY-62	4.7	6.7	5.9	6.8	7.6	7.0	5.6	6.5	7.4	7.1	8.2	2.4	6.3	30.9	4.6	4.2	11.0	10.5	16.1	12.6	9.5	15.4
YY-63	4.1	4.7	6.6	7.7	6.4	6.6	5.9	6.9	7.0	7.1	8.3	2.5	6.3	31.0	3.7	4.5	9.7	11.7	15.1	12.8	7.9	13.3
YY-64	4.7	7.1	7.6	8.3	9.0	7.7	6.5	9.1	10.7	7.8	9.6	3.2	7.3	48.9	7.5	5.7	11.1	14.1	18.1	14.9	9.6	14.9
YY-65	5.3	8.2	8.4	10.7	8.7	8.9	8.7	9.9	11.9	8.5	10.4	2.9	6.8	52.0	5.6	5.9	14.7	16.3	19.4	17.1	8.0	13.2
YY-66	4.9	7.9	8.5	10.8	9.8	7.9	8.6	9.1	11.9	8.8	9.9	2.8	7.2	46.3	6.3	5.3	15.2	14.9	17.8	17.1	8.8	14.2
YY-67	4.2	8.1	8.3	10.4	8.9	6.0	7.0	7.0	5.1	8.6	11.0	2.9	7.1	65.8	2.9	4.8	13.9	19.1	20.8	21.8	8.4	15.2
YY-68	4.4	7.4	7.3	14.4	8.6	8.1	9.8	10.0	2.3	7.8	9.9	3.2	7.1	87.4	0.5	4.7	16.4	13.9	18.6	24.2	8.3	13.3
YY-69	3.9	7.5	7.0	14.7	9.9	7.2	10.7	9.1	3.2	7.6	9.2	3.0	6.5	85.3	0.8	3.5	16.4	13.2	17.7	21.5	8.0	13.4
YY-70	3.8	7.8	5.9	11.9	8.7	6.6	9.8	7.6	2.3	7.9	9.7	3.2	9.4	84.1	0.5	5.3	16.1	13.2	19.3	23.6	9.4	16.7
YY-71	7.1	5.0	5.7	6.5	7.6	5.7	5.0	4.1	1.7	7.2	7.6	1.9	6.1	24.8	0.8	4.0	7.0	9.0	11.3	10.5	7.7	13.0
YY-72	4.1	6.0	5.4	6.1	8.0	5.9	5.7	5.7	2.2	7.1	8.2	2.7	6.0	29.9	0.6	3.7	8.0	11.2	14.1	13.0	8.5	14.1
YY-73	5.0	6.0	6.9	7.2	8.5	7.0	6.6	6.9	2.8	8.4	8.8	3.1	7.2	32.5	0.8	5.4	9.2	12.6	16.5	13.5	10.2	15.7
YY-74	3.0	7.8	6.6	6.3	9.0	7.5	6.7	5.9	1.1	7.4	9.3	1.8	6.1	47.6	0.5	3.7	12.6	14.4	14.9	16.8	8.6	14.0
YY-75	2.5	6.5	6.2	7.4	6.7	4.2	4.2	2.9	1.1	7.5	9.0	1.9	6.6	21.6	0.4	3.4	5.2	11.4	14.4	10.1	7.8	12.5
YY-76	3.3	7.8	5.5	5.1	5.6	4.9	4.5	4.5	1.8	8.3	8.1	2.0	13.5	34.5	0.9	5.3	8.1	12.4	14.3	12.3	11.7	26.4
YY-77	5.2	6.8	6.6	8.6	8.5	6.0	5.8	6.1	2.6	7.2	8.9	2.8	6.5	20.1	1.2	3.5	7.1	12.6	15.4	10.8	9.0	14.5
YY-78	5.3	6.2	7.7	9.4	8.2	6.8	7.8	7.6	3.0	8.3	9.2	3.0	7.3	33.0	2.4	5.6	8.8	13.8	16.8	14.0	9.7	15.7
YY-79	4.4	6.3	6.5	7.7	8.0	6.4	6.8	6.6	5.1	7.6	8.7	3.0	7.0	31.6	1.9	5.0	9.4	13.5	15.0	12.4	9.8	16.1
YY-80	4.4	6.6	6.5	6.9	8.9	7.2	6.1	7.3	7.9	7.3	8.5	2.7	6.5	36.1	3.1	5.1	9.7	13.2	14.6	12.7	8.4	12.3
YY-81	4.5	7.0	6.4	6.1	8.5	6.0	5.0	5.8	7.1	7.6	8.4	2.8	7.5	35.5	2.8	5.3	6.6	12.2	15.9	11.7	9.2	14.8
YY-82	4.1	6.8	6.4	7.4	8.3	6.7	6.0	6.4	9.1	7.5	8.7	3.6	7.0	31.8	5.6	5.0	10.4	12.6	17.1	13.4	9.4	14.9
YY-83	4.7	7.4	6.7	8.9	9.5	7.7	6.8	8.1	3.0	8.3	9.1	4.3	7.6	41.1	1.3	4.3	11.4	14.0	19.3	13.9	8.4	13.2
YY-84	4.6	7.0	7.1	9.9	10.1	8.2	8.3	9.5	4.7	7.8	9.8	3.0	7.4	43.7	1.9	5.8	12.7	14.9	17.4	14.9	7.8	11.7
YY-85	4.4	7.9	6.7	9.9	8.3	7.3	7.4	8.4	3.5	7.3	9.1	2.8	7.5	42.1	1.0	5.3	11.5	14.0	17.8	13.2	8.0	12.9
YY-86	4.7	7.9	7.4	8.5	11.4	9.0	7.5	9.5	9.6	8.7	10.2	2.7	13.8	53.1	3.9	7.7	12.8	16.7	18.6	15.3	11.1	15.2
YY-87	4.7	8.8	7.1	9.4	8.6	8.3	7.7	9.9	8.4	8.1	9.9	2.6	14.1	40.0	3.7	6.1	14.7	16.8	17.8	16.8	11.5	11.4
YY-88	4.7	8.1	8.1	10.5	9.2	8.7	7.9	9.0	9.0	9.0	10.4	3.0	7.6	35.3	5.0	7.1	13.0	17.1	19.9	15.4	7.9	11.9
YY-89	4.4	8.6	7.6	11.1	9.1	8.2	8.7	10.5	11.6	8.0	9.8	2.8	6.8	43.9	7.1	6.1	13.9	16.6	17.2	15.8	7.0	10.9
YY-90	4.5	8.6	7.3	10.9	9.1	7.8	8.3	10.1	10.7	8.0	9.6	2.8	6.7	48.3	5.3	5.7	11.9	16.5	17.1	13.9	6.7	10.0
YY-91	4.7	7.1	7.5	10.9	9.6	8.3	8.9	10.0	11.6	8.3	10.0	2.9	7.3	39.9	5.0	6.5	14.1	17.2	18.5	14.5	6.8	10.5
平均值	4.9	6.9	7.7	7.6	7.8	6.5	5.9	6.6	7.3	7.5	9.0	2.3	6.6	24.0	2.8	5.4	7.5	14.7	16.7	11.5	7.0	11.1
最大值	7.4	9.0	9.6	14.7	13.2	9.0	10.7	10.5	48.8	9.0	11.0	4.3	14.1	87.4	10.6	7.7	16.4	19.1	141.4	24.2	11.9	26.4
最小值	2.5	3.7	5.3	4.2	5.6	4.2	3.7	2.9	1.1	6.0	5.9	1.2	4.8	0.8	0.4	3.2	1.6	7.2	8.4	5.0	4.1	6.2

表7-10显示Li的*EF*最大可达7.4，平均*EF*为4.9；Be的最大*EF*为9，最小*EF*为3.7，平均*EF*为6.9；Sc最大*EF*为9.6，最小*EF*为5.3，平均*EF*为7.7；V最大*EF*为14.7，最小*EF*为4.2，平均*EF*为7.6；Cr最大*EF*为13.2，最小*EF*为5.6，平均*EF*为7.8；Co最大*EF*为9，最小*EF*为4.2，平均*EF*为6.5；Ni最大*EF*为10.7，最小*EF*为3.7，平均*EF*为5.9；Cu最大*EF*为10.5，最小*EF*为2.9，平均*EF*为6.6；Zn最大*EF*为48.1，最小*EF*为1.1，平均*EF*为7.3；Ga最大*EF*为9，最小*EF*为6，平均*EF*为

7.5；Rb 最大 *EF* 为 11，最小 *EF* 为 5.9，平均 *EF* 为 9；Sr 最大 *EF* 为 4.3，最小 *EF* 为 1.2，平均 *EF* 为 2.3；Nb 最大 *EF* 为 14.1，最小 *EF* 为 4.8，平均 *EF* 为 6.6；Mo 最大 *EF* 可达 84.7，最小 *EF* 为 0.8，平均 *EF* 为 24；Cd 最大 *EF* 为 10.6，最小 *EF* 为 0.4，平均 *EF* 为 2.8；In 最大 *EF* 为 7.7，最小 *EF* 为 3.2，平均 *EF* 为 5.4；Sb 最大 *EF* 为 16.4，最小 *EF* 为 1.6，平均 *EF* 为 7.5；Cs 最大 *EF* 为 19.1，最小 *EF* 为 7.2，平均 *EF* 为 14.7；Ba 最大 *EF* 可达 141.4，最小 *EF* 为 8.4，平均 *EF* 为 16.7；U 最大 *EF* 为 24.2，最小 *EF* 为 5，平均 *EF* 为 11.5；Zr 最大 *EF* 为 11.9，最小 *EF* 为 4.1，平均 *EF* 为 7；Hf 最大 *EF* 为 26.4，最小 *EF* 为 6.2，平均 *EF* 为 11.1。

7.3.1.2 古环境

1）古海水氧化还原性

沉积岩中微量元素的类型、组合、含量等取决于母岩成分、古气候特征、沉积环境与岩石本身的构成等多种因素，同时也与微量元素的性质以及成岩作用和后生作用有关，因此可以利用微量元素来恢复古地理环境信息（戴塔根和刘汉元，1992）。微量元素在恢复沉积介质氧化还原性方面具有很好的优势。

首先对渝页 1 井氧化还原敏感的微量元素特征进行介绍，以反演沉积时沉积介质的氧化还原条件。所谓氧化还原敏感微量元素是指那些溶解度明显受沉积环境氧化还原状态控制，从而导致其向还原性的水体和沉积物中迁移而自生富集的微量元素（Francois，1988；Russell and Morford，2001），如 U、Cu、V、Cr、Ni 等。

U 在氧化的水体中一般为 +6 价，以铀酰基的形式与碳酸根离子结合形成 $UO_2(CO_3)_3^{4-}$，并在现代海水中稳定存在。在还原的条件下 U^{6+} 被还原为 U^{4+}，并多以沥青铀矿（UO_2、U_3O_8）或表面活性很大的羟基络合物的形式沉淀和富集在沉积物中（Crusius et al.，1996；McManus et al.，2005）。沉积物中的有机质对 U 具有很好的吸附作用，此外沉积物中的细菌硫酸盐还原作用也可以增加 U 从水体向沉积物中的转移，进而造成沉积物中 U 的富集。U 富集的沉积环境主要包括缺氧盆地、富含有机质的陆棚和远离海岸的斜坡地区（Klinkhammer and Palmer，1991）。

在氧化条件下的水体中，Ni 多以溶解的碳酸镍（$NiCO_3$）形式存在，也可以吸附在腐殖酸上，Ni 和有机质形成络合物后会加速 Ni 从水体中转移的效率，从而导致 Ni 在沉积物中富集（常华进等，2009）。随着有机质降解，Ni 会被释放出来进入孔隙水中，在弱还原环境条件下，硫化物和 Mn 的氧化物相对缺乏，Ni 离子的吸附量就会减少，造成 Ni 重新进入沉积物的上覆水体中。在强还原环境下，Ni 会以不溶的 NiS 的形式进入黄铁矿晶格中，进而固定在沉积物当中。此外 Ni 也会随着有机质进入沉积物中，并以 Ni 卟啉的形式保存在还原条件下形成的沉积物中（Grosjean et al.，2004；Lewan and Maynard，1982）。

在氧化的水体中 V 以 +5 价的状态并以钒酸氢根（HVO_2^{-4} 和 $H_2VO_4^-$）的形式稳定存在。在弱的还原条件下，+5 价的 V 被还原为 +4 价的 V 并形成钒酰基 VO^{2+}，羟基基团 $VO(OH)_3^-$ 以及不溶的氢氧化物 $VO(OH)_2$，在有腐殖酸存在的情况下这一还原过程更容易发生，通过形成有机金属配位体或被基团表面吸附进入沉积物中（Morford and Emerson，1999）。在强还原条件下，高价态的 V 被还原为低价的 V（+3 价）并被周围的卟啉捕获，富集在沉积物当中，造成在强还原条件下 V 的相对富集。

Cu是比较特殊的微量元素，其在沉积物中的含量与有机质含量关系密切，主要靠有机质输送到沉积物中。当有机质降解时，Cu被释放出来，并可以在硫酸盐还原环境下被黄铁矿捕获而固定在沉积物中(Algeo and Maynard，2004)。因此随着有机质含量的增加，保存在沉积物中的Cu含量也会相应的增加，由于在较强的还原环境中有利于有机质的保存，因此Cu含量的增加在一定程度上可以反映沉积水介质还原性的增强。

从图7-17可以看出V的在150m和260m附近层段含量较高，从底部到260m，V含量逐渐增加，之后到190m含量逐渐降低，在150m附近达到高值后除个别样品外向顶部逐渐降低，V含量经历了增大-减小的过程，由于V含量可以在一定程度上反映沉积介质的还原性，因此可以推测该井从龙马溪组沉积早期到龙马溪组沉积的晚期，水介质的还原性也经历了增强-减弱的过程。Ni含量分布在70μg/g左右，其含量同样在140m和260m附近达到相对高的值，底部除个别样品Ni含量较高外，向上到260m，Ni含量呈现逐渐增加的趋势，向上到160m附近Ni含量逐渐降低，到140m升高到相对高值后，向上逐渐降低，这个变化过程同V含量相似；Cr总体上讲从下到上除个别样品外保持相对稳定，分布在100μg/g左右，在80m、210m和270m其含量较高；Cu含量从底部到250m逐渐增加，中间略有起伏，向上到160m附近降低到一个低值后再次增加，直到140m附近达到相对高值后再次降低，总体上反映了增大到减小的两个阶段，也反映了水介质还原性相似的变化过程；Co同Cr具有相似的变化趋势，除个别样品外，总体上均分布在20μg/g左右；能够很好的反映水介质还原性的U含量在260m和150m附近达到了较高值，其变化趋势同V、Ni等元素相近，同样反映了沉积介质还原性的变化过程。

Cd垂相上含量波动较大，底部270m附近层段含量较低，250m则含量相对较高，100～150m保持一个稳定增加的过程，之后到顶部Cd含量逐渐降低。前面提到，*Ni/Co*、*Ni/V*和*V/Sc*等地球化学相标志能够很好的反映沉积介质的氧化还原性，随着它们比值的增加，水介质的还原性增强。从图7-17可以看出*Ni/Co*、*Ni/V*和*V/Sc*三个参数变化趋势同U、V和Ni等元素含量变化趋势非常一致，从下到上也经历了增大-减小的过程，因此也可以反映水介质的还原性从龙马溪组沉积早期到晚期经历的增强-减弱的过程。

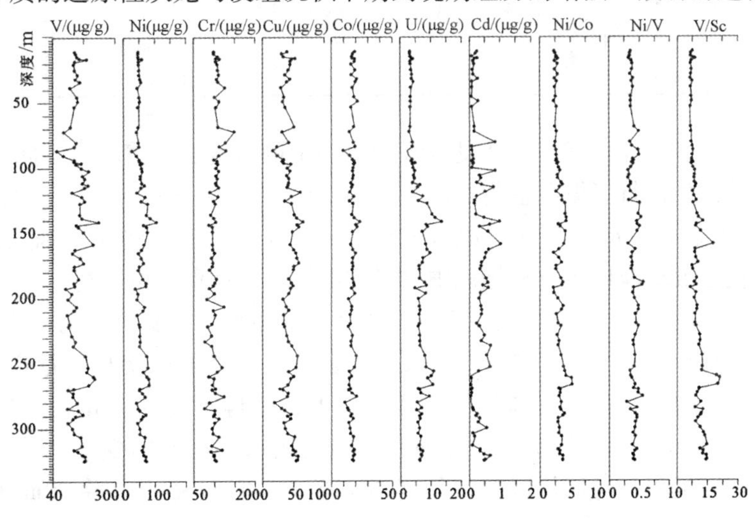

图7-17　渝页1井部分微量元素及其比值的垂相变化图

2)古盐度

硼元素对于盐度的反应比较敏感，根据硼元素来定量恢复沉积介质的古盐度得到广泛的应用，并取得很好的效果(Couch，1971；Walker，1968；文华国等，2008)。

Couch(1971)为了求取含复杂黏土矿物泥岩的古盐度，提出了不同的硼含量校正公式：

$$B^* = B/(4x_i + 2x_m + x_k)$$

式中，B^* 指 Couch 校正硼含量，10^{-6}；B 为样品实测硼含量；x_i、x_m、x_k 分别为样品中实测伊利石、蒙脱石和高岭石的质量百分含量，其中伊利石(蒙脱石)的含量分别为伊利石(蒙脱石)矿物含量与伊蒙混层中伊利石(蒙脱石)含量的总和。

Couch 古盐度方程为(Couch，1971；文华国等，2008)：

$$\lg B^* = 1.28\lg S_p + 0.11$$

由上式可得：

$$S_p = 10^{(\lg B^* - 0.11)/1.28}$$

式中，S_p 为古盐度,‰，B^* 为 Couch 校正硼含量，10^{-6}。

本书对渝页 1 井的 6 块样品做了 B 含量的测试，并根据 Couch(1971)所提出的古盐度方程计算出了海水的古盐度，如表 7-11 所示。

按照吕炳全等(1997)和陶晓风等(2007)提出的盐度划分标准：即盐度 >35‰为超咸水，盐度介于 25‰ ~ 35‰为咸水，盐度介于 10‰ ~ 25‰为半咸水，盐度 <10‰为微咸水 - 淡水(吕炳全，孙志国，1997；陶晓风，吴德超，2007)。

由表 7-11 可以看出渝页 1 井龙马溪组下段细粒岩沉积时的古盐度介于 19.71‰ ~ 28.87‰，平均值为 23.1‰，为半咸水 - 咸水环境。

表 7-11　渝页 1 井龙马溪组细粒岩 B 含量及古盐度

深度/m	样号	B/(μg/g)	伊利石/%	Couch 校正 B^*/(μg/g)	古盐度/‰
100.3	YY-27	130	41.54	78.23	24.73
108.2	YY-30	124	45.51	68.12	22.20
228.6	YY-62	92.9	35.36	65.67	21.57
256	YY-67	77.1	32.94	58.52	19.71
270.2	YY-72	159	41.68	95.38	28.87
324	YY-90	89	33.60	66.22	21.71

由于 B 测试的样品个数较少，不能够反映纵向上的盐度变化情况，为此，根据一些特征元素含量及其比值进行了纵向上古盐度变化的探讨(图 7-18)，这些元素含量和其比值包括：*K*、*Na*、*Sr*、*Ba*、*K/Na*、*Sr/Ba*、*Re/K*、*Ni/V* 等。随着这些元素和其比值的增大，盐度增大，这在第五章地球化学相标志中已经详细探讨，这里不再赘述。

K 和 Na 为活动性极强的碱金属元素，在水体中分布均一，其含量为盐度的直接标志。*K*、*Na* 及 *K/Na* 值越大，代表水体盐度越大。K 含量从下到上保持相对稳定，在 270m 附近出现较大值，反映了沉积时水介质的古盐度较大，这与通过 B 含量计算出的古盐度相符；上部 90m 附近 K 含量值较小，一方面它可能代表水体盐度的变小；另一方面该段沉积体为异地浊积岩沉积，对该地区的古盐度指示意义可能不大。Na 除 90m 附近含量较高外，在 210 ~ 220m 层段和 270 ~ 300m 层段含量较高，可能代表古盐度较大，其他层段含

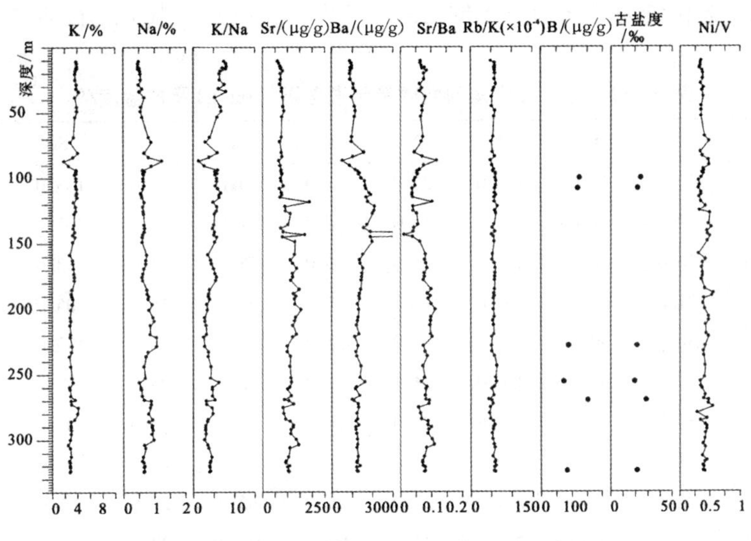

图 7-18 渝页 1 井古盐度相关参数垂相变化图

量相对稳定，在 0.7% 左右。*K/Na* 值在 270m 附近，100～150m 层段和上部 50m 以上较大，总体上上部比值较大，通过与其他古盐度指数的对比，认为上部高的比值可能并不代表盐度的增大，原因可能有两个方面：一是上部沉积岩可能受到风化淋滤作用的影响；另一方面样品测试没有洗盐。

Sr 含量总体上讲中下部含量较高，分别在 300m 和 130m 出现较大值，代表了这两个层段沉积时海水古盐度较大。Ba 含量在底部 260m 和上部 100～160m 层段含量较大，此时古盐度可能较大。*Sr/Ba* 比值在 300m、170m 和 200m 层段达到较高值，顶部 90m 和 120m 也出现较高值点。一个点的异常可能不能代表古盐度的异常大，而一段范围内的高值对盐度的反映可能较为准确，通过与其他盐度指数的对比认为 *Sr/Ba* 比值在 300m、170m 和 200m 层段的较高值反映了古盐度的较大值；此外很多学者认为，陆相沉积物的 *Sr/Ba* 比值小于 0.6，海相沉积物大于 1，过渡相沉积物在 0.6～1.0 之间(郑荣才和柳梅青，1999)。研究区中 *Sr/Ba* 值的平均大小仅为 0.08，最大值仅 0.12，按照上述标准远没有达到海相沉积物的标准，但是通过 B 和黏土矿物含量等计算出的古盐度都处于半咸水－咸水之间，因此 Sr/Ba 值可能能够较好反映盐度的相对大小，但由于用具体数值来判断水体古盐度时可能出现误差，因此还要结合 B 元素等其他指标来判别。

综合以上分析，认为四川盆地东南缘北部渝页 1 井龙马溪组沉积时期海水属于半咸水－咸水环境，且从早期到晚期经历一个盐度增大－减小的过程，这与沉积介质还原性变化过程相似。原因可能为水体还原性增强，相对海平面升高，水体变深，造成沉积区距离物源区变远，受到陆源淡水注入的影响较小，造成海水的盐度变大；此外还有可能是水体变深造成底部水体流动性变差，水体分层，进而导致盐度变大。

7.3.2 彭水县鹿角剖面微量元素及环境意义

本研究测试分析了硼(B)、钒(V)、铬(Cr)、锰(Mn)、镍(Ni)、铜(Cu)、锌(Zn)、镓(Ga)、锶(Sr)、钡(Ba)10 种微量元素，各微量元素含量如表 7-12 所示。样品采自四川盆地东南缘下志留统龙马溪组露头剖面的细粒岩，微量元素由华北石油勘探开发研究院测试完成。

表7-12　彭水县鹿角剖面微量元素含量/(μg/g)及古盐度/‰

样号	B	V	Cr	Mn	Ni	Cu	Zn	Ga	Sr	Ba	古盐度
PS-1	28.0	37.0	17.0	170.0	23.0	17.0	74.0	18.0	103.0	392.0	11.6
PS-2	70.0	92.0	52.0	126.0	17.0	18.0	58.0	18.0	91.0	423.0	21.1
PS-3	71.0	80.0	48.0	242.0	15.0	19.0	73.0	19.0	113.0	359.0	22.6
PS-4	59.0	71.0	43.0	201.0	11.0	17.0	63.0	18.0	105.0	403.0	22.9
PS-5	52.0	109.0	50.0	216.0	26.0	22.0	85.0	14.0	123.0	489.0	15.8
PS-6	99.0	103.0	57.0	330.0	34.0	22.0	96.0	24.0	74.0	537.0	30.8
PS-7	72.0	87.0	52.0	210.0	21.0	19.0	68.0	20.0	105.0	391.0	22.4
PS-8	73.0	88.0	54.0	210.0	22.0	19.0	63.0	21.0	103.0	358.0	26.2
PS-9	75.0	96.0	46.0	184.0	23.0	19.0	63.0	20.0	101.0	436.0	20.6
PS-10	79.0	98.0	48.0	247.0	24.0	25.0	100.0	23.0	119.0	359.0	23.5
PS-11	80.0	97.0	56.0	243.0	25.0	20.0	80.0	22.0	105.0	375.0	29.2
PS-12	76.0	78.0	55.0	200.0	31.0	29.0	67.0	24.0	105.0	354.0	21.7
PS-13	163.0	150.0	64.0	115.0	24.0	25.0	85.0	16.0	87.0	649.0	36.9
PS-14	79.0	89.0	54.0	186.0	23.0	23.0	64.0	22.0	94.0	357.0	22.1
PS-15	81.0	102.0	62.0	327.0	37.0	32.0	85.0	24.0	56.0	405.0	19.4
PS-16	75.0	97.0	57.0	209.0	23.0	23.0	71.0	22.0	94.0	296.0	21.4
PS-17	94.0	104.0	63.0	77.0	22.0	29.0	80.0	21.0	64.0	526.0	26.2
PS-18	69.0	90.0	52.0	64.0	13.0	14.0	36.0	20.0	56.0	374.0	17.7
PS-19	33.0	66.0	30.0	237.0	25.0	21.0	70.0	10.0	120.0	311.0	12.1
PS-20	70.0	117.0	52.0	191.0	25.0	26.0	73.0	16.0	93.0	388.0	23.1
PS-21	72.0	119.0	45.0	229.0	29.0	36.0	97.0	17.0	118.0	413.0	18.4
PS-22	78.0	121.0	56.0	189.0	28.0	29.0	73.0	18.0	104.0	385.0	20.7
PS-23	80.0	115.0	53.0	214.0	26.0	28.0	83.0	16.0	107.0	425.0	22.5
PS-24	88.0	120.0	51.0	190.0	27.0	31.0	75.0	16.0	99.0	268.0	30.4
PS-25	67.0	118.0	48.0	176.0	23.0	28.0	65.0	15.0	99.0	360.0	18.6
PS-26	63.0	71.0	44.0	194.0	31.0	28.0	70.0	18.0	93.0	307.0	16.8
PS-27	73.0	142.0	55.0	294.0	25.0	28.0	82.0	18.0	106.0	437.0	21.2
PS-28	91.0	133.0	61.0	89.0	15.0	26.0	55.0	20.0	60.0	503.0	23.3
PS-29	51.0	33.0	53.0	155.0	35.0	39.0	106.0	18.0	129.0	251.0	13.6
PS-30	94.0	166.0	61.0	208.0	46.0	36.0	95.0	21.0	106.0	435.0	21.7
PS-31	74.0	145.0	53.0	168.0	27.0	34.0	77.0	13.0	98.0	383.0	19.8
PS-32	72.0	153.0	50.0	191.0	35.0	37.0	75.0	13.0	100.0	377.0	20.0
PS-33	71.0	135.0	56.0	232.0	36.0	27.0	75.0	14.0	108.0	413.0	19.5
PS-34	77.0	155.0	51.0	316.0	30.0	34.0	97.0	13.0	106.0	402.0	23.3
PS-35	86.0	140.0	57.0	193.0	33.0	41.0	121.0	19.0	100.0	499.0	21.1

续表

样号	B	V	Cr	Mn	Ni	Cu	Zn	Ga	Sr	Ba	古盐度
PS－36	82.0	174.0	65.0	190.0	40.0	34.0	76.0	19.0	108.0	411.0	21.5
PS－37	85.0	202.0	68.0	220.0	57.0	62.0	137.0	20.0	105.0	312.0	19.3
PS－38	84.0	182.0	57.0	240.0	61.0	50.0	83.0	19.0	127.0	287.0	26.3
PS－39	68.0	151.0	49.0	164.0	89.0	51.0	107.0	17.0	67.0	347.0	18.6
PS－40	82.0	234.0	65.0	251.0	84.0	42.0	101.0	10.0	101.0	378.0	25.4
PS－41	114.0	212.0	57.0	422.0	196.0	45.0	316.0	22.0	113.0	268.0	35.9
最大值	163.0	234.0	68.0	422.0	196.0	62.0	316.0	24.0	129.0	649.0	36.9
平均值	76.8	118.8	52.9	207.6	35.0	29.4	85.9	18.2	99.1	391.3	22.1
最小值	28.0	33.0	17.0	64.0	11.0	14.0	36.0	10.0	56.0	251.0	11.6

7.3.2.1 微量元素含量特征

对鹿角剖面微量元素含量的分析也采用了“标准化”作图法，对部分微量元素的富集和亏损状态进行探讨。本章中标准化采用上地壳微量元素平均值(Wedepohl，1995)，即：Zn(1.4μg/g)、V(11.6μg/g)、Cr(18.6μg/g)、Ni(52μg/g)、Cu(14μg/g)、Ga(2.0μg/g)、Sr(237μg/g)、Ba(1.5μg/g)。彭水县鹿角上地壳微量元素标准化蛛网图如图7－19所示。

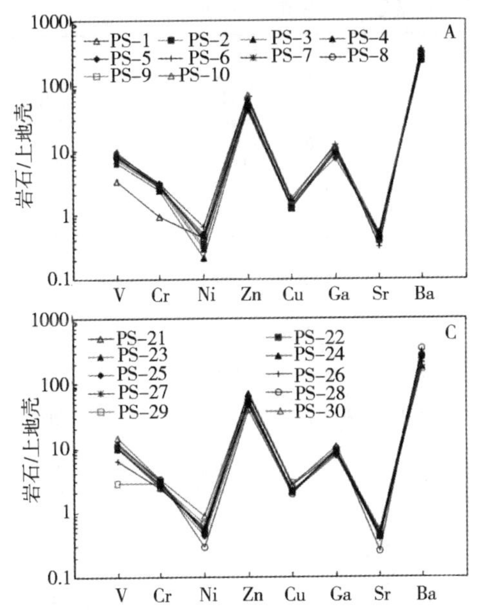

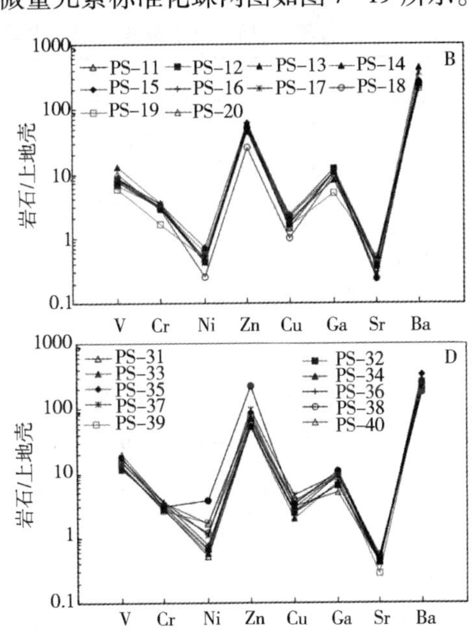

图7－19 彭水县鹿角龙马溪组微量元素上地壳标准化蛛网图

16.5～29.7m层段(1－10号样品)：从图7－19A可以看出，龙马溪组页岩微量元素丰度同上地壳相比，能够反映水介质氧化还原条件的V和Zn富集；亲铁元素中V和Cr相对富集，而Ni则有明显的亏损；亲铜元素中Cu与上地壳含量相近，而Ga相对富集；亲石元素中Sr有明显的亏损而Ba则相对富集。29.9～40m层段(11－20号样品)：从图7－19B

可以看出，龙马溪组页岩微量元素丰度同上地壳相比，能够反映水介质氧化还原条件的V和Zn富集；亲铁元素中V和Cr相对富集，而Ni则有明显的亏损；亲铜元素中Cu含量与上地壳含量相近，而Ga相对富集；亲石元素中Sr有明显的亏损而Ba则相对富集。42.2~49.9m(21~30号样品)层段和50.5~61m层段(31~41号样品)的微量元素同上部层段相近，这里不再赘述。

根据富集系数(EF) = ($X_{样品}/Al_{样品}$)/($X_{平均页岩}/Al_{平均页岩}$)的计算公式，计算出了彭水县鹿角剖面龙马溪组细粒岩中相关微量元素的富集系数，如表7-13所示。可以看出B最大*EF*仅为1.4，最小*EF*为0.2，平均*EF*为0.7；V最大*EF*仅为1.9，最小*EF*为0.2，平均*EF*为0.8；Cr最大*EF*仅为0.8，最小*EF*为0.2，平均*EF*为0.5；Mn最大*EF*为0.6，最小*EF*为0.1，平均*EF*为0.2；Ni最大*EF*为3.4，最小*EF*为0.1，平均*EF*为0.5；Cu最大*EF*为1.2，最小*EF*为0.2，平均*EF*为0.6；Zn最大*EF*为4，最小*EF*为0.3，平均*EF*为0.8；Ga最大*EF*为0.5，最小*EF*为1.4，平均*EF*为0.8；Sr最大*EF*为0.1，最小*EF*为0.4，平均*EF*为0.3；Ba最大*EF*为0.9，最小*EF*为0.4，平均*EF*为0.6。同渝页1井井下岩心样品各元素较高的*EF*值相比，鹿角剖面样品中微量元素*EF*大多数都小于1。鹿角剖面露头样品因为风化淋滤等作用，微量元素随水体迁移，造成富集系数明显减小，可能是其中一个重要的原因。此外含铝矿物的相对富集，也可能是造成微量元素富集系数减小的一个重要因素。

表7-13 彭水县鹿角剖面龙马溪组细粒岩部分微量元素富集系数(*EF*)

样号	元素									
	B	V	Cr	Mn	Ni	Cu	Zn	Ga	Sr	Ba
PS-1	0.2	0.2	0.2	0.2	0.3	0.3	0.6	0.8	0.3	0.6
PS-2	0.6	0.6	0.5	0.1	0.2	0.3	0.5	0.8	0.3	0.6
PS-3	0.6	0.5	0.5	0.2	0.2	0.4	0.7	0.9	0.3	0.5
PS-4	0.5	0.5	0.4	0.2	0.1	0.3	0.6	0.8	0.3	0.6
PS-5	0.4	0.7	0.5	0.2	0.3	0.4	0.8	0.6	0.3	0.7
PS-6	0.8	0.6	0.5	0.3	0.4	0.4	0.8	1.0	0.2	0.8
PS-7	0.7	0.6	0.5	0.2	0.3	0.4	0.7	1.0	0.3	0.6
PS-8	0.7	0.6	0.5	0.2	0.3	0.4	0.6	1.0	0.3	0.6
PS-9	0.7	0.6	0.4	0.2	0.3	0.4	0.6	0.9	0.3	0.7
PS-10	0.7	0.6	0.5	0.2	0.3	0.5	0.9	1.0	0.3	0.5
PS-11	0.7	0.6	0.5	0.2	0.3	0.4	0.7	1.0	0.3	0.6
PS-12	0.6	0.5	0.5	0.2	0.4	0.5	0.6	1.1	0.3	0.5
PS-13	1.3	0.9	0.6	0.1	0.3	0.5	0.7	0.7	0.2	0.9
PS-14	0.7	0.6	0.5	0.2	0.3	0.4	0.6	1.0	0.3	0.5
PS-15	0.6	0.6	0.5	0.3	0.4	0.6	0.7	1.0	0.1	0.6
PS-16	0.7	0.6	0.5	0.2	0.3	0.4	0.6	1.0	0.3	0.4

续表

样号	元素									
	B	V	Cr	Mn	Ni	Cu	Zn	Ga	Sr	Ba
PS－17	0. 8	0. 7	0. 6	0. 1	0. 3	0. 5	0. 7	0. 9	0. 2	0. 7
PS－18	0. 5	0. 5	0. 4	0. 1	0. 1	0. 2	0. 3	0. 8	0. 1	0. 5
PS－19	0. 3	0. 4	0. 3	0. 2	0. 3	0. 4	0. 6	0. 5	0. 3	0. 5
PS－20	0. 6	0. 7	0. 5	0. 2	0. 3	0. 5	0. 6	0. 7	0. 3	0. 6
PS－21	0. 6	0. 8	0. 4	0. 2	0. 4	0. 7	0. 8	0. 7	0. 3	0. 6
PS－22	0. 7	0. 8	0. 5	0. 2	0. 3	0. 5	0. 6	0. 8	0. 3	0. 6
PS－23	0. 7	0. 7	0. 5	0. 2	0. 3	0. 5	0. 7	0. 7	0. 3	0. 6
PS－24	0. 7	0. 8	0. 5	0. 2	0. 3	0. 6	0. 7	0. 7	0. 3	0. 4
PS－25	0. 6	0. 8	0. 5	0. 2	0. 3	0. 5	0. 6	0. 7	0. 3	0. 5
PS－26	0. 5	0. 5	0. 4	0. 2	0. 4	0. 5	0. 6	0. 8	0. 3	0. 5
PS－27	0. 6	1. 0	0. 5	0. 3	0. 3	0. 5	0. 8	0. 8	0. 3	0. 7
PS－28	0. 8	0. 9	0. 6	0. 1	0. 2	0. 5	0. 5	0. 9	0. 2	0. 7
PS－29	0. 4	0. 2	0. 5	0. 2	0. 4	0. 7	0. 9	0. 8	0. 4	0. 4
PS－30	0. 8	1. 1	0. 6	0. 2	0. 6	0. 7	0. 8	0. 9	0. 3	0. 6
PS－31	0. 7	1. 0	0. 5	0. 2	0. 4	0. 7	0. 7	0. 6	0. 3	0. 6
PS－32	0. 6	1. 1	0. 5	0. 2	0. 5	0. 7	0. 7	0. 6	0. 3	0. 6
PS－33	0. 6	0. 9	0. 6	0. 2	0. 5	0. 5	0. 7	0. 7	0. 3	0. 6
PS－34	0. 7	1. 1	0. 5	0. 3	0. 4	0. 7	0. 9	0. 6	0. 3	0. 6
PS－35	0. 7	0. 9	0. 5	0. 2	0. 4	0. 8	1. 1	0. 9	0. 3	0. 7
PS－36	0. 7	1. 1	0. 6	0. 2	0. 5	0. 6	0. 7	0. 9	0. 3	0. 6
PS－37	0. 7	1. 3	0. 6	0. 2	0. 7	1. 2	1. 2	0. 9	0. 3	0. 5
PS－38	0. 9	1. 5	0. 7	0. 3	0. 9	1. 2	0. 9	1. 0	0. 4	0. 5
PS－39	0. 7	1. 3	0. 6	0. 2	1. 4	1. 2	1. 2	1. 0	0. 2	0. 7
PS－40	0. 9	1. 9	0. 8	0. 3	1. 3	1. 0	1. 1	0. 6	0. 4	0. 7
PS－41	1. 4	1. 9	0. 8	0. 6	3. 4	1. 2	4. 0	1. 4	0. 4	0. 6
平均值	0. 7	0. 8	0. 5	0. 2	0. 5	0. 6	0. 8	0. 8	0. 3	0. 6
最大值	1. 4	1. 9	0. 8	0. 6	3. 4	1. 2	4. 0	1. 4	0. 4	0. 9
最小值	0. 2	0. 2	0. 2	0. 1	0. 1	0. 2	0. 3	0. 5	0. 1	0. 4

7. 3. 2. 2 古环境

1）氧化还原性恢复

前面提到氧化还原敏感微量元素 Cu、V、Ni、Zn 等及 *V/Cr* 和 *Ni/V* 随着水介质还原性的增强，其含量（值）呈现逐渐增加的趋势。从图 7－20 可以看出 *V/Cr* 除在 50m 附近出现较低值外，总体上从下部到上部呈现逐渐减小的趋势，反映该剖面龙马溪组细粒岩沉积时水体的还原性是逐渐减弱的(60m 以上为研究层位)；*Ni/V* 在 50m 出现较高值，其他层段保持相对稳定；Cu 含量从下到上逐渐减小，反映了沉积介质还原性的逐步减弱；Ni 含量底部很高，向上同 Cu 的变化类似，反映了沉积介质还原性减弱的过程；Zn 的含量总体上比较稳定，但是 50m 以下含量较上部略大。综合分析氧化还原的微量元素及相关比值，认为彭水县鹿角剖面龙马溪组沉积时从早期到晚期水介质的还原性是逐渐减弱的，相对海平面也是一个逐渐降低的过程。

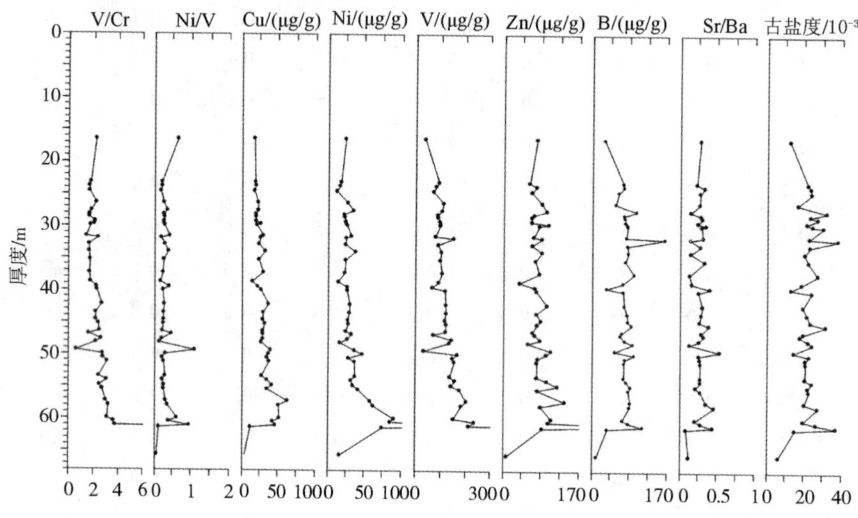

图 7-20　彭水县鹿角龙马溪组剖面古盐度、微量元素及相关比值垂相变化图

2)古盐度恢复

通过对彭水县鹿角剖面的 41 块样品做 B 含量的测试，并根据前文所述 Couch(1971)提出的古盐度方程计算出了海水的古盐度，如表 7-12 所示。可以看出彭水县鹿角剖面龙马溪组沉积时期海水古盐度介于 11.6‰~36.9‰，平均古盐度为 22.1‰，按照吕炳全等(1997)和陶晓风等(2007)提出的盐度划分标准，由表 7-12 和图 5-14 可以看除部分层段为超咸水外，多数属于半咸水-咸水沉积环境。从垂向上看剖面底部盐度大，向上除个别点外，保持相对稳定状态，可以反映盐度变化的 B 含量和 *Sr/Ba* 值也呈现相似的变化过程。

渝页 1 井和彭水县鹿角剖面龙马溪组细粒岩沉积时古盐度处于半咸水-咸水环境，这主要是受到龙马溪早期海水淡化的影响(成汉钧和王玉忠，1991；戎嘉余，1984)。龙马溪时期，包括四川盆地东南缘在内的上扬子海三面被古陆所包围，形成了半封闭的陆表海盆，水体与外海的对流性较差；同时上扬子海又处在古赤道附近的低纬度地区，降雨量非常丰沛，加上河流淡水的注入，使得包括四川盆地东南缘在内的上扬子海强烈淡化，起初主要是表层海水，后来又涉及到底层的海水(成汉钧和王玉忠，1991；戎嘉余，1984)。研究区在奥陶世晚期，南极冰盖凝聚达到最强的程度，导致相对海平面下降；进入早志留世龙马溪时期，冰川开始消融，海平面逐渐上升，上扬子地区的降雨量仍然很大，关于包括四川盆地东南缘在内的上扬子地区海水淡化程度仍然很强，因此造成四川盆地东南缘龙马溪期海水处于半咸水-咸水的状态(成汉钧和王玉忠，1991)。

7.3.3 龙山县红岩溪剖面微量元素及环境意义

本研究测试分析了硼(B)、钒(V)、铬(Cr)、锰(Mn)、镍(Ni)、铜(Cu)、锌(Zn)、镓(Ga)、锶(Sr)、钡(Ba)10 种微量元素，各个微量元素含量如表 7-14 所示。样品采自四川盆地东南缘下志留统龙马溪组露头剖面的细粒岩，微量元素由华北石油勘探开发研究院测试完成。

7.3.3.1 微量元素含量特征

由表 7-14 可以看出，B 最大含量为 148×10^{-6}，最小含量为 38×10^{-6}，平均含量可达 107×10^{-6}；V 的最大含量大 174×10^{-6}，最小含量为 10×10^{-6}，平均含量为 115×10^{-6}；其他元素 Cr、Mn、Ni、Cu、Zn、Ga、Sr、Ba 的平均含量分别为 68×10^{-6}、431×10^{-6}、34×10^{-6}、28×10^{-6}、77×10^{-6}、23×10^{-6}、50×10^{-6}和 630×10^{-6}。

表 7-14 龙山县红岩溪剖面微量元素含量/10^{-6}及古盐度/‰

样品编号	B	V	Cr	Mn	Ni	Cu	Zn	Ga	Sr	Ba	古盐度/10^{-3}
HYX-23	96	71	34	850	18	18	70	14	35	748	35.8
HYX-32	125	113	60	251	29	27	79	19	38	1069	23.5
HYX-31	128	120	76	287	31	31	91	26	53	1002	22.3
HYX-30	120	125	86	310	31	32	99	22	56	1225	20.4
HYX-29	55	30	21	1285	3.1	4.4	40	14	43	696	39.1
HYX-35	59	36	16	3489	3.7	6.8	29	30	45	993	41.4
HYX-34	52	56	26	206	76	23	132	13	40	711	40.0
HYX-28	127	124	68	381	23	27	55	22	39	876	26.8
HYX-27	130	142	98	388	28	27	56	26	47	1033	25.6
HYX-26	106	136	58	407	31	27	98	22	56	989	23.2
HYX-25	141	135	63	385	30	27	89	28	50	479	24.1
HYX-24	93	73	37	334	14	20	50	15	53	575	25.4
HYX-23	122	115	66	375	33	29	53	31	53	1066	23.6
HYX-22	131	130	68	370	37	25	76	27	50	1054	26.2
HYX-21	122	132	88	307	43	30	87	32	44	657	25.5
HYX-20	105	151	59	355	45	36	75	25	40	611	20.6
HYX-19	133	117	53	614	29	27	64	32	41	250	28.6
HYX-18	112	166	61	423	38	33	94	27	46	413	22.4
HYX-17	119	141	94	316	36	31	84	21	37	951	23.5
HYX-16	134	141	107	304	35	33	67	25	28	139	25.8
HYX-15	144	144	96	319	24	37	62	24	40	371	26.5
HYX-14	148	152	109	331	63	33	91	29	29	529	29.5
HYX-13	114	125	62	271	39	23	83	20	52	791	24.1

续表

样品编号	B	V	Cr	Mn	Ni	Cu	Zn	Ga	Sr	Ba	古盐度/10^{-3}
HYX-12	135	148	89	366	30	30	68	25	44	875	27.2
HYX-11	38	10	40	121	34	31	84	4.8	32	959	10.7
HYX-10	114	149	83	476	36	34	121	27	56	636	22.6
HYX-9	128	136	80	362	72	35	73	24	44	124	23.6
HYX-8	114	174	87	136	36	35	54	23	39	810	22.8
HYX-7	121	154	104	198	49	31	66	29	37	180	23.8
HYX-6	85	43	59	59	77	52	51	23	50	217	18.3
HYX-5	116	110	76	108	24	27	55	27	76	211	23.4
HYX-4	72	98	66	98	16	32	56	16	86	281	24.0
HYX-3	58	104	64	160	30	28	73	13	94	178	16.8
HYX-2	77	110	54	232	31	25	143	26	95	171	21.0
HYX-1	81	101	56	223	32	26	138	28	93	168	20.4
平均值	107	115	68	431	34	28	77	23	50	630	25.1
最大值	148	174	109	3489	77	52	143	32	95	1225	41.4
最小值	38	10	16	59	3	4	29	5	28	124	10.7

根据富集系数(EF) = ($X_{样品}/Al_{样品}$)/($X_{平均页岩}/Al_{平均页岩}$)的计算公式，计算出了龙山县红岩溪龙马溪组剖面细粒岩中部分微量元素的富集系数，如表7-15所示。可以看出B最大*EF*仅为1.1，最小*EF*为0.3，平均*EF*为0.8(彭水县鹿角剖面B平均*EF*为0.7)；V最大*EF*仅为0.9，最小*EF*为0.1，平均*EF*为0.7(彭水县鹿角剖面V平均*EF*为0.8；渝页1井龙马溪组细粒岩中V平均*EF*为7.6)；Cr最大*EF*仅为0.9，最小*EF*为0.2，平均*EF*为0.6(彭水县鹿角剖面Cr平均*EF*为0.5；渝页1井龙马溪组细粒岩中Cr平均*EF*为7.8)；Mn最大*EF*为4.8，最小*EF*为0.1，平均*EF*为0.5(彭水县鹿角剖面Mn平均*EF*为0.2)；Ni最大*EF*为1.3，最小*EF*为0.1，平均*EF*为0.4(彭水县鹿角剖面Ni平均*EF*为0.5；渝页1井龙马溪组细粒岩中Ni平均*EF*为5.9)；Cu最大*EF*为0.1，最小*EF*为0.9，平均*EF*为0.5(彭水县鹿角剖面Cu平均*EF*为0.6；渝页1井龙马溪组细粒岩中Cu平均*EF*为6.6)；Zn最大*EF*为1.6，最小*EF*为0.4，平均*EF*为0.6(彭水县鹿角剖面Zn平均*EF*为0.8；渝页1井龙马溪组细粒岩中Zn平均*EF*为7.3)；Ga最大*EF*为1.9，最小*EF*为0.2，平均*EF*为0.9(彭水县鹿角剖面Ga平均*EF*为0.8；渝页1井龙马溪组细粒岩中Ga平均*EF*为7.5)；Sr最大*EF*为0.3，最小*EF*为0.1，平均*EF*为0.1(彭水县鹿角剖面Sr平均*EF*为0.3；渝页1井龙马溪组细粒岩中Sr平均*EF*为2.3)；Ba最大*EF*为2，最小*EF*为0.2，平均*EF*为0.8(彭水县鹿角剖面Ba平均*EF*为0.6；渝页1井龙马溪组细粒岩中Ba平均*EF*为16.7)。对比结果显示，龙山县红岩溪龙马溪组细粒岩中各微量元素富集系数相近，而同渝页1井井下岩心样品各元素较高的*EF*相比，红岩溪剖面和鹿角剖面一样大多数微量元素的富集系数都小于1。风化淋滤等作用可能造成了微量元素随水体迁移，造成富集系数明显减小。此外含铝矿物的相对富集，也可能是造成微量元素富集系数减小的一个重要因素。

表 7-15 龙山县红岩溪剖面龙马溪组细粒岩部分微量元素富集系数（*EF*）

样品号	元素									
	B	V	Cr	Mn	Ni	Cu	Zn	Ga	Sr	Ba
HYX-23	1.0	0.5	0.4	1.0	0.3	0.4	0.7	0.7	0.1	1.3
HYX-32	0.9	0.6	0.5	0.2	0.3	0.4	0.6	0.7	0.1	1.3
HYX-31	0.9	0.6	0.6	0.2	0.3	0.5	0.7	1.0	0.1	1.2
HYX-30	0.8	0.7	0.7	0.3	0.3	0.5	0.7	0.8	0.1	1.5
HYX-29	0.7	0.3	0.3	1.9	0.1	0.1	0.5	0.9	0.2	1.5
HYX-35	0.7	0.3	0.2	4.8	0.1	0.2	0.4	1.9	0.2	2.0
HYX-34	0.6	0.5	0.3	0.3	1.3	0.6	1.6	0.8	0.2	1.4
HYX-28	0.9	0.7	0.5	0.3	0.2	0.4	0.4	0.8	0.1	1.1
HYX-27	0.9	0.8	0.8	0.3	0.3	0.4	0.4	1.0	0.1	1.2
HYX-26	0.7	0.7	0.5	0.3	0.3	0.4	0.7	0.8	0.1	1.2
HYX-25	1.0	0.7	0.5	0.3	0.3	0.4	0.7	1.0	0.1	0.6
HYX-24	0.8	0.5	0.3	0.3	0.2	0.4	0.4	0.7	0.1	0.8
HYX-23	0.8	0.6	0.5	0.3	0.3	0.4	0.4	1.1	0.1	1.3
HYX-22	0.9	0.7	0.5	0.3	0.4	0.4	0.6	1.0	0.1	1.3
HYX-21	0.9	0.7	0.7	0.3	0.4	0.5	0.6	1.2	0.1	0.8
HYX-20	0.7	0.8	0.4	0.3	0.5	0.5	0.5	0.9	0.1	0.7
HYX-19	1.0	0.6	0.4	0.5	0.3	0.4	0.5	1.2	0.1	0.3
HYX-18	0.8	0.9	0.5	0.4	0.4	0.5	0.7	1.0	0.1	0.5
HYX-17	0.8	0.8	0.7	0.3	0.4	0.5	0.6	0.8	0.1	1.2
HYX-16	1.0	0.8	0.8	0.3	0.4	0.5	0.5	0.9	0.1	0.2
HYX-15	1.0	0.8	0.7	0.3	0.2	0.6	0.5	0.9	0.1	0.4
HYX-14	1.1	0.8	0.9	0.3	0.7	0.5	0.7	1.1	0.1	0.7
HYX-13	0.8	0.7	0.5	0.2	0.4	0.4	0.6	0.8	0.1	1.0
HYX-12	0.9	0.8	0.7	0.3	0.3	0.5	0.5	0.9	0.1	1.1
HYX-11	0.3	0.1	0.3	0.1	0.4	0.5	0.6	0.2	0.1	1.2
HYX-10	0.8	0.8	0.7	0.4	0.4	0.5	0.9	1.0	0.1	0.8
HYX-9	0.9	0.8	0.6	0.3	0.8	0.6	0.6	0.9	0.1	0.2
HYX-8	0.8	0.9	0.7	0.1	0.4	0.5	0.4	0.8	0.1	1.0
HYX-7	0.8	0.8	0.8	0.2	0.5	0.5	0.5	1.1	0.1	0.2
HYX-6	0.6	0.2	0.5	0.1	0.8	0.9	0.4	0.9	0.1	0.3
HYX-5	0.8	0.6	0.6	0.1	0.3	0.4	0.4	1.0	0.2	0.3
HYX-4	0.6	0.6	0.6	0.1	0.2	0.6	0.5	0.7	0.2	0.4
HYX-3	0.5	0.7	0.6	0.2	0.4	0.5	0.6	0.6	0.3	0.3
HYX-2	0.6	0.7	0.5	0.2	0.4	0.5	1.2	1.1	0.3	0.2

续表

样品号	元素									
	B	V	Cr	Mn	Ni	Cu	Zn	Ga	Sr	Ba
HYX－1	0.7	0.6	0.5	0.2	0.4	0.5	1.2	1.2	0.3	0.2
平均值	0.8	0.7	0.6	0.5	0.4	0.5	0.6	0.9	0.1	0.8
最大值	1.1	0.9	0.9	4.8	1.3	0.9	1.6	1.9	0.3	2.0
最小值	0.3	0.1	0.2	0.1	0.1	0.1	0.4	0.2	0.1	0.2

7.3.3.2 古环境

1）氧化还原性恢复

前面提到氧化还原敏感微量元素 Cu、V、Cr 等及 Ni/V 随着水介质还原性的增强，其含量呈现逐渐增加的趋势。从图 7－21 可以看出 Cu、V、Cr 在真厚度 70m 左右达到最大值，从底部到 70m 这些元素具有向上增大的趋势，70m 以上则具有总体上减小的趋势，反映了该剖面龙马溪组细粒岩沉积时水体的还原性经历了增强－减弱的过程；相对海平面从龙马溪早期到晚期也经历了一个升高－降低的过程。

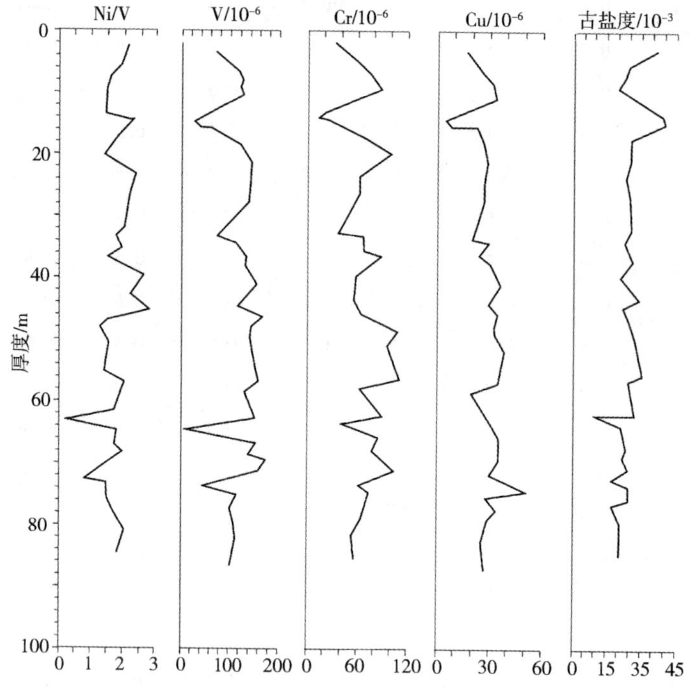

图 7－21　龙山县红岩溪龙马溪组剖面古盐度、微量元素及相关比值垂相变化图

2）古盐度恢复

通过对龙山县红岩溪剖面的 35 块样品做 B 含量的测试，并根据上述 Couch（1971）所提出的古盐度方程计算出了海水的古盐度，如表 7－14 所示。可以看出龙山县红岩溪龙马溪组沉积时期海水古盐度介于 10.7‰～41.4‰之间，平均古盐度为 25.1‰，按照吕炳全

等(1997)和陶晓风等(2007)提出的盐度划分标准，由表7-14和图7-21可以看出除部分层段为超咸水外，多数属于半咸水-咸水沉积环境。从垂向上看剖面上部盐度略大，底部略小。

7.3.4 渝页1井稀土元素特征及环境意义

7.3.4.1 稀土元素特征

REE(Rare earth elements)包括元素周期表上15个镧系元素(原子序数从57到71)，此外元素Y因其同REE性质相似也常被视为稀土元素。REE一般可分为轻稀土元素LREE(从La到Eu)和重稀土元素HREE(从Gd到Lu，有时加上Y)。REE特征的外层电子构型决定了其特殊的物理化学性质。REE在沉积过程中主要以三种方式搬运：①碎屑状态，此种搬运方式最为稳定，即REE存在于碎屑矿物晶格中随碎屑矿物迁移而搬运；②吸附态，由于黏土矿物具有较强的吸附性，其对REE的吸附能力也较强，尤其是对LREE吸附能力更强；③溶解态，REE呈可溶的络合物进行搬运(Elderfield and Greaves，1982)。海洋沉积物中的REE特征受源岩、风化作用、粒级和矿物组成、热液-成岩作用等多种因素控制(German et al.，1990；Michard et al.，1983；Toyoda et al.，1990)。

稀土元素(REE)组成模式可以用图示法来说明，作图过程中选定一种参照物质，用其中REE含量对样品中相应的REE含量进行标准化，即将样品中REE的含量除以参照物质中各REE的含量，得到标准化数据；然后以标准化数据的对数为纵坐标进行编图。某种物质中REE含量(如球粒陨石、北美页岩等)标准化后，它可以消除元素丰度偶-奇规律造成的REE丰度随原子序数增长的锯齿状变化，所以，将稀土元素标准化后能使样品中REE间任何分离都能清楚地显示出来。不同成因、不同类型或不同部位的地质体各具不同的稀土球粒陨石标准化分布型式。表7-16为研究稀土元素实测数据。

表7-16 渝页1井龙马溪组细粒岩稀土元素含量表/10^{-6}

样号	La	Ce	Pr	Nd	Sm	Eu	Gd	Tb	Dy	Ho	Er	Tm	Yb	Lu	Y
YY-1	60.9	107	12.2	47.3	8.01	1.54	6.6	1.09	6.23	1.14	3.52	0.547	3.7	0.518	33.3
YY-2	53.3	95.4	11.1	42	6.99	1.39	6.07	1.02	5.54	1.01	3.08	0.476	3.18	0.465	29.5
YY-3	56.3	98.7	11.4	43.1	7.39	1.5	6.23	1.05	5.63	1.03	3.25	0.489	3.17	0.479	30.6
YY-4	60.2	105	12.2	45.4	7.72	1.52	6.63	1.06	5.93	1.08	3.34	0.519	3.35	0.5	31.6
YY-5	57.2	102	12.1	44.6	7.73	1.42	6.55	1.03	5.92	1.04	3.31	0.488	3.32	0.483	31.5
YY-6	61.9	110	12.9	48	7.87	1.51	6.84	1.12	6.01	1.14	3.59	0.545	3.57	0.559	33.1
YY-7	54.7	96.9	11.2	43.6	7.37	1.45	6.37	1.04	5.68	1.07	3.36	0.5	3.29	0.493	31.3
YY-8	55.4	97.1	11.4	43.5	7.7	1.52	6.58	1.1	6.01	1.09	3.41	0.529	3.37	0.511	32.5
YY-9	56.3	98.7	11.4	42.6	7.31	1.46	6.5	1.07	5.81	1.06	3.28	0.481	3.28	0.482	31
YY-10	61.4	107	12.4	47.3	7.95	1.52	6.93	1.18	6.61	1.17	3.63	0.551	3.68	0.554	34
YY-11	59.6	107	12.4	47.3	7.99	1.47	6.72	1.09	6.25	1.15	3.65	0.548	3.66	0.538	32.9
YY-12	60.1	105	12	45.5	7.18	1.33	6.12	1.04	5.6	1.05	3.39	0.504	3.41	0.492	31.4
YY-13	54.3	97.2	11.3	44.5	7.77	1.45	6.2	1.06	5.76	1.04	3.25	0.498	3.14	0.495	29.8

续表

样号	La	Ce	Pr	Nd	Sm	Eu	Gd	Tb	Dy	Ho	Er	Tm	Yb	Lu	Y
YY-14	55.5	98.7	11.4	41.5	7.24	1.33	6.11	0.996	5.51	1.03	3.16	0.505	3.27	0.457	29.6
YY-15	59.3	105	11.7	45.8	7.74	1.49	6.73	1.08	6.03	1.07	3.33	0.514	3.43	0.473	31.7
YY-16	56.7	102	11.6	45.2	7.7	1.52	6.59	1.16	6.08	1.13	3.55	0.52	3.38	0.521	32.4
YY-17	49.9	91.7	11.1	42.7	8.44	1.49	6.99	1.08	6.18	1.09	3.52	0.523	3.48	0.507	32.1
YY-18	36.2	67.5	7.76	31.3	6.79	1.44	6.08	1	5.41	0.953	2.92	0.429	2.88	0.423	27.1
YY-19	61.7	111	12.8	48.8	8.18	1.62	7.1	1.19	6.87	1.24	3.8	0.588	3.96	0.569	35.8
YY-20	62.7	113	12.7	45.3	7.19	1.36	6.31	1.07	5.96	1.18	3.58	0.539	3.56	0.548	32.5
YY-21	28.2	53.4	6.16	24.6	5.15	1.12	4.71	0.83	4.48	0.801	2.41	0.369	2.35	0.325	22.8
YY-22	36.9	65.5	7.78	29.9	6.01	1.31	5.34	0.899	4.84	0.839	2.54	0.371	2.38	0.351	24.3
YY-23	56.5	101	11.6	42.1	7.09	1.41	6.03	0.997	5.55	0.997	3.11	0.494	3.26	0.482	29.3
YY-24	55.5	96.8	11.3	41.9	7.03	1.36	6.22	1	5.46	1.03	3.15	0.499	3.37	0.476	29.8
YY-25	62.5	112	12.9	47.5	7.92	1.46	6.65	1.04	5.62	1.06	3.56	0.56	3.53	0.544	30.9
YY-26	57.6	104	11.5	45	7.79	1.59	6.84	1.1	6.04	1.16	3.48	0.499	3.47	0.487	31.5
YY-27	57.9	102	11.7	43.9	7.62	1.47	6.5	1.07	5.95	1.1	3.25	0.497	3.17	0.5	30.5
YY-28	60.4	104	12.1	45.2	7.38	1.51	6.4	1.02	5.85	1.07	3.3	0.495	3.49	0.505	30.1
YY-29	56.1	99.4	11.3	41.8	7.16	1.41	5.99	0.993	5.45	0.991	3.06	0.489	3.14	0.468	28.3
YY-30	56.8	96.9	11.5	43.7	7.55	1.51	6.26	0.983	5.58	1.03	3.16	0.476	2.99	0.477	29.9
YY-31	59.1	104	12	44.3	7.53	1.45	6.4	1.03	5.58	1.06	3.12	0.5	3.37	0.503	30.2
YY-32	61.5	105	12.3	43.2	7.09	1.4	6.22	0.996	5.57	1.01	3.34	0.496	3.18	0.488	30.6
YY-33	63.1	105	12.5	46.3	7.9	1.62	6.28	1.1	6.16	1.13	3.45	0.525	3.61	0.503	28.7
YY-34	53.1	93.5	11.1	39.7	6.67	1.32	5.44	0.876	4.75	0.881	2.65	0.431	2.82	0.448	23.2
YY-35	64.8	114	12	49.2	8.33	1.68	6.66	1.04	5.79	1.09	3.47	0.523	3.47	0.535	31.4
YY-36	72.3	123	13.6	52.7	8.19	1.71	7.39	1.14	6.51	1.08	3.66	0.541	3.53	0.547	33
YY-37	60.4	107	12.1	45.5	7.29	1.56	6.36	1.11	5.71	1.08	3.36	0.507	3.67	0.536	30.4
YY-38	61.3	110	11.7	44.9	7.66	1.56	6.46	1.05	6.12	1.19	3.84	0.6	4.19	0.577	33.4
YY-39	54.1	93.2	10.7	41	7.29	1.52	5.9	0.942	5.14	0.918	3.13	0.505	3.27	0.524	27
YY-40	56.8	105	12	46.2	7.5	1.55	6.1	0.938	5.2	0.939	2.99	0.469	3.22	0.503	26.2
YY-41	54.7	99.1	11.5	42.2	7.5	2.38	6.54	1.14	6.24	1.14	3.5	0.528	3.52	0.544	30.5
YY-42	60.9	104	11.8	44.5	7.02	1.44	5.71	0.98	5.11	0.938	3	0.456	3.24	0.487	25.6
YY-43	58.2	104	11.6	42.6	7.28	1.68	6.63	1.15	6.25	1.19	3.73	0.607	3.98	0.575	35.3
YY-44	52.3	97.4	10.9	42.4	7.68	1.35	6.73	1.14	5.75	1.09	3.22	0.514	3.4	0.538	29.1
YY-45	55.6	102	11.7	42.5	7.55	1.39	6.71	1.1	5.83	1.13	3.23	0.501	3.39	0.54	30.8
YY-46	51.2	95.8	10.9	41.6	7.13	1.54	5.92	0.959	5.17	0.963	3	0.452	3.05	0.463	24.9
YY-47	58.4	105	11.8	44.8	7.2	1.49	6.42	1.03	5.6	0.997	3	0.475	3.12	0.485	26.2
YY-48	56.8	102	11.5	43.8	7.51	1.51	6.62	1.05	5.75	1.04	3.11	0.467	3.04	0.472	27.9

续表

样号	La	Ce	Pr	Nd	Sm	Eu	Gd	Tb	Dy	Ho	Er	Tm	Yb	Lu	Y
YY-49	54.4	101	11.5	41.8	7.65	1.53	6.58	1.03	5.41	1.02	3.06	0.45	3.15	0.47	28.3
YY-50	55	95.2	11.5	42.6	7.31	1.39	5.84	0.958	4.94	0.917	2.91	0.466	3.08	0.455	25.1
YY-51	52.5	95	11	41	7.18	1.48	6.11	1.01	5.23	0.955	3.03	0.446	2.96	0.475	28.2
YY-52	51.9	96.3	10.5	42	7.53	1.53	6.42	1.06	5.57	1.07	3.33	0.494	3.33	0.491	30.6
YY-53	49.8	86.2	9.86	39.5	6.49	1.41	5.7	0.971	5.1	1.02	3.19	0.519	3.33	0.492	29.6
YY-54	51.9	93.9	10	40.3	6.84	1.37	6.1	0.878	4.86	0.881	2.81	0.428	2.89	0.434	25.3
YY-55	50.9	93.2	10.5	40.8	7.31	1.46	6.26	0.986	5.6	1.05	3.29	0.539	3.51	0.51	30.1
YY-56	51.8	96.3	10.7	43.6	8.1	1.53	7.09	1.16	6.44	1.23	3.74	0.604	3.94	0.579	36
YY-57	50	89.1	10.2	38.6	6.87	1.37	6.21	1.05	5.64	1.02	3.17	0.494	3.28	0.482	31
YY-58	45.3	82	9.04	35.8	6.36	1.28	5.7	0.927	5.14	0.946	2.94	0.464	2.98	0.455	28.3
YY-59	48.7	82.6	9.75	41.7	7.91	1.38	6.34	1.06	5.53	1.04	3.25	0.493	3.31	0.497	29.6
YY-60	53.3	89.8	10.9	42.2	7.28	1.34	6.68	1.21	5.95	1.12	3.32	0.527	3.28	0.459	30.7
YY-61	46.7	81.3	10.1	39.2	7.24	1.36	6.03	1.06	5.23	1	2.84	0.489	3.06	0.461	27.7
YY-62	46.5	85	9.79	39.2	7.28	1.3	6.16	1.04	5.39	1.01	3.09	0.455	2.94	0.452	28.1
YY-63	46.1	82	9.63	38.4	7.39	1.29	6.28	1.08	5.19	0.968	2.93	0.461	2.97	0.446	27.6
YY-64	45.6	81.3	9.64	38.6	7.18	1.29	6.06	1.03	5.37	0.971	3.16	0.481	3.1	0.465	28.9
YY-65	51.1	92.9	10.9	43.1	7.83	1.44	6.68	1.17	5.9	1.12	3.42	0.516	3.4	0.476	31.2
YY-66	56.8	101	12.5	47.4	8.42	1.47	7.14	1.3	6.1	1.2	3.61	0.585	3.62	0.536	34.2
YY-67	51.2	94.4	10.6	39.4	7.35	1.36	6.61	1.08	5.51	1.1	3.25	0.58	3.65	0.549	32.5
YY-68	43.5	78.1	9.33	36	6.63	1.31	5.86	0.977	5.14	0.957	3.02	0.451	2.89	0.456	25.7
YY-69	44.9	78.1	8.97	36.4	6.63	1.23	5.24	0.933	4.91	0.926	2.73	0.425	2.82	0.405	24
YY-70	49.1	82.6	10.4	39.2	7.19	1.36	6.21	1.02	5.35	1.08	3.37	0.54	3.44	0.487	32.5
YY-71	50.9	89.8	10.5	41.3	7.08	1.32	5.8	0.904	4.7	0.835	2.52	0.423	2.63	0.379	23.3
YY-72	45.8	82.9	9.82	38.1	7.49	1.3	6.04	0.983	4.88	0.967	2.89	0.458	2.98	0.441	26.6
YY-73	51.3	87.9	9.98	39.5	7.15	1.4	6.39	1.09	5.57	1.05	3.15	0.49	3.41	0.463	31.4
YY-74	57.8	102	11.9	46.7	8.23	1.5	6.86	1.1	5.75	1.07	3.06	0.524	3.37	0.49	28.4
YY-75	50.2	87.1	9.91	37.8	6.6	1.18	5.56	0.885	4.42	0.815	2.49	0.371	2.64	0.423	22.7
YY-76	80	152	19.8	83	14.7	2.47	10.5	1.76	8.89	1.7	5.2	0.829	5.52	0.749	43.7
YY-77	48.3	89	10.5	40.3	7.16	1.26	5.74	1.05	5.4	0.984	3.21	0.471	3.18	0.453	28.6
YY-78	51.7	98.4	11.3	44.1	8.22	1.47	7.34	1.29	6.57	1.21	3.79	0.571	3.84	0.541	35
YY-79	51.8	88.5	10.4	43.7	7.86	1.35	6.47	1.15	6.06	1.12	3.42	0.551	3.3	0.495	28.4
YY-80	50.4	88.8	10.4	39.6	7.31	1.39	5.92	1.04	5.68	1.06	3.11	0.506	3.23	0.471	29.1
YY-81	47.8	84	10.4	42	7.92	1.34	6.68	1.21	6.25	1.24	3.55	0.566	3.67	0.535	33.4
YY-82	49	83.1	9.73	38.8	7.01	1.38	6.18	1.06	5.57	1.02	3.11	0.481	3.21	0.487	27.4
YY-83	48.5	85.2	9.82	39.8	7.44	1.38	6.58	1.15	6	1.13	3.37	0.527	3.28	0.486	32

续表

样号	La	Ce	Pr	Nd	Sm	Eu	Gd	Tb	Dy	Ho	Er	Tm	Yb	Lu	Y
YY-84	47.3	89.5	10.3	40.9	7.1	1.38	6.36	1.06	5.23	1	3	0.454	3.01	0.453	26.7
YY-85	48.8	89.3	10.6	41.6	7.4	1.33	6.31	1.06	5.7	1.02	3.24	0.488	3.22	0.47	29
YY-86	51.6	92.8	10.8	43.2	7.72	1.25	6.63	1.07	5.81	1.04	3.41	0.518	3.5	0.515	30.1
YY-87	46.4	84.1	10.1	39.3	6.89	1.31	6.47	1.12	5.89	1.12	3.34	0.533	3.42	0.486	31.8
YY-88	51.3	87.6	10.3	39.7	7.31	1.33	6.1	1.03	5.38	0.987	2.96	0.434	2.98	0.44	26.8
YY-89	48.5	84.8	10.2	39.7	6.6	1.27	5.73	0.947	5.03	0.955	2.83	0.447	2.89	0.438	25.8
YY-90	49	85.8	10.2	40.3	6.91	1.29	5.96	1	5.15	0.955	2.88	0.425	2.77	0.427	25.9
YY-91	50.4	88.1	10.3	40.4	7.16	1.39	6.24	1	5.17	0.974	2.87	0.462	2.9	0.448	26.4

在探讨稀土元素特征前先介绍几个变量的含义：$\sum REE$ 表示稀土元素总量，$\sum LREE$ 表示轻稀土(La、Ce、Pr、Nd、Sm、Eu)总量，$\sum HREE$ 表示重稀土(Gd、Tb、Dy、Ho、Er、Tm、Yb、Lu)总量；$\sum LREE/\sum HREE$ 值反映了轻、重稀土的分馏程度，这一比值越大表明轻稀土富集而重稀土亏损；La_N/Yb_N 是稀土元素球粒陨石标准化图解中分布曲线的斜率，它反映了曲线的倾斜程度，$La_N/Yb_N>1$，曲线为右倾斜，富集轻稀土，$La_N/Yb_N\approx 1$，为球粒陨石型分布，$La_N/Yb_N>1$，曲线为左倾斜，亏损轻稀土元素；La_N/Sm_N 比值反映了轻稀土之间的分馏程度，该值越大，轻稀土丰越富集；Gd_N/Yb_N 反映了重稀土之间的分馏程度，比值越小，重稀土富集程度越高(王中刚等，1989)。由于稀土元素大部分与碎屑矿物结合或以悬浮颗粒形式入海，重稀土元素容易较快沉积，分异不明显；轻稀土元素则由于在较深的海水中的停留时间较长，沉降缓慢，与海水的相互作用时间长，促进了更细粒物质中稀土元素的分异作用，进而造成轻稀土元素之间相对分异程度的增大(陈德潜和陈刚，1990；陶树等，2009)。因此对于沉积岩来讲，$LREE/HREE$ 值的增大，说明轻稀土相对富集，轻稀土在水体中的沉积时间较长，反映了沉积水体深度的增大；La_N/Sm_N 比值增大，说明轻稀土之间相对分异程度的增大，也说明更细颗粒物质在水中停留的时间较长，进而说明沉积水体的深度较大。

δEu(或 Eu/Eu^*)计算公式为 $\delta Eu=Eu_N/(Sm_N\times Gd_N)^{1/2}$，N 表示样品实测元素相对于球粒陨石标准化，表示 Eu 异常的程度。一般稀土元素呈 +3 价状态，但 Eu 特殊，既可呈 +3 价，也可呈 +2 价。在 +3 价状态下，Eu 和其他稀土元素性质相似，但 Eu 在 +2 价状态下，则性质不同，因而与其他 +3 价稀土元素发生分离，出现异常行为。在稀土元素科里尔图解上(球粒陨石标准化图解)，曲线在 Eu 处呈现“峰”或“谷”，“峰”称为 Eu 正异常，而“谷”为 Eu 负异常(王中刚等，1989)。Eu 在沉积岩中的地球化学行为极为复杂，目前仅知在极还原的条件下 Eu^{3+} 可被还原成 Eu^{2+}，这种极还原条件不是正常海水所能达到的，有关 Eu 异常与沉积环境氧化还原条件的关系尚需进一步探索(张晓峰等，2010)。

Ce 属于变价元素，有 Ce^{3+} 和 Ce^{4+} 两种价态。在氧化条件下，Ce^{3+} 被氧化成 Ce^{4+}，而 Ce^{4+} 很难溶解，因此海水中 Ce 出现亏损进而在沉积物中就呈现正异常或无明显的负异常；当处于次氧化或缺氧环境时，Ce 被活化并以 Ce^{3+} 形式释放到水体中，导致海水由 Ce 负异常向正异常转化，结果导致沉积物中 Ce 元素的亏损，而呈现负异常。因此 Ce 的变价特性被成功地用来判别古海洋氧化还原条件的变化。沉积物中 Ce 负异常现象($\delta Ce<1$)，指示缺氧还原环境。Ce 异常通常用 δCe 来表示，计算公式为 $\delta Ce=Ce_N/(La_N\times Pr_N)^{1/2}$，N 表示样品实测元素相对于球粒陨石标准化。

不同学者所测球粒陨石的稀土元素含量略有差异，本章在球粒陨石标准化过程中选用了 Masuda 等(1973)的球粒陨石稀土元素含量。由于该组数据是 6 个 Leedy 球粒陨石数据，并且是采用质谱同位素稀释法测定的，数据准确，应用较广。Masuda 等(1973)测定的球粒陨石稀土元素含量如下：La(0.378μg/g)、Ce(0.976μg/g)、Pr(0.138μg/g)、Nd(0.716μg/g)、Sm(0.23μg/g)、Eu(0.0866μg/g)、Gd(0.311μg/g)、Tb(0.0568μg/g)、Dy(0.39μg/g)、Ho(0.0868μg/g)、Er(0.255μg/g)、Tm(0.0399μg/g)、Yb(0.249μg/g)、Lu(0.0387μg/g)(Masuda et al.，1973)。表 7-17 列出了稀土元素球粒陨石标准化的一些特征参数。

表 7-17　渝页 1 井龙马溪组细粒岩稀土元素相关参数表(标准化陨石数据据 Masuda et al.，1973)

样号	$\sum REE$	$LREE$	$HREE$	$LREE/HREE$	La_N/Yb_N	La_N/Sm_N	Gd_N/Yb_N	δEu	δCe	Ceanom
YY-1	260.3	237.0	23.3	10.1	10.8	4.6	1.4	0.7	0.9	-0.072
YY-2	231.0	210.2	20.8	10.1	11.0	4.6	1.5	0.7	0.9	-0.065
YY-3	239.7	218.4	21.3	10.2	11.7	4.6	1.6	0.7	0.9	-0.072
YY-4	254.4	232.0	22.4	10.4	11.8	4.7	1.6	0.7	0.9	-0.073
YY-5	247.2	225.1	22.1	10.2	11.3	4.5	1.6	0.6	0.9	-0.066
YY-6	265.6	242.2	23.4	10.4	11.4	4.8	1.5	0.6	0.9	-0.067
YY-7	237.0	215.2	21.8	9.9	11.0	4.5	1.6	0.7	0.9	-0.070
YY-8	239.2	216.6	22.6	9.6	10.8	4.4	1.6	0.7	0.9	-0.074
YY-9	239.7	217.8	22.0	9.9	11.3	4.7	1.6	0.7	0.9	-0.071
YY-10	261.9	237.6	24.3	9.8	11.0	4.7	1.5	0.6	0.9	-0.075
YY-11	259.4	235.8	23.6	10.0	10.7	4.5	1.5	0.6	0.9	-0.064
YY-12	252.7	231.1	21.6	10.7	11.6	5.1	1.4	0.6	0.9	-0.073
YY-13	238.0	216.5	21.4	10.1	11.4	4.3	1.6	0.6	0.9	-0.068
YY-14	236.7	215.7	21.0	10.3	11.2	4.7	1.5	0.6	0.9	-0.064
YY-15	253.7	231.0	22.7	10.2	11.4	4.7	1.6	0.6	0.9	-0.068
YY-16	247.7	224.7	22.9	9.8	11.1	4.5	1.6	0.7	0.9	-0.064
YY-17	228.7	205.3	23.4	8.8	9.4	3.6	1.6	0.6	0.9	-0.060
YY-18	171.1	151.0	20.1	7.5	8.3	3.2	1.7	0.7	0.9	-0.055
YY-19	269.4	244.1	25.3	9.6	10.3	4.6	1.4	0.7	0.9	-0.063
YY-20	265.0	242.3	22.7	10.6	11.6	5.3	1.4	0.6	0.9	-0.056
YY-21	134.9	118.6	16.3	7.3	7.9	3.3	1.6	0.7	0.9	-0.049
YY-22	165.0	147.4	17.6	8.4	10.2	3.7	1.8	0.7	0.9	-0.071
YY-23	240.6	219.7	20.9	10.5	11.4	4.8	1.5	0.7	0.9	-0.062
YY-24	235.1	213.9	21.2	10.1	10.8	4.8	1.5	0.6	0.9	-0.073
YY-25	266.8	244.3	22.6	10.8	11.7	4.8	1.5	0.6	0.9	-0.062
YY-26	250.6	227.5	23.1	9.9	10.9	4.5	1.6	0.7	0.9	-0.061
YY-27	246.6	224.6	22.0	10.2	12.0	4.6	1.6	0.6	0.9	-0.069

续表

样号	∑*REE*	*LREE*	*HREE*	*LREE/HREE*	La_N/Yb_N	La_N/Sm_N	Gd_N/Yb_N	δEu	δCe	Ceanom
YY-28	252.7	230.6	22.1	10.4	11.4	5.0	1.5	0.7	0.9	-0.078
YY-29	237.8	217.2	20.6	10.6	11.8	4.8	1.5	0.7	0.9	-0.065
YY-30	238.9	218.0	21.0	10.4	12.5	4.6	1.7	0.7	0.9	-0.084
YY-31	249.9	228.4	21.6	10.6	11.6	4.8	1.5	0.6	0.9	-0.069
YY-32	251.8	230.5	21.3	10.8	12.7	5.3	1.6	0.7	0.9	-0.077
YY-33	259.2	236.4	22.8	10.4	11.5	4.9	1.4	0.7	0.9	-0.092
YY-34	223.7	205.4	18.3	11.2	12.4	4.8	1.5	0.7	0.9	-0.068
YY-35	272.6	250.0	22.6	11.1	12.3	4.7	1.5	0.7	1.0	-0.070
YY-36	295.9	271.5	24.4	11.1	13.5	5.4	1.7	0.7	0.9	-0.082
YY-37	256.2	233.9	22.3	10.5	10.8	5.0	1.4	0.7	0.9	-0.066
YY-38	261.1	237.1	24.0	9.9	9.6	4.9	1.2	0.7	1.0	-0.059
YY-39	228.1	207.8	20.3	10.2	10.9	4.5	1.4	0.7	0.9	-0.079
YY-40	249.4	229.1	20.4	11.3	11.6	4.6	1.5	0.7	0.9	-0.053
YY-41	240.5	217.4	23.2	9.4	10.2	4.4	1.5	1.0	0.9	-0.058
YY-42	249.6	229.7	19.9	11.5	12.4	5.3	1.4	0.7	0.9	-0.080
YY-43	249.5	225.4	24.1	9.3	9.6	4.9	1.3	0.7	0.9	-0.060
YY-44	234.4	212.0	22.4	9.5	10.1	4.1	1.6	0.6	1.0	-0.050
YY-45	243.2	220.7	22.4	9.8	10.8	4.5	1.6	0.6	0.9	-0.052
YY-46	228.1	208.2	20.0	10.4	11.1	4.4	1.6	0.7	0.9	-0.048
YY-47	249.8	228.7	21.1	10.8	12.3	4.9	1.6	0.7	0.9	-0.061
YY-48	244.7	223.1	21.5	10.4	12.3	4.6	1.7	0.7	0.9	-0.062
YY-49	239.1	217.9	21.2	10.3	11.4	4.3	1.7	0.7	0.9	-0.047
YY-50	232.6	213.0	19.6	10.9	11.8	4.6	1.5	0.7	0.9	-0.078
YY-51	228.4	208.2	20.2	10.3	11.7	4.4	1.7	0.7	0.9	-0.060
YY-52	231.5	209.8	21.8	9.6	10.3	4.2	1.5	0.7	1.0	-0.051
YY-53	213.6	193.3	20.3	9.5	9.9	4.7	1.4	0.7	0.9	-0.080
YY-54	223.6	204.3	19.3	10.6	11.8	4.6	1.7	0.7	1.0	-0.059
YY-55	225.9	204.2	21.7	9.4	9.6	4.2	1.4	0.7	0.9	-0.057
YY-56	236.8	212.0	24.8	8.6	8.7	3.9	1.4	0.6	1.0	-0.054
YY-57	217.5	196.1	21.3	9.2	10.0	4.4	1.5	0.6	0.9	-0.066
YY-58	199.3	179.8	19.6	9.2	10.0	4.3	1.5	0.7	0.9	-0.060
YY-59	213.6	192.0	21.5	8.9	9.7	3.7	1.5	0.6	0.9	-0.095
YY-60	227.4	204.8	22.5	9.1	10.7	4.5	1.6	0.6	0.9	-0.092
YY-61	206.1	185.9	20.2	9.2	10.1	3.9	1.6	0.6	0.9	-0.082
YY-62	209.6	189.1	20.5	9.2	10.4	3.9	1.7	0.6	0.9	-0.061
YY-63	205.1	184.8	20.3	9.1	10.2	3.8	1.7	0.6	0.9	-0.072
YY-64	204.2	183.6	20.6	8.9	9.7	3.9	1.6	0.6	0.9	-0.072
YY-65	230.0	207.3	22.7	9.1	9.9	4.0	1.6	0.6	0.9	-0.064
YY-66	251.7	227.6	24.1	9.4	10.3	4.1	1.6	0.6	0.9	-0.072

续表

样号	ΣREE	LREE	HREE	LREE/HREE	La_N/Yb_N	La_N/Sm_N	Gd_N/Yb_N	δEu	δCe	Ceanom
YY-67	226.6	204.3	22.3	9.1	9.2	4.2	1.4	0.6	0.9	-0.050
YY-68	194.6	174.9	19.8	8.9	9.9	4.0	1.6	0.6	0.9	-0.068
YY-69	194.6	176.2	18.4	9.6	10.5	4.1	1.5	0.6	0.9	-0.080
YY-70	211.3	189.9	21.5	8.8	9.4	4.2	1.4	0.6	0.9	-0.093
YY-71	219.1	200.9	18.2	11.0	12.7	4.4	1.8	0.6	0.9	-0.074
YY-72	205.0	185.4	19.6	9.4	10.1	3.7	1.6	0.6	0.9	-0.064
YY-73	218.8	197.2	21.6	9.1	9.9	4.4	1.5	0.6	0.9	-0.082
YY-74	250.4	228.1	22.2	10.3	11.3	4.3	1.6	0.6	0.9	-0.073
YY-75	210.4	192.8	17.6	11.0	12.5	4.6	1.7	0.6	0.9	-0.075
YY-76	387.1	352.0	35.1	10.0	9.5	3.3	1.5	0.6	0.9	-0.062
YY-77	217.0	196.5	20.5	9.6	10.0	4.1	1.4	0.6	0.9	-0.057
YY-78	240.3	215.2	25.2	8.6	8.9	3.8	1.5	0.6	1.0	-0.045
YY-79	226.2	203.6	22.6	9.0	10.3	4.0	1.6	0.6	0.9	-0.091
YY-80	218.9	197.9	21.0	9.4	10.3	4.2	1.5	0.7	0.9	-0.072
YY-81	217.2	193.5	23.7	8.2	8.6	3.7	1.5	0.6	0.9	-0.082
YY-82	210.1	189.0	21.1	9.0	10.1	4.3	1.5	0.6	0.9	-0.089
YY-83	214.7	192.1	22.5	8.5	9.7	4.0	1.6	0.6	0.9	-0.076
YY-84	217.0	196.5	20.6	9.6	10.4	4.1	1.7	0.6	0.9	-0.048
YY-85	220.5	199.0	21.5	9.3	10.0	4.0	1.6	0.6	0.9	-0.062
YY-86	229.9	207.4	22.5	9.2	9.7	4.1	1.5	0.5	0.9	-0.068
YY-87	210.5	188.1	22.4	8.4	8.9	4.1	1.5	0.6	0.9	-0.065
YY-88	217.9	197.5	20.3	9.7	11.3	4.3	1.6	0.6	0.9	-0.084
YY-89	210.3	191.1	19.3	9.9	11.1	4.5	1.6	0.6	0.9	-0.078
YY-90	213.1	193.5	19.6	9.9	11.7	4.3	1.7	0.6	0.9	-0.078
YY-91	217.8	197.8	20.1	9.9	11.4	4.3	1.7	0.6	0.9	-0.077
NASC	173.2	152.8	20.4	7.5	6.8	3.4	1.3	0.7	1.1	

注：*LREE/HREE* 表示轻、重稀土比值；$\delta Eu = Eu_N/(Sm_N \times Gd_N)^{1/2}$；$Ce = Ce_N/(La_N \times Pr_N)^{1/2}$；$Ce_{anom} = \lg[3Ce_N/(2La_N + Nd_N)]$；N 表示样品实测元素相对于球粒陨石标准化，球粒陨石数据据 Masuda 等(1973)

由于样品主要为细粒岩，因此除了进行球粒陨石标准化外，还进行了北美页岩标准化的分析。北美页岩标准化采用 Haskin(1966)的北美页岩组合样(NASC)的稀土元素含量，即 La(32μg/g)、Ce(73μg/g)、Pr(7.9μg/g)、Nd(33μg/g)、Sm(5.7μg/g)、Eu(1.24μg/g)、Gd(5.20μg/g)、Tb(0.85μg/g)、Dy(5.8μg/g)、Ho(1.04μg/g)、Er(3.4μg/g)、Tm(0.5μg/g)、Yb(3.1μg/g)、Lu(0.48μg/g)。

为了更精确地探讨渝页 1 井稀土元素在纵向上的变化，把该井分为 6 段(每段 60m)，把每段中的样品进行稀土元素分布特征的研究。

0~60m 层段：从表 7-17 和稀土元素球粒陨石标准化配分模式图(图 7-22A)中可以看出，Σ*REE* 为稀土元素总量，其值介于 231.02~265.55μg/g 之间，平均含量为 266.55μg/g，大于北美页岩 Σ*REE*173.21μg/g(Haskin and Haskin，1966)；LREE 含量介

于 210.18 ~ 242.18μg/g 之间，平均含量为 225.42μg/g，大于北美页岩 LREE 含量 152.84μg/g；*HREE* 含量介于 20.84 ~ 24.31μg/g，平均含量为 22.34μg/g，大于北美页岩 *HREE* 含量 20.37μg/g；*LREE/HREE* 值介于 9.59 ~ 10.70 之间，平均值为 10.10，表明轻稀土富集而重稀土亏损；La_N/Yb_N 介于 10.73 ~ 11.84 之间，平均值为 11.23，均大于 1，曲线为右倾斜，属于轻稀土富集型；La_N/Sm_N 比值介于 4.25 ~ 5.01 之间，平均值达到 4.62，大于 1，反映了轻稀土之间的相对分馏程度较大；Gd_N/Yb_N 比值介于 1.43 ~ 1.59 之间，平均值为 1.53，反映了重稀土之间的分馏程度相对较小；δEu 介于 0.62 ~ 0.68 之间，平均值为 0.644，δEu <1，为负异常，小于北美页岩 δEu 的值 0.7；δCe 介于 0.90 ~ 0.93 之间，平均值为 0.92，δCe <1，为负异常，反映了该段沉积体是在缺氧的还原条件下形成的。

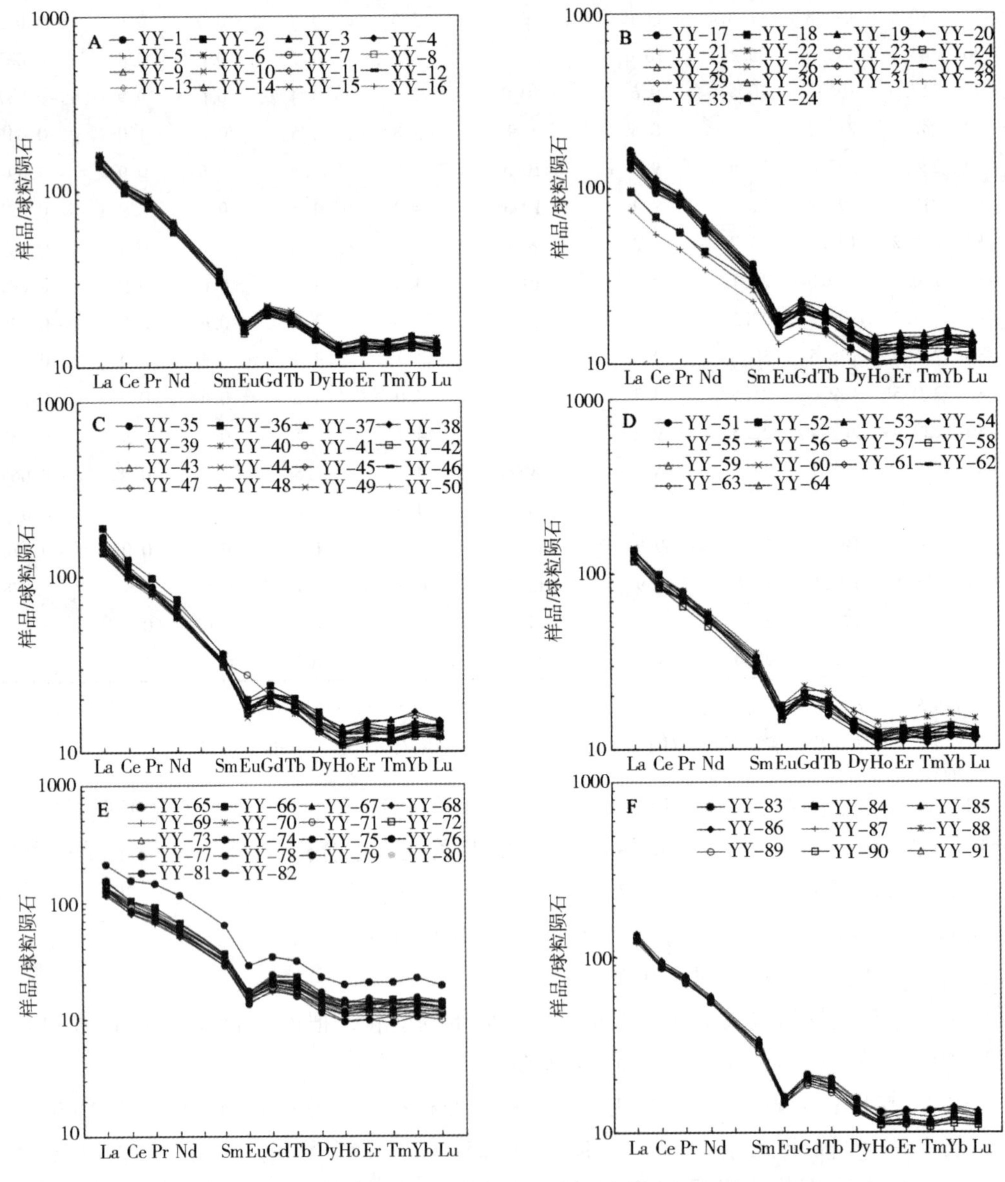

图 7-22　渝页 1 井龙马溪组细粒岩稀土元素球粒陨石标准化配分模式图

在沉积岩研究过程中，除了球粒陨石标准化以外，还通常以北美页岩为标准进行标准化配分模式的分析。龙马溪组页岩北美页岩标准化配分模式如图 7-23 所示。从图 7-23A 可以看出该层段样品（YY-1 ~ YY-16）北美页岩标准化分布曲线平滑，略显示右倾，说明其同北美页岩相比可能具有相似的沉积环境；曲线右倾反映出同北美页岩相比轻稀土相对富集，此外从图中还可以看出重稀土含量比值近似为 1，表示该段页岩中重稀土含量与北美页岩相近。

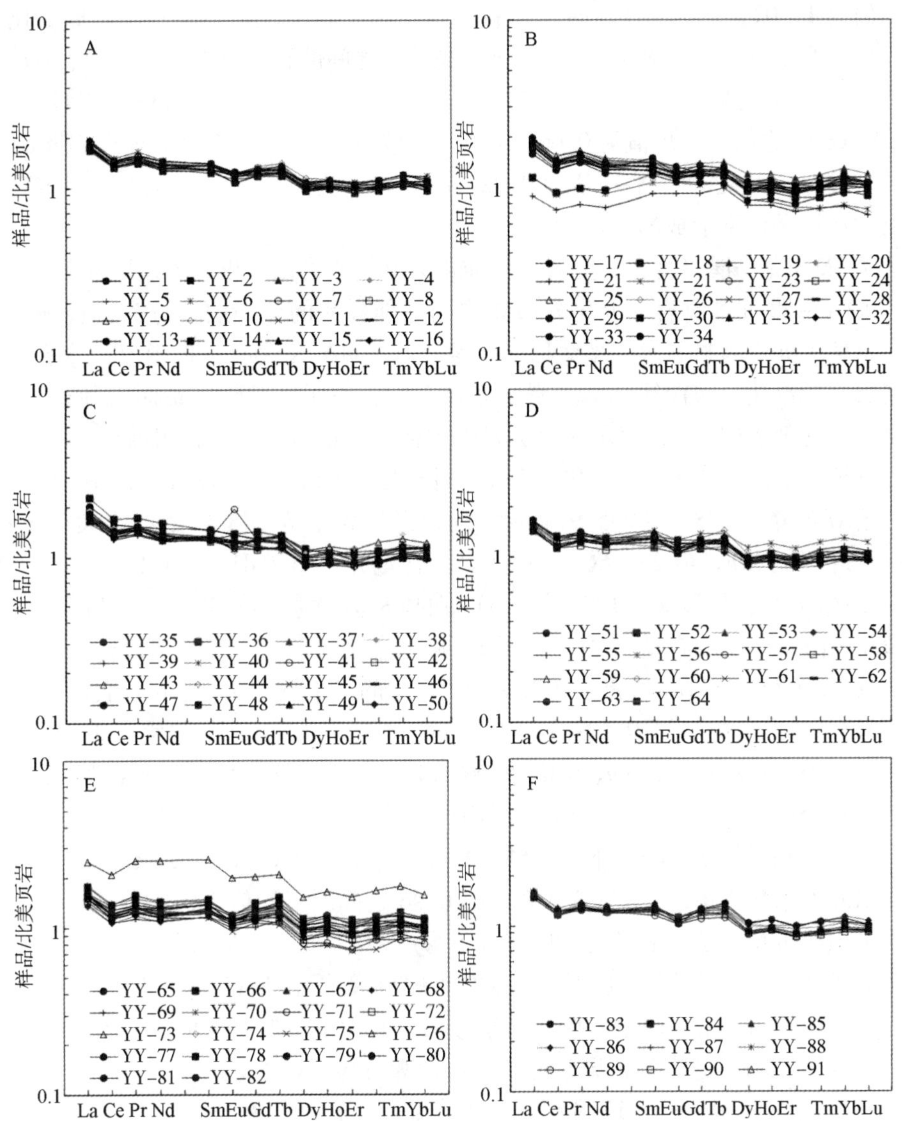

图 7-23　渝页 1 井龙马溪组细粒岩稀土元素北美页岩标准化配分模式图

60 ~ 120m 层段：从表 7-17 和稀土元素球粒陨石标准化配分模式图（图 7-22B）中可以看出，$\sum REE$ 介于 131.91 ~ 269.42μg/g 之间，平均含量为 232.66μg/g，小于上段 0 ~ 60m 层段样品的 $\sum REE$ 值 266.55μg/g；*LREE* 含量介于 118.63 ~ 244.28μg/g，平均含量为

211.39μg/g，小于上段0~60m层段样品的*LREE*含量225.42μg/g；*HREE*含量介于16.28~25.32μg/g，平均含量为21.26μg/g，略小于上段0~60m层段样品的*HREE*含量22.34μg/g；*LREE/HREE*值介于7.29~11.23之间，平均值为9.90，表明轻稀土富集而重稀土亏损，此外同上部层段相比，该比值变化范围较大，同时从图7-22B和图7-23B中也可以看出部分样品的配分曲线与其他样品有分离现象，这说明沉积环境可能出现了短期的变化，这与沉积相分析中该段沉积主要为浊积岩沉积一致；La_N/Yb_N介于7.9~12.74之间，平均值为11.03，均大于1，曲线为右倾斜，属于轻稀土富集型；La_N/Sm_N比值介于3.24~5.31之间，平均值达到4.53，反映了轻稀土之间的相对分馏程度较大；Gd_N/Yb_N比值介于1.39~1.80之间，平均值为1.55，反映了重稀土之间的分馏程度相对较小；δEu介于0.60~0.71之间，平均值为0.66，δEu<1，为负异常，小于北美页岩δEu的值0.7；δCe介于0.87~0.95之间，平均值为0.92，δCe<1，为负异常，反映了该段沉积体同样是在缺氧的还原条件下形成的。

从图7-23B龙马溪组页岩北美页岩标准化配分模式可以看出，该层段样品中YY-18、YY-21和YY-22北美页岩标准化分布曲线同其他样品的分布曲线分离，轻稀土元素略显左倾，重稀土元素略显右倾，多数稀土元素同北美页岩相比有亏损现象；该层段其他样品的北美页岩标准化分布曲线相对平滑，略显右倾，说明轻稀土富集而重稀土相对亏损，但重稀土含量比值近似为1，表示该段页岩中重稀土含量与北美页岩相近。

120~180m层段：从表7-17和稀土元素球粒陨石标准化配分模式图(图7-22C)中可以看出，∑*REE*介于228.4~295.9μg/g之间，平均含量为248.42μg/g，大于上段60~120m层段样品的∑*REE*值232.66μg/g；*LREE*含量介于207.81~271.50μg/g，平均含量为226.59μg/g，大于上部60~120m层段样品的*LREE*含量211.39μg/g；*HREE*含量介于19.57~24.40μg/g，平均含量为21.84μg/g，略大于上部60~120m层段样品的*HREE*含量21.26μg/g；*LREE/HREE*值介于9.35~11.53之间，平均值为10.40，表明轻稀土富集而重稀土亏损；La_N/Yb_N介于9.63~13.49之间，平均值为11.30，均大于1，曲线为右倾斜，属于轻稀土富集型；La_N/Sm_N比值介于4.14~5.37之间，平均值达4.7，反映了轻稀土之间的相对分馏程度较大；Gd_N/Yb_N值介于1.23~1.74，平均值为1.52，反映了重稀土之间的分馏程度相对较小；δEu介于0.58~1.05，平均值为0.70，δEu<1，为负异常，与北美页岩δEu的值0.7相近；δCe介于0.89~0.96之间，平均值为0.93，δCe<1，为负异常，反映了该段沉积体是在缺氧的还原条件下形成的。

从图7-23C龙马溪组页岩北美页岩标准化配分模式可以看出，该层段样品北美页岩标准化分布曲线较为平滑，略显右倾，属于轻稀土元素富集型。重稀土元素同北美页岩含量相近，Eu除样品YY-41为正异常外，其他均为负异常。

180~240m层段：从表7-17和稀土元素球粒陨石标准化配分模式图(图7-22D)中可以看出，稀土元素总量介于199.33~236.81μg/g之间，平均含量为217.33μg/g，小于上部120~180m层段样品的∑*REE*值248.42μg/g；*LREE*含量介于179.78~212.03μg/g，平均含量为196.28μg/g，小于上部60~120m层段样品的*LREE*含量226.59μg/g；*HREE*总量介于19.28~24.78μg/g，平均含量为21.05μg/g，略小于上部120~180m层段样品的*HREE*含量21.84μg/g；*LREE/HREE*值介于8.56~10.60，平均值为9.34，表明轻稀土富

集而重稀土相对亏损；La_N/Yb_N 介于 8.66～11.83 之间，平均值为 10.19，均大于 1，曲线为右倾斜，同样属于轻稀土富集型；La_N/Sm_N 值介于 3.75～4.67 之间，平均值达到 4.18，反映了轻稀土之间的相对分馏程度较大；Gd_N/Yb_N 值介于 1.37～1.69 之间，平均值为 1.56，反映了重稀土之间的分馏程度相对较小；δEu 介于 0.58～0.72 之间，平均值为 0.64，δEu <1，为负异常，小于北美页岩 δEu 的值 0.7；δCe 介于 0.87～0.97 之间，平均值为 0.92，δCe <1，为负异常，反映了该段沉积体是在缺氧的还原条件下形成的。

从图 7-23D 龙马溪组细粒岩北美页岩标准化配分模式中可以看出，该层段样品北美页岩标准化分布曲线较为平滑，略显右倾，属于轻稀土元素富集型。同北美页岩相比，轻稀土含量相对较高，重稀土元素同北美页岩含量相近。

240～300m 层段：从表 7-17 和稀土元素球粒陨石标准化配分模式图（图 7-22E）中可以看出，稀土元素总量介于 194.62～387.12μg/g 之间，平均含量为 229.41μg/g，大于上部 180～240m 层段样品的 ∑*REE* 值 217.33μg/g；*LREE* 总量介于 174.87～351.97μg/g，平均含量为 207.35μg/g，大于上部 180～240m 层段样品的 *LREE* 含量 196.28μg/g；*HREE* 总量介于 17.60～35.15μg/g 之间，平均含量为 22.07μg/g，略大于上部 180～240m 层段样品的 *HREE* 含量 21.05μg/g；*LREE/HREE* 值介于 8.16～11.04 之间，平均值为 9.42，表明轻稀土富集而重稀土相对亏损；La_N/Yb_N 介于 8.58～12.75 之间，平均值为 10.20，均大于 1，曲线右倾斜，属于轻稀土富集型；La_N/Sm_N 值介于 3.31～4.63 之间，平均值达 4.07，反映了轻稀土之间的相对分馏程度较大；Gd_N/Yb_N 值介于 1.45～1.77 之间，平均值为 1.55，反映了重稀土之间的分馏程度相对较小；δEu 介于 0.57～0.65 之间，平均值为 0.615，δEu <1，为负异常，小于北美页岩 δEu 的值 0.7；δCe 介于 0.86～0.95 之间，平均值为 0.907，δCe <1，为负异常，反映了该段沉积体是在缺氧的还原条件下形成的。

从图 7-23E 龙马溪组细粒岩北美页岩标准化配分模式可以看出，YY-73 样品稀土元素含量均高于北美页岩，达到 2 倍左右，其他样品北美页岩标准化分布曲线较为平滑，略显右倾，属于轻稀土元素富集型。

300～324.6m 层段：从表 7-17 和稀土元素球粒陨石标准化配分模式图（图 7-22F）中可以看出，∑*REE* 值介于 210～229.86μg/g 之间，平均含量为 216.85μg/g，小于上部 240～300m 层段样品的 ∑*REE* 值 229.41μg/g；*LREE* 含量介于 188.10～207.37μg/g 之间，平均含量为 195.89μg/g，大于上部 240～300m 层段样品的 *LREE* 含量 207.35μg/g；*HREE* 含量介于 19.27～22.52μg/g 之间，平均含量为 20.96μg/g，略小于上部 240～300m 层段样品的 *HREE* 含量 22.07μg/g；*LREE/HREE* 值介于 8.41～9.92 之间平均值为 9.37，表明轻稀土富集而重稀土相对亏损；La_N/Yb_N 值介于 8.94～11.65 之间，平均值为 10.47，均大于 1，曲线右倾斜，属于轻稀土富集型；La_N/Sm_N 值介于 3.97～4.47 之间，平均值达 4.17，反映了轻稀土之间的相对分馏程度较大；Gd_N/Yb_N 值介于 1.51～1.72 之间，平均值为 1.62，反映了重稀土之间的分馏程度相对较小；δEu 介于 0.54～0.64 之间，平均值为 0.61，δEu <1，为负异常，小于北美页岩 δEu 的值 0.7；δCe 介于 0.89～0.95 之间，平均值为 0.91，δCe <1，为负异常，反映了该段沉积体是在缺氧的还原条件下形成的。

从图 7-23F 龙马溪组细粒岩北美页岩标准化配分模式中可以看出，该段样品中轻稀土元素高于北美页岩，为1.5倍左右；而重稀土同北美页岩相近，总体上曲线较为平缓，略微右倾，反映了同北美页岩相似的沉积环境。

7.3.4.2 古环境

Elderfield 和 Greaves (1982) 曾提出 Ce_{anom} 的指数，其计算公式为 $Ce_{anom}=\lg[3Ce_N/(2La_N+Nd_N)]$，当以北美页岩为标准时，$Ce_{anom}>-0.1$ 表示 Ce 的富集，反映水体呈缺氧的还原环境；$Ce_{anom}<-0.1$ 表示 Ce 亏损，反映水体呈氧化环境(Elderfield and Greaves, 1982)。从表7-17可以看出渝页1井龙马溪组细粒岩 Ce_{anom} 指数平均为-0.073，最大值为-0.051，最小值为-0.103，几乎所有样品的 Ce_{anom} 指数都大于-0.1，仅有一块样品的 Ce_{anom} 指数小于-0.1。因此渝页1井龙马溪组细粒岩绝大部分是在还原环境中形成的。

ΣREE 具有随海水深度的增加而升高的特点(杨兴莲等，2008)，因此 ΣREE 的大小能够反映古海洋海水深度。为了减小单个样品 ΣREE 误差，对渝页1井分成6段探讨其 ΣREE 的变化，进而反映沉积时海水的相对深浅。第一段0~60m，ΣREE 平均值为247.76μg/g，第二段60~120m，ΣREE 平均值为232.66μg/g，第三段120~180m，ΣREE 总量平均值为248.42μg/g，第四段180~240m，ΣREE 平均值为217.32μg/g，第五段240~300m，ΣREE 平均值为229.4μg/g，第六段300~324.6m，ΣREE 平均值为216.85μg/g，由此可以判断从底部到顶部总体上水体深度经逐渐降低的过程，这与通过前面所分析的渝页1井龙马溪组早期水体相对还原性的变化具有很好的一致性，只是顶部出现次一级的还原性变化。

第八章　细粒岩与页岩气

由前几章的讨论可以了解到，四川盆地东南缘志留系龙马溪组细粒岩主体上以页岩、粉砂质页岩为主，该地区是我国目前实现商业性开发的少数页岩气田之一，龙马溪组细粒岩是页岩气的烃源岩和储集岩，因此本章对该套以页岩为主的细粒岩非常规油气(页岩气)的地质特征进行简要介绍。

8.1　页岩气概述

页岩气系统从本质上来讲是连续型的生物成因气、热成因气或者生物－热复合成因气，它具有广泛的含气体饱和度，特殊的圈闭机理和相对短的运移距离。页岩气可以以吸附状态存在于天然裂缝和颗粒间的孔隙中，也可以吸附在干酪根和黏土颗粒表面，同时还可以溶解在干酪根和沥青质当中(Curtis and Montgomery，2002)。简单来讲，页岩气可以定义为以吸附、游离和溶解状态存在于页岩中的天然气。页岩气主要产自极低孔隙度、渗透率的富有机质细粒页岩中，由于富有机质的细粒页岩具有极低的孔隙度和渗透率，因此页岩生成的天然气以页岩内部的初次运移为主，也就是说页岩气是滞留在富有机质页岩中的没有运移出去的天然气，它是烃源岩不间断供气、持续聚集而形成的连续性天然气藏(董大忠等，2010；范昌育和王震亮，2010；郭岭等，2011a；李新景等，2007；邹才能等，2011)，由此可以看出富有机质的页岩本身起到了烃源岩、储集层和盖层三个方面的作用。页岩气是一种较易保存的天然气，究其原因包含以下两个方面：首先，作为页岩气储层的暗色富有机质页岩主要形成在盆地的沉积中心或沉降中心位置，构造位置低，具有很好的封闭条件；其次，根据北美页岩气勘探开发实践，页岩气近一半都是以吸附气的状态存在，后期的构造破坏作用难以使页岩气全部散失。

页岩气在页岩中的存在形式包括游离气、吸附气和溶解气(图 8－1)。其中游离态的页岩气与常规储层的天然气相似，吸附态的页岩气与煤层气相似。黑色页岩中有机质生成的天然气先在有机质孔内表面饱和吸附，之后解吸扩散至基质孔隙中，以吸附、游离相原位饱和聚集，过饱和气初次运移至上覆无机质页岩孔中。气体再次饱和后，二次运移便可形成常规气藏(张金川等，2004；邹才能等，2010)。由于页岩气“自生自储”的特征，与传统的油气勘探相比，不需要寻找油气圈闭，因为页岩气的形成和聚集都是在页岩中，没有明显的圈闭界线，也没有统一的气水界线(邹才能等，2011)。“生、储、盖、运、圈、保”等常规油气藏的评价要素在页岩气聚集评价过程中不需要全部考虑。美国 Barnett 页岩气体系是一个自生自储的系统，核心产区能够产出大量页岩气的原因包括：①有机质富集程度高，生烃潜力大；②干酪根及滞留石油的裂解产生大量天然气；③滞留石油裂解产生大量的吸附气体；④有机质分解产生的次生孔隙；⑤岩石中含有大量的脆性矿物(Daniel et al.，2007)。我们可以把这5个因素分为3个部分：①烃源岩，它是有机质的载体，决定了生烃潜力，此外烃源岩中有机质的成熟度决定了气体的产出过程和产量；②储集层，它包括了影响储集层裂缝发育程度的矿物含量特征，以及其本身的裂缝、孔隙发育特征；③气体的含量，它是页岩气能否进行商业性开发的关键因素。因此页岩气成藏的关键是评价烃源岩的特征和储集层的相关参数，然后评价页岩中的含气量，最终评价页岩气聚集是否具有足够的规模，进而具有商业的开采价值。

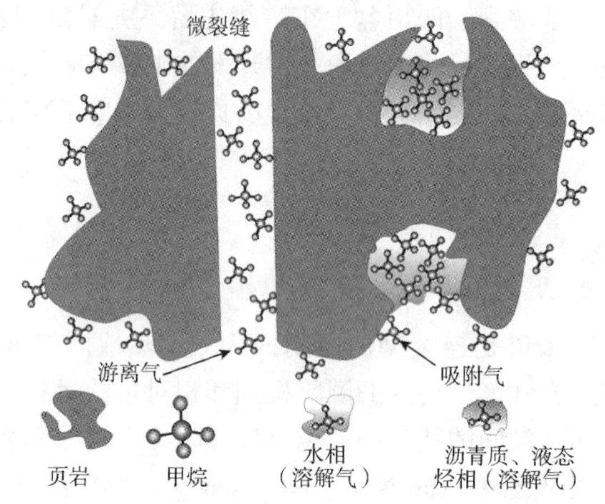

图8-1　页岩中甲烷气体分布示意图

因此在页岩气勘探过程中，分析页岩作为烃源岩和储集层的特征，确定页岩的含气量是最为重要的3个方面的工作。在页岩气勘探初期，页岩的沉积、构造背景研究和基础地质、地化参数评价是至关重要的。

8.2　烃源岩的特征

无论对常规油气的勘探，还是非常规油气的勘探，烃源岩的评价都是最基本的研究工作，因为烃源岩是油气的物质来源，没有合适的烃源岩就不会有足够规模的油气产出，进而形成商业性规模的天然气(郭岭和郭峰，2008；于兴河，2009)。页岩气成藏潜力评价体系中烃源岩评价主要包括4个部分，即烃源岩中有机质丰度，有机质的类型和显微组分，有机质的成熟度和岩石的热解参数特征。

8.2.1　有机质丰度

总有机碳含量是评价岩石中有机质丰度的重要指标，也是页岩气藏能否形成的物质基础。因此有经济价值的页岩气远景区必须具有足够高的有机质丰度，以产生商业性规模的天然气。美国福特沃斯盆地 Barnett 页岩气藏生产表明，气体产量大的地方，有机碳含量对应也高，有机碳含量和气体含量(包括总气体含量和吸附气量)有很好的正相关关系(图8-2)。其中，吸附气含量与有机碳含量的相关系数达81.7%，总气体含量与有机碳含量的相关系数达82.5%。

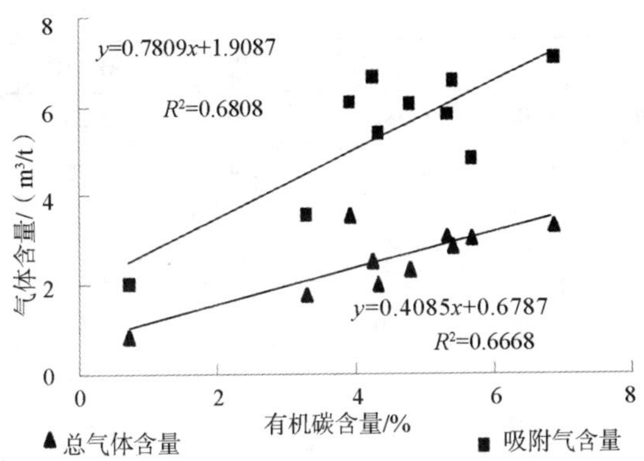

图 8-2 Barnett 页岩有机碳含量与气体含量的关系(聂海宽等，2009)

本章共进行了130余块岩石有机碳含量的测试，但大多数集中在渝页1井、龙山红岩溪剖面和彭水鹿角剖面。为了更好地反映有机质丰度在平面上的特征，选取均匀分布在平面上的22块样品进行了分析，有机碳含量等数据如表8-1所示。张爱云等(1987)认为，目前岩石中的有机碳含量是经历有机质演化生烃与地表氧化风化作用后的残余有机碳，实际上原始有机碳含量更高，并提出残余有机碳与原始有机碳之间的经验比值1∶1.16～1∶1.22。考虑到平面分布的样品大部分是野外露头样品，遭遇的风化比较严重，所以对实测残余有机碳进行了校正，校正后的TOC如表8-1所示。从图8-3和表8-1可以看出研究区TOC含量介于0.26%～5.53%之间，平均值为2.05%；校正后TOC含量介于0.32%～6.64%之间，平均值达到2.46%；多数样品TOC含量大于1%，仅有4块样品的含量小于1。

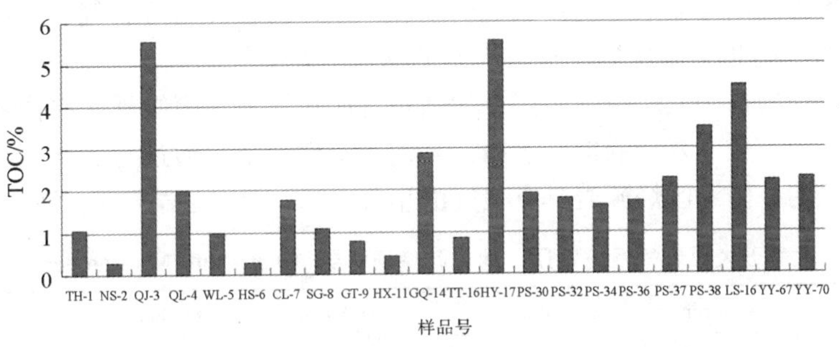

图 8-3 四川盆地东南部地区龙马溪组页岩类烃源岩岩石校正 TOC 含量

表 8-1 四川盆地东南缘龙马溪组页岩类烃源岩参数

样号	S_0	S_1	S_2	T_{max}/℃	P_g	TOC/%	校正 TOC/%	R_o/%
TH-1	—	—	—	—	—	1.06	1.27	2.69
NS-2	0.00	0.03	0.03	386	0.06	0.27	0.33	2.82
QJ-3	0.00	0.04	0.05	584	0.09	5.53	6.64	2.54
QL-4	0.00	0.03	0.03	430	0.06	2.00	2.40	2.57
WL-5	—	—	—	—	—	0.98	1.18	2.51

续表

样号	S_0	S_1	S_2	T_{max}/℃	P_g	TOC/%	校正 TOC/%	R_o/%
HS-6	0.00	0.01	0.02	382	0.04	0.26	0.32	2.62
CL-7	0.00	0.08	0.32	555	0.40	1.76	2.11	2.61
SG-8	0.00	0.03	0.03	381	0.07	1.09	1.31	2.44
GT-9	—	—	—	—	—	0.76	0.91	3.36
HX-11	0.00	0.02	0.03	576	0.05	0.43	0.52	2.86
GQ-14	—	—	—	—	—	2.86	3.43	2.44
TT-16	0.00	0.01	0.02	543	0.03	0.83	1.00	—
HY-17	0.00	0.02	0.02	381	0.04	5.53	6.64	3.68
PS-30	—	—	—	—	—	1.91	2.29	—
PS-32	—	—	—	—	—	1.79	2.15	—
PS-34	—	—	—	—	—	1.63	1.96	—
PS-36	—	—	—	—	—	1.73	2.08	—
PS-37	—	—	—	—	—	2.24	2.69	—
PS-38	—	—	—	—	—	3.47	4.16	—
LS-16	—	—	—	—	—	4.46	5.35	—
YY-67	—	—	—	—	—	2.22	2.66	2.12
YY-70	—	—	—	—	—	2.29	2.75	2.26

注：表中 S_0、S_1、S_2 和 P_g 单位为 mg/g，“—”表示未进行该项测试

综合利用各种地质参数来进行页岩气的勘探开发，已在美国页岩气开发中取得了良好的效果(表 8-2)，这也为其他地区页岩气藏的勘探开发提供了很好的参考。鉴于我国页岩气勘探还处在早期的基础地质研究阶段，加之包含四川盆地东南缘地区在内的我国南方地区的海相页岩经历了较为复杂的构造运动，且地表条件复杂，通过与美国页岩气系统主要参数的对比后认为，研究区烃源岩具有很好的生气潜力，具备页岩气藏形成的物质条件。

表 8-2　北美五大页岩气系统地质、地化和储层参数(Curtis and Montgomery，2002)

属性	Antrim	Ohio	New Albany	Barnett	Lewis
埋深/m	182.9~731.5	609.6~1524	182.9~1493.5	1981.2~2590.8	914.4~1828.8
总厚度/m	48.8	91.4~304.8	34.5~121.9	61.0~91.4	152.4~579.1
净厚度/m	21.3~36.6	9.1~30.5	15.2~30.5	15.2~61.0	61.0~91.4
井底温度/℃	23.9	37.8	26.7~40.6	93.3	54.4~76.7
TOC/%	0.3~24	0~4.7	1~25	4.5	0.45~2.5
镜质体反射率 R_o/%	0.4~0.6	0.4~1.3	0.4~1.0	1.0~1.3	1.6~1.88
总孔隙度/%	9	4.7	10~14	4~5	3~5.5
含气孔隙度/%	4	2	5	2.5	1~3.5
含水孔隙度/%	4	2.5~3	4~8	1.9	1~2

续表

属性	Antrim	Ohio	New Albany	Barnett	Lewis
含气量/(m^3/t)	1.13 ~ 2.83	1.70 ~ 2.83	1.13 ~ 2.27	8.50 ~ 9.91	0.42 ~ 1.27
吸附气量/%	70	50	40 ~ 50	20	60 ~ 85
储层压力/kPa	2758	3447.5 ~ 13790	2068.5 ~ 4173	20685 ~ 27580	6895 ~ 10342.5
单井费用($)/1000	180 ~ 250	200 ~ 300	125 ~ 150	450 ~ 600	250 ~ 300
产气量/(m^3/d)	1132.8 ~ 14160	849.6 ~ 14160	283.2 ~ 1416	2832 ~ 28320	2832 ~ 5664

8.2.2 有机质类型

有机碳含量和成熟度是决定烃源岩生气能力的关键因素，但是通常来讲富氢的有机质以生油为主，氢含量较低的有机质则以生气为主，且不同类型的干酪根在不同的演化阶段生气量有很大的不同。因此在确定页岩气聚集的有利区时，有机质类型的研究也是必不可少的。四川盆地东南缘龙马溪组页岩类有机质类型以Ⅰ型为主，少量Ⅱ型干酪根(张金川等，2010)，干酪根碳同位素值为 -31.87‰ ~ -27.64‰，平均为 -29.97‰(张海全等，2011)。由于研究区龙马溪组页岩类干酪根热演化程度较高，R_o 平均达2.68%，处于高成熟 - 过成熟阶段，因此无论是Ⅰ型还是Ⅱ型干酪根都具备很好的生气能力。研究过程中在页岩中发现很多烃类物质，特别是沥青质在岩石中非常普遍(图8-4)，这也进一步说明研究区页岩中存在潜在的页岩气资源。

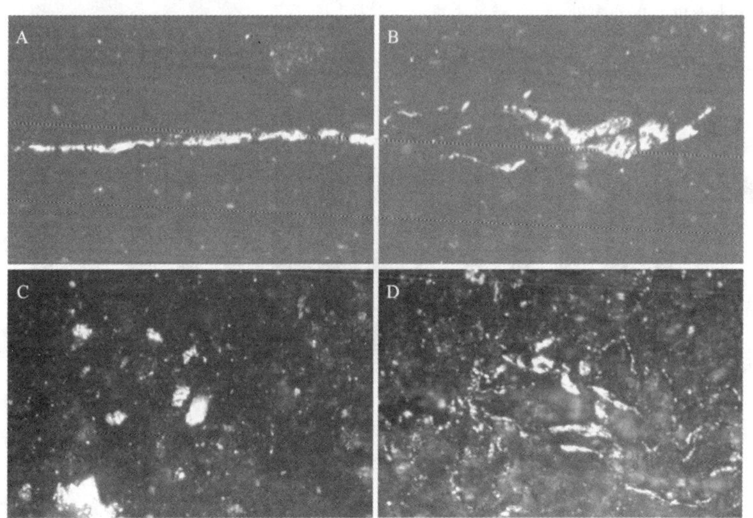

图8-4 研究区龙马溪组页岩中的烃类物质

A—黔江区石会剖面龙马溪组黑色页岩中条带状沥青；B—彭水县鹿角剖面龙马溪组黑色页岩中的块状沥青；C—渝页1井黑色页岩中的灰白色斑点状沥青质，275m；D—渝页1井深灰色页岩中灰白色碎片状沥青质，156m

8.2.3 有机质成熟度

成熟度是确定有机质生油还是生气的关键参数，是指示有机质向烃类转化程度的关键指标。通常来讲 $R_o \geq 1\%$ 为生油高峰，$R_o \geq 1.3\%$ 为主要的生气阶段。从表 8-2 可以看出北美产气页岩的成熟度最低仅为 0.4%，说明有机质在向烃类转化的整个过程中都可以产生页岩气。热成因的天然气是目前发现的页岩气中最多的一种，与传统的热裂解、热降解理论一样，要达到足够高的热成熟度才能形成页岩气藏，虽然在生油窗内各种类型的干酪根都能生成天然气，但是油的存在限制了致密页岩体系的渗透率，导致渗透率非常低。因此，天然气可以在生油窗内生成，但是不具有形成商业价值页岩气藏的可能性。因此要达到足够高的成熟度才能形成规模性的页岩气藏。成熟度不仅决定天然气的生成方式，还决定气体组分以及气体的流动速度，进而影响开采的难易程度。通常来讲，有利的页岩气聚集区应在热生气窗内，成熟度 R_o 介于 1.1% ~3.5% 之间(Jarvie et al. , 2007)。

对研究区 100 余块岩石进行了 R_o 测试，但大多数集中在渝页 1 井、龙山红岩溪剖面和彭水鹿角剖面。为了更好地反映 R_o 在平面上的特征，对分布在平面上的 14 块样品进行了 R_o 分析(表 8-1)：可以看出 R_o 介于 2.12% ~3.68% 之间，平均值达 2.68%，从图 8-5 也可以看出，研究区样品的 R_o 分布均在 2.0% 以上，烃源岩达到了高成熟－过成熟阶段，这一方面有利于天然气的大量生成，另一方面也有利于后期页岩气的开采。但是高成熟度的页岩可能经历过复杂的成岩作用，可能会对页岩的孔隙度和渗透率造成不利的影响。此外演化程度越高的烃源岩其生成的天然气越多，此时若页岩内部没有足够多的储集空间来平衡气藏压力，则会在一定程度上影响页岩气的保存(Jarvie et al. , 2005)。此外，高演化的页岩由于有机质基本上演化为沥青类大分子，一定程度上降低了吸附能力并且堵塞微孔隙(刘树根等，2011a)，因此针对四川盆地东南部龙马溪组页岩气的勘探应主要选择页岩热演化程度适中的地区。

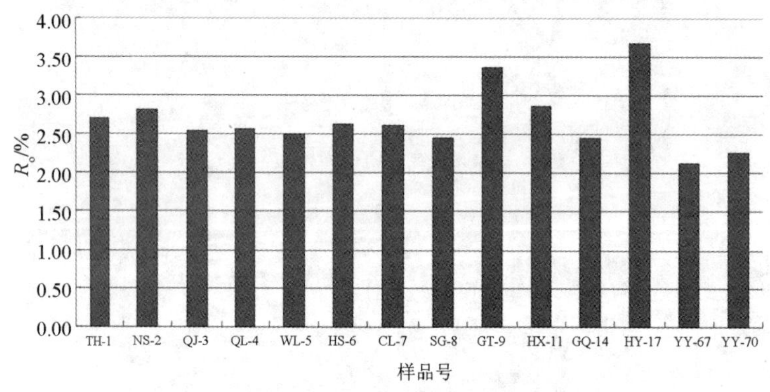

图 8-5　研究区龙马溪组页岩类烃源岩 R_o 分布图

8.2.4　岩石热解参数

岩石热解能够定量检测岩石中的含烃量，热解参数不同生成的气态烃过程和数量也不同。检测的样品中 S_0 均为 0，说明在 90℃时，样品中没有烃类物质生成。S_1 介于 0.01 ~ 0.08mg/g 之间，平均值为 0.03mg/g，说明在 300℃时 1g 岩石中平均可排出 0.03mg 烃类物质。S_2 介于 0.02 ~0.32mg/g 之间，平均值为 0.06mg/g，说明在 300 ~600℃时 1g 岩石中平均可排出 0.06mg 烃类物质。在研究区的北部地区，龙马溪组页岩埋藏深度介于 0~

3460m(四川省地质局107地质队，1975)，南部地区埋深相对较浅，埋藏深度介于0～2640m之间，可以看出研究区龙马溪组页岩埋藏深度相对较浅，基本上都在3000m以内。研究资料表明四川盆地东南缘1000m处的现今地温约为35℃，2000m处地温约为60℃，3000m处地温约为80℃(姜本鸿和韩庆之，1993)。按照这样的温度数据，龙马溪组页岩目前烃类物质的排出量可能是有限的，因此研究区页岩气勘探过程中，页岩气的保存条件评价是极其重要的。

8.3 储集层特征

对于泥页岩储层来讲，岩石孔隙、裂缝和有机质内孔隙是储存油气的主要空间。页岩储层具有很低的孔隙度和渗透率，以发育多种类型的微孔隙为特征，包括颗粒间微孔、颗粒溶孔、黏土矿物片间孔隙、粒内溶孔、有机质孔、生物骨架孔、有机质排烃残余孔隙、有机质内的纳米级孔隙等。有些孔隙直径很小，可以小至纳米级。通过场发射扫描电镜也在四川盆地东南缘的页岩中发现了纳米级的孔隙(图8-6)。

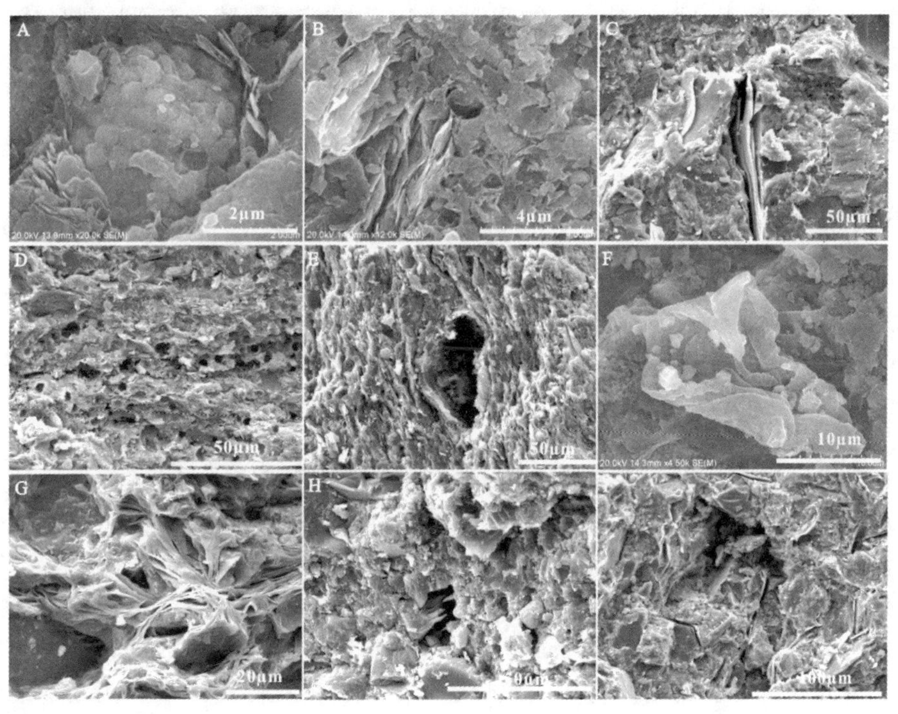

图8-6 研究区龙马溪组页岩中的微孔隙特征

A—草莓状黄铁矿晶粒间微孔隙，渝页1井龙马溪组页岩(FESEM，×20000)；B—绿泥石片间微孔隙，渝页1井龙马溪组页岩(FESEM，×12000)；C—粒间溶蚀孔隙，重庆市秀山县溶溪龙马溪组黑色粉砂质页岩，被黏土矿物半充填(SEM，×1200)；D—有机质排烃残余孔隙，内部可见有机质“蜂窝状”排烃残余物，渝页1井页岩(SEM，×2000)；E—粒内溶蚀孔隙，湖南省龙山县龙马溪组页岩(SEM，×1200)；F—硅质超微化石残余孔隙，渝页1井页岩(FESEM，×4500)；G—黏土矿物间微孔隙，湖南省龙山县红岩溪剖面龙马溪组(SEM，×2800)；H—石英颗粒粒间孔隙，重庆市秀山县溶溪龙马溪组粉砂质页岩(SEM，×2200)；I—石英颗粒边缘缝隙，渝页1井(SEM，×1000)

8.3.1 孔隙

在常规油气勘探过程中，由于页岩的颗粒细小，岩石非常致密，孔隙度和渗透率都很低，一直以来均被当做油气藏的烃源岩或者盖层。但是近年来随着国外页岩气勘探开发的快速发展，对泥页岩储层的研究也在逐步展开。国外勘探实践证明页岩中实际上含有大量的孔隙和裂缝，可作为天然气储层(Loucks et al.，2009)。对于页岩储层来讲，孔隙一方面可以作为游离气的存储空间，另一方面，孔隙的增多可以增加比表面积，进而可以增加潜在的吸附气含量；另外对于溶解气来讲，孔隙中如果含有水或者烃类物质，则可以增加溶解气的含量。对于页岩气的开采来讲，孔隙的大量发育可以在一定程度上增大岩石的渗透率，进而有利于页岩气的开采。

根据孔隙尺寸，可将泥页岩中的孔隙分为2种类型：微孔隙($d>0.75\mu m$)和纳米级孔隙($d<0.75\mu m$)(Loucks et al.，2009)。前面介绍过页岩气的主要成分甲烷的分子直径仅为0.38nm，所以页岩中的纳米级的孔隙中都可以充填甲烷气。通过岩石薄片、扫描电镜(SEM)和场发射扫描电镜(FESEM)手段，发现研究区龙马溪组页岩中发育多种类型的孔隙，主要包括颗粒间微孔隙、黏土矿物间微孔隙、颗粒溶蚀孔隙、有机质排烃残余孔隙、微生物体腔孔隙和石英颗粒边缘缝隙等(图8-6)。

通过前面龙马溪组细粒岩中的页岩岩石矿物学分析发现，形成在较强还原环境中的龙马溪组页岩类岩石中含有大量的黄铁矿。利用场发射扫描电镜，在页岩中发现了草莓状的黄铁矿晶粒，可以看出在小的黄铁矿晶粒之间存在微小的纳米级孔隙(图8-6A)，这种存在于页岩中黄铁矿晶体间的微孔隙，足以使油气分子存储或者溢出(Slatt and O′Brien，2011)。

龙马溪组页岩中石英和黏土矿物是含量最多的两种矿物，由于石英颗粒与黏土矿物自身物理性质的差异性，在成岩和压实过程中石英颗粒的边缘易产生裂缝。这种颗粒边缘的缝隙通常延伸很短，围绕着石英颗粒的边缘分布(图8-6I)。这种纳米级的孔隙可以容纳有机质排烃过程中产生的甲烷等气体。

龙马溪组页岩有机碳含量较高，TOC平均含量达2.05%，同时有机质的成熟度较高，R_o平均值达2.68%，多数样品处在高成熟-过成熟阶段，说明有机质经历了排烃的演化过程。研究表明，假如岩石中有机质质量占7%，其在排烃之后，可以产生占岩石体积14%的孔隙系统；如果岩石中35%的碳由于烃类的生成而损失掉，那么岩石的孔隙度就会增加4.5%(Jarvie et al.，2007)。由于有机质通常被黏土矿物颗粒吸附，因此在黏土矿物间，有机质生烃会留下残余的孔隙，进而作为潜在的页岩气储集空间(图8-6D)。

前面提到龙马溪组细粒岩主要形成在深水陆棚环境，以悬浮沉积作用为主，一些生物死亡后，有些可以沉积并保存下来。图8-6F即为一种硅质的超微化石，其体腔内的孔隙可以作为甲烷等气体的储集空间，特别是这种硅质超微化石的富集地带，因为它本身在埋藏成岩和热演化过程中也可以产生气体，离气源最近的壳体，形成了离源岩最近的储集空间。四川盆地东南部龙马溪组井下岩心样品中黏土矿物含量平均达47.62%，其中伊利石含量达70%左右，绿泥石含量达25%左右，片状的绿泥石之间通常形成纳米级的微孔隙(图8-6G)。而在研究区露头样品中，绿泥石和伊/蒙混层黏土矿物含量可以占到黏土总量的40%，在这些薄片状的绿泥石和伊/蒙混层黏土矿物中通常可以形成大量的纳米级孔隙(图8-6B)。龙马溪组页岩中硅质含量通常可以达到40%，这些硅质通常以碎屑状的石英颗粒存在于含有粉砂质的黑色页岩中。通过扫描电镜可以发现，在细小的石英颗粒之间存在微小的孔隙，这种粒间空隙紧靠石英颗粒，岩石的脆性相对较大，这样假如存在页岩气"甜点"的话，非常有利于后期人造裂缝的形成，进而采出页岩气。

粒内溶蚀孔隙也是龙马溪组页岩中较为发育的一种孔隙类型。一方面石英颗粒在成岩流体的作用下，可以发生溶蚀作用，进而形成粒内溶蚀孔隙。研究区龙马溪组页岩中通常含有方解石矿物，它们常常和黏土矿物伴生在一起，当成岩流体为酸性且适宜方解石溶解时，便可以形成残留在黏土矿物中的颗粒溶蚀孔隙(图8-6E)。此外在镜下观察还可以看到颗粒溶蚀孔隙(图8-8F)和生物残体孔隙(图8-8E)。

8.3.2 裂缝

裂缝的发育增加了游离气的存储空间，同时还有利于吸附气的解析。裂缝发育程度是决定页岩气藏品质的重要因素，一般来说，裂缝较发育的气藏，其品质也较好。实际上，裂缝对页岩气藏具有双重作用：一方面裂缝为天然气和地层水提供了运移通道和聚集空间，有助于页岩总含气量的增加；另一方面由于页岩具有非常低的原始渗透率，如果天然裂缝发育不够充分，就需要进行压裂来产生更多的人工裂缝，从而使更多的裂缝与井筒相连，为天然气解析提供更大的压降和面积。对页岩气成藏不利的因素是：如果裂缝规模过大，可能导致天然气散失。因此需要综合分析裂缝和孔隙的发育特征，评价其与其他成藏要素的匹配关系，进而评价页岩气成藏潜力。

对于作为页岩气储层的致密页岩来讲，除了孔隙之外，裂缝也是一个非常重要的成藏因素。裂缝的发育不仅可以增加游离气的存储空间，同时还可以为吸附气提供足够的解析空间，此外，在页岩开采过程中裂缝还可以作为页岩气的运移通道，有利于页岩气的采出(Guo et al.，2016)。总之，裂缝发育程度是决定页岩气藏品质的重要因素，一般来说，裂缝较发育的气藏，其品质也较好。

裂缝在研究区无论是井下岩心，还是野外露头中都非常发育。根据岩心和野外露头观察，把研究区龙马溪组页岩中的裂缝分为三大类：第一类为成岩裂缝；第二类为构造裂缝，包括构造张裂缝、剪裂缝和滑脱缝；第三类为构造-成岩复合裂缝。

成岩裂缝是指岩石在成岩阶段由于上覆地层的压力和本身失水收缩、干裂或重结晶等作用所产生的裂缝，属非构造缝之一。成岩缝分布受层理限制，多平行层面分布，不穿层，往往呈单个或成层分布，张开度小，缝面常弯曲，形状不规则，有时有分枝现象(张金功和袁政文，2002)。研究区成岩裂缝是非常重要的一种裂缝类型，均沿层分布，其中多充填石英、方解石和黄铁矿(图8-7A、E、I)。

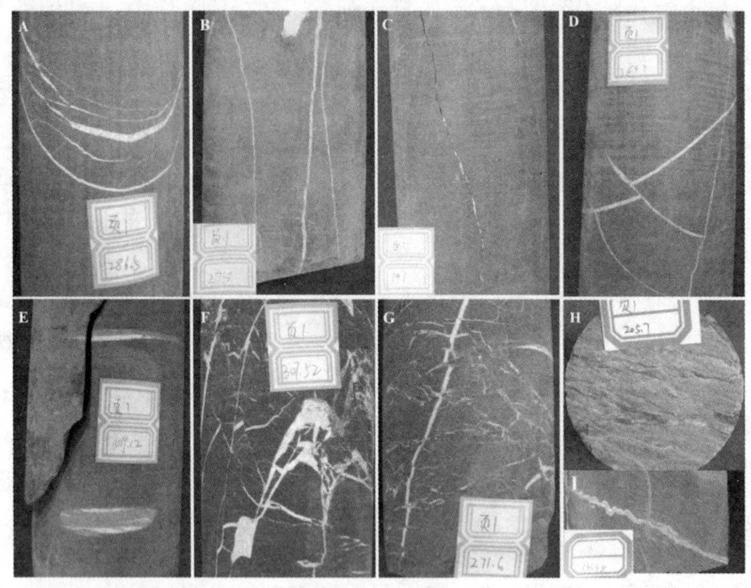

图 8-7　研究区龙马溪组页岩裂缝特征

A—成岩裂缝，裂缝沿层面分布，被石英充填，裂缝宽度约 2～5mm，倾角可达 40°，渝页 1 井，286.5m；B—构造张裂缝，裂缝切层分布，倾角达 90°，延伸较长可达 20cm，多数被方解石充填，渝页 1 井，275m；C—构造张裂缝，延伸可达 20cm，倾角达 80°，宽度约 1～2mm，被方解石半充填，渝页 1 井，297m；D—构造剪裂缝，裂缝相互切割，延伸距离较短，被石英质充填，裂缝倾角大小不等，40°～80°均有分布，裂缝宽度 1～5mm，渝页 1 井，269.7m；E—构造-成岩复合裂缝，构造倾角可达 90°，未被充填，成岩缝，沿层分布，延伸距离短，但宽度较大，裂缝被方解石和黄铁矿充填，渝页 1 井，309.1m；F—构造裂缝，包括构造剪裂缝和张裂缝，裂缝分布复杂，呈网状，多数被石英质充填，渝页 1 井 307.5m；G—构造裂缝，包括构造张裂缝和剪裂缝，张裂缝倾角较大，可达 80°，裂缝多被石英充填，渝页 1 井，271.6m；H—滑脱裂缝，由于沿层的相对位移产生了滑脱裂缝，裂缝表面有方解石的薄层，渝页 1 井，205.7m；I—成岩裂缝，裂缝沿沉积纹层分布，倾角在 30°左右，宽度在 3mm 左右，被方解石和黄铁矿完全充填，缝面呈弯曲状

构造裂缝是构造应力作用于岩石之上，使岩石超过其弹性限度后发生破裂而形成的(杨懿等，2010)。它往往成组分布，同一组系的裂缝一般方向一致，四川盆地东南部龙马溪组页岩中发育的构造裂缝主要包括张裂缝、剪裂缝和岩层滑脱缝(如图 8-7B、C、D、F、G、H)。这些裂缝多数呈充填和半充填的状态，充填物质主要是石英和方解石。此外还发育构造-成岩复合作用的裂缝(图 8-7E)。其中张裂缝发育的规模较大，其次是剪切缝和成岩裂缝。对于页岩气成藏来讲，虽然这些裂缝被完全充填或者半充填，几乎不能作为页岩气的储存场所和运移通道，但是研究发现裂缝中充填的均是石英、方解石和黄铁矿等脆性矿物，在页岩气开发过程中非常有利于压力改造，产生人造裂缝，因此这种裂缝的发育对页岩气成藏也是非常有利的。

除了岩心中可以观察到裂缝之外，在野外露头和镜下薄片中也可以观测到大量的裂缝。露头裂缝发育规模较大，有的垂直于地层分布(图 8-8A)，有的沿岩石的层面分布(图 8-8B)。一方面，它们为页岩气的纵向和横向运移提供了通道，但是另一方面，如果裂缝发育规模过大，页岩中生成的天然气有可能散失掉，造成对页岩气成藏不利的影响。在镜下薄片观察过程中也发现大量的微裂缝，有的沿沉积纹层分布(图 8-8C)，它们可能是成岩过程中形成的；有的则是呈复杂的网状形态分布在页岩中(图 8-8D)，它们可能是构造和成岩作用共同作用的产物。这些宏观和微观的裂缝和孔隙一方面为页岩气的存储提供了空间，另一方面也为页岩气的运移提供了通道。总之研究区龙马溪组发育的大量孔隙和裂缝组成了研究区页岩气的主要储集空间。

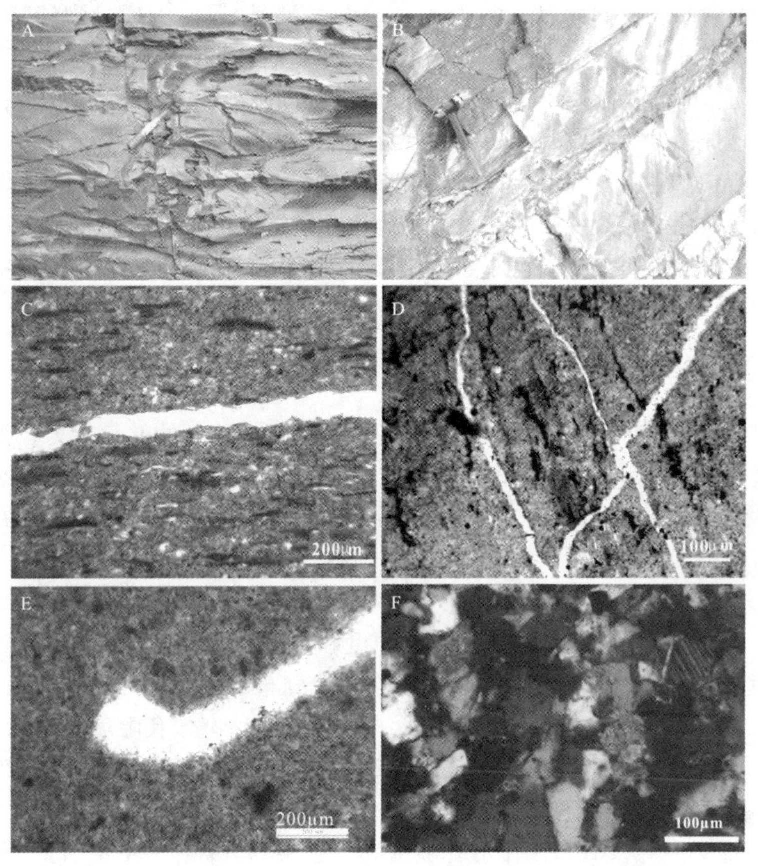

图 8-8 研究区龙马溪组野外露头和薄片下的裂缝及孔隙特征

A—构造裂缝，龙山红岩溪龙马溪组剖面；B—构造裂缝，在层间和层内均发育，酉阳丁市龙马溪组剖面；C—微观裂缝，龙山红岩溪龙马溪组黑色富有机质页岩(单×100)；D—成岩-构造复合微裂缝，渝页1井(单×100)；E—生物骨架孔隙，龙山红岩溪龙马溪组黑色富有机质页岩(单×40)；F—颗粒溶蚀孔隙，彭水鹿角龙马溪组黑色粉砂质页岩(正×200)

然而，裂缝既可以作为页岩气的储集空间，也可以作为页岩气的运移通道的这一特征，对页岩气成藏来讲可能具有双重的作用。北美 Barnett 页岩气勘探经验证实，如果存在大量开启的裂缝，将会导致气体从页岩中排出并运移到上覆岩层中，并持续降低页岩中孔隙的压力，进而导致页岩气含量的降低。如果存在大量的天然开启裂缝，页岩将不会有超压存在。同时，页岩不仅是天然气的储集层，它还是天然气的源岩、圈闭和盖层，如果盖层发育裂缝并且封盖效率不高，天然气的地质储量就会减少，因为大量的游离气会散失掉，仅留下页岩中的吸附气(Bowker，2007)。一些新的页岩气勘探者起初的勘探和开发策略是检测位于断层附近的 Barnett 页岩，他们假设在这一地区天然裂缝的密度(也就是比较高的渗透率)比较大(目前国内页岩气钻井也大都基于这一点考虑),这个假设本身不存在问题,天然裂缝的密度在断层附近固然较大,但是它们几乎完全被碳酸盐矿物充填,断层附近的页岩基质孔隙同样被碳酸盐矿物充填,虽然对 Barnett 页岩裂缝的充填史还没有进行过详细的研究,但是从宏观上来看,大的裂缝都有几期的充填过程,这说明了这些裂缝曾经开启过,富含矿物的热水从 Ellenburger 或者 Viola 地层向上通过裂缝运移到页岩中,并形成了这些碳酸盐矿物(Bowker,2007)。Barnett 页岩孔喉直径通常为 100nm,虽然裂缝在页岩气产出过程中具有重要的作用,但是断层附近的大裂缝区产量却很少,这是因为这些裂缝被碳酸盐充填,压裂效果不明显。此外断层成为压裂能量的传递通道,进而导致不能在坚硬的页岩中产生裂缝,这导致了压裂改造孔隙度增大不明显,进而页岩气井产量少。此外研究还表明天然裂缝的存在将会抑制次生裂缝的产生(Bowker,2007),这对需要后期压裂改造的页岩来讲可能具有双重的作用。因此我们在页岩气勘探过程中要考虑到裂缝(包括断层)的双重作用,进而评价裂缝对气体含量的影响。

8.3.3 储层物性

对于常规油气藏来讲,储层孔隙性的好坏直接决定了油气的储存能力,渗透性的好坏则控制了油气的产能(张厚福等,1999)。对于页岩气储层来讲,虽然孔隙和裂缝是其主要的储集空间,但是勘探实践证实,一定大小的孔隙度和渗透率也是必须的。在北美成功开发的页岩气田中,其孔隙度要求大于3%,其中有效孔隙度要大于1%,渗透率大于 $0.1\times10^{-6}\mu m^2$。此外还要分析储层的非均质性,物性参数在横向、纵向以及平面上的分布规律,限于篇幅,本文仅对龙马溪组黑色页岩的孔隙度和渗透率等特征进行讨论。为了更好地反映全区页岩储层的性质,本章中储层分析对均匀地分布在整个地区的 12 块野外露头样品进行了分析,其储层参数数据如表 8-3 所示,可以看出,有效孔隙度介于 0.77% ~4.7% 之间,平均值为 2.806%;渗透率介于 $0.002\times10^{-3}\sim0.111\times10^{-3}\mu m^2$ 之间,平均值为 $0.0199\times10^{-3}\mu m^2$;岩石中吼道的直径均值介于 0.02 ~ 0.11μm,平均吼道直径为 0.0392μm。按照吴胜和(2010)书中的孔隙度和渗透率划分标准(表 8-4),研究区龙马溪组页岩属于特低孔、特低渗型储集层。

表 8-3 研究区龙马溪组细粒岩/页岩储层参数

样号	有效孔隙度/%	渗透率/$10^{-3}\mu m^2$	岩石密度/(g/cm^3)	喉直径均值/μm	排驱压力/MPa	退出效率/%
NS-2	0.77	0.008	2.69	0.04	11.06	37.46
QJ-3	3.2	0.0075	2.14	0.04	10.59	69.16
QL-4	3.6	0.111	2.3	0.03	12.59	41.75
HS-6	1.3	0.007	2.66	0.03	7.83	47.91
CL-7	1.4	0.0082	2.66	0.02	8.91	45.98
SG-8	2.8	0.0162	2.61	0.04	12.06	44.91
CL-10	3.2	0.0328	2.57	0.04	9.72	71.29

续表

样号	有效孔隙度/%	渗透率/$10^{-3}\mu m^2$	岩石密度/(g/cm^3)	喉直径均值/μm	排驱压力/MPa	退出效率/%
HX-11	3.4	0.0089	2.6	0.03	14.33	46.3
GQ-14	2.6	0.0067	2.52	0.02	12.06	58.99
JF-15	2.8	0.0026	2.44	0.04	12.06	32.9
ZD-18	3.9	0.0072	2.62	0.03	12.05	47.82
DX-20	4.7	0.0227	2.47	0.11	3.03	33.23
最大值	4.7	0.111	2.69	0.11	14.33	71.29
平均值	2.806	0.0199	2.523	0.0392	10.524	48.14
最小值	0.77	0.0026	2.14	0.02	3.03	32.9

表 8-4 气藏储层孔隙度、渗透率分类(吴胜和，2010)

分类	碎屑岩孔隙度/%	气藏孔隙渗透率/$10^{-3}\mu m^2$
特高	≥30	≥500
高	25~30	100~500
中	15~25	10~100
低	10~15	1~10
特低	<10	<1

8.4 其他地质特征

8.4.1 厚度和埋深

页岩厚度控制着页岩气藏的经济效益，根据页岩厚度及展布范围可以判断页岩气藏的边界。密执安盆地 Antrim 页岩气藏页岩的最小厚度为 9.1m，美国其他页岩气藏的页岩厚度最小值均大于 9.1m(表 8-2)。鉴于国内页岩气勘探还处于初步阶段，为了降低勘探开发的风险，建议具有良好页岩气商业开发价值的页岩厚度下限设为 10m。通过第五章沉积体系的对比分析，研究区龙马溪组黑色页岩厚度由南往北逐渐增厚，黑色(包括灰黑色、深灰色)页岩厚度从南部的 20m，增大到北部的 250m，暗色页岩的最小厚度均在 20m 以上，其厚度均大于成藏所需的最小厚度 10m。

深度直接控制着页岩气藏的经济价值及其经济效益。美国发现的页岩气藏通常分布在 182.9~2590.8m 范围的深度段(Curtis and Montgomery，2002)，因为深度太浅页岩气不易保存，太深开发的成本过大，随着页岩气经济价值的提高和技术的不断进步，具有商业开采价值的页岩气藏深度可以适当增大。在研究区的北部地区，龙马溪组富有机质页岩埋藏深度介于 0~3460m，南部地区埋深相对较浅，埋藏深度介于 0~2640m。可以看出研究区龙马溪组黑色页岩的埋深同美国页岩气的埋深相似，因此从这一点来讲也达到了页岩气藏形成的标准。

8.4.2 温度和压力

温度和压力对油气的生成、运移和分布具有重要的影响(王爱国，2011)。此外页岩作为储集层，其温度和压力对页岩气的成功勘探和开发也具有重要的影响。温度主要影响着吸附气的含量，温度增高，吸附态天然气的含量就会降低。一般情况下，随压力的增大，在一定压力范围内无论以何种赋存方式存在的气体，含量都呈增大趋势。当压力较低时，吸附态气体含量相对较高，如 Lewis 页岩气藏具有异常低的地层压力梯度，为 4197kPa/m，吸附态天然气含量高达 88%，而 Barnett 页岩气藏具有微超高压力梯度的特征，为 12.21kPa/m，其吸附态气体的含量最高为 60%，最低为 40%(Curtis and Montgomery，2002)。研究资料表明四川盆地东南缘 1000m 处的现今地温约为 35℃，2000m 处地温约为 60℃，3000m 处地温约为 80℃，根据美国页岩气开采数据可以看出(表 8-2)，页岩气开采井的井底温度介于 23.9～91.4℃之间，其中 Ohio 页岩埋藏深度介于 609.6～1524m，其井底温度为 37.8℃。龙马溪组页岩埋深在 1000～2000m 时，地温从 35℃变化到 60℃，同 Ohio 页岩非常相近，因此从温度和压力两方面来讲，龙马溪组黑色页岩均具有良好的成藏潜力。

8.4.3 气体含量

页岩气藏一个重要的参数就是含气丰度，即单位体积烃源岩生成的气体量。页岩中天然气主要有 3 种存在方式，即游离气、吸附气和溶解气。其中，游离气的含量主要受到孔隙、裂缝发育程度，含气饱和度，含气面积和含气层厚度的影响；吸附气的含量主要受到有机质的类型及微观显微组分，岩石矿物组成，孔隙裂缝发育规模，温度和压力等因素的控制；而溶解气主要是溶解在沥青质、干酪根、液态烃类和水当中，它受到温度、压力等条件的控制。

通过分类测定页岩中的游离气、吸附气和残留气，得到页岩气总含气量，是目前应用最广的页岩气含气量测定方法(李玉喜等，2011)。游离气的测定首先通过岩心确定含水(油)饱和度，进而确定游离气含气饱和度。通过建立岩电关系，利用饱和度测井确定游离气含量。吸附气含量主要通过解吸和测井手段获取。位于四川盆地东南部彭水连湖镇的渝页 1 井是我国第一口页岩气战略调查井。在钻井取心过程中，对其中的 16 块岩心样品进行了现场解析，张金川等(2010)的计算结果表明在含气量较高的层段现场解析气量达到并超过 0.1m^3/t，排除井筒提心时间较长，损失气量及残留气量较多等原因，结合已有解析曲线的比较研究，推测页岩吸附含气量大于 1.0m^3/t，结合页岩总含气量分析原理，初步计算出页岩的总含气量(吸附气及游离气)介于 1.0～3.0m^3/t 之间(张金川等，2010)。在前面储集层分析过程中，我们发现龙马溪组页岩储层的岩石组成、页岩埋深、地层温度和压力等与美国 Ohio 页岩非常相似，Ohio 页岩吸附气量占 50%，采用类比的方法，结合各项地质参数的分析，计算出研究区龙马溪组页岩中总含气量为 2.0m^3/t。

第九章　结　论

综合露头、岩心、薄片等资料，应用沉积学、层序地层学、地球化学和石油地质学等理论知识，分析了四川盆地东南缘志留系龙马溪组细粒岩的岩石相类型和沉积环境特征，同时利用X射线衍射、扫描电镜、场发射扫描电镜等手段，分析了岩石的矿物学特征、常量元素、微量元素、稀土元素以及细粒岩/页岩作为烃源岩和储集层的特征，取得了以下成果和认识：

(1)建立了四川盆地东南部下志留统龙马溪组细粒岩的岩石相划分方案，研究区细粒岩岩相可分为3类，即页岩相、粉砂岩相和互层状粉砂岩与页岩相。其中页岩相包括11种类型，即黑色纹层状页岩、黑色块状页岩、黑色硅质页岩、黑色钙质页岩、黑色笔石页岩、黑色富黄铁矿页岩、黑色碳质页岩、灰色黏土页岩、深灰色水平层理粉砂质页岩、灰色波状层理粉砂质页岩和黑色富有机质页岩。粉砂岩相包括3种，即灰色水平层理粉砂岩、灰色波状层理泥质粉砂岩和灰色变形层理泥质粉砂岩相。

(2)以岩性、古生物和地球化学相标志为基础，结合区域构造沉积背景的分析，认为研究区细粒岩主要形成在陆棚环境中，沉积微相类型主要包括深水泥质陆棚、浅水泥质陆棚和浅水砂质陆棚，部分地区如武隆县江口可能有混积陆棚(即浅水灰泥质陆棚)和浊积岩沉积(龙山县红岩溪地区)；龙马溪组早期到晚期，海水的还原性经历了增大－减小的变化过程；海水古盐度度多数分布在15‰～30‰之间，主要为半咸水－咸水沉积环境；古海水温度约26.2℃。

(3)龙马溪组细粒岩主要由黏土矿物、石英和长石组成，其次为碳酸盐矿物和黄铁矿等，龙马溪组页岩中黏土矿物为含量最多的矿物，多数集中在40%～60%，石英含量多介于25%～55%；长石(包括钾长石和钠长石)含量介于5%～15%；碳酸盐矿物(包括方解石和白云石)含量介于0～15%；黄铁矿含量介于0.5%～6%。

(4)龙马溪组细粒岩井下岩心样品中常量元素SiO_2含量介于52.69%～75.05%，平均含量为63.23%；Al_2O_3平均含量为15.15%；Fe_2O_3平均含量为5.47%，其他常量元素含量相对较低，具体表现为K_2O(平均值4.04%)>MgO(平均值2.32%)>CaO(平均值1.67%)>Na_2O(平均值0.97%)>TiO_2(平均值0.71%)>P_2O_5(平均值0.11%)>MnO(平均值0.04%)。井下样品中各微量元素都表现出一定程度的富集，如Li平均富集系数为4.9(EF_a=4.9)，Be(EF_a=6.9)，Sc(EF_a=7.7)，V(EF_a=7.7)，Cr(EF_a=7.8)，Co(EF_a=6.5)，Ni(EF_a=5.9)，Cu(EF_a=6.6)，Zn(EF_a=7.3)，Ga(EF_a=7.5)，Rb(EF_a=9)，Sr(EF_a=2.3)，Nb(EF_a=6.6)，Mo(EF_a=24)，Cd(EF_a=2.8)，In(EF_a=5.4)，Sb(EF_a=7.5)；Cs(EF_a=14.7)，Ba(EF_a=16.7)，U(EF_a=11.5)等。而露头样品微量元素富集系数均小于1，如鹿角剖面微量元素中B(EF_a=0.7)、V(EF_a=0.8)、

Cr(EF_a = 0.5)、Mn(EF_a = 0.2)、Ni(EF_a = 0.5)、Cu(EF_a = 0.6)、Zn(EF_a = 0.8)、Ga(EF_a = 0.8)、Sr(EF_a = 0.6)、Ba(EF_a = 0.6)。露头样品的风化淋滤等作用，导致微量元素随水体迁移，造成富集系数明显减小；此外含铝矿物的相对富集，也可能是造成微量元素富集系数减小的一个重要因素。

(5)地球化学分析结果表明，研究区细粒岩源岩主要由沉积岩组成；源岩经历了中等强度的风化作用；源岩主要形成在岛弧构造背景下，部分形成在活动大陆边缘环境。

(6)研究区龙马溪组细粒岩/页岩有机质类型以Ⅰ和Ⅱ为主，TOC 含量介于 0.26% ~ 5.3%之间，平均值为 2.05%，多数样品 TOC 大于 1%；R_o 介于 2.12% ~ 3.68%，平均值达 2.68%，多数样品的 R_o 分布在 2.0% 以上，烃源岩达到了高成熟 - 过成熟阶段，烃源岩的各项参数均达到了页岩气成藏的标准。孔隙和裂缝是龙马溪组细粒岩的主要页岩气储集空间，其中孔隙包括颗粒间微孔隙、黏土矿物间的微孔隙、颗粒溶蚀孔隙、粒内溶蚀孔隙、有机质排烃残余孔隙、微生物体腔孔隙、石英颗粒边缘缝隙等；裂缝包括成岩裂缝、构造裂缝和成岩 - 构造复合裂缝三大类，其中构造裂缝又分为张裂缝、剪裂缝和滑脱缝，这些裂缝多呈充填和半充填的状态，充填物质主要为石英、方解石和黄铁矿。

参考文献

[1]Abouelresh, M. O. , Slatt, R. M. , 2012. Lithofacies and sequence stratigraphy of the Barnett Shale in east – central Fort Worth Basin, Texas. AAPG bulletin, 96(1): 1 –22.

[2]Adams, J. A. , Weaver, C. E. , 1958. Thorium-to-uranium ratios as indicators of sedimentary processes: example of concept of geochemical facies. AAPG Bulletin, 42(2): 387 –430.

[3]Algeo, T. J. , Maynard, J. B. , 2004. Trace-element behavior and redox facies in core shales of Upper Pennsylvanian Kansas-type cyclothems. Chemical geology, 206(3): 289 –318.

[4]Algeo, T. J. , Scheckler, S. E. , 1998. Terrestrial-marine teleconnections in the Devonian: links between the evolution of land plants, weathering processes, and marine anoxic events. Philosophical Transactions of the Royal Society B: Biological Sciences, 353(1365): 113 –130.

[5]Algeo, T. J. , Schwark, L. , Hower, J. C. , 2004. High-resolution geochemistry and sequence stratigraphy of the Hushpuckney Shale(Swope Formation, eastern Kansas): implications for climato-environmental dynamics of the Late Pennsylvanian Midcontinent Seaway. Chemical Geology, 206(3): 259 –288.

[6]Allen, J. , 2012. Principles of physical sedimentology. Springer Science & Business Media.

[7]Alqudah, M. , Hussein, M. A. , Boorn, S. V. D. , Giraldo, V. M. , Kolonic, S. , & Podlaha, O. G. , et al. , 2014. Eocene oil shales from Jordan – paleoenvironmental implications from reworked microfossils. Marine and Petroleum Geology, 52: 93 –106.

[8]Amorosi, A. , 1995. Glaucony and sequence stratigraphy: a conceptual framework of distribution in siliciclastic sequences. Journal of Sedimentary Research, 65(4): 419 –425.

[9]Angulo, S. , Buatois, L. A. , 2012. Integrating depositional models, ichnology, and sequence stratigraphy in reservoir characterization: The middle member of the Devonian – Carboniferous Bakken Formation of subsurface southeastern Saskatchewan revisited. AAPG bulletin, 96(6): 1017 –1043.

[10] Aplin, A. C. , Fleet, A. J. , Macquaker, J. H. , 1999. Muds and mudstones: Physical and fluid-flow properties. Geological Society, London, Special Publications, 158(1): 1 –8.

[11]Azmy, K. , Veizer, J. , Bassett, M. G. , Copper, P. , 1998. Oxygen and carbon isotopic composition of Silurian brachiopods: implications for coeval seawater and glaciations. Geological Society of America Bulletin, 110(11): 1499 –1512.

[12]Baertschi, P. , Kuhn, W. , Kuhn, H. , 1953. Fractionation of isotopes by distillation of some organic substances. Nature, 171: 1018 –1020.

[13]Barnhill, M. L. , Zhou, H. , Consortium, I. B. , 1996. Corebook of Pennsylvanian rocks in the Illinois Basin. Indiana Geological Survey.

[14]Berner, R. A. , 1970. Sedimentary pyrite formation. American journal of science, 268(1): 1 –23.

[15]Berner, R. A. , 1984. Sedimentary pyrite formation: an update. Geochimica et cosmochimica Acta, 48(4): 605 –615.

[16]Bhatia, M. R. , 1983. Plate tectonics and geochemical composition of sandstones. The Journal of Geology:

611 - 627.

[17] Bickert, T., Pätzold, J., Samtleben, C., Munnecke, A., 1997. Paleoenvironmental changes in the Silurian indicated by stable isotopes in brachiopod shells from Gotland, Sweden. Geochimica et cosmochimica Acta, 61(13): 2717 - 2730.

[18] Blatt, H., 1970. Determination of mean sediment thickness in the crust: a sedimentologic method. Geological Society of America Bulletin, 81(1): 255 - 262.

[19] Boström, K., 1983. Genesis of ferromanganese deposits-diagnostic criteria for recent and old deposits, Hydrothermal processes at seafloor spreading centers. Springer, 473 - 489.

[20] Boström, K., Kraemer, T., Gartner, S., 1973. Provenance and accumulation rates of opaline silica, Al, Ti, Fe, Mn, Cu, Ni and Co in Pacific pelagic sediments. Chemical Geology, 11(2): 123 - 148.

[21] Boucot, A., Gray, J., 2001. A critique of Phanerozoic climatic models involving changes in the CO_2 content of the atmosphere. Earth-Science Reviews, 56(1): 1 - 159.

[22] Bowker, K. A., 2007. Barnett Shale gas production, Fort Worth Basin: issues and discussion. AAPG bulletin, 91(4): 523 - 533.

[23] Brock, T. D., 1985. Life at high temperatures. Science, 230(4722): 132 - 138.

[24] Brock, T. D., 2012. Thermophilic microorganisms and life at high temperatures. Springer Science & Business Media.

[25] Bronger, A., Winter, R., Heinkele, T., 1998. Pleistocene climatic history of East and Central Asia based on paleopedological indicators in loess - paleosol sequences. Catena, 34(1): 1 - 17.

[26] Bruner, K. R., Walker-Milani, M., Smosna, R., 2015. Lithofacies of the Devonian Marcellus Shale in the Eastern Appalachian Basin, USA. Journal of Sedimentary Research, 85(8): 937 - 954.

[27] Calvert, S., Pedersen, T., 1993. Geochemistry of recent oxic and anoxic marine sediments: implications for the geological record. Marine geology, 113(1): 67 - 88.

[28] Campbell, F., Williams, G., 1965. Chemical composition of shales of Mannville Group (lower Cretaceous) of central Alberta, Canada. AAPG Bulletin, 49(1): 81 - 87.

[29] Chamley, H., 2013. Clay sedimentology. Springer Science & Business Media.

[30] Chang, A. S., Pedersen, T. F., Hendy, I. L., 2014. Effects of productivity, glaciation, and ventilation on late Quaternary sedimentary redox and trace element accumulation on the Vancouver Island margin, western Canada. Paleoceanography, 29(7): 730 - 746.

[31] Chen, X., Rong, J. Y., Yue, L., Boucot, A., 2004. Facies patterns and geography of the Yangtze region, South China, through the Ordovician and Silurian transition. Palaeogeography, Palaeoclimatology, Palaeoecology, 204(3): 353 - 372.

[32] Chen, X., Rong, J. Y., Charles, E., 2000. Late ordovician to earliest silurian graptolite and brachiopod, biozonation from the yangtze region, south china, with a global correlation. Geological Magazine, 137(6), 623 - 650.

[33] Chermak, J. A., Schreiber, M. E., 2014. Mineralogy and trace element geochemistry of gas shales in the United States: Environmental implications. International Journal of Coal Geology, 126: 32 - 44.

[34] Clarke, J., 2003. The occurrence and significance of biogenic opal in the regolith. Earth-Science Reviews, 60(3): 175 - 194.

[35] Clayton, R. N., Degens, E. T., 1959. Use of Carbon Isotope Analyses of Carbonates for Differentiating Fresh-Water and Marine Sediments: geological notes. AAPG Bulletin, 43(4): 890 - 897.

[36] Couch, E. L., 1971. Calculation of paleosalinities from boron and clay mineral data. AAPG Bulletin, 55

(10): 1829 - 1837.

[37]Creaney, S., Passey, Q. R., 1993. Recurring patterns of total organic carbon and source rock quality within a sequence stratigraphic framework. AAPG Bulletin, 77(3): 386 - 401.

[38]Crusius, J., Calvert, S., Pedersen, T., Sage, D., 1996. Rhenium and molybdenum enrichments in sediments as indicators of oxic, suboxic and sulfidic conditions of deposition. Earth and Planetary Science Letters, 145(1): 65 - 78.

[39]Curtis, J. B., Montgomery, S. L., 2002. Recoverable natural gas resource of the United States: Summary of recent estimates. AAPG bulletin, 86(10): 1671 - 1678.

[40]Dean, W. E., Leinen, M., Stow, D. A., 1985. Classification of deep-sea, fine-grained sediments. Journal of Sedimentary Research, 55(2): 250 - 256.

[41]Degens, E., Williams, E., Keith, M., 1957. Environmental Studies of Carboniferous Sediments Part I: Geochemical Criteria for Differentiating Marine from Fresh-Water Shales. AAPG Bulletin, 41(11): 2427 - 2455.

[42]Dill, H., 1986. Metallogenesis of early Paleozoic graptolite shales from the Graefenthal Horst(northern Bavaria-Federal Republic of Germany). Economic Geology, 81(4): 889 - 903.

[43]Dill, H., Teschner, M., Wehner, H., 1988. Petrography, inorganic and organic geochemistry of Lower Permian carbonaceous fan sequences("Brandschiefer Series")-Federal Republic of Germany: constraints to their paleogeography and assessment of their source rock potential. Chemical Geology, 67(3): 307 - 325.

[44]Dimberline, A., Bell, A., Woodcock, N., 1990. A laminated hemipelagic facies from the Wenlock and Ludlow of the Welsh Basin. Journal of the Geological Society, 147(4): 693 - 701.

[45]Dodd, J., Crisp, E., 1982. Non-linear variation with salinity of Sr/Ca and Mg/Ca ratios in water and aragonitic bivalve shells and implications for paleosalinity studies. Palaeogeography, Palaeoclimatology, Palaeoecology, 38(1): 45 - 56.

[46]Du, X. B., Zhang, M. Q., Lu, Y. C., Ping, C., Lu, Y. B., 2015. Lithofacies and depositional characteristics of gas shales in the western area of the Lower Yangtze, China. Geological Journal, 50(5): 683 - 701.

[47]Dunbar, C. O., Rodgers, J., 1957. Principles of stratigraphy. New York: John Wiley & Sons.

[48]Dypvik, H., Harris, N. B., 2001. Geochemical facies analysis of fine-grained siliciclastics using Th/U, Zr/Rb and(Zr + Rb)/Sr ratios. Chemical Geology, 181(1): 131 - 146.

[49]Edmond, J., Palmer, M., Measures, C., Brown, E., Huh, Y., 1996. Fluvial geochemistry of the eastern slope of the northeastern Andes and its foredeep in the drainage of the Orinoco in Colombia and Venezuela. Geochimica et cosmochimica acta, 60(16): 2949 - 2974.

[50]Eittreim, S., 1984. Methods and observations in the study of deep-sea suspended particulate matter. Geological Society, London, Special Publications, 15(1): 71 - 82.

[51]Elderfield, H., Greaves, M. J., 1982. The rare earth elements in seawater. Nature, 296: 214 - 219.

[52]Engstrom, D. R., Nelson, S. R., 1991. Paleosalinity from trace metals in fossil ostracodes compared with observational records at Devils Lake, North Dakota, USA. Palaeogeography, Palaeoclimatology, Palaeoecology, 83(4): 295 - 312.

[53]Epstein, S., Buchsbaum, R., Lowenstam, H. A., Urey, H. C., 1953. Revised carbonate-water isotopic temperature scale. Geological Society of America Bulletin, 64(11): 1315 - 1326.

[54]Epstein, S., Mayeda, T., 1953. Variation of O18 content of waters from natural sources. Geochimica et cosmochimica acta, 4(5): 213 - 224.

[55]Fedo, C. M., Nesbitt, H. W., Young, G. M., 1995. Unraveling the effects of potassium metasomatism in

sedimentary rocks and paleosols, with implications for paleoweathering conditions and provenance. Geology, 23(10): 921 –924.

[56]Feng, C. J. , Bao, Z. D. , Ling, Y. , Xiong, S. , Xu, G. , Xiong, H. , 2014. Reservoir architecture and remaining oil distribution of deltaic front underwater distributary channel. Petroleum Exploration and Development, 41(3): 358 –364.

[57]Finnegan, S. , Bergmann, K. , Eiler, J. M. , Jones, D. S. , Fike, D. A. , Eisenman, I. , 2011. The magnitude and duration of Late Ordovician – Early Silurian glaciation. Science, 331(6019): 903 –906.

[58]Fisher, W. L. , McGowen, J. , 1969. Depositional systems in Wilcox Group(Eocene) of Texas and their relation to occurrence of oil and gas. AAPG Bulletin, 53(1): 30 –54.

[59]Fralick, P. , Kronberg, B. , 1997. Geochemical discrimination of clastic sedimentary rock sources. Sedimentary Geology, 113(1): 111 –124.

[60]Francois, R. , 1988. A study on the regulation of the concentrations of some trace metals(Rb, Sr, Zn, Pb, Cu, V, Cr, Ni, Mn and Mo) in Saanich Inlet sediments, British Columbia, Canada. Marine geology, 83(1): 285 –308.

[61]Frey, R. W. , Pemberton, S. G. , 1985. Biogenic structures in outcrops and cores. I. Approaches to ichnology. Bulletin of Canadian Petroleum Geology, 33(1): 72 –115.

[62]Fu, X. , Wang, J. , Tan, F. , Feng, X. , Chen, W. , & Song, C. , 2015. Sr and Nd isotopic systematics of mid-cretaceous organic-rich rocks(oil shales) from the Qiangtang basin: implications for source regions and sedimentary paleoenvironment. Oil Shale, 32(2): 169 –185.

[63]Galloway, W. E. , 1986. Reservoir facies architecture of microtidal barrier systems. AAPG Bulletin, 70(7): 787 –808.

[64]Gentry, D. K. , Sosdian, S. , Grossman, E. L. , Rosenthal, Y. , Hicks, D. , Lear, C. H. , 2008. Stable isotope and Sr/Ca profiles from the marine gastropod Conus ermineus: testing a multiproxy approach for inferring paleotemperature and paleosalinity. Palaios, 23(4): 195 –209.

[65]German, C. , Klinkhammer, G. , Edmond, J. , Mura, A. , Elderfield, H. , 1990. Hydrothermal scavenging of rare-earth elements in the ocean. Nature, 345(6275): 516 –518.

[66]Gibbs, R. J. , 1977. Clay mineral segregation in the marine environment. Journal of Sedimentary Research, 47(1): 237 –243.

[67]Gingras, M. K. , Pemberton, S. G. , Saunders, T. , Clifton, H. E. , 1999. The ichnology of modern and Pleistocene brackish-water deposits at Willapa Bay, Washington; variability in estuarine settings. Palaios, 14(4): 352 –374.

[68]Glikson, M. , Chappell, B. , Freeman, R. , Webber, E. , 1985. Trace elements in oil shales, their source and organic association with particular reference to Australian deposits. Chemical Geology, 53(1): 155 –174.

[69]Gorsline, D. , 1984. A review of fine-grained sediment origins, characteristics, transport and deposition. Geological Society, London, Special Publications, 15(1): 17 –34.

[70]Grosjean, E. , Adam, P. , Connan, J. , Albrecht, P. , 2004. Effects of weathering on nickel and vanadyl porphyrins of a Lower Toarcian shale of the Paris basin. Geochimica et cosmochimica acta, 68(4): 789 –804.

[71]Guo, L. , Jiang, Z. -x. , Guo, F. , 2015. Mineralogy and fracture development characteristics of marine shale-gas reservoirs: A case study of Lower Silurian strata in southeastern margin of Sichuan Basin, China. Journal of Central South University, 22: 1847 –1858.

[72]Guo, L. , Jiang, Z. , Chao, L. , 2016. Mineralogy and shale gas potential of lower Silurian organic-rich shale at the southestern margin of Sichuan Basin, South China. Oil Shale, 33(1): 1 -17.

[73]Guo, L. , Jiang, Z. , Zhang, J. , Li, Y. , 2011. Paleoenvrironment of Lower Silurain black shale and its significance to the potential of shale gas, southeast of Chongqing, China. Energy Exploration and Exploitation, 29(5): 597 -616.

[74]Harnois, L. , 1988. The CIW index: a new chemical index of weathering. Sedimentary Geology, 55(3): 319 -322.

[75]Harris, N. B. , Freeman, K. H. , Pancost, R. D. , White, T. S. , Mitchell, G. D. , 2004. The character and origin of lacustrine source rocks in the Lower Cretaceous synrift section, Congo Basin, west Africa. AAPG bulletin, 88(8): 1163 -1184.

[76]Haskin, M. A. , Haskin, L. A. , 1966. Rare earths in European shales: a redetermination. Science, 154 (3748): 507 -509.

[77]Hatch, J. , Leventhal, J. , 1992. Relationship between inferred redox potential of the depositional environment and geochemistry of the Upper Pennsylvanian(Missourian) Stark Shale Member of the Dennis Limestone, Wabaunsee County, Kansas, USA. Chemical Geology, 99(1): 65 -82.

[78]Herman, Y. , 2012. The Arctic seas: climatology, oceanography, geology, and biology. Springer Science & Business Media.

[79]Hickey, J. J. , Henk, B. , 2007. Lithofacies summary of the Mississippian Barnett Shale, Mitchell 2 TP Sims well, Wise Country, Texas. Aapg Bulletin, 91(4): 437 -443.

[80]Hollister, C. D. , Heezen, B. C. , 1972. Geologic effects of ocean bottom currents: western North Atlantic. Woods Hole Oceanographic Institution.

[81]Hu, X. M. , Wang, C. S. , Li, X. H. , Luba, J. , 2006. Upper Cretaceous oceanic red beds in southern Tibet: Lithofacies, environments and colour origin. Science in China Series D-Earth Sciences, 49(8): 785 -795.

[82] Jacobi, D. J. , Gladkikh, M. , Lecompte, B. , Hursan, G. , Mendez, F. , Longo, J. , 2008. Integrated petrophysical evaluation of shale gas reservoirs, CIPC/SPE Gas Technology Symposium 2008 Joint Conference. Society of Petroleum Engineers.

[83]Jarvie, D. M. , Hill, R. J. , Pollastro, R. M. , 2005. Assessment of the gas potential and yields from shales: The Barnett Shale model. Oklahoma Geological Survey Circular, 110(2005): 37 -50.

[84]Jarvie, D. M. , Hill, R. J. , Ruble, T. E. , Pollastro, R. M. , 2007. Unconventional shale-gas systems: The Mississippian Barnett Shale of north-central Texas as one model for thermogenic shale-gas assessment. AAPG bulletin, 91(4): 475 -499.

[85] Jeppsson, L. , 1990. An oceanic model for lithological and faunal changes tested on the Silurian record. Journal of the Geological Society, 147(4): 663 -674.

[86]Jones, B. , Manning, D. A. , 1994. Comparison of geochemical indices used for the interpretation of palaeoredox conditions in ancient mudstones. Chemical Geology, 111(1): 111 -129.

[87] Kane, I. A. , Pontén, A. S. , 2012. Submarine transitional flow deposits in the Paleogene Gulf of Mexico. Geology, 40(12): 1119 -1122.

[88]Keith, M. , Weber, J. N. , 1964. Carbon and oxygen isotopic composition of selected limestones and fossils. Geochimica et Cosmochimica Acta, 28(10): 1787 -1816.

[89]Kinne, O. , 1970. Temperature: animals-invertebrates. Marine ecology, 1(part 1): 407 -514.

[90]Klein, R. T. , Lohmann, K. C. , Kennedy, G. L. , 1997. Elemental and isotopic proxies of paleotempera-

ture and paleosalinity: Climate reconstruction of the marginal northeast Pacific ca. 80 ka. Geology, 25(4): 363 – 366.

[91] Klinkhammer, G., Palmer, M., 1991. Uranium in the oceans: where it goes and why. Geochimica et Cosmochimica Acta, 55(7): 1799 – 1806.

[92] Krumbein, W. C., 1933. The dispersion of fine-grained sediments for mechanical analysis. Journal of Sedimentary Research, 3(3): 121 – 135.

[93] Lee, J., 1924. Geology of the groge district of the Yangtze (from Ichang to Tzekuei) with special reference to the development of the gorges. Bulletin of the Geological Society of China, 3(3 - 4): 351 – 392.

[94] Lerman, A., 1966. Boron in clays and estimation of paleosalinities. Sedimentology, 6(4): 267 – 286.

[95] Lewan, M., Maynard, J., 1982. Factors controlling enrichment of vanadium and nickel in the bitumen of organic sedimentary rocks. Geochimica et Cosmochimica Acta, 46(12): 2547 – 2560.

[96] Li, L., Wang, Y., Xu, Q., Zhao, J., Li, D., 2012. Seismic geomorphology and main controls of deep-water gravity flow sedimentary process on the slope of the northern South China Sea. Science China Earth Sciences, 55(5): 747 – 757.

[97] Liang, C., Jiang, Z. X., Cao, Y. C., Wu, M., Guo, L., Zhang, C., 2016. Deep-water depositional mechanisms and significance for unconventional hydrocarbon exploration: A case study from the lower Silurian Longmaxi shale in the southeastern Sichuan Basin. AAPG Bulletin, 100(5): 773 – 794.

[98] Liang, C., Jiang, Z. X., Yang, Y. T., Wei, X. J., 2012. Shale lithofacies and reservoir space of the Wufeng - Longmaxi Formation, Sichuan Basin, China. Petroleum Exploration and Development, 39(6): 736 – 743.

[99] Lin, C. S., Zheng, H. R., Ren, J. Y., Liu, J. Y., Qiu, Y. G., 2004. The control of syndepositional faulting on the Eogene sedimentary basin fills of the Dongying and Zhanhua sags, Bohai Bay Basin. Science in China-Series D, Earth Sciences-English edition, 47: 769 – 782.

[100] Loucks, R. G., Reed, R. M., Ruppel, S. C., Jarvie, D. M., 2009. Morphology, genesis, and distribution of nanometer-scale pores in siliceous mudstones of the Mississippian Barnett Shale. Journal of sedimentary research, 79(12): 848 – 861.

[101] Loucks, R. G., Ruppel, S. C., 2007. Mississippian Barnett Shale: Lithofacies and depositional setting of a deep-water shale-gas succession in the Fort Worth Basin, Texas. Aapg Bulletin, 91(4): 579 – 601.

[102] Lowe, D. R., 1982. Sediment gravity flows: II Depositional models with special reference to the deposits of high-density turbidity currents. Journal of Sedimentary Research, 52(1): 279 – 297.

[103] Lowenstein, T. K., Demicco, R. V., 2006. Elevated Eocene atmospheric CO_2 and its subsequent decline. Science, 313(5795): 1928 – 1928.

[104] Macquaker, J., Gawthorpe, R., 1993. Mudstone lithofacies in the Kimmeridge Clay Formation, Wessex Basin, southern England: implications for the origin and controls of the distribution of mudstones. Journal of Sedimentary Research, 63(6): 1129 – 1143.

[105] Macquaker, J. H., Keller, M. A., 2005. Mudstone sedimentation at high latitudes: ice as a transport medium for mud and supplier of nutrients. Journal of Sedimentary Research, 75(4): 696 – 709.

[106] Masuda, A., Nakamura, N., Tanaka, T., 1973. Fine structures of mutually normalized rare-earth patterns of chondrites. Geochimica et Cosmochimica Acta, 37(2): 239 – 248.

[107] McManus, J., Berelson, W. M., Klinkhammer, G. P., Hammond, D. E., Holm, C., 2005. Authigenic uranium: relationship to oxygen penetration depth and organic carbon rain. Geochimica et Cosmochimica Acta, 69(1): 95 – 108.

[108]Merlivat, L. , Chen, D. , 1988. Hydrothermal Vent Isotope Compositions and Gas Concentration at 130 N on the East Pacific Ocean Rise. Geology-Geochemistry(Earth and Environment), 7: 46 – 52.

[109]Michard, A. , Albarede, F. , Michard, G. , Minster, J. , Charlou, J. , 1983. Rare-earth elements and uranium in high-temperature solutions from East Pacific Rise hydrothermal vent field(13 N). Nature, 303: 795 – 797.

[110]Milliman, J. , Müller, G. , Förstner, F. , 2012. Recent sedimentary carbonates: Part 1 marine carbonates. Springer Science & Business Media.

[111]Milliman, J. D. , Meade, R. H. , 1983. World-wide delivery of river sediment to the oceans. The Journal of Geology: 1 – 21.

[112]Moore, G. T. , Jacobson, S. R. , Ross, C. A. , Hayashida, D. N. , 1994. A paleoclimate simulation of the Wenlockian(Late Early Silurian) world using a general circulation model with implications for early land plant paleoecology. Palaeogeography, palaeoclimatology, palaeoecology, 110(1): 115 – 144.

[113]Moore, R. C. , 1949. Meaning of facies. Geological Society of America Memoirs, 39: 1 – 34.

[114] Morford, J. L. , Emerson, S. , 1999. The geochemistry of redox sensitive trace metals in sediments. Geochimica et Cosmochimica Acta, 63(11): 1735 – 1750.

[115]Muehlenbachs, K. , Clayton, R. N. , 1972. Oxygen isotope studies of fresh and weathered submarine basalts. Canadian Journal of Earth Sciences, 9(2): 172 – 184.

[116] Murray, R. W. , Ten Brink, M. R. B. , Gerlach, D. C. , Russ, G. P. , Jones, D. L. , 1991. Rare earth, major, and trace elements in chert from the Franciscan Complex and Monterey Group, California: Assessing REE sources to fine-grained marine sediments. Geochimica et Cosmochimica Acta, 55(7): 1875 – 1895.

[117]Nesbitt, H. W. , Young, G. M. , 1982. Early Proterozoic Climates and Plate Motions Inferred from Major Element Chemistry of Lutites. Nature, 299(5885): 715 – 717.

[118] Ngombi-Pemba, L. , El Albani, A. , Meunier, A. , Grauby, O. , Gauthier-Lafaye, F. , 2014. From detrital heritage to diagenetic transformations, the message of clay minerals contained within shales of the Palaeoproterozoic Francevillian basin(Gabon). Precambrian Research, 255: 63 – 76.

[119]Nichols, G. , 2009. Sedimentology and stratigraphy. John Wiley & Sons.

[120] Noffke, N. , Gerdes, G. , Klenke, T. , Krumbein, W. E. , 2001. Microbially Induced Sedimentary Structures-A New Category within the Classification of Primary Sedimentary Structures: PERSPECTIVES. Journal of Sedimentary Research, 71(5): 649 – 656.

[121]O'Brien, N. R. , Slatt, R. M. , 1990. Argillaceous rock atlas. Springer Science & Business Media.

[122] O ' brien, N. , 1989. Origin of lamination in Middle and Upper Devonian black shales, New York State. Northeastern Geology, 11(3): 159 – 165.

[123] Onoue, T. , Zonneveld, J. P. , Orchard, M. J. , Yamashita, M. , Yamashita, K. , Sato, H. , 2016. Paleoenvironmental changes across the Carnian/Norian boundary in the Black Bear Ridge section, British Columbia, Canada. Palaeogeography, Palaeoclimatology, Palaeoecology, 441: 721 – 733.

[124]Pi, D. H. , Liu, C. Q. , Shields-Zhou, G. A. , Jiang, S. Y. , 2013. Trace and rare earth element geochemistry of black shale and kerogen in the early Cambrian Niutitang Formation in Guizhou province, South China: Constraints for redox environments and origin of metal enrichments. Precambrian Research, 225: 218 – 229.

[125]Potter, P. E. , Maynard, J. B. , Depetris, P. J. , 2005. Mud and Mudstone.

[126]Potter, P. E. , Maynard, J. B. , Pryor, W. A. , 1980. Sedimentology of shale. Springer Science & Business Media.

[127] Pusch, R., 1970. Microstructural changes in soft quick clay at failure. Canadian Geotechnical Journal, 7(1): 1-7.

[128] Raiswell, R., Berner, R. A., 1985. Pyrite formation in euxinic and semi-euxinic sediments. American Journal of Science, 285(8): 710-724.

[129] Raiswell, R., Buckley, F., Berner, R. A., Anderson, T., 1988. Degree of pyritization of iron as a paleoenvironmental indicator of bottom-water oxygenation. Journal of Sedimentary Research, 58(5): 812-819.

[130] Rimmer, S. M., 2004. Geochemical paleoredox indicators in Devonian - Mississippian black shales, central Appalachian Basin (USA). Chemical Geology, 206(3): 373-391.

[131] Roberts, H. H., Carney, R. S., 1997. Evidence of episodic fluid, gas, and sediment venting on the northern Gulf of Mexico continental slope. Economic Geology, 92(7-8): 863-879.

[132] Roser, B., Korsch, R., 1986. Determination of tectonic setting of sandstone-mudstone suites using content and ratio. The Journal of Geology: 635-650.

[133] Roser, B., Korsch, R., 1988. Provenance signatures of sandstone-mudstone suites determined using discriminant function analysis of major-element data. Chemical geology, 67(1): 119-139.

[134] Russell, A., Morford, J., 2001. The behavior of redox-sensitive metals across a laminated - massive - laminated transition in Saanich Inlet, British Columbia. Marine Geology, 174(1): 341-354.

[135] Schieber, J., Krinsley, D., Riciputi, L., 2000. Diagenetic origin of quartz silt in mudstones and implications for silica cycling. Nature, 406(6799): 981-985.

[136] Schieber, J., Zimmerle, W., 1998. The history and promise of shale research, Shales and mudstones: Vol. 1: Basin studies, sedimentology and paleontology. Schweizerbart Science Publishers In Stuttgart, pp. 1-10.

[137] Schrag, D. P., Adkins, J. F., Mcintyre, K., Alexander, J. L., Hodell, D. A., Charles, C. D., 2002. The oxygen isotopic composition of seawater during the Last Glacial Maximum. Quaternary Science Reviews, 21(1): 331-342.

[138] Shanmugam, G., 1997. The Bouma sequence and the turbidite mind set. Earth-Science Reviews, 42(4): 201-229.

[139] Sharma, A., Sensarma, S., Kumar, K., Khanna, P., Saini, N., 2013. Mineralogy and geochemistry of the Mahi River sediments in tectonically active western India: Implications for Deccan large igneous province source, weathering and mobility of elements in a semi-arid climate. Geochimica et Cosmochimica Acta, 104: 63-83.

[140] Slatt, R. M., O'Brien, N. R., 2011. Pore types in the Barnett and Woodford gas shales: Contribution to understanding gas storage and migration pathways in fine-grained rocks. AAPG bulletin, 95(12): 2017-2030.

[141] Smith, M. G., Bustin, R. M., 1996. Lithofacies and paleoenvironments of the Upper Devonian and Lower Mississippian Bakken Formation, Williston Basin. Bulletin of Canadian Petroleum Geology, 44(3): 495-507.

[142] Smith, M. G., Bustin, R. M., 2000. Late Devonian and Early Mississippian Bakken and Exshaw black shale source rocks, Western Canada Sedimentary Basin: a sequence stratigraphic interpretation. AAPG bulletin, 84(7): 940-960.

[143] Stow, D., Atkin, B., 1987. Sediment facies and geochemistry of Upper Jurassic mudrocks in the central North Sea area. Petroleum Geology of North West Europe: 797-808.

[144] Stow, D., Huc, A.-Y., Bertrand, P., 2001. Depositional processes of black shales in deep wa-

ter. Marine and Petroleum Geology, 18(4): 491 – 498.

[145] Stow, D. A., Piper, D., 1984a. Deep-water fine-grained sediments: facies models. Geological Society, London, Special Publications, 15(1): 611 – 646.

[146] Stow, D. A., Tabrez, A. R., 1998. Hemipelagites: processes, facies and model. Geological Society, London, Special Publications, 129(1): 317 – 337.

[147] Stow, D. A., Wetzel, A., 1990. 3. Hemiturbidite: A new type of deep-water sediment. Proceedings of the Ocean Drilling Project, Leg, 116: 25 – 34.

[148] Stow, D. A. V., Piper, D. J. W., 1984b. Deep-water fine-grained sediments; history, methodology and terminology. Geological Society, London, Special Publications, 15(1): 3 – 14.

[149] Tang, X., Jiang, Z., Huang, H., Jiang, S., Yang, L., Xiong, F., 2016. Lithofacies characteristics and its effect on gas storage of the Silurian Longmaxi marine shale in the southeast Sichuan Basin, China. Journal of Natural Gas Science and Engineering, 28: 338 – 346.

[150] Taylor, S. R., McLennan, S. M., 1985. The continental crust: its composition and evolution. Blackwell Scientific Pub., Palo Alto, CA.

[151] Teichert, C., 1958. Concepts of facies. AAPG Bulletin, 42(11): 2718 – 2744.

[152] Thiry, M., 2000. Palaeoclimatic interpretation of clay minerals in marine deposits: an outlook from the continental origin. Earth-Science Reviews, 49(1): 201 – 221.

[153] Thompson, G., 1968. Analyses of B, Ga, Rb and K in two deep-sea sediment cores; consideration of their use as paleoenvironmental indicators. Marine Geology, 6(6): 463 – 477.

[154] Toyoda, K., Nakamura, Y., Masuda, A., 1990. Rare earth elements of Pacific pelagic sediments. Geochimica et Cosmochimica Acta, 54(4): 1093 – 1103.

[155] Trela, W., Podhalańska, T., Smolarek, J., Marynowski, L., 2016. Llandovery green/grey and black mudrock facies of the northern Holy Cross Mountains (Poland) and their relation to early Silurian sea-level changes and benthic oxygen level. Sedimentary Geology.

[156] Tyson, R., Pearson, T., 1991. Modern and ancient continental shelf anoxia: an overview. Geological Society, London, Special Publications, 58(1): 1 – 24.

[157] Veizer, J., Ala, D., Azmy, K., Bruckschen, P., Buhl, D., 1999. $^{87}Sr/^{86}Sr$, $\delta^{13}C$ and $\delta^{18}O$ evolution of Phanerozoic seawater. Chemical geology, 161(1): 59 – 88.

[158] Walker, C. T., 1968. Evaluation of boron as a paleosalinity indicator and its application to offshore prospects. AAPG Bulletin, 52(5): 751 – 766.

[159] Walker, C. T., Price, N. B., 1963. Departure curves for computing paleosalinity from boron to illites and shales. AAPG Bulletin, 47: 833 – 841.

[160] Wang, G. C., Carr, T. R., 2012. Methodology of organic-rich shale lithofacies identification and prediction: A case study from Marcellus Shale in the Appalachian basin. Computers & Geosciences, 49: 151 – 163.

[161] Wang, K., Chatterton, B., Wang, Y., 1997. An organic carbon isotope record of Late Ordovician to Early Silurian marine sedimentary rocks, Yangtze Sea, South China: Implications for CO_2 changes during the Hirnantian glaciation. Palaeogeography, Palaeoclimatology, Palaeoecology, 132(1): 147 – 158.

[162] Wang, S., Dong, D., Wang, Y., Li, X., Huang, J., Guan, Q., 2015. Sedimentary geochemical proxies for paleoenvironment interpretation of organic-rich shale: A case study of the Lower Silurian Longmaxi Formation, Southern Sichuan Basin, China. Journal of Natural Gas Science and Engineering, 28: 691 – 699.

[163] Wang, S., Zou, C., Dong, D., Wang, Y., Li, X., Huang, J., 2015. Multiple controls on the pa-

leoenvironment of the early cambrian marine black shales in the sichuan basin, sw china: geochemical and organic carbon isotopic evidence. Marine and Petroleum Geology, 66(3): 241 -252.

[164]Wedepohl, K., 1971. Environmental influences on the chemical composition of shales and clays. Physics and Chemistry of the Earth, 8: 305 -333.

[165]Wedepohl, K. H., 1995. The composition of the continental crust. Geochimica et cosmochimica Acta, 59(7): 1217 -1232.

[166]Wenzel, B., Joachimski, M. M., 1996. Carbon and oxygen isotopic composition of Silurian brachiopods (Gotland/Sweden): palaeoceanographic implications. Palaeogeography, palaeoclimatology, palaeoecology, 122(1): 143 -166.

[167]Wetzel, A., Uchman, A., 1998. Biogenic sedimentary structures in mudstones—an overview. Shales and mudstones, 1: 351 -369.

[168]Wignall, P. B., Myers, K. J., 1988. Interpreting benthic oxygen levels in mudrocks: a new approach. Geology, 16(5): 452 -455.

[169]Wilson, S. E., Cumming, B. F., Smol, J. P., 1994. Diatom-salinity relationships in 111 lakes from the Interior Plateau of British Columbia, Canada: the development of diatom-based models for paleosalinity reconstructions. Journal of Paleolimnology, 12(3): 197 -221.

[170]Wong, C., 2013. Trace metals in sea water, 9. Springer Science & Business Media.

[171]Wright, A. E., 1957. Three-dimensional shape analysis of fine-grained sediments. Journal of Sedimentary Research, 27(3): 306 -312.

[172]Xu, L., Lehmann, B., Mao, J., Nägler, T. F., Neubert, N., B? ttcher, M. E., 2012. Mo isotope and trace element patterns of Lower Cambrian black shales in South China: Multi-proxy constraints on the paleoenvironment. Chemical Geology, 318: 45 -59.

[173]Yang, X. Q., Fan, T. L., Wu, Y., 2016. Lithofacies and cyclicity of the Lower Cambrian Niutitang shale in the Mayang Basin of western Hunan, South China. Journal of Natural Gas Science and Engineering, 28: 74 -86.

[174]Zachos, J. C., Wara, M. W., Bohaty, S., Delaney, M. L., Petrizzo, M. R., Brill, A., 2003. A transient rise in tropical sea surface temperature during the Paleocene-Eocene thermal maximum. Science, 302(5650): 1551 -1554.

[175]Zaixing, J., Ling, G., Chao, L., 2013. Lithofacies and sedimentary characteristics of the Silurian Longmaxi Shale in the southeastern Sichuan Basin. Journal of Paleogeography, 2(3): 238 -251.

[176]Zhao, J., Jin, Z., Jin, Z., Geng, Y., Wen, X., Yan, C., 2016. Applying sedimentary geochemical proxies for paleoenvironment interpretation of organic-rich shale deposition in the Sichuan Basin, China. International Journal of Coal Geology, 163: 52 -71.

[177]Zhao, Y., Liu, Z., Zhang, Y., Li, J., Wang, M., Wang, W., 2015. In situ observation of contour currents in the northern South China Sea: Applications for deepwater sediment transport. Earth and Planetary Science Letters, 430: 477 -485.

[178]Zimmerle, W., 1998. Petrography of the Boom Clay from the Rupelian type locality, northern Belgium. In: Schieber J. Zimmerle W. Sethis P. S. Shales and Mudstones, vol 2. E. Schweizerbart'sche, Stuttgart, pp 13 -33.

[179鲍志东，朱井泉，江茂生，等．海平面升降中的元素地球化学响应[J]．沉积学报，1998，16(4)：32 -36.

[180]贝丰，宋振亚，林丽，等．云南新生代断陷盆地的环境地质记录[J]．地球科学进展，2000，15(1)：25 -33.

[181]操应长，姜在兴，夏斌，等．利用测井资料识别层序地层界面的几种方法[J]．石油大学学报：自然科学版，2003，27(2)：23－26.

[182]操应长，罗东明．陆相断陷湖盆层序地层单元的划分及界面识别标志[J]．石油大学学报：自然科学版，1996，20(4)：1－5.

[183]常华进，曹广超，彭杨伟．西宁盆地晚始新世石膏成因研究[J]．干旱区资源与环境，2012，26(11)：48－53.

[184]常华进，储雪蕾，冯连君，等．氧化还原敏感微量元素对古海洋沉积环境的指示意义[J]．地质论评，2009，55(1)：91－99.

[185]陈德潜，陈刚．实用稀土元素地球化学[M]．北京：冶金工业出版社，1990.

[186]陈洪德，侯中健，田景春，等．鄂尔多斯地区晚古生代沉积层序地层学与盆地构造演化研究[J]．矿物岩石，2001，21(3)：16－22.

[187]陈骥，姜在兴，姜正龙，等．塔东南坳陷侏罗系杨叶组沉积相特征及古环境研究[J]．地球学报，2015，3：343－351.

[188]陈建平，王绪龙，邓春萍，等．准噶尔盆地烃源岩与原油地球化学特征[J]．地质学报，2016，90(1)：37－67.

[189]陈建强，李兴武，于炳松，等．塔里木盆地下寒武统底部黑色页岩地球化学及其岩石圈演化意义[J]．中国科学：D辑，2002，(5)：374－382.

[190]陈开远，何胡军，柳保军，等．潜江凹陷潜江组古盐湖沉积层序的地球化学特征[J]．盐湖研究，2002，10(4)：19－24.

[191]陈茂山．测井资料的两种深度域频谱分析方法及在层序地层学研究中的应用[J]．石油地球物理勘探，1999，34(1)：57－64.

[192]陈尚斌，朱炎铭，王红岩，等．四川盆地南缘下志留统龙马溪组页岩气储层矿物成分特征及意义[J]．石油勘探与开发，2011，32(5)：775－782.

[193]陈尚斌，朱炎铭，王红岩，等．川南龙马溪组页岩气储层纳米孔隙结构特征及其成藏意义[J]．煤炭学报，2015a，37(3)：438－444.

[194]陈尚斌，朱炎铭，王红岩，等．四川盆地南缘下志留统龙马溪组页岩气储层矿物成分特征及意义[J]．石油学报，2015b，32(5)：775－782.

[195]陈秀艳，姜在兴，杜伟，等．东营凹陷沙三中亚段东营三角洲沉积期次成因及对含油性的影响[J]．沉积学报，2014，32(2)：344－353.

[196]陈旭，戎嘉余，周志毅，等．上扬子区奥陶—志留纪之交的黔中隆起和宜昌上升[J]．科学通报，2001，46(12)：1052－1056.

[197]陈永峤，李伟华，汪凌霞，等．鄂尔多斯盆地合水地区延长组－延安组地层分布特征[J]．地层学杂志，2011，35(1)：41－48.

[198]成汉钧，王玉忠．五峰期上扬子淡化海成因之探讨[J]．地层学杂志，1991，15(2)：109－114.

[199]程鑫，吴汉宁，刁宗宝，等．羌北地块中—晚侏罗世雁石坪群古地磁新结果[J]．地球物理学报，2012，55(10)：3399－3409.

[200]戴塔根，刘汉元．微量元素地球化学及其应用[M]．长沙：中南工业大学出版社，1992.

[201]邓宏文．美国层序地层研究中的新学派：高分辨率层序地层学[J]．石油与天然气地质，1995，16(2)：89－97.

[202]邓新，杨坤光，刘彦良，等．黔中隆起性质及其构造演化[J]．地学前缘，2010，(3)：79－89.

[203]董大忠，程克明，王玉满，等．中国上扬子区下古生界页岩气形成条件及特征[J]．石油与天然气地质，2010，31(3)：288－299.

[204]董军，王鹏，袁东山，等．四川盆地梓潼凹陷烃源岩与天然气地球化学特征[J]．石油实验地质，2015，37(3)：367－373.

[205]董熙平．$\delta^{18}O$ 指示的古水温相对值与寒武纪牙形石分异度之间的关系[J]．地质论评，1992，38(4)：368－371.

[206]耳闯，赵靖舟，白玉彬，等．鄂尔多斯盆地三叠系延长组富有机质泥页岩储层特征[J]．石油与天然气地质，2013，34(5)：708－716.

[207]樊隽轩．华南奥陶－志留系龙马溪组黑色笔石页岩的生物地层学[J]．中国科学：地球科学(中文版)，2012，42(1)：130－139.

[208]范昌育，王震亮．页岩气富集与高产的地质因素和过程[J]．石油实验地质，2010，32(5)：465－469.

[209]范代读，李从先，邓兵，等．潮汐周期在潮坪沉积中的记录[J]．同济大学学报：自然科学版，2002，30(3)：281－285.

[210]封从军，鲍志东，张吉辉，等．扶余油田中区泉四段基准面旋回划分及对单砂体的控制[J]．吉林大学学报(地球科学版)，2012，42(2)：62－69.

[211]封从军，单启铜，时维成，等．扶余油田泉四段储层非均质性及对剩余油分布的控制[J]．中国石油大学学报(自然科学版)，2013，37(1)：1－7.

[212]冯乔，柳益群，郝建荣．三塘湖盆地芦草沟组烃源岩及其古环境[J]．沉积学报，2004，22(3)：513－517.

[213]冯兴雷，付修根，谭富文，等．羌塘盆地孔孔茶卡地区石炭系擦蒙组烃源岩沉积环境分析[J]．现代地质，2014，28(5)：953－961.

[214]冯有良，李思田，解习农．陆相断陷盆地层序形成动力学及层序地层模式[J]．地学前缘，2000，7(3)：119－132.

[215]冯增昭．单因素分析综合作图法－岩相古地理学方法论[J]．沉积学报，1992，10(3)：70－77.

[216]冯增昭．沉积岩石学[M]．北京：石油工业出版社，1994.

[217]冯子辉，霍秋立，王雪，等．青山口组一段烃源岩有机地球化学特征及古沉积环境[J]．大庆石油地质与开发，2015，34(4)：1－7.

[218]付金华，邓秀芹，楚美娟，等．鄂尔多斯盆地延长组深水岩相发育特征及其石油地质意义[J]．沉积学报，2013，31(5)：928－938.

[219]付金华，李士祥，刘显阳，等．鄂尔多斯盆地上三叠统延长组长9油层组沉积相及其演化[J]．古地理学报，2012，14(3)：269－284.

[220]付锁堂，张道伟，薛建勤，等．柴达木盆地致密油形成的地质条件及勘探潜力分析[J]．沉积学报，2013，31(4)：672－682.

[221]高振中，罗顺社，何幼斌，等．鄂尔多斯地区西缘中奥陶世等深流沉积[J]．沉积学报，1995，13(4)：16－26.

[222]高振中，张吉森．鄂尔多斯地区西缘中奥陶世等深流沉积[J]．沉积学报，1995，13(4)：16－26.

[223]葛祥英，牟传龙，周恳恳，等．湖南晚奥陶世凯迪晚期－赫南特期沉积相及岩相古地理[J]．沉积学报，2014，32(1)：8－18.

[224]葛治洲，戎嘉余，杨学长，等．西南地区的志留系．见：南京地质古生物研究所主编，西南地区碳酸盐生物地层[M]．北京：科学出版社，1979.

[225]龚一鸣．新疆北部泥盆系遗迹化石的拓扑遗迹学研究[J]．古生物学报，1994，33(4)：472－498.

[226]顾雪祥，刘建明，唐菊兴，等．扬子地块南缘元古代浊积岩源区风化特征和源岩性质的沉积地球化学记录[J]．成都理工大学学报：自然科学版，2003，30(3)：221－235.

[227]郭飞，高茂生，侯国华，等．莱州湾07钻孔沉积物晚更新世以来的元素地球化学特征[J]．海洋学报，2016，(3)：145－155.
[228]郭峰，陈世悦，袁文芳，等．柴达木盆地西部干柴沟组沉积相及储层分布[J]．新疆地质，2006，24(1)：45－46.
[229]郭峰，郭岭．柯坪地区肖尔布拉克寒武系层序及沉积演化[J]．地层学杂志，2011，35(2)：165－171.
[230]郭峰，赖生华，郭岭．塔里木盆地大坂塔格奥陶系地层层序及沉积演化[J]．地层学杂志，2010，34(3)：135－144.
[231]郭岭．渝东南地区志留系龙马溪组黑色页岩沉积特征及其页岩气意义[D]．中国地质大学(北京)，2012.
[232]郭岭，郭峰．湖南涟源凹陷中－上泥盆统烃源岩综合评价[J]．石油天然气学报，2008，30(6)：181－186.
[233]郭岭，贾超超，朱毓，等．现代渭河西安段沉积体沉积相与岩相特征[J]．沉积学报，2015，33(3)：543－550.
[234]郭岭，姜在兴，姜文利．页岩气储层的形成条件与储层的地质研究内容[J]．地质通报，2011a，30(2－3)：385－392.
[235]郭岭，姜在兴，李瑞锋．一种辫状河－曲流河复合沉积体层序特征及其成因[J]．大庆石油学院学报，2011b，33(2)：29－33.
[236]郭彤楼，张汉荣．四川盆地焦石坝页岩气田形成与富集高产模式[J]．石油勘探与开发，2014，41(1)：28－36.
[237]郭彦如，刘化清，李相博，等．大型坳陷湖盆层序地层格架的研究方法体系[J]．沉积学报，2008，26(3).
[238]郭英海，李壮福，李大华，等．四川地区早志留世岩相古地理[J]．古地理学报，2004，6(1)：20－29.
[239]韩永林，王海红，陈志华，等．耿湾－史家湾地区长6段微量元素地球化学特征及古盐度分析[J]．岩性油气藏，2007，19(4)：20－26.
[240]郝诒纯，茅绍智．微体古生物学教程[M]．北京：中国地质大学出版社，1993.
[241]何良彪．渤海表层沉积物中的黏土矿物[J]．海洋学报(中文版)，1984，2：272－276.
[242]何卫军，张建新，左倩媚，等．微体古生物在高精度层序地层及古环境研究中的应用—以莺—琼盆地为例[J]．地层学杂志，2013，4：3－10.
[243]何幼斌，高振中．等深流沉积的特征及其鉴别标志[J]．江汉石油学院学报，1998，20(4)：1－6.
[244]何幼斌，罗顺社，高振中．内波、内潮汐沉积研究现状与进展[J]．江汉石油学院学报，2004，26(1)：5－10.
[245]何幼斌，王文广．沉积岩与沉积相[M]．北京：石油工业出版社，2007.
[246]和政军，牛宝贵，任纪舜．陕南山阳地区刘岭群砂岩岩石地球化学特征及其构造背景分析[J]．地质科学，2005，40(4)：594－607.
[247]胡菲，刘招君，孟庆涛，等．敦化盆地新生界层序与沉积特征及其对烃源岩发育的控制作用[J]．吉林大学学报：地球科学版，2012，(S2)：33－42.
[248]胡书毅，文玲，田海芹．扬子地区奥陶纪古地理与石油地质条件[J]．中国海上油气(地质)，2001，15(5)：317－321.
[249]胡晓峰，刘招君，柳蓉，等．桦甸盆地始新统桦甸组黏土矿物和无机地球化学特征及其古环境意义[J]．煤炭学报，2012，37(03)：416－423.
[250]胡艳华，刘健，周明忠，等．奥陶纪和志留纪钾质斑脱岩研究评述．地球化学，2009，(4)：79－90.

[251]纪友亮，胡光明，张善文，等．沉积层序界面研究中的矿物及地球化学方法[J]．同济大学学报：自然科学版，2004，32(4)：455－460.

[252]贾承造，赵文智．层序地层学研究新进展[J]．石油勘探与开发，2002，29(5)：1－4.

[253]贾承造，郑民，张水峰．非常规油气地质学重要理论问题[J]．石油学报，2014，35(1)：1－10.

[254]贾莉红，李勇，丘东洲，等．黄骅坳陷孔南地区孔三段层序界面的识别及体系域划分．沉积与特提斯地质，2011，31(1)：35－41.

[255]姜本鸿，韩庆之．川东南地区地温场形成的地质背景及温泉形成模式探讨—以四川彭水长溪坝址区温泉为例[J]．现代地质，1993，4：485－494.

[256]姜素华，赵斐宇，李三忠．30 和 45Ma 时期全球海洋表层古水温变化规律[J]．海洋地质与第四纪地质，2014，2：019.

[257]姜在兴．沉积学[M]．北京：石油工业出版社，2010.

[258]姜在兴．层序地层学研究进展：国际层序地层学研讨会综述[J]．地学前缘，2012，19(1)：1－9.

[259]姜在兴，梁超，吴靖．含油气细粒沉积岩研究的几个问题[J]．石油学报，2013，34(6)：1031－1039.

[260]姜在兴，刘晖．古湖岸线的识别及其对砂体和油气的控制[J]．古地理学报，2010，12(5)：589－598.

[261]姜在兴，向树安，陈秀艳，等．淀南地区古近系沙河街组层序地层模式[J]．沉积学报，2009，27(5)：931－938.

[262]姜在兴，赵澄林，熊继辉．皖中下志留统的等深积岩及其地质意义[J]．科学通报，1989，34(20)：1575－1576.

[263]解习农，李思田．陆相盆地层序地层研究特点[J]．地质科技情报，1993，12(1)：22－26.

[264]金秉福，林振宏，季福武．海洋沉积环境和物源的元素地球化学记录释读[J]．海洋科学进展，2003，21(1)：99－106.

[265]金凤鸣，韩春元，王吉茂，等．有机地球化学参数在层序划分对比中的应用[J]．沉积学报，2008，26(1)：86－91.

[266]金吉能．页岩气地球物理建模分析[D]．长江大学，2015.

[267]雷卞军，阙洪培，胡宁，等．鄂西古生代硅质岩的地球化学特征及沉积环境[J]．沉积与特提斯地质，2002，22(2)：70－79.

[268]李成凤，肖继风．用微量元素研究胜利油田东营盆地沙河街组的古盐度[J]．沉积学报，1988，6(4)：100－107.

[269]李凤杰，李磊，魏旭，等．鄂尔多斯盆地华池地区长 6 油层组湖底扇内深水重力流沉积特征[J]．古地理学报，2014，16(6)：827－834.

[270]李华启，姜在兴，邢焕清，等．四川盆地西部上三叠统须家河组二段风暴岩沉积特征[J]．石油与天然气地质，2003，24(1)：81－86.

[271]李皎，何登发．四川盆地及邻区寒武纪古地理与构造－沉积环境演化[J]．古地理学报，2014，16(4)：441－460.

[272]李钜源．东营凹陷泥页岩矿物组成及脆度分析[J]．沉积学报，2013，31(4)：616－620.

[273]李娟，于炳松，郭峰．黔北地区下寒武统底部黑色页岩沉积环境条件与源区构造背景分析[J]．沉积学报，2013，31(1)：20－31.

[274]李思田，林畅松．大型陆相盆地层序地层学研究—以鄂尔多斯中生代盆地为例[J]．地学前缘，1995，2(4)：133－136.

[275]李松峰，徐思煌，施和生，等．珠江口盆地惠州凹陷古近系烃源岩特征及资源预测[J]．地球科学：中国地质大学学报，2013，(1)：112－120.
[276]李文厚．吐－哈盆地台北凹陷侏罗系层序地层学研究[J]．石油与天然气地质，1997，18(3)：210－215.
[277]李文厚，庞军刚，曹红霞，等．鄂尔多斯盆地晚三叠世延长期沉积体系及岩相古地理演化[J]．西北大学学报：自然科学版，2009，39(3)：501－506.
[278]李文厚，魏红红，邵磊，等．西北地区湖相浊流沉积[J]．西北大学学报：自然科学版，2001，31(1)：57－62.
[279]李霞，范宜仁，邓少贵．Morlet小波在测井层序地层划分中的应用[J]．勘探地球物理进展，2006，29(6)：402－406.
[280]李新景，胡素云，程克明．北美裂缝性页岩气勘探开发的启示[J]．石油勘探与开发，2007，34(4)：392－400.
[281]李艳芳，邵德勇，吕海刚，等．四川盆地五峰组－龙马溪组海相页岩元素地球化学特征与有机质富集的关系[J]．石油学报，2015，36(12)：1470－1483.
[282]李勇，钟建华，邵珠福，等．软沉积变形构造的分类和形成机制研究[J]．地质论评，2012，58(5)：829－838.
[283]李玉喜，乔德武，姜文利，等．页岩气含气量和页岩气地质评价综述[J]．地质通报，2011，30(2)：308－317.
[284]李志明，陈建强．中国南方奥陶－志留纪沉积层序与构造运动的关系[J]．地球科学：中国地质大学学报，1997，22(5)：526－530.
[285]李志明，全秋琦．中国南部奥陶－志留纪笔石页岩相类型及其构造古地理[J]．地球科学－中国地质大学学报，1992，(3)：261－269.
[286]李智超，李文厚，赖绍聪，等．渭河盆地古近系细屑岩的古盐度分析[J]．沉积学报，2015，33(3)：480－485.
[287]李忠权，麻成斗，应丹琳，等．川渝地区构造动力学演化与盆岭－盆山耦合构造分析[J]．岩石学报，2014，30(3)：631－640.
[288]梁超，姜在兴，郭岭，等．黔北地区下寒武统黑色页岩沉积特征及页岩气意义[J]．断块油气田，2012a，19(1)：22－26.
[289]梁超，姜在兴，杨镱婷，等．四川盆地五峰组－龙马溪组页岩岩相及储集空间特征[J]．石油勘探与开发，2012b，39(6)：691－698.
[290]林俊峰，郝芳，胡海燕，等．廊固凹陷沙河街组烃源岩沉积环境与控制因素[J]．石油学报，2015，36(2)：163－173.
[291]林治家，陈多福，刘芊．海相沉积氧化还原环境的地球化学识别指标[J]．矿物岩石地球化学通报，2008，27(1)：72－80.
[292]刘宝珺．沉积岩石学[M]．北京：地质出版社，1980.
[293]刘宝珺，许效松，梁仁枝．湘西黔东寒武纪等深流沉积[J]．矿物岩石，1990，10(4)：43－47.
[294]刘宝珺，许效松，徐强．扬子东南大陆边缘晚元古代－早古生代层序地层和盆地动力演化(英文)[J]．沉积与特提斯地质，1995，(3)：1－16.
[295]刘传联，舒小辛，刘志伟．济阳坳陷下第三系湖相生油岩的微观特征[J]．沉积学报，2001，19(2)：293－298.
[296]刘春莲，董艺辛，车平，等．三水盆地古近系土布心组黑色页岩中黄铁矿的形成及其控制因素[J]．沉积学报，2006，24(1)：75－80.

[297]刘春莲，秦红，车平，等．广东三水盆地始新统□心组生油岩元素地球化学特征及沉积环境[J]．古地理学报，2005，7(1)：125－136.
[298]刘峰，蔡进功，吕炳全，等．下扬子五峰组上升流相烃源岩沉积特征[J]．同济大学学报：自然科学版，2011，39(3)：440－444.
[299]刘强，游海涛，刘嘉麒．湖泊沉积物年纹层的研究方法及其意义[J]．第四纪研究，2004，24(6)：683－694.
[300]刘少峰，王平，胡明卿，等．中、上扬子北部盆－山系统演化与动力学机制[J]．地学前缘，2010，(3)：14－26.
[301]刘树根，马文辛，Jansa，L．四川盆地东部地区下志留统龙马溪组页岩储层特征[J]．岩石学报，2011a，27(8)：2239－2252.
[302]刘树根，马文辛，黄文明．四川盆地东部地区下志留统龙马溪组页岩储层特征[J]．岩石学报，2011b，27(8)：2239－2252.
[303]刘松波，庄春兰，孟琳琳．坡度对坡面侵蚀产沙响应的研究[J]．中国水土保持，2009，5：44－46.
[304]刘伟，许效松，冯心涛，等．中上扬子上奥陶统五峰组含放射虫硅质岩与古环境[J]．沉积与特提斯地质，2010，30(3)：65－70.
[305]刘伟，许效松，余谦．探讨黔中古隆起形成机制及演化[J]．沉积学报，2011，29(4).
[306]刘长龄．煤系高岭石黏土矿层的特征及物质来源．冶金地质动态，1993，(6)：3－4.
[307]刘招君，胡菲，孙平昌，等．再论陆相三级层序内四分方案及其在油气勘探中的应用[J]．吉林大学学报：地球科学版，2013，(1)：1－12.
[308]刘招君，孙平昌，贾建亮，等．陆相深水环境层序识别标志及成因解释：以松辽盆地青山口组为例[J]．地学前缘，2011，18(4)：171－180.
[309]柳广第．石油地质学[M]．北京：石油工业出版社，2009.
[310]鲁洪波，姜在兴．稀土元素地球化学分析在岩相古地理研究中的应用[J]．石油大学学报：自然科学版，1999，23(1)：6－8.
[311]路远发．GeoKit：一个用 VBA 构建的地球化学工具软件包[J]．地球化学，2004，33(5)：459－464.
[312]罗静兰，史成恩，李博，等．鄂尔多斯盆地周缘及西峰地区延长组长 8、长 6 沉积物源－来自岩石地球化学的证据[J]．中国科学：D 辑，2007，37(A01)：62－72.
[313]吕炳全，孙志国．海洋环境与地质[M]．上海：同济大学出版社，1997.
[314]吕全荣，王效京．长江口细颗粒沉积物的黏土矿物及地球化学特征[J]．沉积学报，1985，3(4)：141－153.
[315]马瑶，李文厚，王若谷，等．鄂尔多斯盆地子洲地区上古生界沉积相及演化特征．地质科学，2015，50(1)：286－302.
[316]梅冥相．论“黔中古陆”[J]．贵州地质，1994，11(3)：199－206.
[317]梅冥相，徐德斌，周洪瑞．米级旋回层序的成因类型及其相序组构特征[J]．沉积学报，2000，18(1)：43－49.
[318]孟凡巍，倪培，丁俊英，等．第三纪极热事件时期的古温度：来自流体包裹体的证据[C]．地质流体和流体包裹体研究国际学术会议暨第十五届全国流体包裹体会议论文集，2007.
[319]孟昊，钟大康，李超，等．渤海湾盆地渤中坳陷渤中 25－1 油田古近系沙河街组沙二段沉积相及演化[J]．古地理学报，2016，18(2)：161－172.

[320]明承栋，侯读杰，赵省民，等．内蒙古东部中二叠世吴家屯组海平面相对变化的泥岩地球化学证据[J]．现代地质，2015，29(3)：623－632.
[321]穆恩之．论五峰页岩[J]．古生物学报，1954，2(2)：153－170.
[322]穆恩之，李积金，葛梅钰，等．华中区晚奥陶世古地理图及其说明书[J]．地层学杂志，1981，5(3)：165－170.
[323]穆恩之，朱兆玲．西南地区的奥陶系．见：南京地质古生物研究所主编，西南地区碳酸盐生物地层[M]．北京：科学出版社，1979.
[324]南君亚，周德全．贵州二叠纪－三叠纪古气候和古海洋环境的地球化学研究[J]．矿物学报，1998，18(2)：239－249.
[325]倪新锋，陈洪德，韦东晓．鄂尔多斯盆地三叠系延长组层序地层格架与油气勘探[J]．中国地质，2007，34(1)：73－80.
[326]聂海宽，边瑞康，张培先，等．川东南地区下古生界页岩储层微观类型与特征及其对含气量的影响[J]．地学前缘，2014，21(4)：331－343.
[327]聂海宽，唐玄，边瑞康．页岩气成藏控制因素及中国南方页岩气发育有利区预测[J]．石油学报，2009，30(4)：484－491.
[328]牛新生，冯常茂，刘进．黔中隆起的形成时间及形成机制探讨[J]．海相油气地质，2007，12(2)：46－50.
[329]庞军刚，李赛，杨友运．湖盆深水区细粒沉积成因研究进展—以鄂尔多斯盆地延长组为例[J]．石油实验地质，2014，36(6)：706－724.
[330]庞军刚，李文厚，陈全红．陕北地区延长组标志层特征及形成机制[J]．地层学杂志，2010，(2)：173－178.
[331]庞雄，陈长民，施和生，等．相对海平面变化与南海珠江深水扇系统的响应[J]．地学前缘，2005，12(3)：167－177.
[332]彭勇民，张荣强，陈霞，等．四川盆地南部中下寒武统石膏岩的发现与油气勘探[J]．成都理工大学学报：自然科学版，2012，39(1)：63－69.
[333]蒲仁海．断陷湖盆层序地层学的几点进展[J]．石油与天然气地质，2002，23(4)：410－414.
[334]漆滨汶，林春明，邱桂强，等．东营凹陷古近系砂岩透镜体钙质界壳形成机理及其对油气成藏的影响[J]．古地理学报，2006，8(4)：519－530.
[335]邱欣卫，刘池洋，李元昊，等．鄂尔多斯盆地延长组凝灰岩夹层展布特征及其地质意义[J]．沉积学报，2009，27(6)：1138－1146.
[336]屈红军，梅志超，李文厚，等．陕西富平地区中奥陶统等深流沉积的特征及其地质意义[J]．地质通报，2010，29(9)：1304－1309.
[337]戎嘉余．上扬子区晚奥陶世海退的生态地层证据与冰川活动影响[J]．地层学杂志，1984，1：19－29.
[338]戎嘉余，陈旭．中国志留纪年代地层学评述[J]．地层学杂志，2000，24(1)：27－35.
[339]戎嘉余，陈旭，王怿，等．奥陶－志留纪之交黔中古陆的变迁：证据与启示[J]．中国科学：D辑，2011，41(10)：1407－1415.
[340]戎嘉余，马科斯，约翰逊，等．上扬子区早志留世(兰多维列世）的海平面变化[J]．古生物学报，1984，23(6)：672－694.
[341]戎嘉余，王怿，詹仁斌，等．论桐梓上升－志留纪埃隆晚期黔中古陆北扩的证据[J]．地层学杂志，2012，36(4)：679－691.

[342]邵磊，赵梦，乔培军，等．南海北部沉积物特征及其对珠江演变的响应[J]．第四纪研究，2013，33(4)：760－770.

[343]邵龙义，鲁静，汪浩，等．中国含煤岩系层序地层学研究进展[J]．沉积学报，2009，27(5)：904－914.

[344]邵龙义，张鹏飞．广西来宾－合山一带晚二叠世海底扇浊积岩相[J]．古地理学报，1999，1(1)：20－31.

[345]沈志达，梅冥相，曾羽．贵州太康运动的地层学效应：兼论“黔中古陆”的形成[J]．贵州地质，1990，7(2)：91－98.

[346]施春华，曹剑，胡凯．华南早寒武世黑色岩系 Ni－Mo 多金属矿床成因研究进展[J]．地质评论，2011，57(5)：718－730.

[347]司学强，郭沫贞，杨志力，等．新疆三塘湖盆地马朗凹陷侏罗系西山窑组沉积特征及沉积模式[J]．古地理学报，2015，17(4)：553－564.

[348]四川省地质局107地质队．黔江幅1:20万地质报告，1975，5－97.

[349]宋国奇，王延章，石小虎，等．东营沙四段古盐度对碳酸盐岩沉积的控制作用[J]．西南石油大学学报，2013，35(2)：8－14.

[350]苏文博，何龙清，王永标，等．华南奥陶－志留系五峰组及龙马溪组底部斑脱岩与高分辨综合地层[J]．中国科学：地球科学(中文版)，2002，32(3)：207－219.

[351]苏文博，李志明，陈建强，等．上扬子地台东南缘奥陶纪层序地层及海平面变化研究[J]．沉积学报，1999，17(3)：345－348.

[352]苏文博，李志明，王巍，等．华南五峰组－龙马溪组黑色岩系时空展布的主控因素及其启示[J]．地球科学：中国地质大学学报，2007，32(6)：819－827.

[353]孙亚东．华南古－中生代之交火山作用的古气候影响和生物多样性响应．中国地质大学，2013.

[354]孙跃武，刘鹏举．古生物学导论[M]．北京：地质出版社，2006.

[355]孙振城，杨藩．中国新生代咸化湖泊沉积环境与油气生成[J]．北京：石油工业出版社，1997.

[356]陶树，汤达祯，周传祎，等．川东南－黔中及其周边地区下组合烃源岩元素地球化学特征及沉积环境意义[J]．中国地质，2009，26(2)：397－403.

[357]陶晓风，吴德超．普通地质学[J]．北京：科学出版社，2007.

[358]腾格尔．海相地层元素、碳氧同位素分布与沉积环境和烃源岩发育关系—以鄂尔多斯盆地为例[D]．兰州：中国科学院兰州地质研究所，2004.

[359]腾格尔，刘文汇，徐永昌，等．缺氧环境及地球化学判识标志的探讨—以鄂尔多斯盆地为例[J]．沉积学报，2004，22(2)：365－372.

[360]田景春，陈高武，张翔，等．沉积地球化学在层序地层分析中的应用[J]．成都理工大学学报(自然科学版)，2006a，33(1)：30－35.

[361]田景春，陈洪德，张翔，等．凝缩段特征及其与烃源岩的关系－以中国南方海相震旦系—中三叠统为例．石油与天然气地质，2006b，27(3)：378－383.

[362]万方，许效松．川滇黔桂地区志留纪构造—岩相古地理[J]．古地理学报，2003，5(2)：180－186.

[363]万世明．近2千万年以来东亚季风演化的南海沉积矿物学记录[D]．中国科学院研究生院(海洋研究所)，2006.

[364]万天丰．中国大地构造学纲要[M]．北京：地质出版社，2004.

[365]万天丰，朱鸿．古生代与三叠纪中国各陆块在全球古大陆再造中的位置与运动学特征[J]．现代地质，2007，21(1)：1－13.

[366]汪凯明，罗顺社．海相碳酸盐岩锶同位素及微量元素特征与海平面变化[J]．海洋地质与第四纪地质，2009(06)：51－58.

[367]汪明泉，赵艳军，刘成林，等．四川盆地东部三叠系嘉陵江组成盐期浓缩海水古温度及其意义[J]．岩石学报，2015，31(9)：2745－2750.

[368]汪晓军，肖锦，崔蕴霞．强化絮凝净化法脱除水中的残留铝[J]．工业水处理，1998，18(4)：4－6，45.

[369]汪新伟，沃玉进，周雁，等．上扬子地区褶皱－冲断带的运动学特征[J]．地学前缘，2010，(3)：200－212.

[370]汪星．渝东南地区下古生界页岩层系构造特征与页岩气保存条件研究[D]．西南石油大学，2015.

[371]王爱国．盆地中古流体压力的恢复方法[J]．大庆石油地质与开发，2011，30(6)：32－37.

[372]王昌勇，郑荣才，刘哲，等．鄂尔多斯盆地陇东地区长9油层组古盐度特征及其地质意义[J]．沉积学报，2014，32(1)：159－165.

[373]王传尚，汪啸风，陈孝红，等．奥陶纪末期层序地层学研究[J]．地球科学：中国地质大学学报，2003，28(1)：6－10.

[374]王冠民．济阳坳陷古近系页岩的纹层组合及成因分类[J]．吉林大学学报：地球科学版，2012，42(3)：666－671.

[375]王冠民，钟建华．湖泊纹层的沉积机理研究评述与展望[J]．岩石矿物学杂志，2004，23(1)：43－48.

[376]王海峰，俞剑华．皖南赣北宁国组和胡乐组沉积环境的古盐度特征及其地质意义[J]．地层学杂志，1994，18(1)：9－16.

[377]王鸿桢，杨巍然，刘本培．华南地区古大陆边缘构造史[M]．武汉：地质学院出版社，1986.

[378]王茂桢，柳少波，任拥军，等．页岩气储层黏土矿物孔隙特征及其甲烷吸附作用[J]．地质论评，2015，61(1)：207－208.

[379]王汝建，李保华．南沙深水区第四纪生物地层学研究[J]．第四纪研究，1999，(6)：541－548.

[380]王士才，李宝霞．聚合硫酸铝絮凝剂的研究及其在水处理上的应用[J]．工业水处理，1997，17(2)：17－19.

[381]王世虎，焦养泉，吴立群，等．鄂尔多斯盆地西北部延长组中下部古物源与沉积体空间配置[J]．地球科学：中国地质大学学报，2007，32(2)：201－208.

[382]王淑芳，董大忠，王玉满，等．四川盆地志留系龙马溪组富气页岩地球化学特征及沉积环境[J]．矿物岩石地球化学通报，2015，(6)：1203－1212.

[383]王卫红，姜在兴，操应长，等．测井曲线识别层序边界的方法探讨[J]．西南石油学院学报，2003，25(3)：1－4.

[384]王欣欣，郑荣才，闫国强，等．基于稀土元素地球化学特征的泥岩沉积环境及物源分析—以鄂尔多斯盆地陇东地区长9油层组泥岩为例[J]．天然气地球科学，2014，25(9)：1387－1394.

[385]王玉满，董大忠，黄金亮，等．四川盆地及周边上奥陶统五峰组观音桥段岩相特征及对页岩气选区意义[J]．石油勘探与开发，2016，43(1)：42－50.

[386]王玉柱，王海荣，高红芳，等．等深流作用机制和沉积的研究进展[J]．古地理学报，2010，12(2)：141－150.

[387]王振涛，周洪瑞，王训练，等．鄂尔多斯盆地西南缘奥陶纪火山活动记录：来自陕甘地区平凉组钾质斑脱岩地球化学和锆石年代学的信息[J]．岩石学报，2015，31(9)：2633－2654.

[388]王志峰，张元福，梁雪莉，等．四川盆地五峰组－龙马溪组不同水动力成因页岩岩相特征[J]．石油学报，2014，35(4)：623－632.

[389]王中刚，于学元，赵振华．稀土元素地球化学[M]．北京：科学出版社，1989.

[390]韦恒叶，汪建国，遇昊，等．海平面变化在湖南西部桑植地区栖霞组富有机碳沉积物形成中的作用[J]．地球科学：中国地质大学学报，2013，(2)：266－276.

[391]魏魁生，郭占谦．松辽盆地白垩系非海相沉积层序模式[J]．沉积学报，1996，14(4)：50－60.

[392]文华国，郑荣才，唐飞，等．鄂尔多斯盆地耿湾地区长6段古盐度恢复与古环境分析[J]．矿物岩石，2008，28(1)：114－120.

[393]吴靖，姜在兴，童金环，等．东营凹陷古近系沙河街组四段上亚段细粒沉积岩沉积环境及控制因素[J]．石油学报，2016，37(4)：464－473.

[394]吴靖，姜在兴，吴明昊．细粒岩层序地层学研究方法综述[J]．地质科技情报，2015，34(5)：16－20.

[395]吴礼明，丁文龙，张金川，等．渝东南地区下志留统龙马溪组富有机质页岩储层裂缝分布预测[J]．石油天然气学报，2011，33(9)：43－46.

[396]吴胜和．储层表征与建模[M]．北京：石油工业出版社，2010.

[397]吴因业，靳久强，李永铁，等．柴达木盆地西部古近系湖侵体系域及相关储集体[J]．古地理学报，2003，5(2)：232－243.

[398]吴因业，朱如凯，罗平，等．沉积学与层序地层学研究新进展[J]．沉积学报，2011，29(1)：199－206.

[399]武景淑，于炳松，张金川．渝东南渝页1井下志留统龙马溪组页岩孔隙特征及其主控因素[J]，地缘科学，2013，20(3)：260－269.

[400]夏威，于炳松，孙梦迪．渝东南YK1井下寒武统牛蹄塘组底部黑色页岩沉积环境及有机质富集机制[J]．矿物岩石，2015，35(2)：70－80.

[401]肖传桃，姜衍文，朱忠德，等．湖北宜昌地区奥陶纪层序地层及扬子地区五峰组沉积环境的讨论[J]．高校地质学报，1996，2(3)：339－347.

[402]谢小敏，胡文瑄，曹剑，等．浙闽地区下白垩统黑色泥岩沉积环境初探：微体古生物与有机地球化学证据[J]．沉积学报，2010，28(6)：1108－1116.

[403]徐杰．辽河滩海东部地区东一段和东二段沉积特征与沉积相[D]．中国地质大学(北京)，2010.

[404]许璟，蒲仁海，杨林，等．塔里木盆地石炭系泥岩沉积时的古盐度分析[J]．沉积学报，2010a，28(3)：509－517.

[405]许效松，梁宝华．广西钦防海槽迁移与沉积－构造转换面[J]．沉积与特提斯地质，2001，21(4)：1－10.

[406]许志强．突尼斯南部和纳米布沙漠中部石膏壳的结构、化学成分和成因[J]．盐湖研究，1990，(1)：61－67.

[407]许中杰，程日辉，王嘹亮，等．广东惠来地区早－中侏罗世桥源组海平面相对升降及构造背景的元素地球化学证据[J]．吉林大学学报：地球科学版，2011，41(4)：966－975.

[408]薛平．陆表海台地型蒸发岩的成因探讨[J]．地质论评，1986，32(1)：59－66.

[409]鄢明才，迟清华．中国东部地壳与岩石的化学组成[M]．北京：科学出版社，1997.

[410]杨恩林，吕新彪，鲍水．黔东下寒武统黑色页岩微量元素的富集及成因分析[J]．地球科学进展，2013，28(10)：1160－1169.

[411]杨峰，宁正福，胡昌蓬，等．页岩储层微观孔隙结构特征[J]．石油学报，2013，34(2)：301－311.

[412]杨华，窦伟坦，刘显阳，等．鄂尔多斯盆地三叠系延长组长7沉积相分析[J]．沉积学报，2010，28(2)：254－263.

[413]杨华，张文正，刘显阳，等．优质烃源岩在鄂尔多斯低渗透富油盆地形成中的关键作用[J]．地球科学与环境学报，2013，35(04)：5－13.

[414]杨丽丽，巩恩普，张永利，等．黔南宾夕法尼亚亚纪珊瑚礁相腕足动物氧同位素组成及其古水温信息[J]．沉积学报，2011，29(3)：458－464.

[415]杨兴莲，朱茂炎，赵元龙，等．黔东震旦系－下寒武统黑色岩系稀土元素地球化学特征[J]．地质论评，2008，54(1)：3－15.

[416]杨懿，张小莉，陈冬，等．柴西地区红沟子构造裂缝类型特征及控制因素[J]．石油天然气学报，2010，(2)：284－287.

[417]尹福光，许效松．华南地区加里东期前陆盆地演化过程中的沉积响应[J]．地球学报，2001，22(5)：425－428.

[418]尹观，王成善．西藏南部中白垩世黑色页岩的碳氧同位素组成及大洋缺氧事件的讨论[J]．矿物岩石，1998，18(1)：95－101.

[419]尹赞勋．关于龙马溪页岩[J]．地质论评，1943，8(1－6)：1－8.

[420]尹赞勋．中国南部志留纪地层之分类与对比[J]．中国地质学会志，1949，29(1)：1－61.

[421]游海涛，刘嘉麒，刘强，等．东北二龙湾玛珥湖 13kaBP 以来的沉积年纹层研究[J]．科学通报，2007，52(14)：1681－1684.

[422]于炳松．页岩气储层孔隙分类与表征[J]．地学前缘，2013，20(4)：211－220.

[423]于炳松，林畅松．塔里木盆地下寒武统底部黑色页岩地球化学及其岩石圈演化意义[J]．中国科学：D 辑，2002，32(5)：374－382.

[424]于兴河．油气储层地质学基础[M]．北京：石油工业出版社，2009.

[425]于兴河，李胜利．碎屑岩系油气储层沉积学的发展历程与热点问题思考[J]．沉积学报，2009，27(5)：880－895.

[426]袁海军，赵兵．川西雅安－名山地区白垩系泥岩的地球化学特征及古气候探讨[J]．沉积与特提斯地质，2012，32(1)：78－83.

[427]袁静．山东惠民凹陷古近系风暴岩沉积特征及沉积模式[J]．沉积学报，2006，24(1)：43－49.

[428]袁选俊，林森虎，刘群．湖盆细粒沉积特征与富有机质页岩分布模式—以鄂尔多斯盆地延长组长 7 油层组为例[J]．石油勘探与开发，2015，42(1)：34－43.

[429]张爱云，伍大茂，郭丽娜，等．海相黑色页岩建造地球化学与成矿意义[M]．北京：科学出版社，1987.

[430]张春明，姜在兴，郭英海．川东南－黔北地区龙马溪组地球化学特征与古环境恢复[J]．地质科技情报，2013，32(2)：124－130.

[431]张春明，张维生，郭英海．川东南—黔北地区龙马溪组沉积环境及对烃源岩的影响[J]．地学前缘，2012，19(1)：136－145.

[432]张国平，张增祥，刘纪远．中国土壤风力侵蚀空间格局及驱动因子分析[J]．地理学报，2001，56(2)：146－158.

[433]张海全，许效松，刘伟，等．中上扬子地区晚奥陶世－早志留世岩相古地理演化与黑色页岩的关系[J]．沉积与特提斯地质，2013，33(2)：17－24.

[434]张海全，余谦，李玉喜，等．中上扬子区下志留统页岩气勘探潜力[J]．新疆石油地质，2011，32(4)：353－355.

[435]张厚福，方朝亮，高先志．石油地质学[M]．北京：石油工业出版社，1999.

[436]张建平，李明路．遗迹学研究现状及其在层序地层学中的应用潜力[J]．沉积学报，2000，18(3)：389－394.

[437]张金川，金之钧，袁明生．页岩气成藏机理和分布[J]．天然气工业，2004，24(7)：15－18.

[438]张金川，李玉喜，聂海宽，等．渝页 1 井地质背景及钻探效果[J]．天然气工业，2010，30(12)：114－118.

[439]张金功，袁政文．泥质岩裂缝油气藏的成藏条件及资源潜力[J]．石油与天然气地质，2002，23(4)：336－338.
[440]张金亮，张鑫．塔里木盆地志留系古海洋沉积环境的元素地球化学特征[J]．中国海洋大学学报：自然科学版，2006，36(2)：200－208.
[441]张立仁．洱海黏土矿物的初步研究[J]．海洋与湖沼，1989，4：375－380.
[442]张满郎，顾新元，张琴，等．准噶尔盆地彩参2井侏罗纪孢粉化石及层序地层分析[J]．石油大学学报：自然科学版，2001，25(1)：16－21.
[443]张顺，陈世悦，崔世凌，等．东营凹陷半深湖－深湖细粒沉积岩岩相类型及特征[J]．中国石油大学学报：自然科学版，2014，38(5)：9－17.
[444]张顺，陈世悦，鄢继华，等．东营凹陷西部沙三下亚段－沙四上亚段泥页岩岩相及储层特征[J]．天然气地球科学，2015，26(2)：320－332.
[445]张小莉，查明，杨剑萍，等．惠民凹陷的震积作用及低电阻率油层[J]．沉积学报，2006，24(6)：829－833.
[446]张晓峰，胡修棉，王成善．藏南白垩纪缺氧与富氧沉积的稀土元素地球化学特征[J]．矿物岩石地球化学通报，2010，29(2)：173－180.
[447]张鑫刚，刘志逊，马腾．依兰盆地达连河组油页岩沉积特征及分布规律[J]．地质科学，2013，48(3)：932－944.
[448]张秀莲．碳酸盐岩中氧、碳稳定同位素与古盐度、古水温的关系[J]．沉积学报，1985，3(4)：17－30.
[449]张元福，魏小洁，徐杰，等．北京延庆硅化木公园地质剖面陆相层序地层特征分析[J]．地学前缘，2012，19(1)：68－77.
[450]赵澄林．沉积学原理[M]．北京：石油工业出版社，2001.
[451]赵澄林，刘孟慧．湖相沉积岩中的同生变形构造及其地质意义[J]．岩石学报，1988，(4)：14－21.
[452]赵红格，刘池洋，王海然，等．贺兰山北段晚三叠世沉积物源分析[J]．沉积学报，2012，30(4)：644－660.
[453]赵俊峰，刘池洋，赵建设，等．鄂尔多斯盆地侏罗系直罗组沉积相及其演化[J]．西北大学学报：自然科学版，2008，38(3)：480－486.
[454]赵俊青，纪友亮，张世奇，等．陆相高分辨率层序界面识别的地球化学方法[J]．沉积学报，2004，22(1).
[455]赵蕾，代世峰，王西勃．煤系火山灰蚀变黏土岩：矿物学和地球化学研究进展[J]．地学前缘，2016，(3)：103－112.
[456]赵一阳，鄢明才．中国浅海沉积物地球化学[M]．北京：科学出版社，1994.
[457]赵永胜．云南星云湖断陷湖盆中黏土矿物组合特征与沉积环境关系的初步探讨[J]．海洋与湖沼，1993，24(5)：447－455.
[458]赵永胜，宋振亚，温景萍，等．保山盆地湖相泥岩微量元素分布与古盐度定量评价[J]．海洋与湖沼，1998，29(4)：409－415.
[459]郑荣才，柳梅青．鄂尔多斯盆地长6油层组古盐度研究[J]．石油与天然气地质，1999，20(1)：20－25.
[460]郑荣才，郑哲，高博禹，等．珠江口盆地白云凹陷珠江组海底扇深水重力流沉积特征[J]．岩性油气藏，2013，25(2)：1－8.
[461]郑秀娟．塔里木盆地东北地区下古生界层序格架与沉积相研究[D]．中国地质大学(北京)，2005.
[462]钟建华，侯启军．黄河三角洲(泄水)包卷层理的成因研究[J]．地质论评，1999，45(3)：306－312.

[463]周恳恳．中上扬子及其东南缘中奥陶世－早志留世沉积特征与岩相古地理演化[D]．中国地质科学院，2015.
[464]周恳恳，牟传龙，许效松，等．华南中上扬子早志留世古地理与生储盖层分布[J]．石油勘探与开发，2014，41(5)：623－632.
[465]周立宏，蒲秀刚，邓远，等．细粒沉积岩研究中几个值得关注的问题[J]．岩性油气藏，2016，28(1)：6－15.
[466]周名魁．中国南方奥陶－志留纪岩相古地理与成矿作用[M]．北京：地质出版社，1993.
[467]周明辉．论“黔中隆起”的形成与演化[J]．南方油气，2005，18(2)：6－9.
[468]周志澄．生物成因的构造在环境解释中的应用－遗迹学研究的新进展[J]．古生物学报，1995，34(2)：228－249.
[469]朱红涛，庄文娟，黄众，等．地球化学资料定量识别层序地层单元技术综述[J]．地质科技情报，2012，31(006)：67－73.
[470]朱立华，张传林，仲健华，等．下扬子地区上泥盆统五通组沉积构造及其地球化学特征[J]．沉积学报，1999，17(3)：355－359.
[471]朱如凯，孟祥化，葛铭．巴彦浩特盆地东缘中奥陶统混合型深水重力流沉积层序及其旋回[J]．沉积学报，1994，12(2)：77－85.
[472]朱筱敏．沉积岩石学[M]．北京：石油工业出版社，2008.
[473]朱筱敏，董艳蕾，杨俊生，等．辽东湾地区古近系层序地层格架与沉积体系分布[J]．中国科学：D辑(S1)，2008：1－10.
[474]朱筱敏，康安，王贵文．陆相坳陷型和断陷型湖盆层序地层样式探讨[J]．沉积学报，2003，21(2)：283－287.
[475]朱志军．川东南地区志留系小河坝组沉积体系及物质分布规律研究[D]．成都理工大学，2010.
[476]邹才能，陶士振，侯连华．非常规油气地质[M]．北京：地质出版社，2011.
[477]邹才能，张光亚，陶士振，等．全球油气勘探领域地质特征、重大发现及非常规石油地质[J]．石油勘探与开发，2010，37(2)：129－145.